宗　兰　张三柱　主编
陈忠汉　主审

中国土木工程学会教育工作委员会江苏分会组织编写

应用型本科院校土木工程专业规划教材

混凝土与砌体结构设计

第二版

知识产权出版社
全国百佳图书出版单位

内容提要

本书系“应用型本科院校土木工程专业规划教材”之一，根据《高等学校土木工程本科指导性专业规范》提出的基本要求，并依据我国新颁布的《混凝土结构设计规范》(GB 50010—2010)、《建筑抗震设计规范》(GB 50011—2010)、《砌体结构设计规范》(GB 50003—2011)编写而成。本书包括混凝土梁板结构设计、单层厂房结构设计、多层框架结构设计和砌体结构设计等内容。

本书可作为土木工程专业教材，也可供土木工程设计、施工技术人员参考。

责任编辑：张　冰

图书在版编目（CIP）数据

混凝土与砌体结构设计/宗兰，张三柱主编. —2版.—北京：知识产权出版社，2012.10（2020.8重印）

应用型本科院校土木工程专业规划教材

ISBN 978-7-5130-0783-2

Ⅰ.①混… Ⅱ.①宗…②张… Ⅲ.①混凝土结构-高等学校-教材②砌块结构-高等学校-教材

Ⅳ.①TU37②TU36

中国版本图书馆CIP数据核字（2011）第170184号

应用型本科院校土木工程专业规划教材

混凝土与砌体结构设计　第二版

宗　兰　张三柱　主编　　陈忠汉　主审

出版发行：知识产权出版社有限责任公司

社　　址：北京市海淀区气象路50号院　　邮　　编：100081

网　　址：http：//www. ipph. cn　　邮　　箱：bjb@cnipr. com

发行电话：010-82000860转8101/8102　　传　　真：010-82005070/82000893

责编电话：010-82000860转8024　　责编邮箱：740666854@qq.com

印　　刷：北京建宏印刷有限公司　　经　　销：新华书店及相关销售网点

开　　本：787mm×1092mm　1/16　　印　　张：19.5

版　　次：2012年10月第2版　　印　　次：2020年8月第3次印刷

字　　数：461千字　　印　　数：4501～5000册

定　　价：40.00元

ISBN 978-7-5130-0783-2/TU・074（3673）

中国土木工程学会教育工作委员会江苏分会组织编写

应用型本科院校土木工程专业规划教材

总　序

中国土木工程学会教育工作委员会江苏分会成立于2002年5月，现由江苏省设有土木工程专业的近40所高校组成，是中国土木工程学会教育工作委员会的第一个省级分会。分会的宗旨是加强江苏省各高校土木工程专业的交流与合作，提高土木工程专业的人才培养质量，服务于江苏乃至全国的建设事业和社会发展。

人才培养是高校的首要任务，现代社会既需要研究型人才，也需要大量在生产领域解决实际问题的应用型人才。目前，除少部分知名大学定位在研究型大学外，大多数工科大学均将办学层次定位在应用技术型高校这个平台上。作为知识传承、能力培养和课程建设载体的教材在应用型高校的教学活动中起着至关重要的作用，但目前出版的教材大多偏重于按照研究型人才培养的模式进行编写，“应用型”教材的建设和发展却远远滞后于应用型人才培养的步伐。为了更好地适应当前我国高等教育跨越式发展的需要，满足我国高校从精英教育向大众化教育重大转移阶段中社会对高校应用型人才培养的各类要求，探索和建立我国高校应用型本科人才培养体系，中国土木工程学会教育工作委员会江苏分会与知识产权出版社联合，组织江苏省有关院校的教师，编写出版了适应应用型人才培养需要的应用型本科院校土木工程专业规划教材。其培养目标是既掌握土木工程学科的基本知识和基本技能，同时也包括在技术应用中不可缺少的非技术知识，又具有较强的技术思维能力，擅长技术的应用，能够解决生产实际中的具体技术问题。

本套教材旨在充分反映应用型本科的特色，吸收国内外优秀教材的成功经验，并遵循以下编写原则：

• 突出基本概念、思路和方法的阐述以及工程应用实例；

• 充分利用工程语言，形象、直观地表达教学内容，力争在体例上有所创新并图文并茂；

• 密切跟踪行业发展动态，充分体现新技术、新方法，启发学生的创新思维。

本套教材虽然经过编审者和编辑出版人员的尽心努力，但由于是对应用型本科院校土木工程专业规划教材的首次尝试，故仍会存在不少缺点和不足之处。我们真诚欢迎选用本套教材的师生多提宝贵意见和建议，以便我们不断修改和完善，共同为我国土木工程教育事业的发展作出贡献。

中国土木工程学会教育工作委员会江苏分会

2006 年 4 月

第二版前言

为了适应土木工程教育事业发展的需要，由中国土木工程学会教育工作委员会江苏分会组织，根据全国高校土木工程教育规范规定的混凝土结构课程教学基本要求，依据我国新颁布的《混凝土结构设计规范》（GB 50010—2010）、《建筑抗震设计规范》（GB 50011—2010）、《砌体结构设计规范》（GB 50003—2011）编写了本书。

本书内容符合土木工程专业规范的基本要求，结合应用型本科院校的教学特点，贯彻“少而精”的原则，在各章节中，尽量精炼内容，力求设计思路清晰，基本概念清楚，便于组织教学。在例题的选择方面力求与工程实践相结合，突出培养学生动手做工程的能力。同时，为了便于学生自学，在每章的后面都附有思考题和习题。

本书编写分工：宗兰（南京工程学院）编写第一章及附录；张三柱（淮海工学院）编写第二章；胡志军（淮阴工学院）编写第三章；吴坤（南通大学）编写第四章。全书由宗兰统稿。

本书的修订再版，得到苏州科技学院何若全教授、河海大学吴胜兴教授的指导，同时也得到东南大学李爱群教授、南京工业大学刘伟庆教授的支持与帮助，在此表示忠心感谢！编者非常感谢本书主审苏州科技学院陈忠汉教授严谨、认真的审稿工作。

在本书修订再版过程中，我们参考了一些国内高校已经出版的教材，均列于参考文献中。限于编者水平，书中不妥或错误之处在所难免，编者恳请读者不吝赐教。

编　者

2012 年 9 月

第一版前言

本书为了适应土木工程教育事业发展的需要，由中国土木工程学会教育工作委员会江苏分会，根据全国高校土木工程专业普遍执行的“混凝土结构教学大纲”的要求编写而成。

本书的主要特点：符合应用型本科院校土木工程专业教学大纲的要求，贯彻少而精的原则，在各章节中，尽量精炼内容，力求设计思路清晰，基本概念清楚，便于教学。在例题的选择方面，尽可能与工程实际相结合，突出培养学生动手做工程的能力。同时，为了方便学生自学，在每章后面都附有思考题和习题。

本书编写分工：宗兰（南京工程学院）编写第一章及第二章的第一节、第二节和附录；张三柱（淮海工学院）编写第二章；胡志军（淮阴工学院）编写第三章；刘红梅（南通大学）编写第四章。全书由宗兰统稿。

在本书编写过程中，得到东南大学蒋永生教授、河海大学周氏教授的指导，同时也得到东南大学李爱群教授、南京工业大学刘伟庆教授的指导和帮助，在此表示由衷的感谢。编者非常感谢本书主审苏州科技学院陈忠汉教授严谨、认真的审稿工作。

在编写过程中，我们参考了一些高校的教材，均列于参考文献中。由于水平有限，书中有不妥或错误之处，恳请读者指正。

编 者

2006.3

目　　录

总序
第二版前言
第一版前言
第一章　混凝土梁板结构 …… 1
第一节　概述 …… 1
第二节　现浇整体式单向板肋梁楼盖 …… 4
第三节　双向板肋梁楼盖 …… 37
第四节　无梁楼盖 …… 49
第五节　装配式钢筋混凝土楼盖 …… 55
第六节　楼梯、雨篷设计与计算 …… 58
思考题 …… 68
习题 …… 69
第二章　单层厂房结构 …… 71
第一节　概述 …… 71
第二节　单层厂房结构组成和结构布置 …… 73
第三节　排架计算 …… 85
第四节　单层厂房柱的设计 …… 115
第五节　柱下独立基础设计 …… 125
第六节　单层厂房设计示例 …… 135
思考题 …… 173
习题 …… 174
第三章　多层框架结构设计 …… 176
第一节　多层框架的结构布置 …… 176

第二节　竖向荷载作用下框架内力计算 …………………………………………………… 183
第三节　水平荷载作用下的内力计算近似法 ……………………………………………… 189
第四节　框架侧移近似计算及限值…………………………………………………………… 207
第五节　内力组合……………………………………………………………………………… 209
第六节　框架梁、柱的截面设计 …………………………………………………………… 212
第七节　现浇框架的一般构造要求…………………………………………………………… 213
思考题 ………………………………………………………………………………………… 215
习题 …………………………………………………………………………………………… 216

第四章　砌体结构………………………………………………………………………… 217
第一节　砌体结构综述 ……………………………………………………………………… 217
第二节　砌体结构的材料 …………………………………………………………………… 220
第三节　砌体种类及力学性能 ……………………………………………………………… 222
第四节　砌体结构的强度计算指标…………………………………………………………… 227
第五节　无筋砌体构件的承载力计算 ……………………………………………………… 229
第六节　砌体受拉、受弯、受剪承载力计算 ……………………………………………… 236
第七节　配筋砌体结构构件承载力计算 …………………………………………………… 237
第八节　混合结构房屋墙体设计 …………………………………………………………… 245
第九节　过梁、圈梁、墙梁及悬挑构件设计 ……………………………………………… 257
第十节　砌体结构抗震设计简述 …………………………………………………………… 268
第十一节　混合结构房屋墙体设计例题 …………………………………………………… 270
思考题 ………………………………………………………………………………………… 280
习题 …………………………………………………………………………………………… 280
…………………………… 283
……………………… 290
………………………………………………………………… 294
…………………………………………………………………………… 297

主要参考文献………………………………………………………………………………… 302

第一章

混凝土梁板结构

【本章要点】

- 要了解现浇整体式单向板肋形楼盖的布置原则；熟练掌握内力按弹性理论及考虑塑性内力重分布的计算方法；弹性计算法中的折减荷载、塑性方法中的塑性铰、内力重分布、弯矩调幅等概念；深入理解连续梁、板截面设计特点及有关配筋构造要求。
- 对于现浇双向板肋形楼盖，要了解双向板静力工作特点；掌握内力按弹性理论计算的近似方法；掌握按塑性理论设计双向板的方法、步骤；熟悉双向板楼盖结构界面设计和配筋构造要求。
- 对于无梁楼盖，要了解无梁楼盖的工作特点；熟悉无梁楼盖设计方法及构造要求。
- 了解几种常见楼梯结构组成及受力特点；掌握常见楼梯的内力计算方法和配筋构造要点。
- 掌握雨篷结构设计内容和设计方法。

第一节　概　　述

钢筋混凝土梁板结构如楼盖、屋盖、阳台、雨篷和楼梯等，在建筑中应用十分广泛。在特种结构中，如水池的顶板和底板、烟囱的板式基础也都属于梁板结构。混凝土楼盖是建筑结构中的主要组成部分，对于6～12层的框架结构，楼盖的用钢量占全部结构用钢量的50%左右；对于混合结构，其用钢量也主要集中在楼盖。因此，楼盖结构选型和布置的合理性以及结构计算和构造的正确性，对于建筑结构的安全使用和经济合理有着非常重要的意义。同时，对美观适用也存在一定的影响。

混凝土楼盖按其施工方法可分为现浇整体式、装配式和装配整体式三种形式。其中现浇整体式混凝土楼盖由于整体性好、抗震性强、防水性好，而在实际工程中采用较为普遍。

一、现浇整体式楼盖

现浇整体式楼盖按楼板受力和支承条件的不同，可分为以下几种形式的楼盖。

(一) 现浇肋形楼盖

现浇肋形楼盖由板、次梁和主梁（有时没有主梁）组成，它是楼盖中最常见的结构形式，其优点是结构布置灵活，可以适应不规则的柱网布置及复杂的工艺以及建筑平面要求，且构造简单，同其他结构相比一般用钢量较低；缺点是支模比较复杂。

根据楼盖中主次梁的不同布置方式以及板的形状与支承方式，现浇肋形楼盖又可分为单向板肋形楼盖（见图 1-1）和双向板肋形楼盖（见图 1-2）。

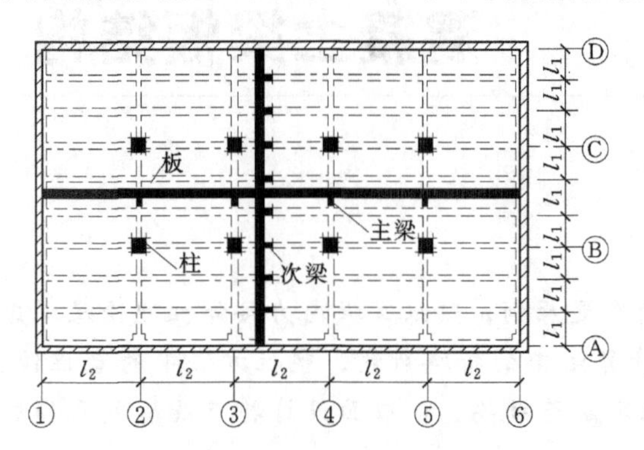

图 1-1　单向板肋形楼盖

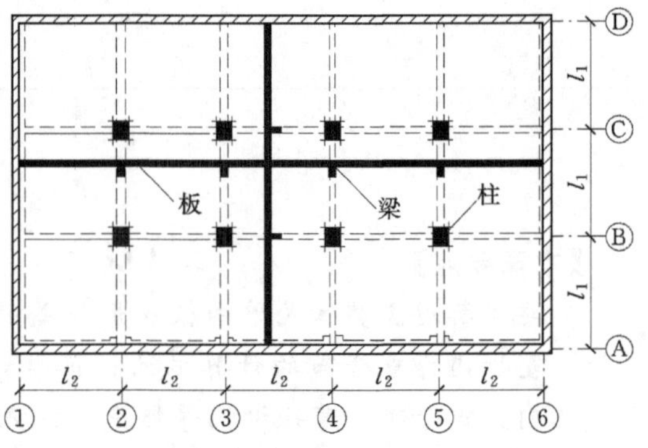

图 1-2　双向板肋形楼盖

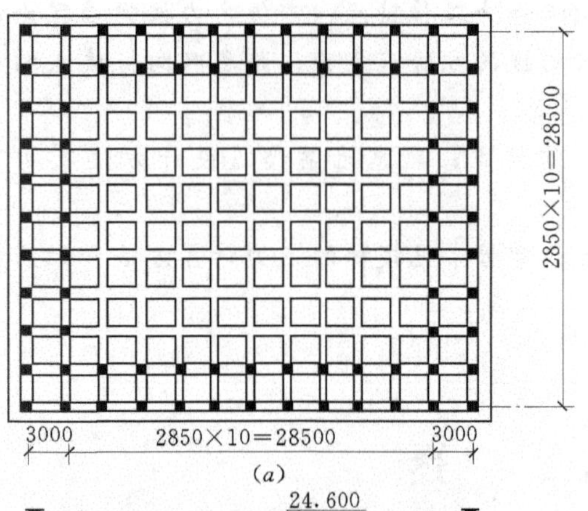

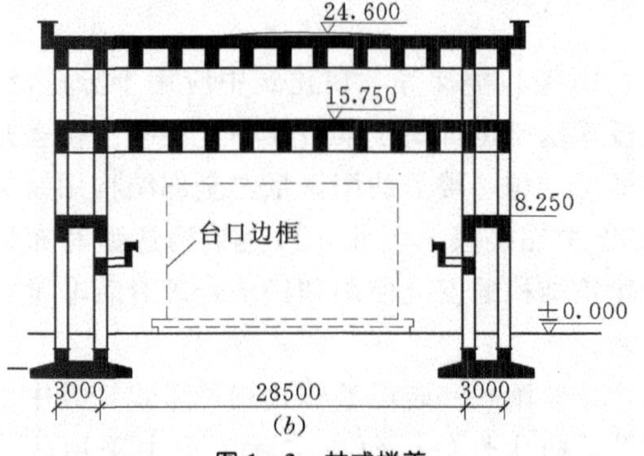

图 1-3　井式楼盖

(二) 井式楼盖

井式楼盖是由肋形楼盖演变而成，其特点是两个方向上的梁的截面尺寸相同，而且正交，不分主次梁，共同直接承受板传来的荷载。这种楼盖适用于房间为矩形的楼盖（两个方向边长越接近越经济）。由于两个方向上的梁具有相同的截面尺寸，截面的高度较肋形楼盖小，梁的跨度较大，常用于公共建筑的大厅（见图 1-3）。

(三) 无梁楼盖

无梁楼盖没有梁，板直接支承在柱上，板较厚。当荷载较小时可采用无柱帽形式；当荷载较大时，为提高楼板承载力和刚度，减小板厚，做成有柱帽形式（见图 1-4）。

无梁楼盖的优点是楼层净空高，通风和卫生条件比一般楼盖好；缺点是自重大，用钢量大。常用于书库、仓库和商场等处，有时也用于水池的顶板、底板和筏片基础等部位。

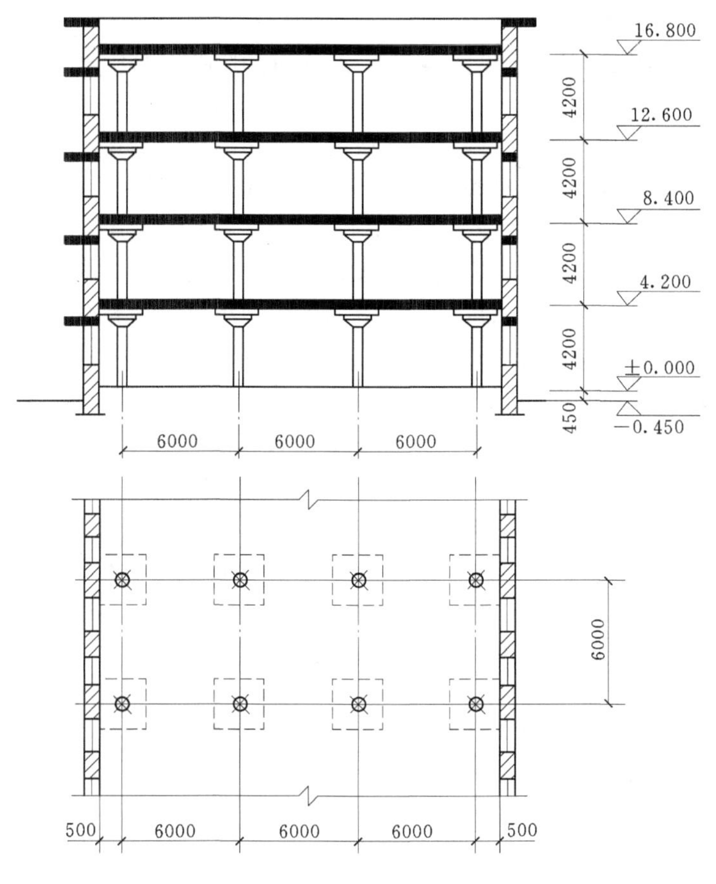

图 1－4　无梁楼盖

二、装配式楼盖

装配式钢筋混凝土楼盖，可以是现浇梁和预制板结合而成，也可以是预制梁和预制板结合而成，由于楼盖采用钢筋混凝土预制构件，便于工业化生产，在多层民用建筑和多层工业厂房中得到广泛应用。但是这种楼盖由于整体性差、抗震性差、防水性差、不便于在楼板上开设孔洞，故对于高层建筑等有抗震设防要求的建筑，使用上要求防水和开设孔洞的楼面均不宜采用。

三、装配整体式楼盖

装配整体式混凝土楼盖由预制板（梁）上现浇一叠合层而成为一个整体(见图1－5)。这种楼盖兼有现浇整体式和预制装配楼盖的特点，其优、缺点介于二者之间，装配整体式混凝土楼盖具有良好的整体性,又较整体式节省模板和支撑,但这种楼盖需进行混凝土二次浇灌，有时还需要增加焊接工作量，故对施工进度和造价会带来一些不利影响。它仅适用于荷载较大的多层工业厂房、高层民用建筑和有抗震设防要求的建筑。

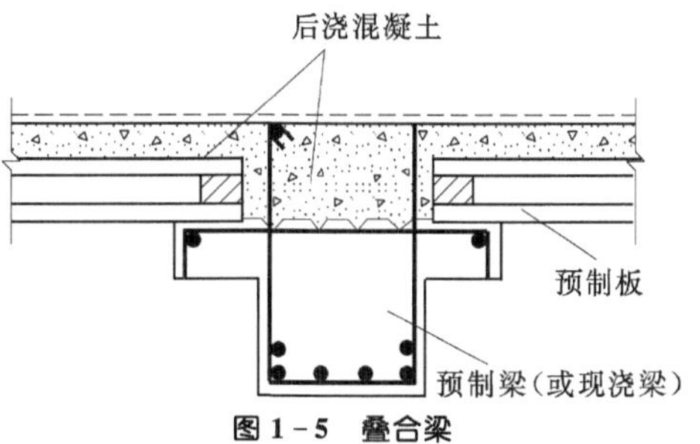

图 1－5　叠合梁

第二节　现浇整体式单向板肋梁楼盖

现浇整体式单向板肋梁楼盖，是一种比较普遍采用的结构形式，一般由主梁、次梁和板组成。板支承在次梁、主梁或砖墙上。对于混凝土板的计算，《混凝土结构设计规范》（GB 50010—2010）规定：两对边支承的板，应按单向板计算。板四边支承时，当长边与短边长度之比小于或等于2.0时，应按双向板计算；当长边与短边长度之比大于2.0，但小于3.0时，宜按双向板计算；当按沿短边方向受力的单向板计算时，应按长边方向布置足够数量的构造钢筋；当长边与短边长度之比大于或等于3.0时，宜按沿短边方向受力的单向板计算，并应按长边方向布置构造钢筋。

计算单向板时，可取一单位宽度 $b=1\text{m}$ 的板带作为典型的单元进行内力和配筋计算。

在单向板肋形楼盖中，荷载的传递路线为荷载→板→次梁→主梁→柱或墙。也就是说，板的支座为次梁，次梁的支座为主梁，主梁的支座为柱或墙。在实际工程中，由于楼盖整体现浇，因此，楼盖中的板和梁往往形成多跨连续结构，在内力计算和构造要求上与单跨简支的梁和板的计算均有较大的区别，这是现浇楼盖在设计和施工中必须注意的一个重要特点。

单向板肋梁楼盖的设计步骤如下：

（1）结构平面布置。

（2）确定计算简图并进行荷载计算。

（3）对板、次梁和主梁进行内力计算。

（4）对板、次梁和主梁进行配筋计算。

（5）根据计算结果和构造要求，绘制楼盖施工图。

一、结构平面布置

楼盖结构平面布置的主要任务是要合理地确定柱网和梁格，通常是在建筑设计初步方案提出的柱网和承重墙布置基础上进行的。结构平面布置应按下列原则进行。

（一）柱网、承重墙和梁格的布置应满足房屋的使用要求

柱或墙的间距决定了主、次梁的跨度。室内房间的宽度和立面处理决定次梁的跨度；室内房间的进深则决定主梁的跨度。

当房屋的宽度不大（小于5～7m时），梁可以沿一个方向布置，如图1-6（*a*）所示；当房屋的平面尺寸较大时，梁则应布置在两个方向上，并设若干排支承柱，此时主梁可平行于纵向布置［见图1-6（*b*）、（*d*）］，也可横向布置［见图1-6（*c*）］。

（二）应考虑结构受力是否合理

布置梁板结构时，应尽量避免将集中荷载直接作用于板上，如板上有隔墙或机器设备等集中荷载作用时，宜在板下设置梁来支承［见图1-6（*e*）］，也应尽量避免将梁支座搁在门窗洞口上，否则门窗过梁就要专门处理。

梁格布置力求规则整齐，梁尽可能连续贯通，板厚和梁的截面尺寸尽可能统一，这样不但便于设计和施工，而且还容易满足经济美观的要求。

（三）应考虑节约材料，降低造价的要求

由于板的混凝土用量占整个楼盖的50%～70%，因此，在荷载不大的情况下板宜接

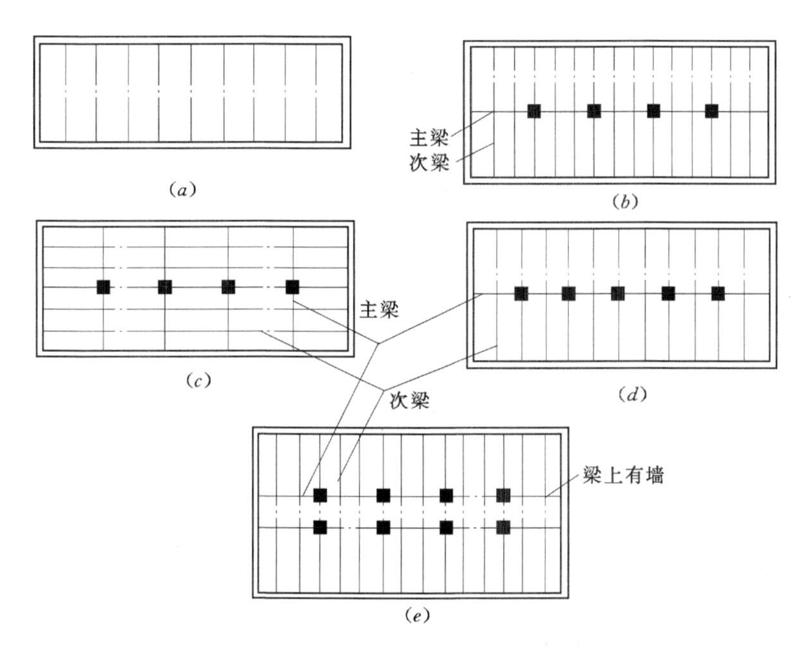

图 1-6　单向板楼盖的几种结构布置

近构造要求的最小板厚，工业建筑楼板为 70mm，民用建筑楼板为 60mm，屋面板为 60mm。此外，按照刚度的要求，板厚还应不小于其跨长的 $l/40$。板的跨长及次梁的间距一般为 1.7～2.7m，常用的跨度为 2m 左右，所以板的厚度一般不小于表 1-1 的规定。

表 1-1　现浇钢筋混凝土板的最小尺寸　单位：mm

板的类别		最小厚度
单向板	屋面板	60
	民用建筑板	60
	工业建筑板	70
	行车道下楼板	80
双向板		80
密肋板	肋间距小于或等于 700mm	40
	肋间距大于 700mm	50
悬臂板	板的悬臂长度小于或等于 500mm	60
	板的悬臂长度大于 500mm	80
无梁楼盖		150

板进行设计时，板的厚度和跨度可根据荷载的大小参考表 1-2 进行选择。

表 1-2　　整体梁式板（单向板）厚度参考表　　单位：mm

e_0 / q	多跨板（l_0）												单跨板（l_0）										
	1.6	1.8	2.0	2.2	2.4	2.6	2.8	3.0	3.2	3.4	3.6	3.8	1.6	1.8	2.0	2.2	2.4	2.6	2.8	3.0	3.2	3.4	3.6
2.00																							
2.40																							
2.80													60	~	70								
3.20															70	~	80						
3.60	60	~	70				80	~	90								80	~	90				
4.00			70	~	80				90	~	109								90	~	109		
4.80																					100	~	110
5.60																							
6.40																							
7.20																							
8.00																					110	~	120

由工程实践可知，当梁的跨度增大时，楼盖的造价也随之提高；若梁的跨度过小，又使柱子和柱基础的数量增多，也会提高房屋的造价，同时柱子愈多，房屋的使用面积就愈小，会影响使用功能。因此，主、次梁的平面布置也存在一个比较经济合理的范围，次梁的跨度一般为 4～6m，主梁的跨度一般为 5～8m。

根据以上原则，即可对楼盖进行结构布置。在无特殊要求的情况下，应将整个柱网布置成正方形或长方形的，梁板应尽量布置成等跨度的，以使板的厚度和梁的截面尺寸尽可能统一，这样既便于内力计算又有利于施工。

二、单向板楼盖计算简图的确定

结构平面布置确定以后，即可确定不同构件（梁、板）的计算简图，其内容包括荷载、支承条件、计算跨度和跨数四个方面。

（一）荷载计算

作用在楼盖上的荷载有恒荷载和活荷载两种，恒荷载包括结构自重、各构造层自重和永久设备自重等。活荷载主要为使用时的人群、家具和一般设备的重量，上述荷载通常按均布荷载考虑。

楼盖恒荷载的标准值按结构实际构造情况通过计算来确定，楼盖的活荷载标准值按现行《建筑结构荷载规范》来确定。

当楼面板承受均布荷载时，通常取宽度为 1m 的板带进行计算，在确定板传递给次梁的荷载和次梁传递给主梁的荷载时，一般均忽略结构的连续性而按简支进行计算。对于次梁，取相邻板跨中线所分割出来的面积作为它的受荷面积，次梁所承受荷载为次梁自重及其受荷面积上板传来的荷载；对于主梁，承受主梁自重以及由次梁传来的集中荷载，但由于主梁自重与次梁传来的荷载相比较一般较小，故为了简化计算，通常将主梁的均布自重荷载简化为若干集中荷载，与次梁传来的集中荷载合并计算。板、次梁荷载的计算单元如图 1-7（*b*）所示；板的计算简图如图 1-7（*a*）所示；次梁的计算简图如图 1-7（*d*）所示；主梁的计算简图如图 1－7（c）所示。

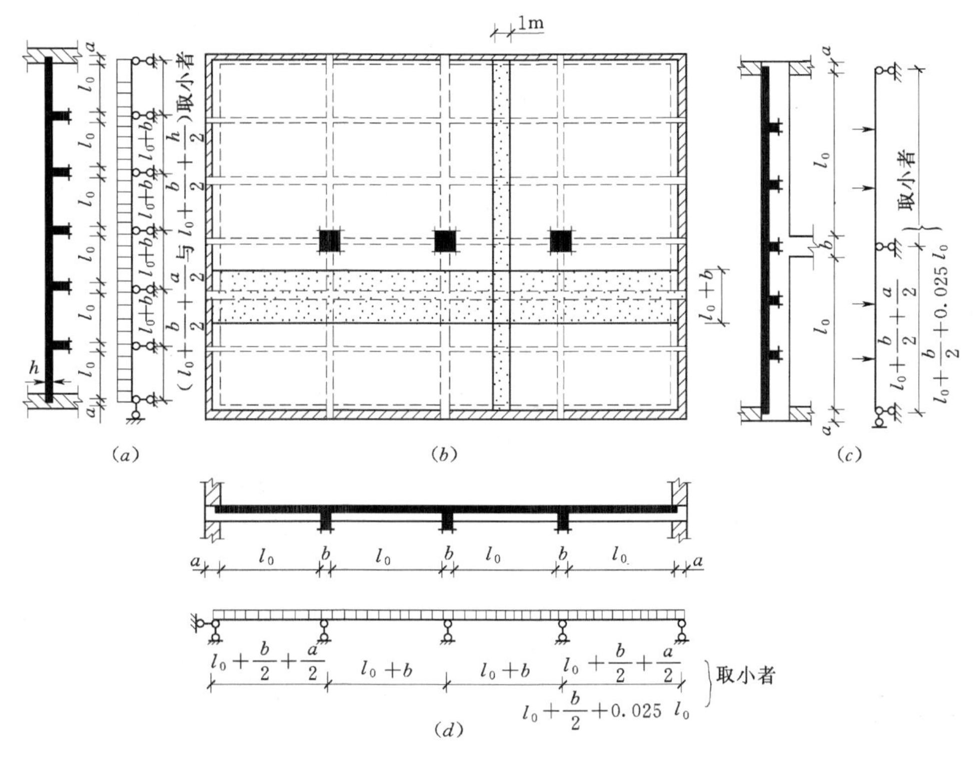

图 1－7　单向板楼盖板的计算简图

对于次梁和主梁的截面尺寸根据荷载的大小，可参考下列数据初估：

次梁：截面高度　　　$h=l_0/18\sim l_0/12$，$b=h/2\sim h/3$

主梁：截面高度　　　$h=l_0/14\sim l_0/8$，$b=h/2\sim h/3$

式中：l_0 为次梁或主梁的计算跨度；b 为次梁或主梁的宽度。

同时，为了保证板、梁应具有足够的刚度，在初步假定板、梁截面尺寸时，尚应符合表 1－3 的规定。

表 1－3　　　　一般不作挠度验算的板、梁截面最小高度

构件类别		简单支承	两端连续	悬臂
平板	单向板	$l_0/35$	$l_0/40$	$l_0/12$
	双向板	$l_0/45$	$l_0/50$	
肋形板（包括空心板）		$l_0/20$	$l_0/25$	$l_0/10$
整体肋形梁	次梁	$l_0/20$	$l_0/25$	$l_0/8$
	主梁	$l_0/12$	$l_0/15$	$l_0/6$
独立梁		$l_0/12$	$l_0/15$	$l_0/6$

注　1. l_0 为板、梁的计算跨度（双向板为计算短向跨度）。
2. 若梁的跨度大于 9m，表中梁的系数应乘以 1.2。

（二）支承条件

如图 1－7（b）所示的混合结构，楼盖四周为砖墙承重，梁（板）的支承条件比较明确，可按铰支（或简支）考虑。但是，对于与柱现浇整体的肋形楼盖，梁的支承条件与梁柱之间的相对刚度有关，情况比较复杂。因此，应按下述原则确定支承条件，以减少内力计算的误差。

对于支承在钢筋混凝土柱上的主梁，其支承条件应根据梁柱抗弯刚度比而定。分析表明，如果主梁与柱的线刚度比大于 3～5，可将主梁视为铰支于柱上的连续梁计算。对于支承在次梁上的板（或支承于主梁上的次梁），可忽略次梁（或主梁）的弯曲变形（挠度），将其支座视为不动铰支座，按连续板（或梁）计算。

将与板（或梁）整体联结的支承视为铰支承的假定，对于等跨连续板（或梁），当活载沿各跨均为满布时是可行的。因为此时板或梁在中间支座发生的转角很小，按简支计算与实际情况相差甚微。但是，当活荷载隔跨布置时情况则不同。现以支承在次梁上的连续板为例来说明，如图 1－8（*a*）所示，当按铰支座计算时，板绕支座的转角 θ 值较大。实际上，由于板与次梁整体现浇在一起，当板受荷载弯曲在支座发生转动时，将带动次梁（支座）一道转动。同时，次梁具有一定的抗扭刚度且两端又受主梁的约束，将阻止板自由转动最终只能产生两者变形协调的约束转角 θ'［见图 1－8（*b*）］，其值小于前述自由转角 θ，使板的跨中弯矩有所降低，支座负弯矩相应地有所增加，但不会超过两相邻跨布满活载时的支座负弯矩。类似的情况也发生在次梁与主梁及主梁与柱之间，这种由于支承构件的抗扭刚度，使被支承构件跨中弯矩相对于按简支计算有所减小的有利影响，在设计中一般采用增大恒载和减小活荷载的办法来考虑［见图 1－8（*c*）］，在计算荷载和内力时作以下调整，即

对于板，有

$$g' = g + q/2, \quad q' = q/2 \qquad (1-1)$$

对于次梁，有

$$g' = g + q/4, \quad g' = 3q/4 \qquad (1-2)$$

式中：g'、q'分别为调整后的折算恒荷载、活荷载；g、q 分别为实际的恒荷载、活荷载。

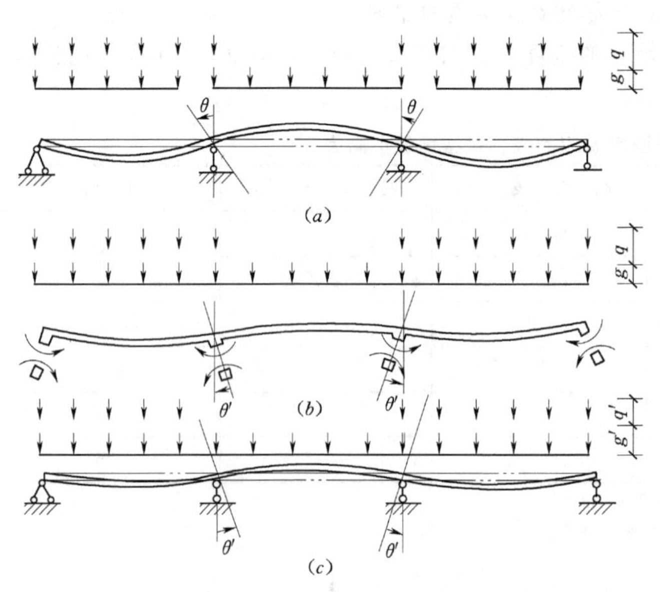

图 1－8　连续梁（板）的折算荷载

对于线刚度比较大的主梁，转动影响很小，一般不予考虑。

（三）计算跨度和跨数

梁、板的计算跨度 l 是指在计算内力时所采用的跨长，也就是简图中支座反力之间的距离，其值与支承长度 a 和构件的弯曲刚度有关。对于连续梁、板，当其内力按弹性理论计算时，一般按下列规定采用。

1. 连续板

对于边跨，有

$$l_0 = l_n + h/2 + b/2$$

$$l_0 = l_n + a/2 + b/2$$

取其中的较小值。

对于中间跨：

当与梁现浇且搁置长度 $a \leqslant 0.1 l_c$ 时，取 $l_0 = l_c$；

当与梁现浇且搁置长度 $a > 0.1 l_c$ 时，取 $l_0 = 1.1 l_n$。

2. 连续梁

对于边跨，有

$$l_0 = l_c \leqslant 1.025 l_n + b/2$$

对于中间跨：

当与支座现浇且搁置长度 $a \leqslant 0.05 l_c$ 时，取 $l_0 = l_c$；

当与支座现浇且搁置长度 $a > 0.05 l_c$ 时，取 $l_0 = 1.05 l_n$。

对于单跨梁、板和多跨连续梁板在不同支承条件下的计算跨度，详见表 1-4。

表 1-4　　连续梁板的计算跨度 l_0

构件	连　续　板	连　续　梁
按弹性分析	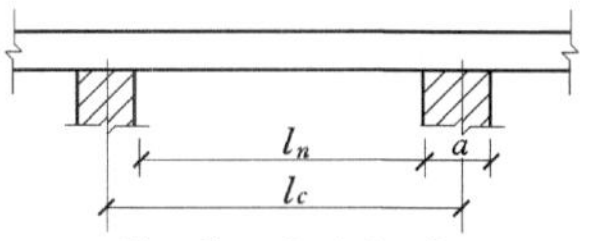 当 $a \leqslant 0.1 l_c$ 时，$l_0 = l_c$ 当 $a > 0.1 l_c$ 时，$l_0 = 1.1 l_n$ 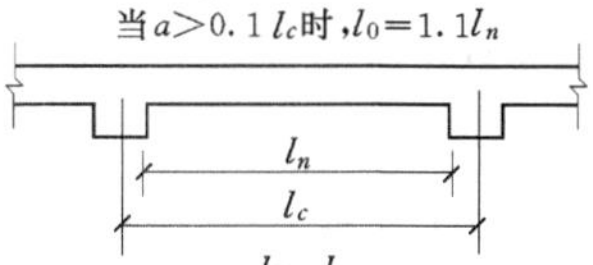 $l_0 = l_c$ 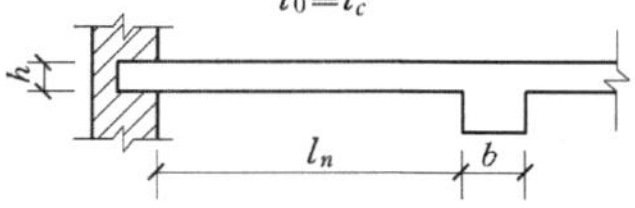 $l_0 = l_n + \frac{h}{2} + \frac{b}{2}$	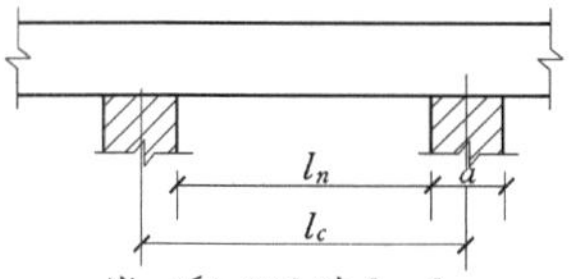 当 $a \leqslant 0.05 l_c$ 时，$l_0 = l_c$ 当 $a > 0.05 l_c$ 时，$l_0 = 1.05 l_n$ 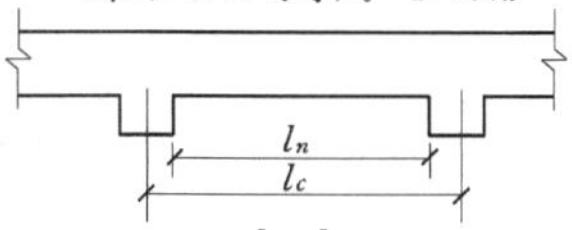 $l_0 = l_c$ 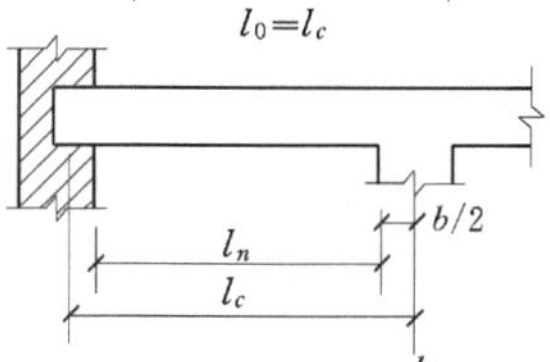 $l_0 = l_c \leqslant 1.025 l_n + \frac{b}{2}$
按塑性分析	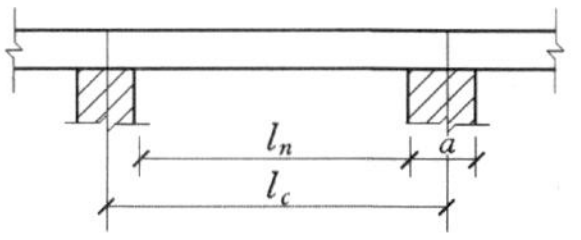 当 $a \leqslant 0.1 l_c$ 时，$l_0 = l_c$ 当 $a > 0.1 l_c$ 时，$l_n = 1.1 l_n$ 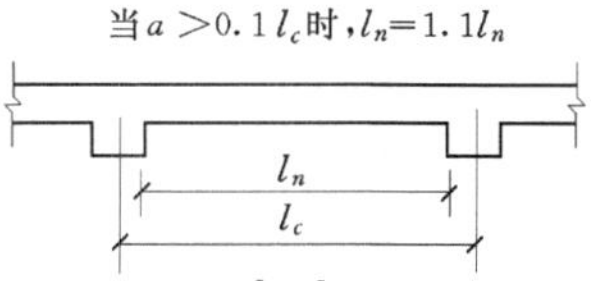 $l_0 = l_n$ 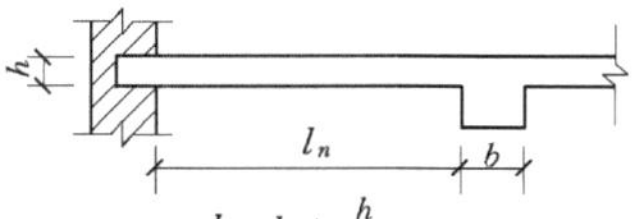 $l_0 = l_n + \frac{h}{2}$	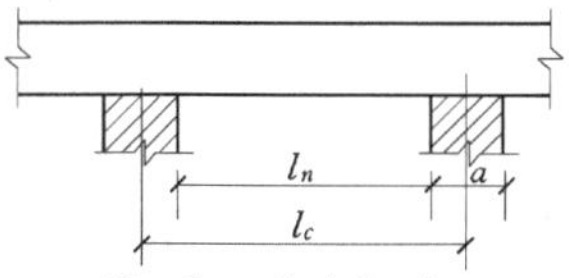 当 $a \leqslant 0.05 l_c$ 时，$l_0 = l_c$ 当 $a > 0.05 l_c$ 时，$l_0 = 1.05 l_n$ 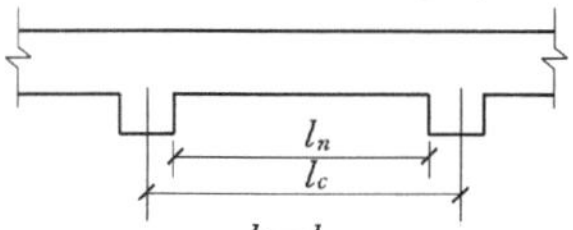 $l_0 = l_n$ 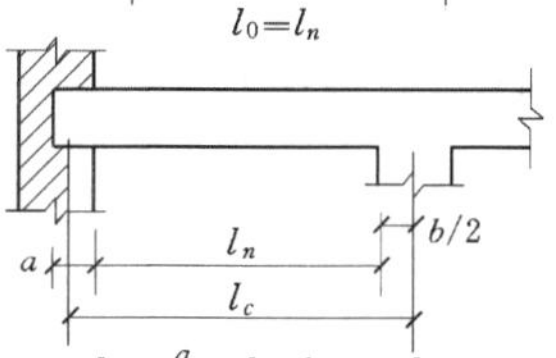 $l_0 = \frac{a}{2} + l_n \leqslant 1.025 l_n$

在以上的规定中，l_n 为梁或板的净跨，l_c 为梁或板支承中心线间的距离，h 为板厚。从上述规定可知，按弹性理论计算单跨或多跨连续梁板，为计算方便，若取构件支承中心线间的距离 l_c 作为计算跨长，结果总是偏安全的。

对于五跨和五跨以内的连续梁板，跨数按实际跨度考虑。对于五跨以上的连续梁板［见图 1-9（*a*）］，当跨度相差不超过 10%，且各跨截面尺寸及荷载相同时，可近似按五跨连续梁板进行计算。从图 1-9 中可知，实际结构一、二、三跨的内力按五跨连续梁板计算简图采用，其余中间各跨（第四跨）内力均按五跨连续梁板的第三跨采用。

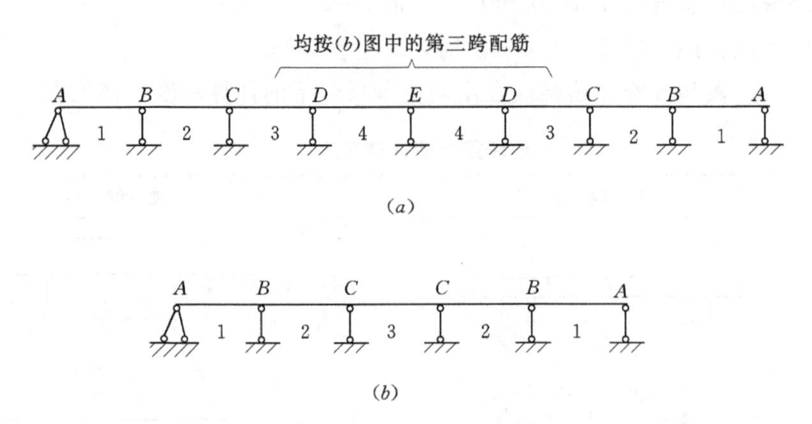

图 1-9 连续梁板计算简图

三、按弹性方法结构内力的计算

结构平面布置确定后，即可对不同编号的构件（梁、板）进行结构内力计算。钢筋混凝土单向板肋形楼盖中的板、次梁、主梁，一般为多跨连续梁板，其内力按弹性理论计算，也就是按结构力学的原理进行计算，一般常用力矩分配法来求连续梁板的内力。为方便计算，对于常用荷载作用下的等跨度等截面的连续梁板均已有现成计算表格，见附录A。对于跨度相差在 10%以内的不等跨连续梁，其内力也可按表进行计算。实际分析中，应用这种计算表格，可迅速求得连续梁板的内力。具体方法如下。

（一）活荷载的最不利组合

作用于梁或板上的荷载有恒荷载和活荷载，恒荷载是保持不变的，而活荷载在各跨的分布则是随机的。对于简支梁，当恒荷载、活荷载均为满载时，将产生的内力（M 和 V）为最大，即为最不利；对于连续梁，则不一定是这样。由于活荷载位置的可变性，为使构件在各种可能的荷载情况下都能满足设计要求，需求出在各截面上的最不利内力。因此，存在一个将活荷载如何布置与恒荷载进行组合，求出指定截面的最不利内力的问题。

图 1-10 为五跨连续梁当活荷载布置在不同跨时的弯矩图和剪力图，分析其变化规律和不同组合后的结果，不难得出确定截面最不利活荷载布置的原则，具体可归纳为以下几点：

（1）求某跨跨中的最大正弯矩时，应该在该跨布置活荷载，然后向其左、右每隔一跨布置活荷载［见图 1-11（*a*）、（*b*）］。

（2）求某跨跨中最大负弯矩时，应在该跨不布置活荷载，而在相邻两跨布置活荷载，

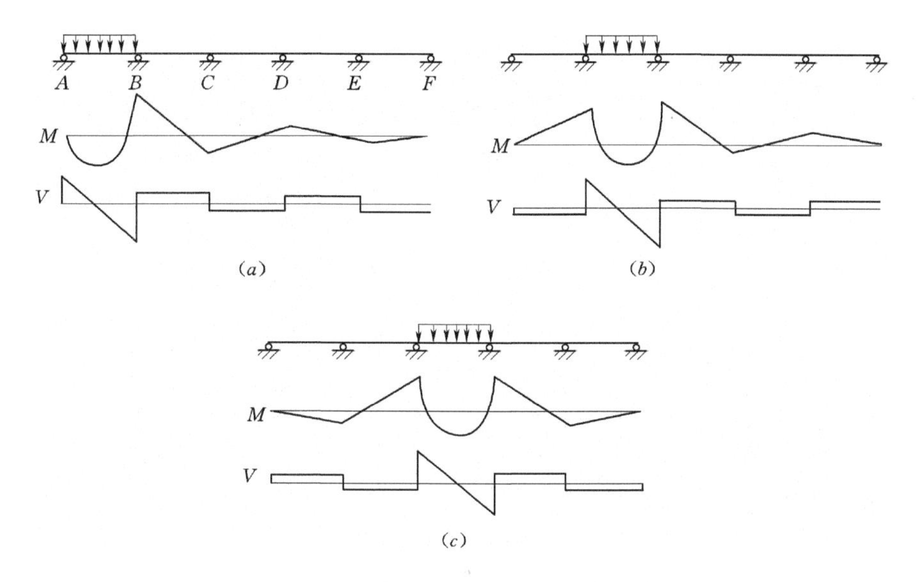

图 1-10 连续梁活荷载在不同跨时的内力图

然后向其左、右每隔一跨布置活荷载［见图 1-11 (*a*)、(*b*)］。

(3) 求某支座最大负弯矩时，应在该支座左、右两跨布置活荷载，然后向其左、右每隔一跨布置活荷载［见图 1-11 (*c*)］。

(4) 求某支座截面的最大剪力时，应在该支座左、右两跨布置活荷载，然后向其左、右每隔一跨布置活荷载［见图 1-11 (*c*)］。

梁上恒荷载应按实际情况布置。

活荷载布置确定后，即可按结构力学的方法或按附录 A 进行连续梁板的内力计算。

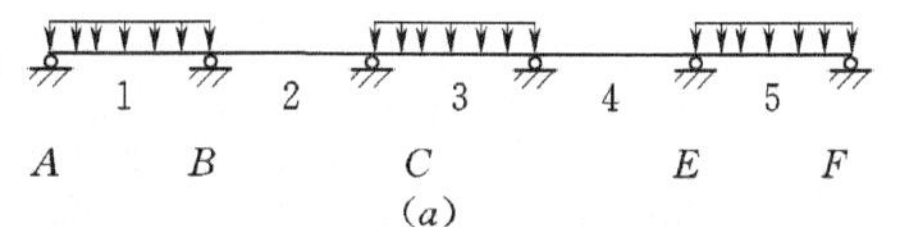

(*a*)

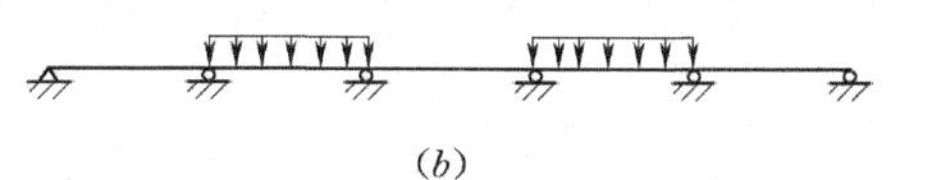

(*b*)

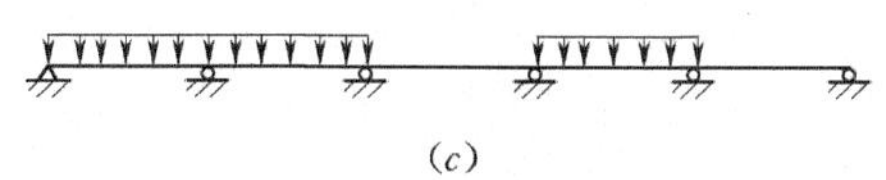

(*c*)

图 1-11 活荷载不利布置图

(*a*) M_{1max}、M_{3max}、M_{5max}的活荷载布置；
(*b*) M_{2max}、M_{4max}的活荷载布置；
(*c*) M_{bmax}、M_{bmax}活荷载布置

(二) 内力包络图

在恒荷载作用下求出各截面内力的基础上，分别叠加对各截面为最不利活荷载布置时的内力，可以得到各截面可能出现的最不利内力，也就是若干个内力图叠合，其外包线即为内力包络图。在设计中，不必对构件的每个截面进行设计，只需对若干控制截面（跨中、支座）进行设计。因此，通常将恒荷载的内力图分别与对控制截面为最不利活荷载布置下的内力图叠加，即可得到各控制截面最不利荷载组合下的内力图，将它们绘制在同一图上，称为内力包络图。图 1-12 所示为一承受均布荷载的两跨连续梁在各种最不利荷载组合下的弯矩包络图，用类似的方法可绘出剪力包络图。

(三) 支座宽度影响——支座截面计算内力的确定

在按弹性理论计算连续梁的内力时，其计算跨度取支座中心线间的距离，若梁与支座非整体连接或支承宽度很小时，计算简图与实际情况基本相符。然而支座总是有一定的宽度，且整体连接，这样在支座中心处梁的截面高度将会由于支承梁（板）的存在而实际增

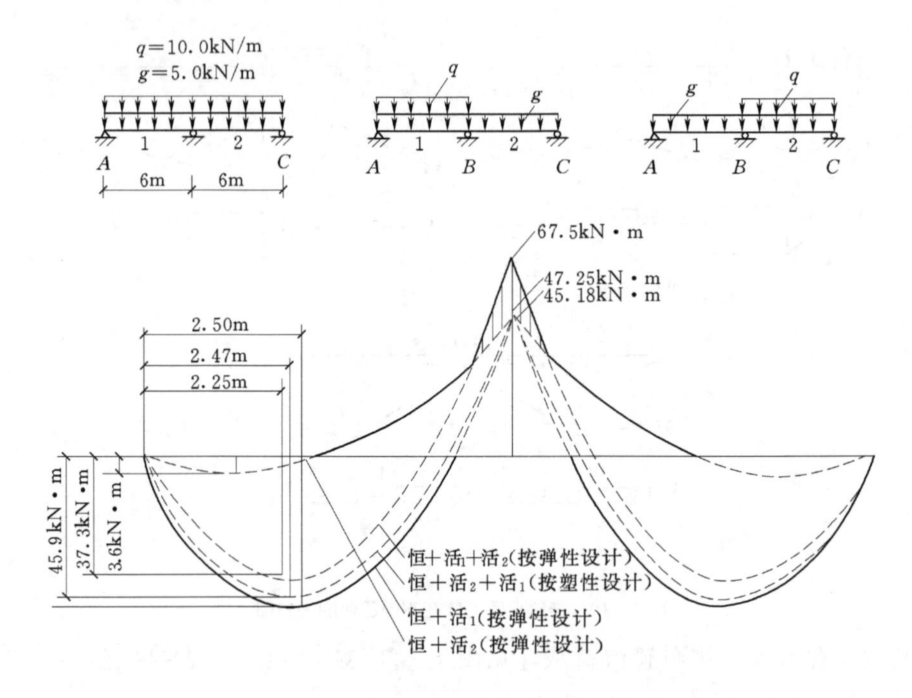

图 1-12 两跨连续梁的弯矩图（考虑塑性内力重分布）

大。实践证明不会在该截面破坏，破坏都出现在支承梁（柱）的边缘处（见图 1-13），因此，在设计整体肋形楼盖时，应考虑支承宽度的影响，也就是说，在支座边缘处的内力比支座中心处要小，而支座边缘处的截面是危险截面。在承载力计算中应取支座边缘处的内力作为支座截面配筋计算的依据，为简化计算可按下列近似公式求得计算值：

$$M_{cal} = M - V_0 b_0 / 2 \quad (1-3)$$

式中：M 为支座中心处弯矩；V_0 为按简支梁计算的支座剪力；b_0 为支座宽度。

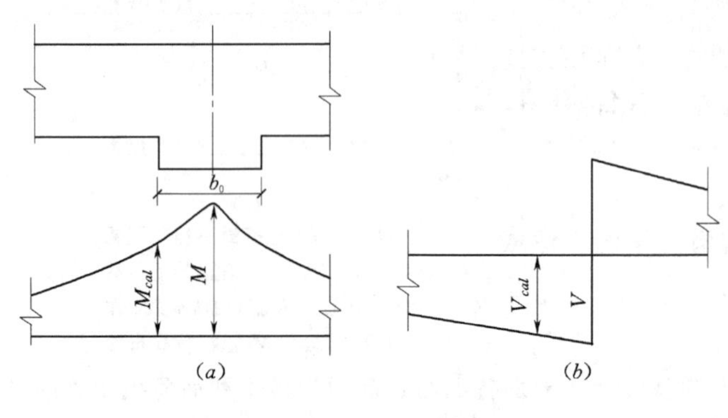

图 1-13 支座边缘的弯矩和剪力

(a) 弯矩图；(b) 剪力图

同理，剪力的实际计算值也应按支座边缘处采用，具体公式如下：

当作用为均布荷载时，有

$$V_{cal} = V - (g + q) b / 2 \quad (1-4)$$

当作用为集中力时，有

$$V_{cal} = V$$

式中：V 为支座中心处的剪力；g 和 q 分别为梁上的恒荷载和活荷载。

四、钢筋混凝土连续梁板考虑塑性内力重分布的设计方法

在进行钢筋混凝土连续梁、板设计时，如果按上述弹性理论计算的内力包络图来设计截面及配筋，显然是安全的，因为这种计算理论的依据是，当构件任一截面达到极限承载力时，即认为整个构件达到承载力极限状态。这种理论对静定结构是完全正确的，但对于具有一定塑性的连续梁板来说，构件的任一截面达到极限承载力时并不会使结构丧失承载力，按弹性方法求得的内力已不能正确反映结构的实际内力，因此，在楼盖设计中考虑材料的塑性性质来分析结构的内力将更为合理。

按弹性理论计算钢筋混凝土连续梁，假定它为均质弹性体，荷载与内力为线性关系。在荷载较小、混凝土开裂的初始阶段是适用的。但随着荷载的增加，由于混凝土受拉区裂缝的出现和开展，受压区混凝土的塑性变形，特别是受拉钢筋屈服的塑性变形，使钢筋混凝土连续梁的内力与荷载的关系已超出线性阶段而呈非线性。钢筋混凝土连续梁的内力，相对于线弹性分布发生的变化，称为内力重分布现象。

钢筋混凝土连续梁内塑性铰的形成是结构破坏阶段内力重分布的主要原因。因此，本节首先讨论塑性铰的概念，然后讨论塑性铰与内力重分布的关系，最后讨论塑性内力重分布计算的原则和方法。

（一）塑性铰的概念

由受弯构件正截面承载力计算可知，钢筋混凝土受弯构件从加荷载到正截面破坏，共经历了三个阶段，其变形由弹性变形和塑性变形两部分组成，特别是钢筋达到屈服强度后会产生很大的塑性变形。当加载到受拉钢筋屈服，弯矩为 M_y，相应的曲率为 φ_y；随着荷载的少许增加，裂缝向上开展，混凝土受压区高度减小，中和轴上升，使截面达到极限弯矩 M_u，相应的曲率为 φ_u；当受压区边缘混凝土达到极限应变值，截面达到最大承载力。这一破坏过程，位于梁内拉压塑性变形集中的区域形成了一个性能异常的铰，这个铰的特点有以下几个：

(1) 塑性铰能沿弯矩作用的方向，绕不断上升的中和轴发生单向转动，而不能像普通铰（理想铰）那样沿任意方向转动。

(2) 塑性铰的发生不是集中于一点，而是在一小段局部变形很大的区域——塑性铰区内形成。

(3) 塑性铰在转动时能承受一定的弯矩——截面的极限弯矩 M_u，而普通铰不能承受弯矩。

因此，具有上述性能的铰，在杆系结构中称为塑性铰，它是构件塑性变形发展的结果。塑性铰出现后，对于简支梁形成三铰在一直线上的破坏机构，标志着构件进入破坏状态，如图 1-14 所示。

塑性铰区处于梁跨中弯矩最大截面（$M=M_u$）两侧 $l_y/2$ 范围内，l_y 称为塑性铰长度。图 1-14 (c) 中实线为曲率的实际分布线，虚线为计算时假定的折算曲率分布线，构件的曲率可分为弹性部分和塑性部分。塑性铰的转角 θ 理论上可由塑性曲率积分来计算，并将其分为用等效矩形来代替，其高度为塑性曲率（$\varphi_u-\varphi_y$），宽度为等效区域长度 $\overline{l_y}=\beta l_y$，$\beta<1.0$，塑性铰的转角 θ 为

$$\theta=(\varphi_u-\varphi_y)\overline{l_y}$$

式中：φ_y 为截面钢筋屈服时曲率；φ_u 为截面的极限曲率。

影响 $\overline{l_y}$ 的因素较多，要得到使用和足够准确的计算公式，还要作进一步的研究工作。

（二）塑性内力重分布

对静定结构而言，当出现塑性铰时就不能再继续加载，因此，静定结构出现塑性铰后

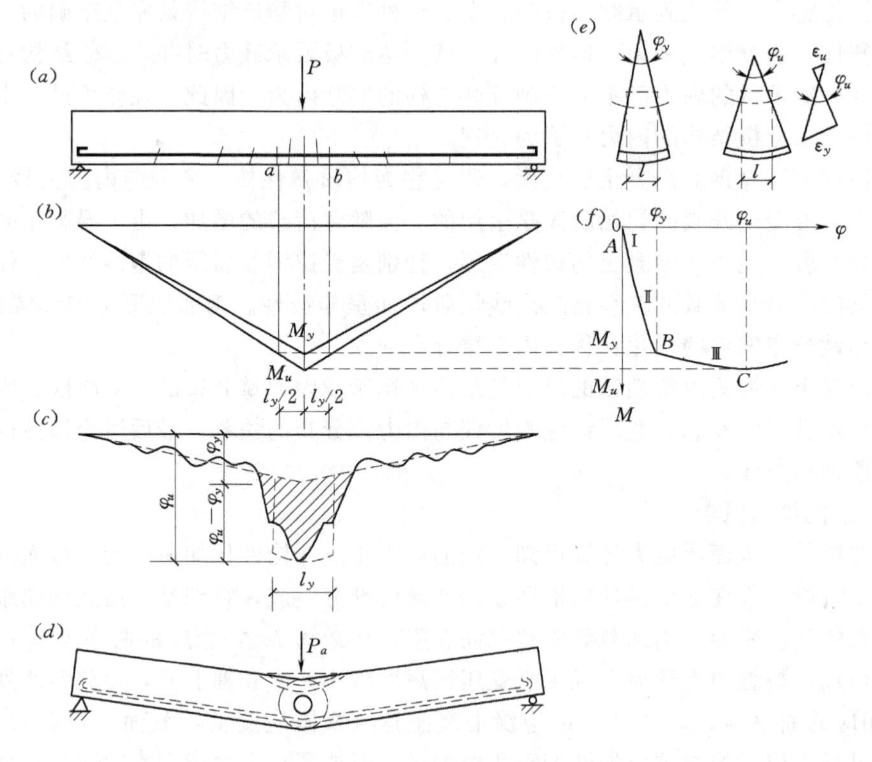

图 1-14　简支梁的塑性铰及曲线

便成为几何可变体系。但对超静定结构来说，它破坏的标志不是一个截面出现塑性铰，而是整个结构破坏机构的形成。它的破坏过程是：首先在一个截面出现塑性铰，随着荷载的增加，塑性铰陆续出现，每出现一个塑性铰，则相当于超静定结构减少一个约束，直到最后一个塑性铰出现，整个结构形成破坏机构为止。在形成破坏机构的过程中，结构的内力分布和塑性铰出现前的弹性分布规律完全不同。在塑性铰出现后的加载过程中，结构的内力经历了一个重新分布的过程，这个过程称为塑性内力重分布。

现以各跨内作用有一个集中荷载的两跨连续梁为例来说明如下：

如图 1-15 所示，两跨的连续钢筋混凝土连续梁，跨长为 l，每跨的跨中作用有集中荷载 P，设支座截面的受弯承载力为 M_{yB}，荷载作用截面的受弯承载力为 M_{yA}，且 $M_{yB}=M_{yA}$，试分析中跨截面及支座截面上弯矩随荷载变化的情况。

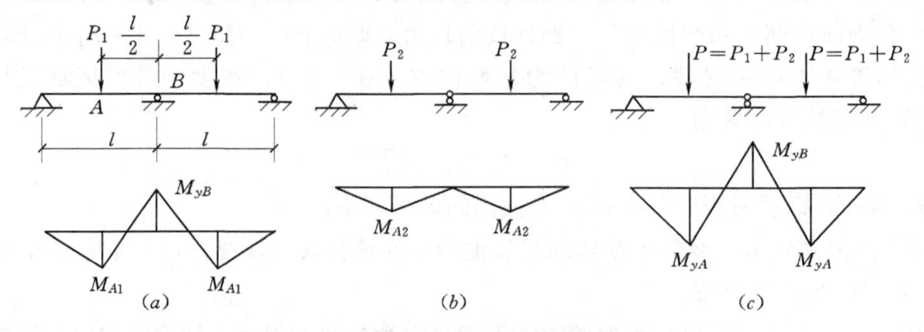

图 1-15　两跨连续梁弯矩随荷载的变化过程

（1）塑性铰出现之前。用结构力学方法可以得到如图1-15（a）所示的两跨连续梁的弯矩图，支座弯矩最大，若假定当中间支座在集中荷载P_1作用下首先达到截面受弯承载力M_{yB}，在支座截面形成塑性铰，则集中荷载P_1即可以由下式确定：

$$M_{yB}=\frac{3}{16}P_1 l \tag{1-5}$$

此时，在集中荷载P_1作用下截面A的弯矩为

$$M_{A1}=\frac{5}{32}P_1 l \tag{1-6}$$

由于该弯矩小于其受弯承载力M_{yA}，则该截面受弯承载力还有余量（$M_{yA}-M_{A1}$）。

（2）塑性铰形成后。在中间支座B处形成塑性铰后，两跨连续梁就变成了两个简支梁。若继续加载P_2，在增量P_2的作用下，截面A处引起的增量弯矩为

$$M_{A2}=\frac{1}{4}P_2 l \tag{1-7}$$

当荷载作用点A处也达到受弯承载力M_{yA}时，整个结构形成可变体系而破坏。令$M_{yA}=M_{A1}+M_{A2}$，可求得$P_2=P_1/2$，所以，该连续梁能够承担的跨中集中荷载为

$$P_u=P_1+P_2=\frac{9}{8}P_1 \tag{1-8}$$

由上述例子可总结出钢筋混凝土连续梁塑性内力重分布的几点结论：

（1）钢筋混凝土连续梁达到承载力极限状态的标志，不是某一截面达到极限弯矩，而必须是出现足够的塑性铰，使整个结构形成可变体系。

（2）塑性铰出现以前，连续梁的弯矩服从弹性内力分布规律；塑性铰出现以后，结构计算简图发生变化，各截面弯矩的增长率发生变化。

（3）按弹性理论计算，连续梁的弯矩系数（即内力分布）与截面配筋率无关，内力与外力既符合平衡条件，同时也满足变形协调关系。

（4）考虑塑性内力重分布计算，虽然仍符合平衡条件，但不再符合变形协调关系。在塑性铰截面处，梁的变形曲线不再连续。

（5）通过控制支座截面和跨中截面的配筋率可以控制连续梁中塑性铰出现的顺序和位置，控制调幅的大小和方向。为了保证调幅截面能形成塑性铰，并具有足够的转动能力，应使调幅截面受压区高度$\xi=x/h_0\leqslant 0.35$，钢筋采用塑性较好的HPB300、HRB335和HRB400级钢筋。

（三）塑性内力重分布的计算方法——调幅法

钢筋混凝土连续梁、板考虑塑性内力重分布的计算时，应用较多的是调幅法，即在弹性理论计算的弯矩包络图基础上，将选定的某些支座截面较大的弯矩值，按内力重分布的原理加以调整，然后进行配筋计算。

以在均布荷载作用下的两跨连续梁为例，图1-16（c）的外包线为按弹性理论计算求得的弯矩包络图，支座截面弯矩为最大负弯矩M_e。现在人为地减少所需钢筋，将此弯矩调整降至M'_B，即调幅为（$M_e-M'_B$），这样在荷载的最不利组合（恒+活$_1$+活$_2$）作用下，当支座截面弯矩达到M'_B时就出现塑性铰，此时支座截面的弯矩不再增加，而跨中弯矩仍继续增加，这样就相当于在（恒+活$_1$+活$_2$）弯矩图上叠加一个直线弯矩图［见图

1－16 (b)]；叠加后得出的弯矩图如图 1－16 (c) 中粗线所示，该图即为考虑塑性内力重分布后的弯矩包络图。如果我们对调整后的支座弯矩 M'_B 取值适当，使支座截面的弯矩降低不是过多，或者说调整后的跨中截面弯矩仍不超过原弯矩包络图所示的跨中最大弯矩，这表明在不增加跨中截面配筋的情况下，减少了支座截面配筋，从而节约了材料，而且改善了支座截面配筋拥挤现象。

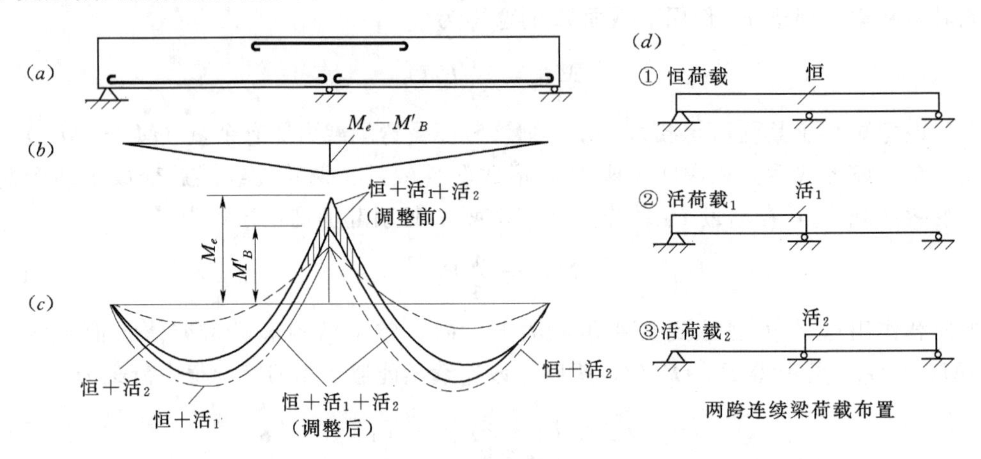

图 1－16　两跨连续梁弯矩调幅

由上述可知，利用弯矩调幅法时，若选择不同的截面、不同的调整幅度，即可能得到不同的内力重分布效果、不同的最终弯矩包络图，连续梁的配筋也就不同。这就有一个设计者根据什么原则来调整的问题。考虑塑性内力重分布计算的一般原则有以下几个：

(1) 保证塑性铰的转动能力。塑性铰的转动能力是实现完全的内力重分布的保证，就要防止受压区混凝土过早地破坏，控制钢筋用量，满足 $\xi\leqslant 0.35$ 的限制条件。同时宜采用 HPB300 级、HRB335 级和 HRB400 级热轧钢筋；混凝土强度等级宜为 C25～C45。

(2) 要控制弯矩调整幅度。为了避免塑性铰出现过早，转动幅度过大，使梁的裂缝过宽，梁变形过大，应控制支座截面弯矩调整幅度。一般宜满足调幅系数 $\beta=(M_e-M'_B)/M_e\leqslant 0.2$。

(3) 结构的跨中截面弯矩值，应取弹性分析所得的最不利弯矩和按下式计算中的较大者：

$$M = 1.02M_0 - \frac{M^l + M^r}{2} \tag{1-9}$$

式中：M_0 为按简支梁计算的跨中弯矩值；M^l、M^r 分别为连续梁的左、右支座截面调幅后的弯矩设计值。

(4) 弯矩调幅后，支座和跨中控制截面的弯矩值均不小于 $M_0/3$。

(四) 在均布荷载作用下等跨连续梁、板考虑塑性内力重分布的弯矩和剪力的计算方法

为了计算方便，对工程中常用的承受相等均布荷载的等跨连续板和次梁，采用调幅法导出其内力计算系数，设计时可直接查得，按下式计算内力。

对于弯矩，有

$$M = \alpha(g+q)l_0^2 \tag{1-10}$$

对于剪力，有

$$V=\beta(g+q)l_n \tag{1-11}$$

式中：g 为作用在梁、板上的均布恒荷载的设计值；q 为作用在梁、板上的均布活荷载的设计值；l_0 为计算跨度，按表 1－4 采用；l_n 为净跨度；α 为弯矩系数，按表 1－5 和表 1－6 采用；β 为剪力系数，按表 1－7 采用。

表 1－5　连续板考虑塑形内力重分布的弯矩系数 α

<table>
<tr><th rowspan="3">端支座
支承情况</th><th colspan="6">截　面</th></tr>
<tr><th>端支座</th><th>边跨跨中</th><th>离端第二支座</th><th>离端第二跨中</th><th>中间支座</th><th>中间跨跨中</th></tr>
<tr><th>A</th><th>I</th><th>B</th><th>Ⅱ</th><th>C</th><th>Ⅲ</th></tr>
<tr><td>搁置墙上</td><td>0</td><td>1/11</td><td rowspan="2">−1/10（用于两跨连续板）
−1/11（用于多跨连续板）</td><td rowspan="2">1/16</td><td rowspan="2">−1/14</td><td rowspan="2">1/16</td></tr>
<tr><td>与梁整体连接</td><td>−1/16</td><td>1/14</td></tr>
</table>

注　1. 表中弯矩系数适用于荷载比 $q/g>0.3$ 的等跨连续板。

2. 表中 A、B、C 和Ⅰ、Ⅱ、Ⅲ分别为从两端支座和边跨跨中截面算起的截面代号。

表 1－6　连续梁考虑塑形内力重分布的弯矩系数 α

<table>
<tr><th rowspan="3">端支座
支承情况</th><th colspan="6">截　面</th></tr>
<tr><th>端支座</th><th>边跨跨中</th><th>离端第二支座</th><th>离端第二跨中</th><th>中间支座</th><th>中间跨跨中</th></tr>
<tr><th>A</th><th>I</th><th>B</th><th>Ⅱ</th><th>C</th><th>Ⅲ</th></tr>
<tr><td>搁置墙上</td><td>0</td><td>1/11</td><td rowspan="3">−1/10（用于两跨连续板）
−1/11（用于多跨连续板）</td><td rowspan="3">1/16</td><td rowspan="3">−1/14</td><td rowspan="3">1/16</td></tr>
<tr><td>与梁整体连接</td><td>−1/24</td><td>1/14</td></tr>
<tr><td>与柱整体连接</td><td>−1/16</td><td>1/14</td></tr>
</table>

注　1. 表中弯矩系数适用于荷载比 $q/g>0.3$ 的等跨连续板。

2. 表中 A、B、C 和Ⅰ、Ⅱ、Ⅲ分别为从两端支座和边跨跨中截面算起的截面代号。

表 1－7　连续梁考虑塑性内力重分布的剪力系数 β

<table>
<tr><th rowspan="3">荷载情况</th><th rowspan="3">端支座支承情况</th><th colspan="4">截　面</th></tr>
<tr><th>A 支座内侧</th><th>B 支座外侧</th><th>B 支座内侧</th><th>C 支座内、外侧</th></tr>
<tr><th>A_l</th><th>B_r</th><th>B_l</th><th>C_r、C_l</th></tr>
<tr><td rowspan="2">均布荷载</td><td>搁置在墙上</td><td>0.45</td><td>0.6</td><td rowspan="2">0.55</td><td rowspan="4">0.55</td></tr>
<tr><td>梁与梁或梁与柱整体连接</td><td>0.50</td><td>0.55</td></tr>
<tr><td rowspan="2">集中荷载</td><td>搁置在墙上</td><td>0.42</td><td>0.65</td><td rowspan="2">0.55</td></tr>
<tr><td>梁与梁或梁与柱整体连接</td><td>0.50</td><td>0.60</td></tr>
</table>

注　表中 A_l、B_r、B_l、C_r、C_l 分别为支座内、外侧截面的代号，下标 r 表示内侧，下标 l 表示外侧。

应当指出，按内力塑性重分布理论计算超静定结构虽然可以节约钢材，但在使用阶段钢筋应力较高，构件裂缝和变形均较大。因此，在下列情况下不宜采用塑性计算方法，而应采用弹性理论计算方法：

（1）使用阶段不允许开裂的结构。

（2）重要部位的结构，要求可靠度较高的结构（如主梁）。

（3）受动力和疲劳荷载作用的结构。

(4) 处于腐蚀环境中的结构。

五、截面配筋计算及构造要求

(一) 板的计算和构造要求

1. 板的计算

(1) 板一般能满足斜截面抗剪承载力要求，设计时可不进行受剪承载力计算。

(2) 板承受荷载进入极限状态时，支座处在上部开裂，而跨中在下部开裂，从支座到跨中各截面受压区合力作用点形成具有一定拱度的压力线。当板的周边具有足够的刚度（如板四周有限制水平位移的边梁）时，在竖向荷载作用下，周边将对它产生水平推力（见图1-17）。该推力可减少板中各计算截面的弯矩，其减少程度视板的边长比及边界条件而异。为了考虑这种有利因素，一般规定：对四周与梁整体连接的单向板，其中间跨的跨中截面及中间支座截面的计算弯矩可减少20%，其他截面则不予降低。

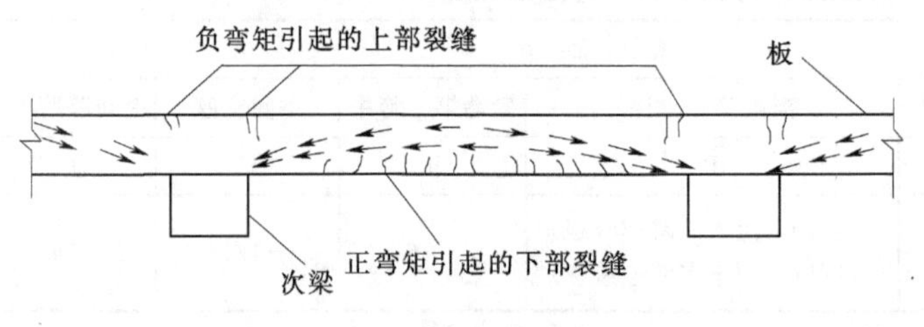

图1-17 钢筋混凝土连续板的推力效应

(3) 根据弯矩算出各控制截面的钢筋面积之后，为使跨数较多的内跨钢筋与计算值的尽可能一致，同时使支座截面尽可能利用跨中弯起的钢筋，应按先内跨后外跨，先跨中后支座程序选择钢筋的直径和间距。

2. 板的构造的要求

(1) 板的厚度，板在楼盖中是大面积构件，故从经济角度考虑，其厚度应尽量薄，但从施工和刚度要求考虑，则不应小于前述最小板厚。

(2) 板的支承长度应满足其受力钢筋在支座内锚固的要求，且一般不小于板厚，当搁置在砖墙上时，不小于120mm。

(3) 板中受力钢筋，一般采用HPB300级钢筋，常用直径为$\phi6$、$\phi8$、$\phi10$等。对于支座负钢筋，为便于施工架立，宜采用较大直径。一般不小于$\phi8$直径的钢筋。

受力钢筋间距，一般不小于70mm；当板厚$h\leqslant150$mm时，不宜大于200mm；当板厚$h>150$mm时，不宜大于$1.5h$，且不宜大于250mm。伸入支座的钢筋，采用分离式配筋宜全部伸入支座，支座负弯矩钢筋向跨内的延伸长度应覆盖负弯矩图并满足钢筋的锚固的要求。

连续板受力钢筋有弯起式［见图1-18 (a)］和分离式［见图1-18 (b)］两种。前者整体性较好，且可节约钢材，但施工较复杂。后者整体性稍差，用钢量稍高，但施工方便。当板厚$h\leqslant120$mm，且所受动态荷载不大时，可采用分离式配筋。

弯起式配筋可先按跨中正弯矩确定其钢筋直径和间距。然后，在支座附近将跨中钢筋按需要弯起1/2（隔一弯一）以承受负弯矩，但最多不超过2/3（隔一弯二）。若弯起钢筋的截面面积不够，可另加直钢筋。

弯起钢筋弯起的角度一般采用30°，当板厚$h>120$mm时，可用45°。采用弯起式配筋，相邻两跨跨中及中间支座钢筋直径应互相配合，间距变化应有规律，钢筋直径

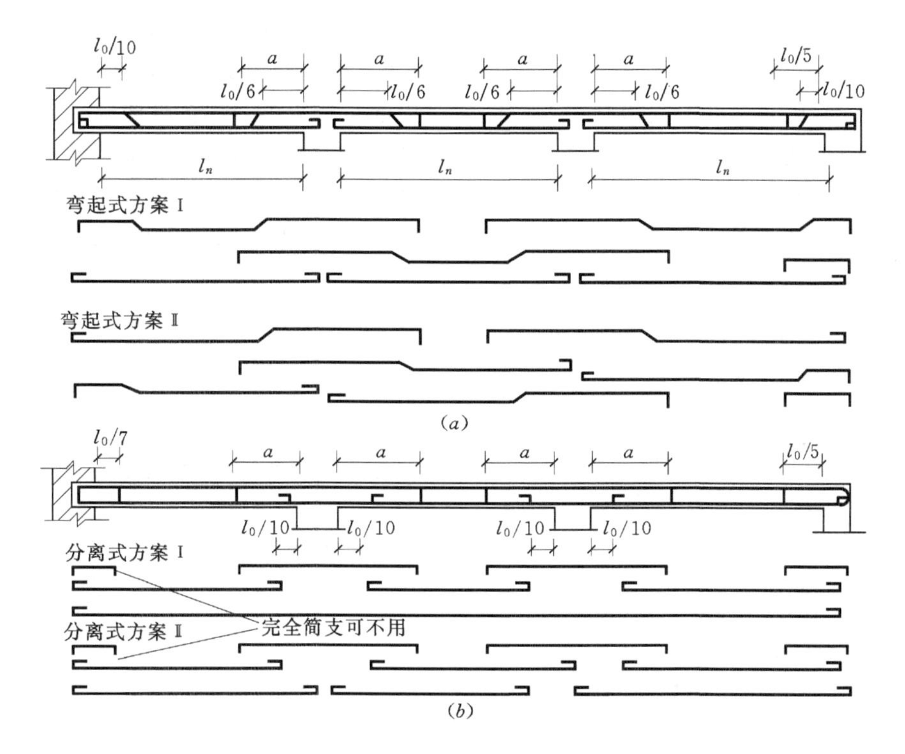

图 1-18　钢筋混凝土连续板受力钢筋两种配筋方式

种类不宜过多，以利于施工。

为了保证锚固可靠，板内伸入支座的下部受力钢筋采用半圆弯钩。对于上部负钢筋，为了保证施工时钢筋的设计位置，宜做成直抵模板的直钩。因此，直钩部分的钢筋长度为板厚减净保护层厚。

确定连续板钢筋的弯起点和切断点，一般不必绘弯矩包络图，可按图 1-18 所示的构造要求处理。图中 a 的取值如下：

当 $q/g \leqslant 3$ 时：　　　　$a = l_0/4$

当 $q/g > 3$ 时：　　　　$a = l_0/3$

式中：g、q 和 l_0 分别为恒荷载、活荷载设计值和板的计算跨长。

若板相邻跨跨度相差超过 20%或各跨荷载相差较大时，应绘弯矩包络图以确定钢筋的弯起点和切断点。

(4) 板中构造钢筋。

1) 分布钢筋。它是与受力钢筋垂直布置的钢筋，其作用除固定受力钢筋位置、抵抗温度收缩应力以及分布荷载的作用外，仍要承受一定数量的弯矩。例如现浇楼盖的单向板实际上为周边支承板，两个方向均发生弯曲。因此，《混凝土结构设计规范》规定，当按单向板设计时，除沿受力方向布置受力钢筋外，尚应在垂直受力方向布置分布钢筋。单位长度上分布钢筋的截面面积不宜小于受力钢筋截面面积的 15%，且不宜小于该方向板截面面积的 0.15%。此外，分布钢筋应均匀垂直布置于受力钢筋内侧，其间距不宜大于 200mm，直径不宜小于 6mm。在受力钢筋的弯折处也应布置分布钢筋。

2）嵌入墙内的板面附加钢筋。这种钢筋的设置（见图 1－19），是为了防止如图 1－20所示的板面裂缝的产生。由于砖墙的嵌固作用，板内产生负弯矩，使板面受拉开裂。在板角部分，除因传递荷载使板在板角正交方向引起负弯矩外，由温度收缩影响产生的角部拉应力，也促使板角发生斜向裂缝。为避免这种裂缝的出现和开展，《混凝土结构设计规范》规定，对与支承结构整体浇筑或嵌固承重砌体墙内的现浇混凝土板，应沿支承周边配置上部构造钢筋，其直径不宜小于 8mm，间距不宜大于 200mm，并应符合下列规定：

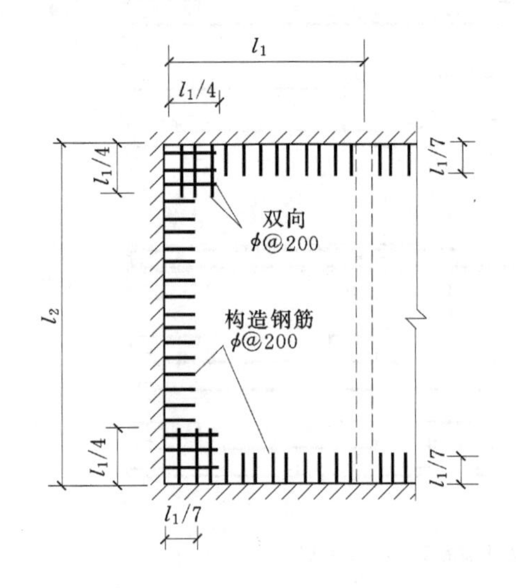

图 1－19 板嵌固在承重墙内时板的上部钢筋

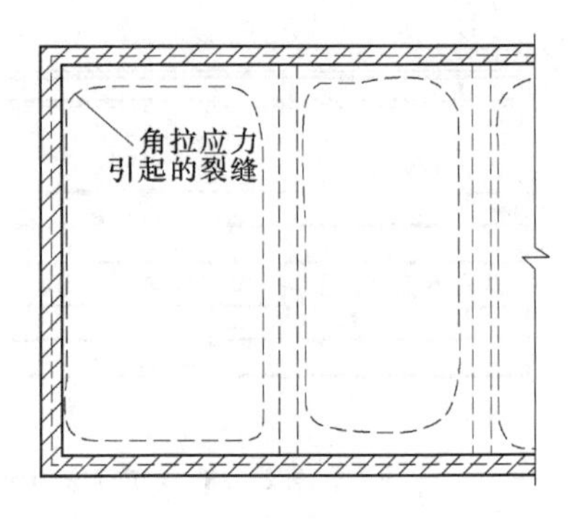

图 1－20 板嵌固在承重墙内时的顶面裂缝分布

现浇楼盖与混凝土梁整体浇筑的单向板或双向板，应在板边上部设置垂直于板边的构造钢筋，其截面面积不宜小于板跨中相应方向纵向钢筋截面面积的 1/3；该钢筋自梁边或墙边伸入板内的长度，在单向板中不宜小于受力方向板计算跨度的 1/5，在双向板中不宜小于板短跨方向计算跨度的 1/4，在板角处该钢筋应沿两个垂直方向布置或按放射状布置。

嵌固砌体墙内的现浇混凝土板，其上部与板边垂直的构造钢筋伸入板内的长度，从墙边算起不宜小于板短边跨度的 1/7；在两边嵌固于墙内的板角部分，应配置双向上部构造钢筋，该钢筋伸入板内的长度从墙边算起不宜小于板短边跨度的 1/4；沿板的受力方向配置的上部构造钢筋，其截面面积不宜小于该方向跨中受力钢筋截面面积的 1/3。

3）垂直于主梁的板面构造钢筋，现浇楼盖的单向板，实际上是周边支承板，主梁也将对板起支承作用。靠近主梁的板面荷载将直接传递给主梁，因而产生一定的负弯矩，并使板与主梁连接处产生板面裂缝，有时甚至开展较宽。因此，《混凝土结构设计规范》规定，应在板面配置间距不大于 200mm（沿主梁方向）与主梁垂直的上部构造钢筋，其直径不宜小于 8mm，且单位长度内的总截面面积，应不小于板跨中单位长度内受力钢筋截面面积的1/3，该构造钢筋伸出主梁梁边的长度不小于 $l_0/4$，l_0 为板的计算跨度（见图 1－21）。

4）板内孔洞周边的附加钢筋，当孔洞的边长 b（矩形孔）或直径 D（圆形孔）不大于 300mm 时，由于削弱面积较小，可不设附加钢筋，板内受力钢筋可绕过孔洞，不必切断［见图 1－22（a）］。

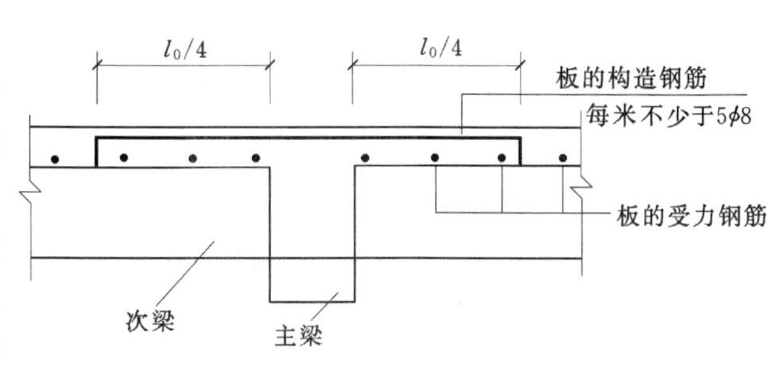

图 1－21　板中与梁肋垂直的构造钢筋

当边长 b 或直径 D 大于 300mm，但小于 1000mm 时，应在洞边每侧配置加强洞口的附加钢筋，其面积不小于洞口被切断的受力钢筋截面面积的 1/2，且不小于 2ϕ10。如仅按构造配筋，每侧可附加 2ϕ10～2ϕ12 的钢筋［见图 1－22（b）］。当 b 或 D 大于 1000 mm，且无特殊要求时，宜在洞边加设小梁［见图 1－22（c）］。对于圆形孔洞，板中还需配置如图 1－22 所示的上部和下部钢筋以及如图 1－22（d）、（e）所示的洞口附加环筋和放射向钢筋。

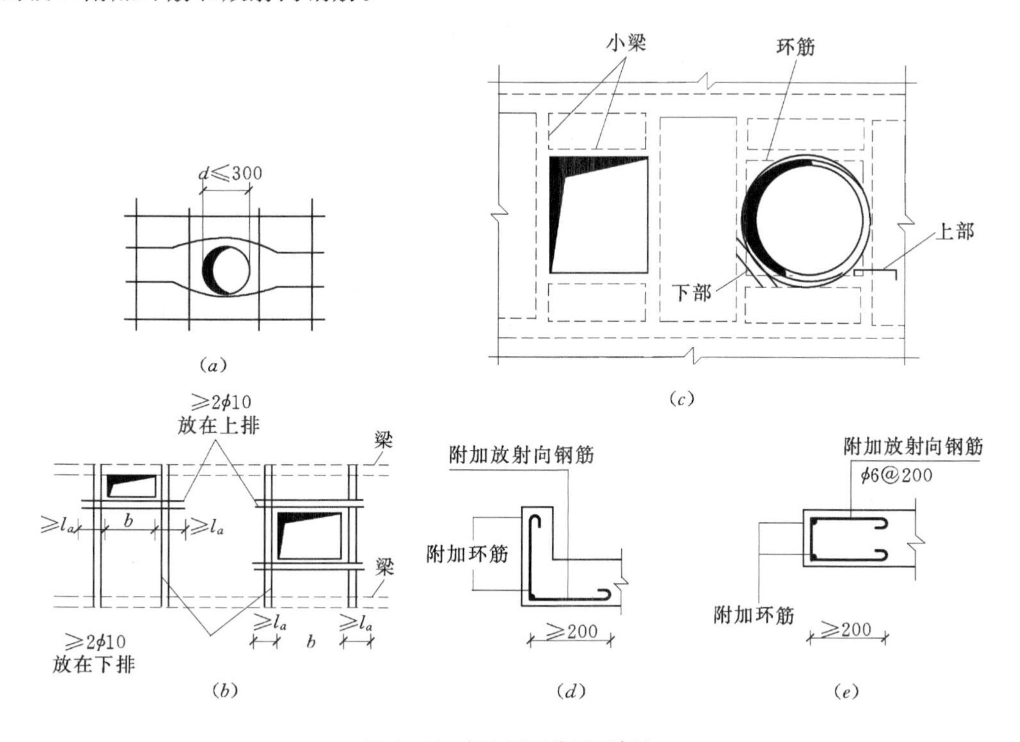

图 1－22　板上开洞的配筋方法

（二）次梁的计算与构造要求

1. 次梁的计算

（1）按正截面抗弯承载力确定纵向受拉钢筋时，通常跨中按 T 形截面计算，其翼缘计算宽度 b'_f 按有关规定采用；支座因翼缘位于受拉区，按矩形截面计算。

（2）按斜截面抗剪承载力确定横向钢筋时，当荷载、跨度较小时，一般只利用箍筋抗剪；当荷载、跨度较大时，宜在支座附近设置弯起钢筋，以减少箍筋用量。

（3）截面尺寸满足前述高跨比（1/18～1/12）和宽高比（1/3～1/2）的要求时，一般不必作使用阶段的挠度和裂缝宽度验算。

2. 次梁的构造要求

（1）次梁的钢筋组成及其布置可参考图 1-23。次梁伸入墙内的长度一般应不小于 240mm。

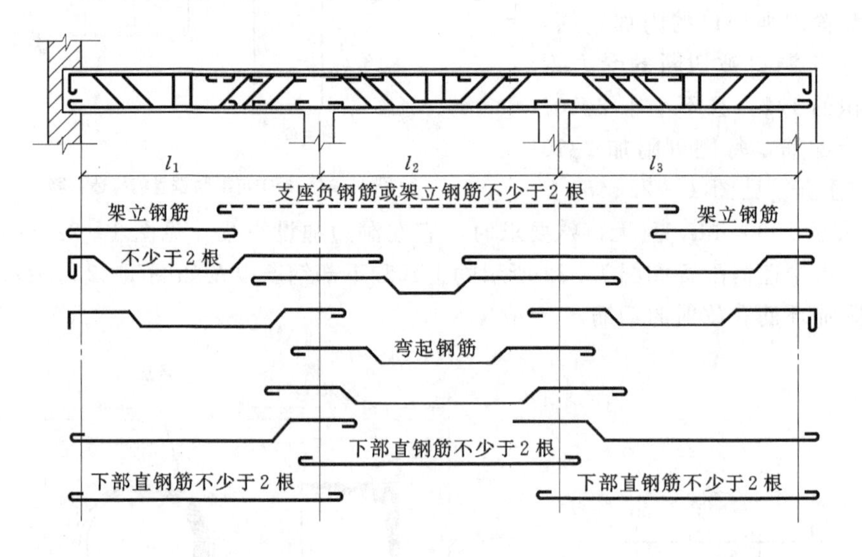

图 1-23 次梁的钢筋组成及布置

（2）当次梁相邻跨度相差不超过 20%，且均布恒荷载与活荷载设计值比 $q/g<3$ 时，其纵向受力钢筋的弯起和切断可按图 1-24 设计，否则应按弯矩包络图确定。

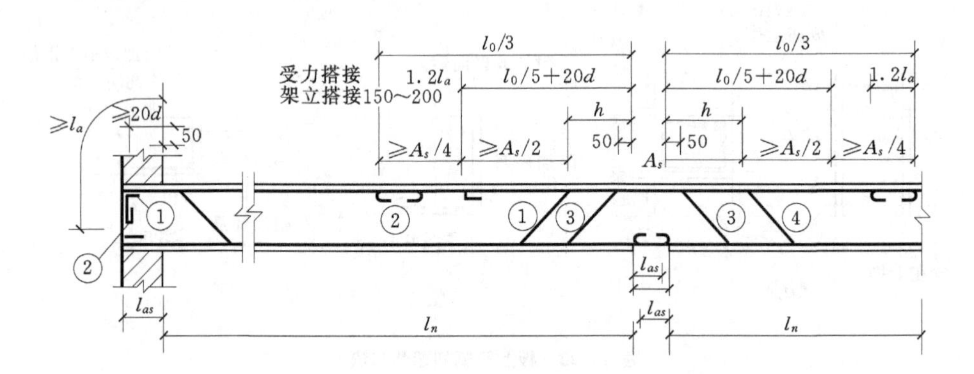

图 1-24 次梁的配筋构造要求

（三）主梁的计算与构造要求

1. 主梁的计算

（1）正截面抗弯承载力计算与次梁相同，通常跨中按 T 形截面计算，支座按矩形截面计算，当跨中出现负弯矩时，跨中也应按矩形截面计算。

（2）由于支座处板、次梁、主梁的钢筋重叠交错，且主梁负筋位于次梁和板的负筋之下（见图 1-25），故截面有效高度在支座处有所减小。当钢筋单排布置时，$h_0=h-$（55～60）mm；当钢筋双排布置时，$h_0=h-$（80～90）mm。

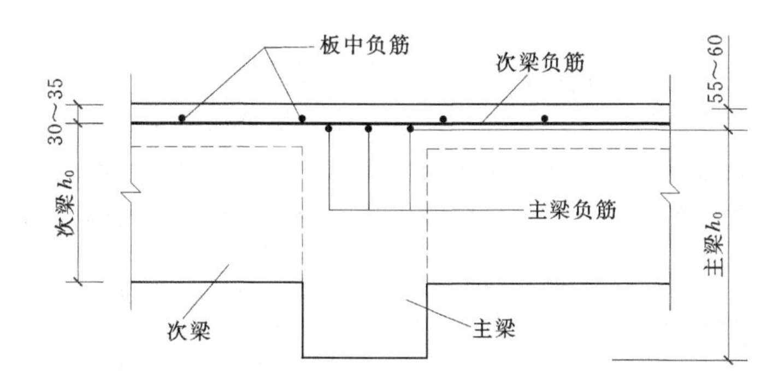

图1-25　主梁支座处的截面有效高度

（3）主梁主要承受集中荷载，剪力图呈矩形。如果在斜截面抗剪计算中，要利用弯起钢筋抵抗剪力，则应考虑跨中有足够的钢筋可供弯起，以使抗剪承载力图完全覆盖剪力包络图。若跨中钢筋可供弯起的根数不够，则应在支座设置专门抗剪的鸭筋（见图1-26）。

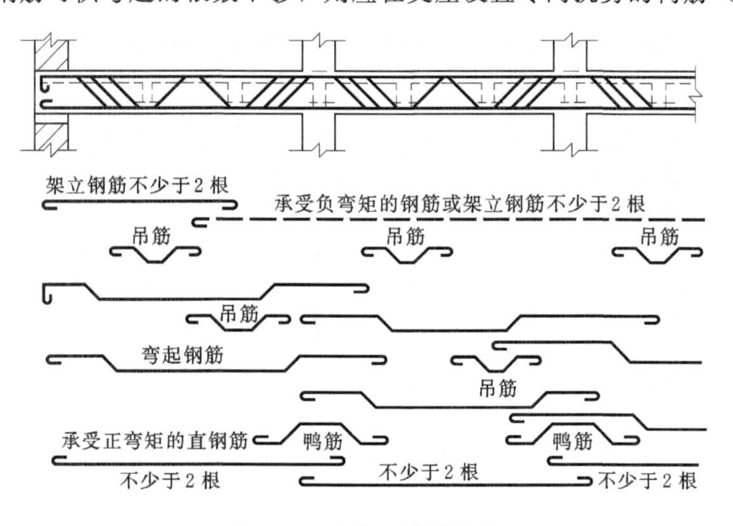

图1-26　主梁配筋构造要求

（4）截面尺寸满足前述高跨比（1/14～1/8）和宽高比（1/3～1/2）的要求时，一般不必作使用阶段挠度和裂缝宽度验算。

2. 主梁的构造要求

（1）主梁钢筋的组成及布置可参考图1-26，主梁伸入墙内的长度一般应不小于370mm。

（2）主梁纵向受力钢筋的弯起与切断，应使其抵抗弯矩图覆盖弯矩包络图，并应满足有关构造要求。

（3）在次梁和主梁相交处，次梁在支座负弯矩作用下，在顶面将出现裂缝［见图1-27（*a*）］。这样，次梁主要通过其支座截面剪压区将集中力传给主梁梁腹。试验表明，当梁腹有集中力作用时，将产生垂直于梁轴线的局部应力，作用点以上的梁腹内为拉应力，以下为压应力。该局部应力在荷载两侧的0.5～0.65倍梁高范围内逐渐消失。由该局部应力和梁下部的法向拉应力引起的主拉应力将在梁腹引起斜裂缝。为防止这种斜裂缝引起的局部破坏，应在主梁承受次梁传来集中力处设置附加的横向钢筋（吊筋或箍筋）。《混凝土结构设计规范》建议附加横向钢筋宜优先采用附加箍筋。

试验还表明，当吊筋数量足够时，在主、次梁交接处两侧 1/2 梁高范围内吊筋应力较高，在此范围外的吊筋，其应力较低不能充分发挥作用，故建议吊筋应分布在 $(b+h)$ 范围内。设计中，吊筋一般按其下部尺寸略大于次梁的宽度布置［见图 1-27 (b)］。

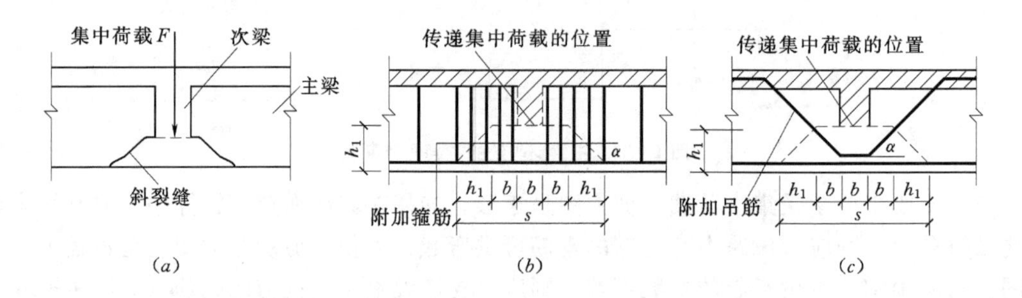

图 1-27　梁截面高度范围内有集中荷载作用时附加横向钢筋的布置

(a) 集中荷载作用下裂缝情况；(b) 附加箍筋；(c) 附加吊筋

《混凝土结构设计规范》规定，附加箍筋应布置在长度为 $s=2h_1+3b$ 的范围内。

第一道附加箍筋离次梁边 50mm［见图 1-27 (c)］，如果集中力 F 全部由附加箍筋承受，则所需附加箍筋的总截面面积为

$$A_{sv}=F/f_{yv} \tag{1-12}$$

当选定附加箍筋的直径和肢数后，由上式求得的 A_{sv}，即不难算出 s 范围内附加箍筋的根数。

如果集中力 F 全部由吊筋承受，其总截面面积为

$$A_s \geqslant \frac{F}{2f_y\sin\alpha} \tag{1-13}$$

如果集中力 F 同时由附加吊筋和箍筋承受时，应满足下列条件：

$$F \leqslant 2A_sf_y\sin\alpha + mnA_{sv1}f_{yv} \tag{1-14}$$

式中：F 为由次梁传递的集中力设计值；f_y 为附加吊筋抗拉强度设计值；A_s 为附加吊筋的截面面积；A_{sv1} 为附加箍筋单肢的截面面积；f_{yv} 为附加箍筋抗拉强度设计值；n 为同一截面内附加箍筋的肢数；m 为在 s 范围内附加箍筋的个数；α 为附加吊筋弯起部分与构件轴线夹角，一般为 45°，当梁高 $h>800$mm 时，采用 60°。

六、设计例题

【例 1-1】　某多层工业建筑楼盖，建筑轴线及柱网平面如图 1-28 所示。层高 5m。楼面活荷载标准值为 6.0kN/m²，其分项系数为 1.3。楼面面层为 20mm 厚水泥砂浆，梁、板下面用 15mm 厚混合砂浆抹灰。梁、板混凝土强度等级均采用 C30；受力钢筋采用 HRB400 级钢筋，箍筋采用 HPB300 级钢筋。设主梁与柱的线刚度比大于 4。试进行结构设计。

解：1. 结构布置

楼盖采用单向板肋梁楼盖方案，梁、板结构布置及构造尺寸如图 1-28 所示。

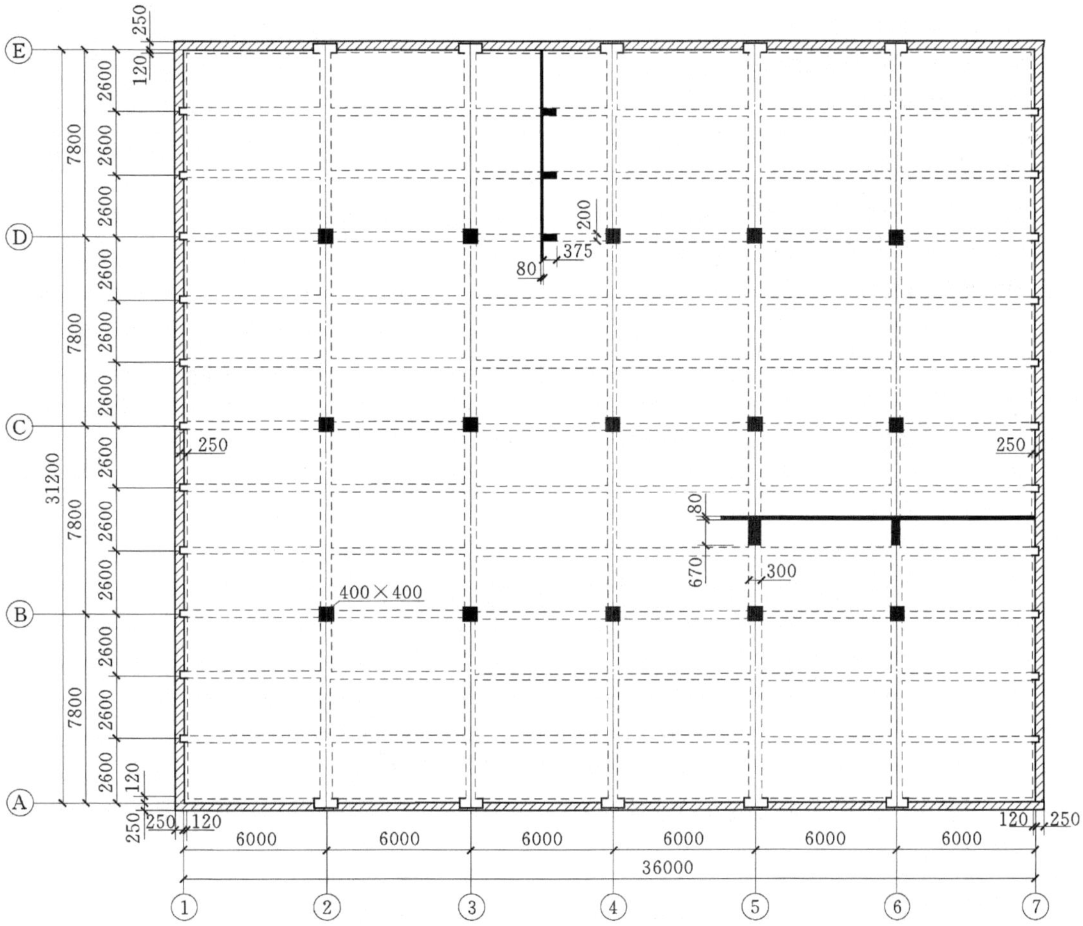

图 1-28　［例 1-1］中梁、板结构布置

确定主梁跨度为 7.8m，次梁跨度为 6m，主梁跨内布置 2 根次梁，板的跨度为 2.6m。

（1）板、梁截面尺寸。

1）板厚。$h \geqslant l/40 = 2500/40 = 62.5$mm，对于工业建筑的楼盖板，要求 $h \geqslant 70$mm，考虑到楼面活荷载比较大，取板厚 $h = 80$mm。

2）次梁截面尺寸。$h = l/8 - l/12 = 6000/18 \sim 6000/2 = 333 \sim 500$mm，取 $h = 450$mm，$b = 200$mm。

3）主梁截面尺寸。$h = l/15 - l/10 = 7800/15 \sim 7800/10 = 520 \sim 780$mm，取 $h = 750$mm，$b = 300$mm。

2. 板的计算

板按考虑塑性内力重分布的方法计算，取 1m 宽板带为计算单元，板厚 $h = 80$mm，有关尺寸及计算简图如图 1-29 所示。

（1）荷载。

1）荷载标准值。

• 恒荷载标准值。

20mm 水泥砂浆面层：	$20\times0.02=0.4\text{kN/m}^2$
80mm 厚钢筋混凝土板：	$25\times0.08=2.0\text{kN/m}^2$
15mm 厚混合砂浆抹灰：	$17\times0.015=0.26\text{kN/m}^2$
全部恒荷载标准值：	2.66kN/m^2
1m 板宽恒荷载标准值：	$g_k=2.66\text{kN/m}$
• 活荷载标准值：	6.0kN/m^2
1m 板宽活荷载标准值：	$q_k=6.0\text{kN/m}$

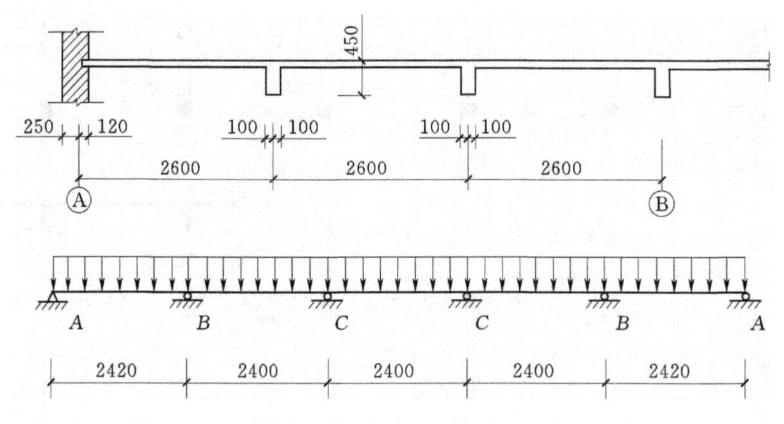

图 1-29 ［例 1-1］中板的计算简图

2）荷载设计值。永久荷载分项系数取为 1.2；因楼面均布活荷载标准值大于 4.0kN/m^2，可变荷载分项系数取为 1.3。

1m 板宽恒荷载设计值：$g=1.2\times2.66=3.19\text{kN/m}$

1m 板宽活荷载设计值：$q=1.3\times6.00=7.80\text{kN/m}$

1m 板宽全部荷载设计值：$q=g+q=3.19+7.80=10.99\text{kN/m}$

（2）内力。连续板的内力按塑性理论计算法进行计算。

1）计算跨度。

板厚：$h=80\text{mm}$

次梁截面尺寸：$hb=200\text{mm}\times450\text{mm}$

承载力和办重分布设计，故板的计算跨度如下。

边跨：$l_{01}=2600-100-120+80/2=2420\text{mm}$

中间跨：$l_{02}=2600-200=2400\text{mm}$

跨度差：$(2420-2400)/2400=0.83\%<10\%$

板有 12 跨，可按 5 跨等跨连续板计算。

2）板的弯矩。板的各跨跨中弯矩设计值和各支座弯矩设计值计算列于表 1-8。

（3）配筋计算。

$$b=1000\text{mm}，h=80\text{mm}，h_0=h-20=80-20=60\text{mm}$$

$$f_c=14.3\text{N/mm}^2，f_t=1.43\text{N/mm}^2，f_y=360\text{N/mm}^2$$

表 1-8　　[例 1-1] 中板的弯矩设计值

截面位置	边跨跨中（Ⅰ）	离端第二支座（B）	离端第二跨跨中（Ⅱ）和中间跨跨中（Ⅲ）	中间支座（C）
弯矩系数 α_{mp}	1/11	−1/11	1/16	−1/14
M(kN·m)	5.85	−5.85	3.96	−4.52

注　$M=\alpha_{mp}pl_0^2$，系数 α_{mp} 由表 1-5 查得。

板的各跨跨中截面和各支座截面的配筋计算列于表 1-9。

表 1-9　　[例 1-1] 中板的配筋计算

截面位置	边跨跨中（Ⅰ）	离端第二支座（B）	离端第二跨跨中（Ⅱ）和中间跨跨中（Ⅲ）		中间支座（C）	
			①～②间 ⑥～⑦间	②～⑥间	①～②间 ⑥～⑦间	②～⑥间
M(kN·m)	5.85	−5.85	3.96	3.168	−4.52	−3.616
α_s	0.114	0.114	0.077	0.062	0.088	0.07
ξ	0.121	0.121	0.08	0.064	0.092	0.073
A_s(mm²)	288	288	191	153	219	174
实配钢筋直径、间距和截面面积	Φ8@160 314mm²	Φ8@160 314mm²	Φ6@140 202mm²	Φ6@180 157mm²	Φ8@200 251mm²	Φ8@200 251mm²

注　1. 表中，$\alpha_s=M/\alpha_1 f_c bh_0^2$，$\xi=1-\sqrt{1-2\alpha_s}$，$A_s=\xi\dfrac{f_c}{f_y}bh_0$。
2. 对轴线②～⑥之间的板带，其离端第二跨跨中截面，中间跨跨中截面和支座截面的弯矩值可减小 20%，故乘以系数 0.8。

计算结果表明，ξ 均小于 0.35，符合塑性内力重分布的条件。

$$\rho_{\min}=0.45\frac{f_1}{f_y}=0.45\times\frac{1.43}{360}=0.179\%<0.2\%$$

取 $\rho_{\min}=0.2\%$。

$$\rho=\frac{157}{1000\times800}=0.2\%=\rho_{\min}=0.2\%$$

符合要求。

板的配筋图如图 1-30 所示。

2. 次梁计算

次梁内力按塑性理论计算法进行计算，截面尺寸及计算简图如图 1-31 所示。

(1) 荷载。

1) 荷载标准值。

• 恒荷载标准值。

由板传来恒荷载：　　2.66×2.6=6.916kN/m

次梁自重：　　25×0.2×(0.45−0.08) =1.85kN/m

次梁抹灰：　　2×17×0.015×(0.45−0.08) =0.189kN/m

$q_k=8.955$kN/m

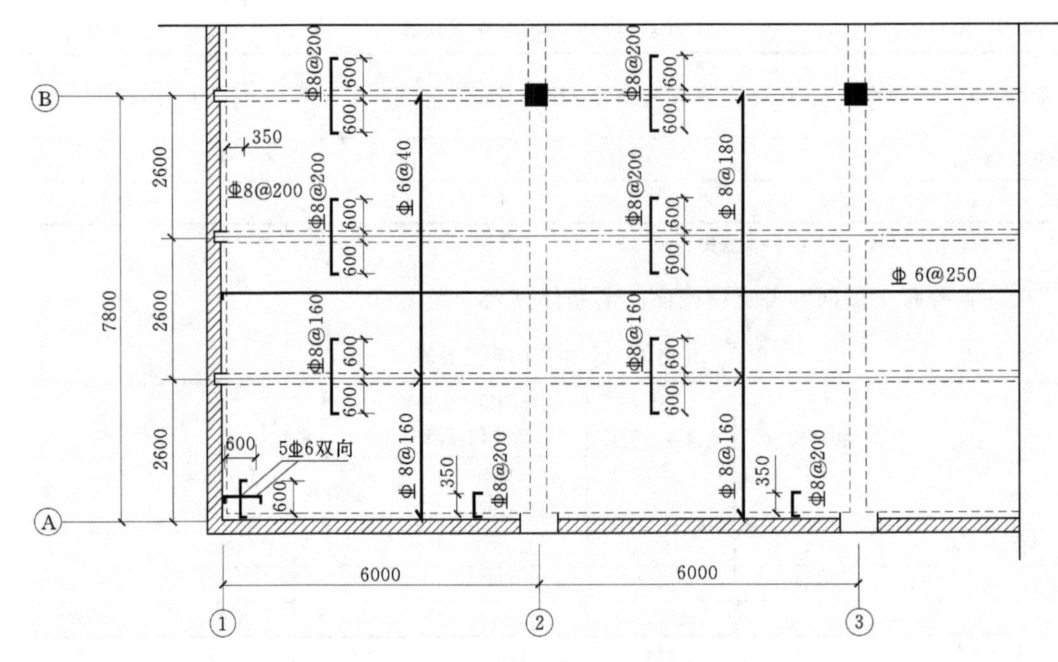

图 1-30 [例 1-1] 中单向板配筋图

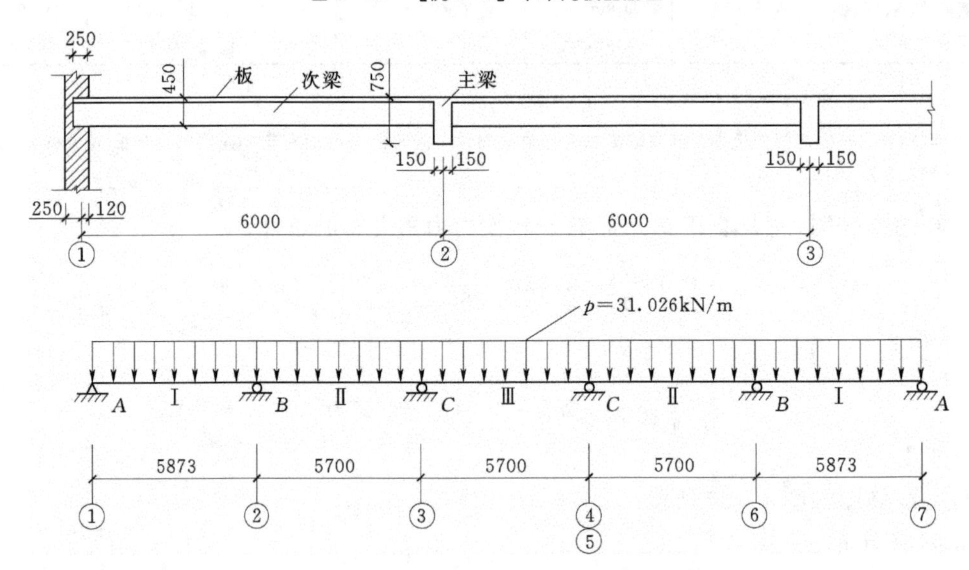

图 1-31 [例 1-1] 中次梁计算简图

• 活荷载标准值。 $q_k=6\times2.6=15.6\text{kN/m}$

2）荷载设计值。

恒荷载设计值： $g=1.2\times8.955=10.746\text{kN/m}$

活荷载设计值： $q=1.3\times15.6=20.28\text{kN/m}$

全部荷载设计值： $p=g+q=31.026\text{kN/m}$

（2）内力。

1）计算跨度。次梁在墙上的支承长度 $a=250\text{mm}$，主梁截面积尺寸 $bh=300\text{mm}\times750\text{mm}$。

• 边跨。

净跨度：　$l_{n1}=6000-120-300/2=5730\text{mm}$

计算跨度：　$l_{01}=5730+300/2=5880\text{mm}>1.025l_n=1.025\times5730=5873\text{mm}$

取 $l_{01}=5873\text{mm}$。

• 中间跨。

净跨度：　$l_{n2}=6000-300=5700\text{mm}$

计算跨度：　$l_{02}=l_{n2}=5700\text{mm}$

跨度差：　$(5873-5700)/5700=3.0\%<10\%$

故次梁可按等跨连续梁计算。

2）弯矩计算。次梁的各跨跨中弯矩设计值和各支座弯矩设计值计算列于表 1-10。

表 1-10　　[例 1-1] 中次梁弯矩设计值

截面位置	边跨跨中（Ⅰ）	离端第二支座（B）	离端第二跨跨中（Ⅱ）和中间跨跨中（Ⅲ）	中间支座（C）
弯矩系数 α_{mp}	1/11	−1/11	1/16	−1/14
M(kN·m)	97.29	−97.29	63.00	−72.00

注　$M=\alpha_{mp}pl_0$，系数 α_{mp} 由表 1-5 查得。

3）剪力计算。次梁各支座剪力设计值计算列于表 1-11。

表 1-11　　[例 1-1] 中次梁剪力设计值

截面位置	端支座（A）内侧截面	离端第二支座（B）		中间支座（C）	
		外侧截面	内侧截面	外侧截面	内侧截面
剪力系数 α_{vb}	0.45	0.60	0.55	0.55	
V(kN)	82.00	109.33	97.27	97.27	

注　$V=\alpha_{vb}pl_n$。

（3）配筋计算。

1）正截面承载力计算。次梁跨中截面按 T 形截面计算，其翼缘宽度如下：

边跨：$b_1'-1/3\times5873=1958\text{mm}<b+s_n=2600\text{mm}$，取 $b_f'=1958\text{mm}$。

中间跨：$b_f'=1/3\times5700=1900\text{mm}<b+s_n=2600$，取 $b_f'=1900\text{mm}$。

$$b=200\text{mm},\ h=450\text{mm},\ h_0=450-35=415\text{mm},\ h_f'=80\text{mm}$$

对于边跨：

$\alpha_1 f_c b_f' h_f'(h_0-h_f'/2)=1.0\times14.3\times1958\times80\times(415-80/2)=840\times10^6\text{N}\cdot\text{m}=840\text{kN}\cdot\text{m}>M$

故次梁边跨跨中截面均按第一类 T 形截面计算。同理可得，中间跨跨中截面也按第一类 T 形截面计算。

次梁支座截面按矩形截面计算。

$$f_c=14.3\text{N/mm}^2,\ f_y=360\text{N/m}^2$$

次梁各跨中截面和各支座截面的配筋计算列于表 1-12 中。

计算结果表明，ξ 均小于 0.35，符合塑性内力重分布的条件，取中间跨跨中截面验算最小配筋率，$\rho=\frac{456}{200\times450}=0.51\%>\rho_{\min}=0.20\%$（符合要求）。

表 1-12 ［例 1-1］中次梁的配筋计算

截面位置	边跨跨中（Ⅰ）	离端第二支座（B）	离端第二跨跨中（Ⅱ）和中间跨跨中（Ⅲ）	中间支座（C）
M(kN·m)	97.29	97.29	63.00	72.00
b'_f(mm)	1958	200	1900	200
α_s	0.02	0.198	0.013	0.146
ξ	0.02	0.223	0.013	0.159
A_s(mm²)	646	735	407	524
实配 A_s(mm²)	2 ⌽ 16+1 ⌽ 18 (656)	3 ⌽ 18 (763)	2 ⌽ 16 (402)	3 ⌽ 16 (603)

注 1. 对于跨中截面，$\alpha_s=\dfrac{M}{\alpha_1 f_c b'_f h_0^2}$，对于支座截面，$\alpha_s=\dfrac{M}{\alpha_1 f_c b h_0^2}$。

2. $\xi=1-\sqrt{1-2\alpha_s}$，$A_s=\xi\dfrac{f_c}{f_y}bh_0$。

2）斜截面受剪承载力计算。

$b=200$mm，$h_0=415$mm，$f_c=14.3$N/mm²，$f_t=1.43$N/mm²，$f_{yv}=270$N/mm²

验算截面尺寸：

$$h_w=h_0-h_f=415-80=335\text{mm}$$

$$h_w/b=335/200=1.675<4$$

$$0.25\beta_c f_c bh_0=0.25\times1.0\times14.3\times200\times415=296.73\text{kN}>V_{max}=109.33\text{kN}$$

故截面尺寸满足要求。

$$0.7f_tbh_0=0.7\times1.43\times200\times415=83.1\text{kN}$$

故除端支座 A 外各截面均需按计算配置箍筋。

计算腹筋。

以支座 B 外侧截面进行计算。

$$V_{B,ex}=109.33\text{kN}$$

$$V\leqslant V_{cs}=0.7f_tbh_0+f_{yv}\frac{A_{sv}}{s}h_0$$

$$\frac{A_{sv}}{s}=\frac{V-0.7f_tbh_0}{f_{yv}h_0}=\frac{109330-83100}{270\times415}=0.234\text{mm}$$

采用Φ 6 双肢箍筋，$A_{sv}=2\times28.3=56.6$mm²，则 $s=56.6/0.234=242$mm。

考虑弯矩调幅对受剪承载力的不利影响，应在距梁支座边 $1.05h_0$ 区段内将计算的箍筋截面面积增大 20%（或箍筋间距减小 20%）。于是，箍筋间距应减小为 $s=0.8\times242=193.6$mm，实际取 150mm。

验算最小配箍率。

采用调幅法计算时，最小配箍率为

$$\rho_{sv,\min}=0.3f_t/f_{yv}=0.3\times1.43/270=0.16\%$$

实际配箍率为

$$\rho_{sv}=\frac{A_{sv}}{bs}=\frac{56.6}{200\times150}=0.19\%>0.16\%$$

满足要求。

为了便于施工，全梁均按支座 B 外侧的计算结果进行配置箍筋。

次梁钢筋布置如图 1－32 所示。

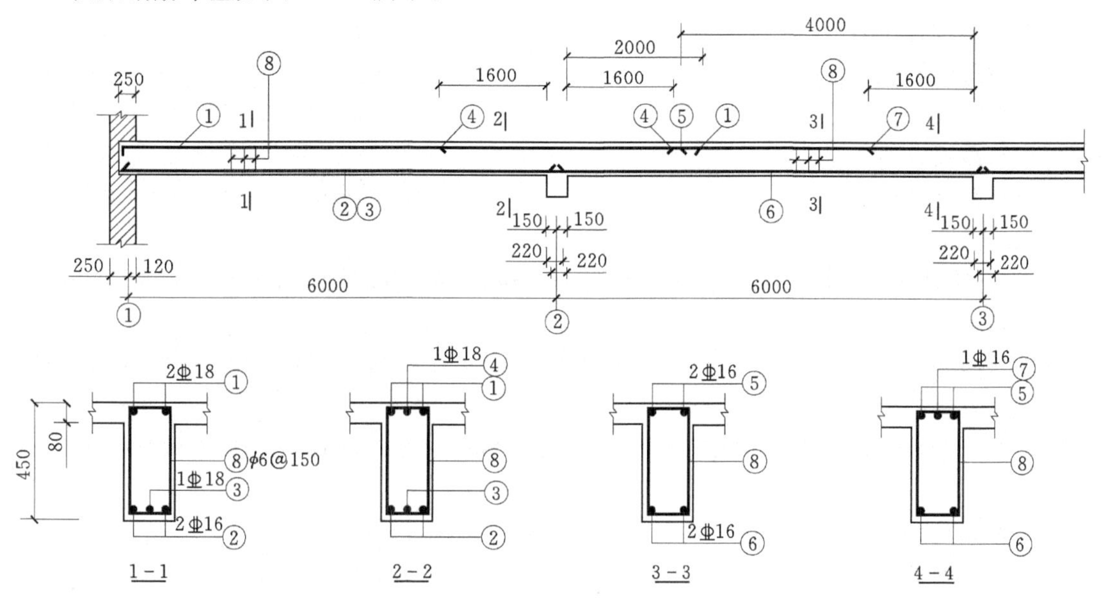

图 1－32 ［例 1－1］中次梁钢筋布置

4. 主梁计算

主梁内力按弹性理论计算法进行计算。因主梁与柱线刚度比大于 4，故主梁可视为铰支在柱顶的连续梁。主梁的截面尺寸及计算简图如图 1－33 所示。

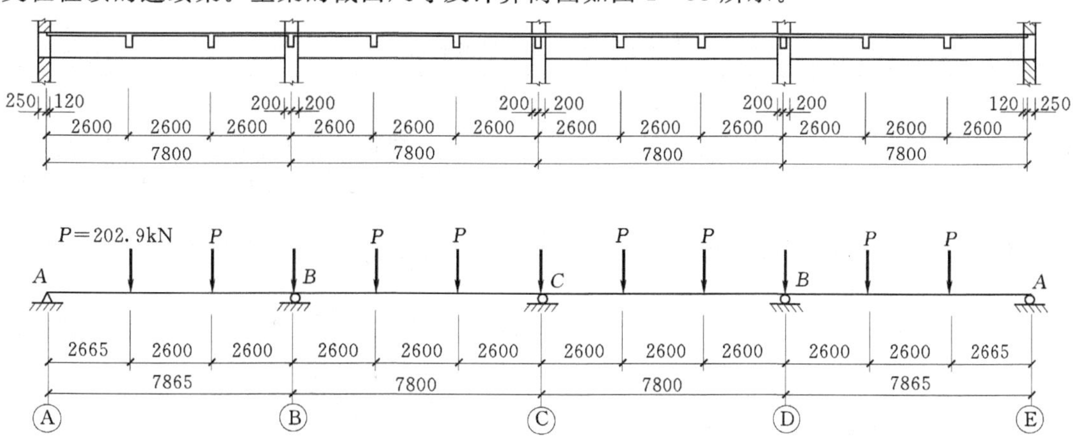

图 1－33 ［例 1－1］中主梁计算简图

（1）荷载。

1）荷载标准值。

恒荷载标准值。

由次梁传来恒荷载： $8.955\times6=53.73\text{kN}$

主梁自重： $25\times0.3\times(0.75-0.08)\times2.6=13.065\text{kN}$

主梁侧抹灰： $17\times0.015\times(0.75-0.08)\times2.6\times2=0.888\text{kN}$

全部恒荷载标准值： $G_k=67.683\text{kN}$

活荷载标准值： $Q_k=15.6\times6=93.6\text{kN}$

全部荷载标准值： $P_k=G_k+Q_k=67.683+93.6=161.283\text{kN}$

2）荷载设计值。

恒荷载设计值： $G=1.2\times67.683=81.22\text{kN}$

活荷载设计值： $Q=1.3\times93.6=121.68\text{kN}$

全部荷载设计值： $P=G+Q=81.22+121.68=202.9\text{kN}$

（2）内力。

1）计算跨度。主梁在墙上的支承长度 $a=370\text{mm}$，柱的截面尺寸为 $bh=400\text{mm}\times400\text{mm}$。

• 边跨。

边跨净跨： $l_{n1}=7800-120-200=7480\text{mm}$

边跨计算跨度：

$$l_{01}=7480+400/2+370/2=7865\text{mm}<1.025l_n+b/2=1.025\times7480+200=7867\text{mm}$$

故取 $l_{01}=7865\text{mm}$。

• 中间跨。

中间跨净跨： $l_{n2}=7800-400=7400\text{mm}$

中间跨计算跨度 $l_{02}=l_c=7800\text{mm}$

跨度差： $(7865-7800)/7800=0.83\%<10\%$

故按等跨连续梁计算。

2）弯矩、剪力计算。主梁弯矩和剪力计算列于表 1-13 和表 1-14。

表 1-13 ［例 1-1］中主梁弯矩计算

项次	荷载简图	边跨跨中		中间跨跨中		支座 B	支座 C
		截面 1	截面 2	截面 3	截面 4		
		k_m / M_1(kN·m)	k_m / M_2(kN·m)	k_m / M_3(kN·m)	k_m / M_4(kN·m)	k_m / M_B(kN·m)	k_m / M_C(kN·m)
1	$G=81.22\text{kN}$	0.238 / 152.03	0.143 / 91.35	0.080 / 50.68	0.111 / 70.32	−0.286 / −182.7	−0.191 / −121
2	$Q=121.68\text{kN}$	0.286 / 273.71	0.238 / 227.77	−0.127 / −120.54	−0.111 / −105.35	−0.143 / −136.85	−0.095 / −90.16
3	$Q=121.68\text{kN}$	−0.048 / −45.94	−0.096 / −91.87	0.206 / 195.52	0.222 / 210.7	−0.143 / −136.85	−0.095 / −90.16
4	$Q=121.68\text{kN}$	0.226 / 216.28	0.111 / 106.23	0.099 / 93.96	0.194 / 184.13	−0.321 / −307.2	−0.048 / −45.55
5	$Q=121.68\text{kN}$	−0.032 / −30.62	−0.063 / −60.29	0.175 / 166.09	0.112 / 106.3	−0.095 / −90.92	−0.286 / −271.44
6	内力不利组合 ①+②	**425.74**	**319.12**	−69.86	−35.03	−319.55	−211.16
	内力不利组合 ①+③	106.09	−0.52	**246.2**	**281.02**	−319.55	−211.16
	内力不利组合 ①+④	368.31	197.58	144.64	254.45	**−489.9**	−166.56
	内力不利组合 ①+⑤	121.41	31.06	216.77	176.62	−273.62	**−392.44**

注 1. $M=k_mQl_0$ 或 $M=k_mGl_0$，系数 k_m 由附录 A 查取（此处 k_m 即为该表中的 k_{mG} 或 k_{mQ}）。

2. 表中第 6 项中的黑体字为该截面的 $+M_{max}$ 或 $-M_{max}$，其余为绘制弯矩包络图所需弯矩值。

表 1-14　　　　**[例 1-1] 中主梁剪力计算**

项次	荷载简图		支座 A	支座 B		支座 C	
				外侧截面	内侧截面	截面 4	
			$\frac{k_v}{V_A(\mathrm{kN})}$	$\frac{k_v}{V_{B,\mathrm{ex}}(\mathrm{kN})}$	$\frac{k_v}{V_{B,\mathrm{in}}(\mathrm{kN})}$	$\frac{k_v}{V_{C,\mathrm{ex}}(\mathrm{kN})}$	$\frac{k_v}{V_{C,\mathrm{in}}(\mathrm{kN})}$
1	$G=81.22\mathrm{kN}$		$\frac{0.714}{57.99}$	$\frac{-1.286}{-104.45}$	$\frac{1.095}{88.94}$	$\frac{-0.905}{-73.5}$	$\frac{0.905}{73.5}$
2	$Q=121.68\mathrm{kN}$		$\frac{0.857}{104.28}$	$\frac{-1.143}{-139.08}$	$\frac{0.048}{5.84}$	$\frac{0.048}{5.84}$	$\frac{0.952}{115.84}$
3	$Q=121.68\mathrm{kN}$		$\frac{0.679}{82.62}$	$\frac{-1.321}{-160.74}$	$\frac{1.274}{155.02}$	$\frac{-0.726}{88.34}$	$\frac{-0.107}{13.02}$
4	$Q=121.68\mathrm{kN}$		$\frac{-0.095}{-11.56}$	$\frac{-0.095}{-11.56}$	$\frac{0.810}{98.56}$	$\frac{-1.191}{-144.92}$	$\frac{1.191}{144.92}$
5	内力不利组合	①+②	**162.27**	−243.53	94.78	−67.66	189.34
		①+③	140.61	**−265.19**	**243.96**	−161.84	60.48
		①+④	46.43	−116.01	187.5	**−218.42**	**218.42**

注　1. $V=k_vQ$ 或 $V=k_vG$，系数 k_v 由附录 A 查取（k_v 即为该表中的 k_{vG} 或 k_{vQ}）。
2. 表中第 5 项中的黑体字为该截面的 $|V_{\max}|$，其余为绘制包络图所需剪力值。

(3) 内力包络图。

1) 主梁的弯矩包络图如图 1-34 (a) 所示。

对于边跨，考虑三种荷载组合：跨中最大正弯矩（①+②）；跨中最小正弯矩或最大负弯矩（①+③）；支座 B 最大负弯矩（①+④）。

对于中间跨（由左算起的第二跨），考虑四种荷载组合：跨中最大正弯矩（①+③）；跨中最小负弯矩（①+②）；支座 B 最大负弯矩（①+④）；支座 C 最大负弯矩（①+⑤）。

2) 主梁剪力包络图如图 1-34 (b) 所示。

对于边跨，考虑两种荷载组合：支座 A 最大剪力（①+②）；支座 B 左截面最大剪力（①+③）。

对于中间距，考虑两种荷载组合：支座 B 右截面最大剪力（①+③）；支座 C 左截面最大剪力（①+④）。

(4) 配筋计算。

1) 正截面承载力计算。

• 跨中截面。主梁跨中截面按 T 形截面，其翼缘宽度如下。

边跨：　　$b'_f=1/3\times7865=2622\mathrm{mm}<b+s_n=6000\mathrm{mm}$

取 $b'_f=2622\mathrm{mm}$。

中间跨：　　$b'_f=1/3\times7800=2600\mathrm{mm}<b+s_n=6000\mathrm{mm}$

取 $b'_f=2600\mathrm{mm}$。

$$b=300\mathrm{mm},\ h=750\mathrm{mm},\ h_0=750-60=690\mathrm{mm},\ h'_f=80\mathrm{mm}$$

对于边跨：

$$\begin{aligned}\alpha_1 f_c h'_f b'_f(h_0-h'_f/2)&=1.0\times14.3\times2622\times80\times(690-80/2)\\&=1950\times10^6\mathrm{N\cdot mm}\\&=1950\mathrm{kN\cdot m}>M\end{aligned}$$

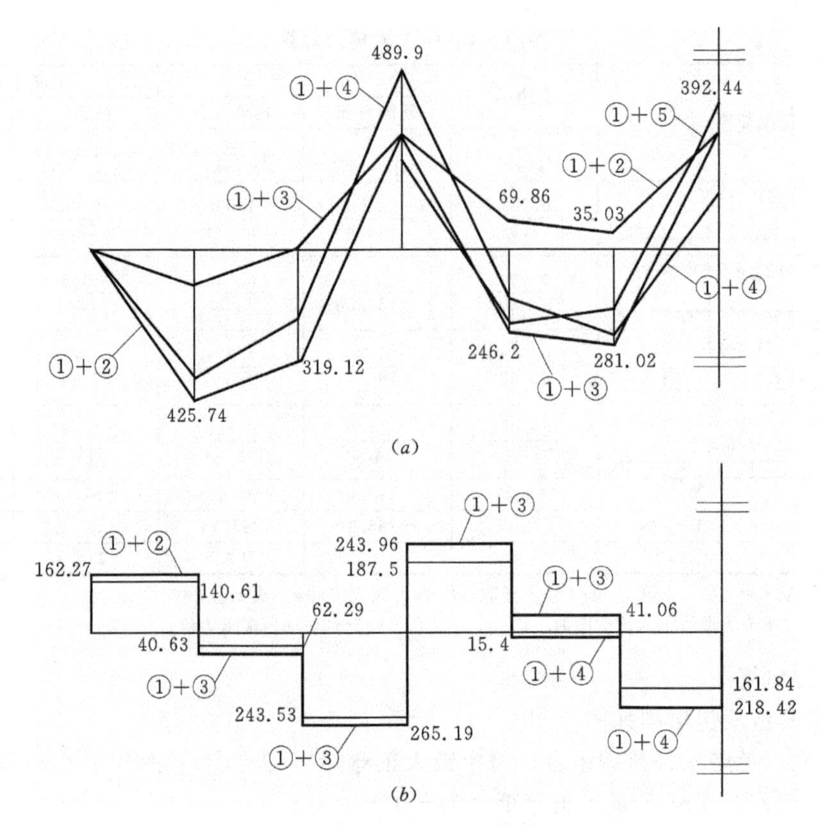

图 1-34 [例 1-7] 中主梁的内力包络图

(a) 弯矩包络图；(b) 剪力包络图

故主梁边跨跨中截面均按第一类 T 形截面计算，同理可得，中间跨跨中截面也按第一类 T 形截面计算。

• 支座截面。主梁支座截面按矩形截面计算：

$$b=300\text{mm},\ h_0=750-80=670\text{mm}$$

支座 B 边缘： $M=-489.9+\frac{1}{2}\times202.9\times0.4=-449.32\text{kN}\cdot\text{m}$

支座 C 边缘： $M=-392.44+\frac{1}{2}\times202.9\times0.4=-351.86\text{kN}\cdot\text{m}$

$$f_c=14.3\text{N/mm}^2,\ f_y=360\text{N/mm}^2$$

主梁各跨中截面和各支座截面的配筋计算列于表 1-15 中。

表 1-15 [例 1-1] 中主梁的配筋计算

截面位置	边跨跨中（Ⅰ）	支座 B	中间跨跨中（3）	支座 C
M(kN·m)	425.74	−449.32	281.02	−351.86
b(mm)	300	300	300	300
b'_f(mm)	2622	—	2600	—
α_s	0.025	0.233	0.017	0.183
ξ	0.025	0.269	0.017	0.204

续表

截面位置	边跨跨中（Ⅰ）	支座 B	中间跨跨中（3）	支座 C
A_s(mm^2)	1745	2148	1176	1629
实配 A_s(mm^2)	4 Φ 18+2 Φ 22(1777)	4 Φ 22+2 Φ 20(2148)	4 Φ 22(1256)	3 Φ 22+2 Φ 18(1649)

注　1. 对于跨中截面，$\alpha_s=\dfrac{M}{\alpha_1 f_c b'_f h_0^2}$，对于支座截面，$\alpha_s=\dfrac{M}{\alpha_1 f_c b h_0^2}$。

2. $\xi=1-\sqrt{1-2\alpha_s}$。

3. 对于支座截面，$A_s=\xi\dfrac{f_c}{f_y}bh_0$，对于跨中截面，$A_s=\xi\dfrac{f_c}{f_y}b'_f h_0$。

计算结果表明，ξ 均小于 ξ_b（满足要求）。

验算最小配筋率，取中间跨跨中截面正弯矩进行验算。

验算最小配筋率时，按矩形截面进行验算。

$$\rho=\frac{1269}{300\times750}=0.56\%>\rho_{\min}=0.20\%\text{（符合要求）}$$

2）斜截面受剪承载力计算。

$b=250$mm，$h_0=670$mm，$f_c=14.3$N/mm^2，$f_t=1.43$N/mm^2，$f_{yv}=270$N/mm^2

• 验算截面尺寸。

$$h_w=h_0-h_f=670-80=590\text{mm}$$

$$h_w/b=590/300=1.97<4$$

$$0.25\beta_c f_c bh_0=0.25\times1.0\times14.3\times300\times670=718.6\text{kN}>V_{\max}=265.19\text{kN}$$

故截面尺寸满足要求。

• 计算腹筋。

$$0.7f_t bh_0=0.7\times1.43\times300\times670=201.2\text{kN}$$

故除端支座 A 外各截面均需按计算配置箍筋。

以支座 B 外侧截面进行计算，$V_{B,\text{ex}}=265.19$kN。

采用Φ 8@200 双肢箍筋，$A_{sv}=2\times50.3=100.6$mm^2。

$$V_{cs}=0.7f_t bh_0+f_{yv}\frac{A_{sv}}{s}h_0=201200+270\times\frac{100.6}{200}\times670=292.2\text{kN}>265.19\text{kN}\text{（满足要求）}$$

$$\rho_{sv}=\frac{A_{sv}}{bs}=\frac{100.6}{300\times200}=0.168\%>\rho_{sv,\min}=0.24\frac{f_t}{f_{yv}}=0.24\times\frac{1.43}{270}=0.127\%\text{（满足要求）}$$

为了便于施工，全梁均按支座 B 外侧的计算结果配置箍筋。

3）主梁附加横向钢筋计算。由次梁至主梁的集中力（集中力应不包括主梁的自重和粉刷重，为简化起见，近似取 $F=P$）。

$$F=P=202.9\text{kN}$$

$$h_1=750-450=300\text{mm}$$

$$s=2h_1+3b=2\times300+3\times200=1200\text{mm}$$

所需附加箍筋总截面面积为

$$A_{sv}=\frac{F}{f_{yv}}=\frac{202900}{2700}=751\text{mm}^2$$

在长度 s 范围内，在次梁两侧各布置四排Φ 8 双肢附加箍筋。

$$A_s = 8\times2\times50.3 = 804.8\text{mm}^2$$（满足要求）

（5）抵抗弯矩图及钢筋布置。主梁抵抗矩图（材料图）及钢筋布置如图 1－35 所示。其设计步骤如下。

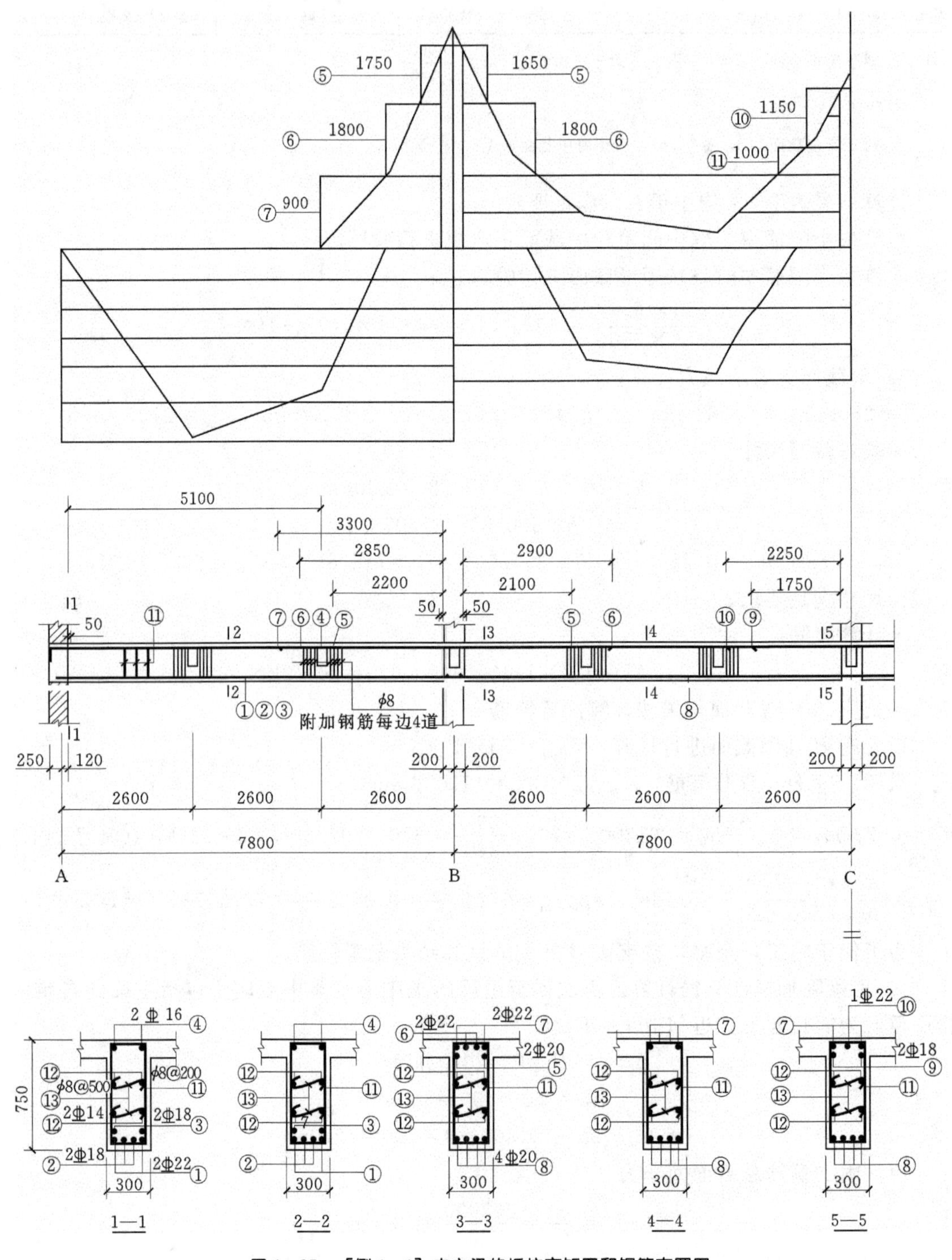

图 1－35 ［例 1－1］中主梁的抵抗弯矩图和钢筋布置图

①按比例绘出主梁的弯矩包络图。

②按同样比例绘出主梁的纵向配筋图，并满足以及构造要求：弯起钢筋的弯起点距该钢筋强度的充分利用点的距离应大于 $h_0/2$；在按受剪承载力计算需要配置弯起钢筋的区段，前一排弯起钢筋的弯起点至后一排弯起钢筋的弯终点的距离应不大于 s_{max}。

③支座 B 负弯矩钢筋的切断位置：由于切断处剪力 V 全部大于 $0.7f_tbh_0$，故应从该钢筋的充分利用点外伸 $1.2l_a+1.7h_0(1.2l_a+h_0)$。同时，应从不需要该钢筋的截面以外，延伸长度不应小于 $1.3h_0(h_0)$，且不小于 $20d$。对于Φ 22，$l_a=1.0\alpha\dfrac{f_y}{f_t}d=35.24\times22=775\text{mm}$；对于Φ 20，$l_a=1.0\alpha\dfrac{f_y}{f_t}d=35.24\times20=705\text{mm}$；对于Φ 18，$l_a=1.0\alpha\dfrac{f_y}{f_t}d=35.24\times18=634\text{mm}$。以⑤号钢筋为例，切断点应从充分利用点外伸 $1.2l_a+h_0=1500\text{mm}$，同时应从不需要截面外伸 $h_0=675\text{mm}$，且不小于 $20d=360\text{mm}$，但其仍旧处于负弯矩对应的受拉区内，故切断点应从充分利用点外伸 $1.2l_a+1.7h_0=1900\text{mm}$，同时至不需要截面外 $1.3h_0=878\text{mm}$，且不小于 $20d=360\text{mm}$，则综合考虑下，切断点应从充分利用点外伸 1900mm，也就如图 1-35 所示从不需要截面处外伸 1650mm。

④ 对于支座 A，构造要求负弯矩钢筋截面面积应大于 1/4 跨中正弯矩钢筋截面面积，配置 2Φ 18，$A_s=509\text{mm}^2>1/4\times1777=445\text{mm}^2$，满足要求。要求负弯矩钢筋伸入支座 $l_a=\zeta_a l_{ab}=1.0\alpha\dfrac{f_y}{f_t}d=0.14\times\dfrac{360}{1.43}d=35d$，对于Φ 18，$l_a=35\times18=630\text{mm}$，伸至梁端 340mm 再下弯 290mm。

⑤跨中正弯矩钢筋伸入支座长度 l_{as} 应大于 $12d$。对于Φ 22，$12\times22=264\text{mm}$，取 270mm，对于Φ 18，$12\times18=216\text{mm}$，取 220mm。

⑥因主梁的腹板高度为 670mm＞450mm，需在梁的两侧配置纵向构造钢筋。现每侧配置 2Φ 12，配筋率 $226/(300\times670)=0.12\%>0.1\%$，满足要求。

第三节　双向板肋梁楼盖

一、双向板的受力特点和主要试验结果

现浇肋形楼盖结构平面布置完成后形成梁格，当板的长边 l_2 与短边 l_1 的比值，即 $l_2/l_1\leqslant2$ 时，形成双向板，板上的荷载将向两个方向传递，在两个方向上发生弯曲并产生内力，内力的分布取决于双向板四边的支承条件（简支、嵌固和自由等）、几何条件（板边长的比值）以及作用于板上荷载的性质（集中力、均布荷载）等因素。

试验结果表明，在受均布荷载四边简支的双向板，随着荷载的增加，第一批裂缝首先出现在板底中央，随后沿对角线呈 45°向四角扩展［见图 1-36（a）］。当荷载增加到接近板破坏时，在板顶的上部四角附近出现了垂直于对角线方向呈圆形的裂缝［见图 1-36（b）］。裂缝的出现，使得板中钢筋的应力增大，应变增大，直至钢筋屈服，裂缝进一步发展，最后导致板破坏。图 1-36（c）所示为矩形板板底裂缝。

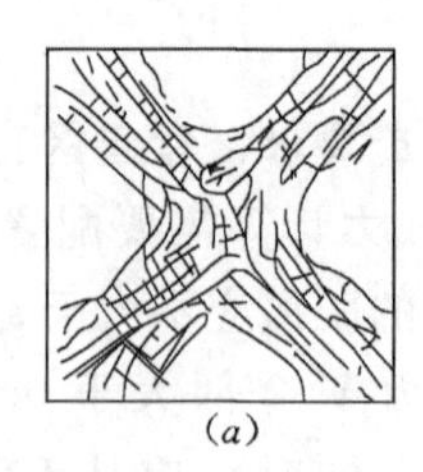
(a)

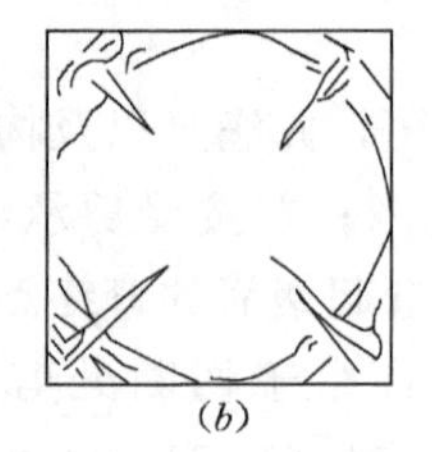
(b)

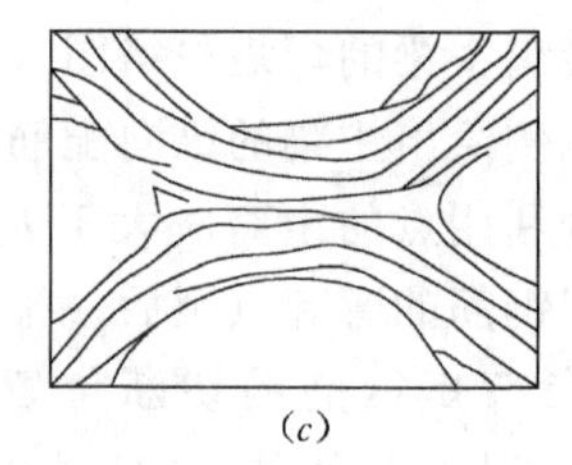
(c)

图 1-36　双向板的裂缝示意图

二、双向板按弹性理论计算

双向板的内力计算方法有两种：一种是弹性理论计算法；另一种是塑性理论计算法。本节主要介绍弹性理论计算法。

弹性理论计算方法是按弹性薄板理论为依据而进行的一种计算方法，由于这种方法考虑边界条件，进行内力分析计算比较复杂，为了便于工程设计和计算，采用简化的办法，根据双向板四边不同的支承条件，已制成各种相应的计算用表（见附录 B）。

(一) 单跨双向板的计算

单跨双向板按其四边支承情况的不同，可以形成不同的计算简图，分别为：①四边简支；②一边固定、三边简支；③两对边固定、两对边简支；④两邻边固定、两邻边简支；⑤三边固定、一边简支；⑥四边固定。在计算时可根据不同的支承条件，查附表中的弯矩系数进行内力计算。在附录 B 中，按边界条件选列了 6 种计算简图，如图 1-37 所示，分别给出了在均布荷载作用下的跨内弯矩系数（泊松比 $\nu_c=0.2$）、支座弯矩系数和挠度系数，可算出有关弯矩和挠度，其表达式如下：

$$M = 表中弯矩系数 \times (g+q)l^2$$

$$\nu = 表中系数 \times \frac{(g+q)l^4}{B_c} \qquad (1-15)$$

式中：M 为跨中或支座单位板宽内的弯矩；ν 为挠度；B_c 为板的抗弯刚度；g 和 q 分别为作用于板上的恒载和活载的设计值；l 为 l_x、l_y 中的较小值。

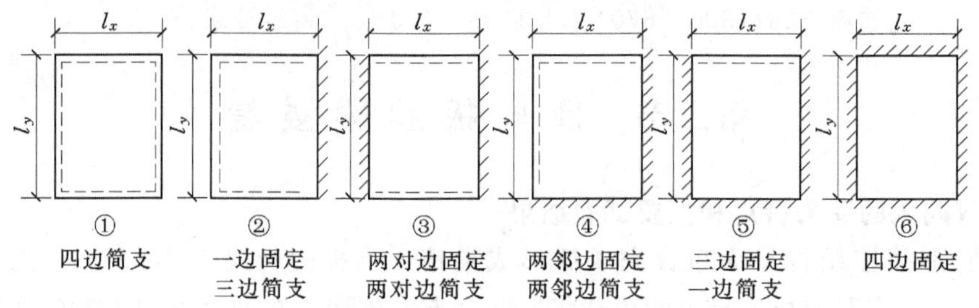

图 1-37　双向板的计算简图

(二) 多跨连续板的计算

在计算多跨连续双向板的弯矩时，要考虑其他跨板对所计算跨板的影响，同计算多跨连续梁一样，需要考虑活载的不利位置，若要精确计算是相当复杂的，采用简化计算，方法如下。

1. 求跨中的最大弯矩

若计算某跨跨中的最大弯矩时，活载的布置方式如图 1-38（a）所示，即在区格中布置活载，然后在其前后左右每隔一区格布置活载（棋盘格式布置），可使该区格跨中弯矩为最大。为了求此弯矩，可将活载分解［见图 1－38（b）］。

当双向板各区格内作用有 $g+q/2$ 时［见图 1－38（c）］，由于板的各支座的转动变形很小，转角可近似地认为转角为零，内支座可近似地看作固定边，这样中间区格的板均可按四边固定的单向板来计算其内力（弯矩）。对于其他区格，可根据边支座而定，可分为三边固定、一边简支、两边固定和两边简支等。

当双向板各区格作用有 $\pm q/2$ 时［见图 1－38（d）］，板在中间支座的转角方向是一致的，大小接近，可以近似认为内支座为连续板带的反弯点，弯矩为零。因而各区格板的内力可按单跨四边简支的双向板来计算。

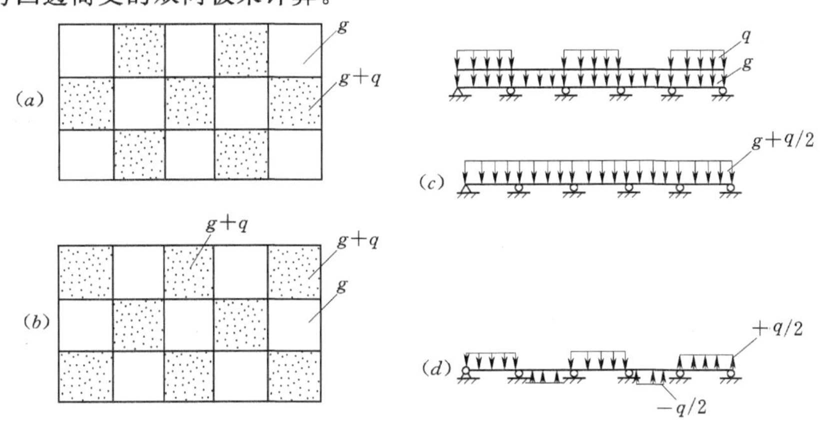

图 1－38　多跨连续双向板的活载最不利布置

最后，将以上两种计算结果叠加，即可求出多跨双向板的跨中最大弯矩。

2. 求支座最大弯矩

求支座最大弯矩时，其活载的布置方式与求跨中最大弯矩时的活载布置恰好相反，但考虑到隔跨活载对计算跨弯矩的影响很小，这样可近似地假定活载布满所有区格时求出的支座弯矩，即为支座弯矩。对于边区格则按周边的实际支承情况来确定其支座弯矩。但是对于中间支座，由于相邻两个区格板的支座弯矩常常并不相等，则可近似地取其平均值作为该支座弯矩值。

三、双向板按塑性理论方法计算

如前所述，钢筋混凝土是非匀质的弹塑性体，因而按弹性理论计算双向板与试验结果存在着一定差距。而且双向板是超静定结构，当受力过程中板出现塑性铰后将引起塑性内力重分布，所以应考虑钢筋混凝土的塑性性能来计算双向板的内力，按考虑塑性内力重分布的方法进行双向板的设计，才能符合其实际受力情况。

目前双向板的计算方法较多，如机动法、板块极限平衡法、板带法和计算机分析法等。本书仅介绍板块平衡法。

（一）板块平衡法的基本假定

板块平衡法的思路是建立外荷载与作用在塑性铰线上的弯矩间的关系式，从而求得各塑性铰线上的弯矩值，并以此弯矩值对各截面进行配筋计算。

按板块平衡法计算时，需要作以下的假定：

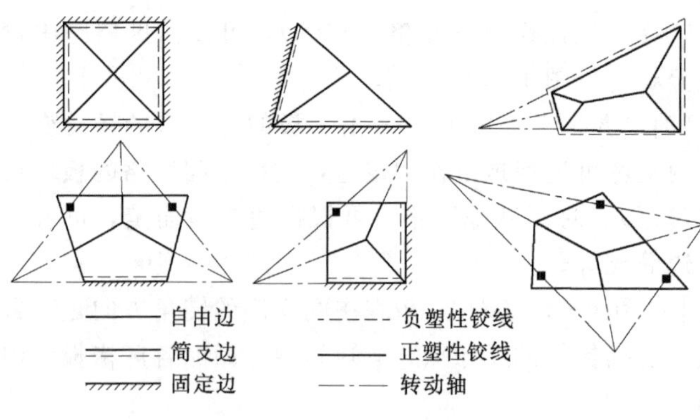

图 1-39 板块的塑性铰线

(1) 板在即将破坏时，最大弯矩处形成塑性铰线，塑性铰线将板分隔成若干板块，从而板成为机动可变体系。

(2) 在均布荷载作用下，塑性铰线为直线。塑性铰线的位置与板的形状、尺寸、边界条件、荷载形式、板配筋数量等有关。塑性铰线出现的规律通常认为负的塑性铰线发生在板的固定边界，而正的塑性铰线则通过相邻板块转动轴的交点，常见的几种板的塑性铰线如图 1-39 所示。

(3) 塑性铰线将板分成若干板块，可将各板块视为刚性，整个板块的变形都集中在塑性铰线上，各板块都绕着塑性铰线转动。

(4) 板的破坏图形可能有多种，但其中必有一个最危险的是相应于极限荷载为最小的塑性铰线。

(5) 在塑性铰线上，钢筋达到屈服，混凝土达到抗压强度，此时板已进入极限状态。

(二) 四边支承的矩形双向板的计算

对于均布荷载作用下的连续双向板（或四边固定矩形板），其破坏机构基本形式是倒锥形，如图 1-40 所示。为了简化计算，对于倒锥形破坏机构可近似地假定：正塑性铰线为跨中平行于长边的塑性铰线和斜向塑性铰线，斜向塑性铰线与板的夹角为 45°，负塑性铰线位于固定边。

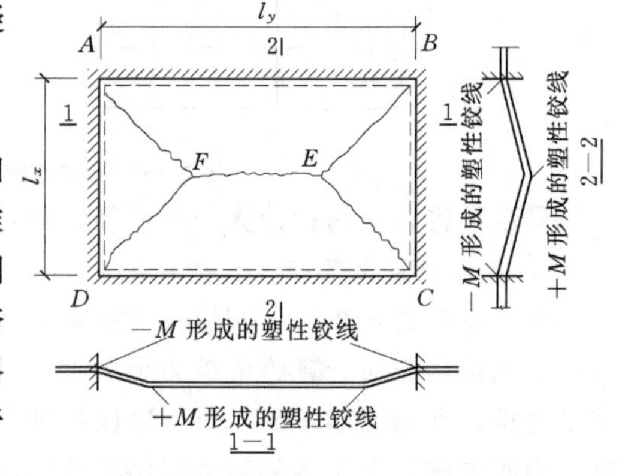

图 1-40 四边固定矩形双向板的塑性铰线

确定了塑性铰线的位置后，即可利用虚功原理求得双向板的极限荷载。计算时仅考虑弯矩，忽略其扭矩。

图 1-41 所示为四边固定矩形双向板，其短跨跨度为 l_x，长跨跨度为 l_y。设板内两个方向上的跨中配筋为等间距布置，且伸入支座。其短跨方向跨中单位长度上截面的极限弯矩为 m_x，长跨方向跨中单位长度上截面的极限弯矩 m_y。同时，设支座上承受负弯矩的钢筋也为均匀布置，其沿支座 AB、CD、AD 和 BC 的单位长度上截面的极限弯矩分别为 m_x'、m_x''、m_y'和 m_y''。此时，在 45°斜塑性铰线上单位长度的极限弯矩为

$$m_c = \frac{m_x}{\sqrt{2}\sqrt{2}} + \frac{m_y}{\sqrt{2}\sqrt{2}} = 0.5m_x + 0.5m_y$$

当跨中塑性铰线 EF 上发生一虚位移 $\delta=1$ 时，则各板块间的相对转角如图 1-42 所示。内力功 W 可根据各塑性铰线上的极限弯矩在相对转角上所作的功求得，即

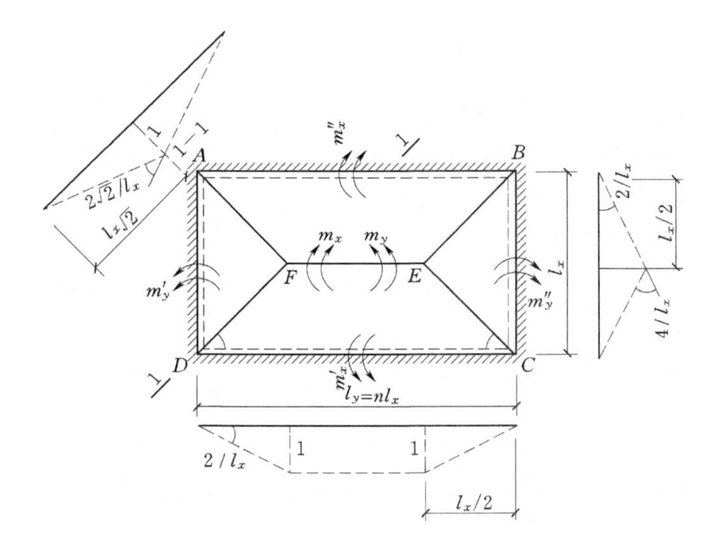

图 1-41　矩形双向板的虚位移

$$W=-\left[(l_y-l_x)m_x\frac{4}{l_x}+4\frac{\sqrt{2}}{2}l_x(0.5m_x+0.5m_y)\frac{2\sqrt{2}}{l_x}+(m'_x+m''_x)l_y\frac{2}{l_x}+(m'_y+m''_y)l_x\frac{2}{l_x}\right]$$

$$=-\frac{2}{l_x}[2m_xl_y+2m_yl_x+(m'_x+m''_x)l_y+(m'_y+m''_y)l_x]$$

即
$$W=-\frac{2}{l_x}(2M_x+2M_y+M'_x+M''_x+M'_y+M''_y) \tag{1-16}$$

其中

$$M_x=m_xl_y,\ M_y=m_yl_x$$
$$M'_x=m'_xl_y,\ M''_x=m''_xl_y$$
$$M'_y=m'_yl_x,\ M''_y=m''_yl_x$$

式中：M_x、M_y 分别为沿 l_x、l_y 方向跨中塑性铰线上的总极限弯矩；M'_x、M''_x分别为沿 l_x 方向两对支座铰线上的总极限弯矩；M'_y、M''_y分别为沿 l_y 方向两对支座铰线上的总极限弯矩。

荷载 p 所作的外功 W_p 为荷载 p 与锥体 $ABCDEF$ 体积的乘积，即

$$W_p=p\left[\frac{1}{2}l_x(l_y-l_x)\times 1+\frac{1}{3}\left(2\times l_x\times\frac{l_x}{2}\times 1\right)\right]$$

即
$$W_p=\frac{p}{6}l_x(3l_y-l_x) \tag{1-17}$$

令 $W=W_p$，则可得计算四边固定双向板的基本公式为

$$2M_x+2M_y+M'_x+M''_x+M'_y+M''_y=\frac{pl_x^2}{12}(3l_y-l_x) \tag{1-18}$$

对于四边简支矩形双向板，其支座弯矩为零，故在式（1-18）中 M'_x、M''_x、M'_y、M''_y均为零，则有

$$M_x + M_y = \frac{1}{24} p l_x{}^2 (3l_y - l_x) \tag{1-19}$$

（三）双向板按塑性理论设计要点

在工程中设计双向板时，通常已知作用在双向板上的荷载设计值和板的计算跨度 l_x、l_y，要求板的内力和配筋，一般有以下两种情况。

1. *支座和跨中配筋均为未知*

当支座和跨中配筋均未知时，弯矩未知数为六个，即 m_x、m_y、m'_x、m'_y、m''_x、m''_y。这时可按下述方法计算。

（1）先假设两个方向跨中弯矩的比值 α，则

$$\alpha = \frac{m_y}{m_x} = \frac{1}{n^2}$$

式中：n 为双向板长边计算跨度 l_y 与短边计算跨度 l_x 的比值，即 $n=l_y/l_x$。

再假设

$$\beta = \frac{m'_x}{m_x} = \frac{m''_x}{m_x} = \frac{m'_y}{m_y} = \frac{m''_y}{m_y}$$

式中：β 为支座弯矩与跨中弯矩的比值，可取 1.5～2.5，一般取 2.0。

于是可得 $m_y=\alpha m_x$，$m'_x=\beta m_x$，$m''_x=\beta m_x$，$m'_y=\alpha\beta m_x$，$m''_y=\alpha\beta m_x$。

（2）将上述各式代入式（1-18），则可解得 m_x。

当跨中钢筋全部深入支座，则

$$m_x = \frac{3n-1}{(n+\alpha)(1+\beta)} \frac{p l_x{}^2}{24} \tag{1-20}$$

为了合理利用钢筋，有时可将两个方向的跨中钢筋在距支座$l_x/4$ 处弯起。这时可得

$$m_x = \frac{3n-1}{n\beta + \alpha\beta + \left(n - \frac{1}{4}\right) + \frac{3\alpha}{4}} \frac{p l_x{}^2}{24} \tag{1-21}$$

（3）由设定的 α、β 依次求出 m_y、m'_x、m''_x、m'_y、m''_y。然后根据这些弯矩计算跨中和支座的配筋。

2. *部分支座配筋为已知*

当部分支座配筋为已知时，即部分支座截面的极限弯矩已知，仍可由式（1-18）用类似的方法求解，但应将已知支座配筋的支座截面的极限弯矩作为已知量代入。

对于多跨连续双向板，一般可以从中间板区格开始计算，先求出中间区格的跨中弯矩 m_x、m_y，再根据 α、β 求出支座弯矩 m'_x、m''_x、m'_y和 m''_y；然后按支座弯矩为已知，依次求得其他板区格的内力和配筋。

四、双向板截面配筋计算和构造要求

（一）截面钢筋的配置特点

双向板中钢筋的配置是沿板的两个方向上布置的，短边方向上的受力钢筋要放在长边方向受力钢筋的外面。双向板截面的计算高度 h_0 分为 h_{0x}和 h_{0y}，若板厚为 h，当 x 方向为短边，y 方向为长边时，则 $h_{0x}=h-a_s$，$h_{0y}=h_{0x}-d$，d 为 x 方向上钢筋的直径。对于正方形板，可取 h_{0x}和 h_{0y}的平均值简化计算。

(二) 板厚

双向板的厚度一般不小于 80mm，也不大于 160mm，双向板一般不做变形和裂缝验算，因此，要求双向板应具有足够的刚度。对于简支板，$h \geqslant l_0/45$；对于连续板，$h \geqslant l_0/50$。其中，l_0 为板短方向上的计算跨度。

(三) 板中钢筋的配置

双向板宜采用 HPB300 和 HRB335 级钢筋，配筋率要满足《混凝土结构设计规范》的要求，配筋方式类似于单向板，有弯起式配筋和分离式配筋两种（见图 1－42）。为方便施工，实际工程中采用分离式配筋较多。

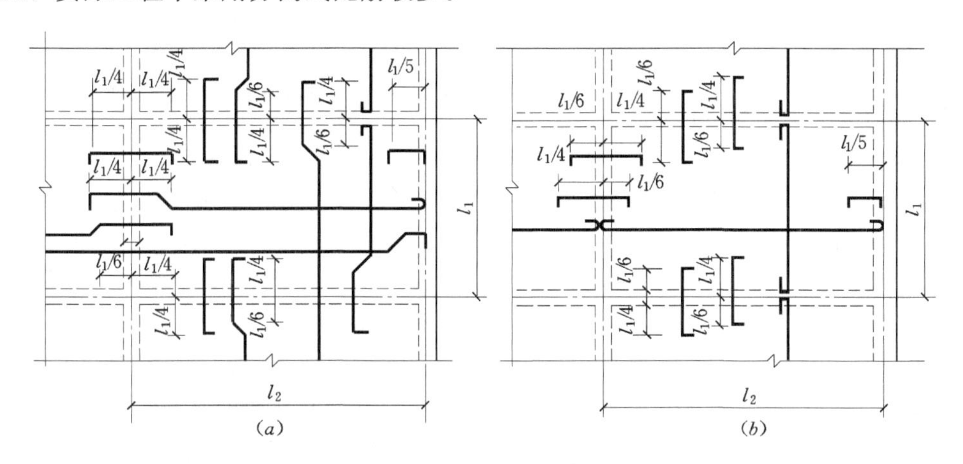

图 1－42　双向板的配筋方式

(*a*) 弯起式配筋；(*b*) 分离式配筋

内力按弹性理论计算时，对于正弯矩，中间板带为最大，靠近支座时很小，因此配筋可减少，通常将板划分为中间板带和边缘板带，在中间板带按计算配筋，而边缘板带内的配筋为中间板带的一半，且每米宽度内不少于 3 根，支座负弯矩钢筋按计算配置（见图 1－43）。

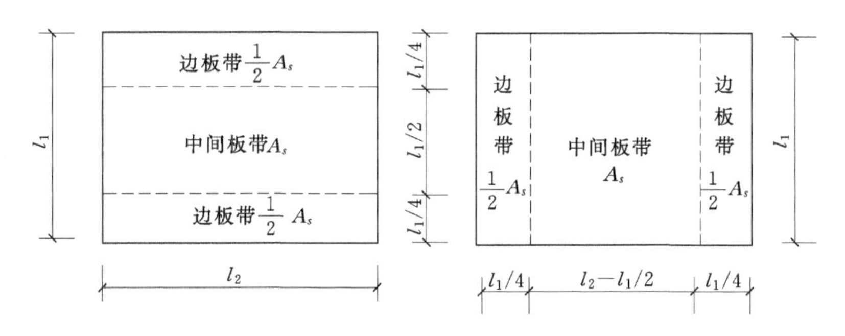

图 1－43　边缘板带与中间板带配筋示意图

五、双向板支承梁的计算

双向板支承梁上的荷载，即双向板的支承反力，其分布是比较复杂的。在工程设计时，可近似地将每一区格从板的四角作 45°线，将板分成四块，每块面积内的荷载传给其相邻的支承梁，这样沿板的长跨方向支承梁上的荷载为梯形分布，沿板短跨方向支承梁上的荷载为三角形分布，如图 1 - 44 所示。

对于承受三角形、梯形分布荷载作用的多跨连续梁，当按弹性理论计算内力时，也可以将梁上的三角形或梯形荷载，折算成等效均布荷载，然后利用附表计算梁的支座弯矩。此时，仍应考虑梁各跨活荷载的最不利布置。所谓等效荷载，是按实际荷载产生的支座弯矩与均布荷载产生的支座弯矩相等的原则确定的。图1 - 45所示为梁上承受三角形、梯形荷载的等效均布荷载值。

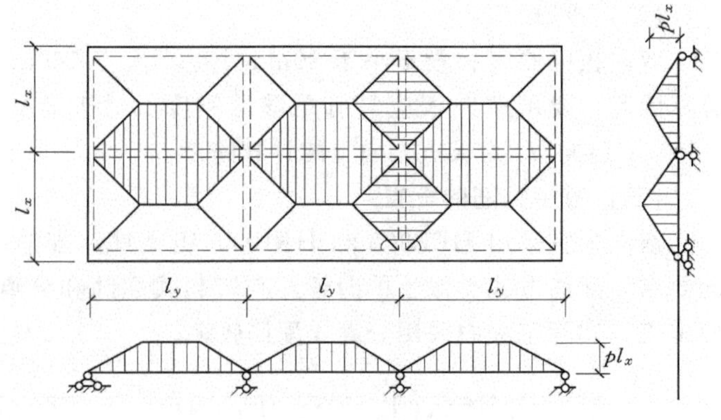

图 1 - 44　双向板支承梁的荷载示意图

再按等效荷载查表求得各跨的支座弯矩后，以此支座弯矩的连线为基线，叠加按三角形或梯形分布荷载求得的各跨简支梁弯矩图，即为所求的支承梁的弯矩图。

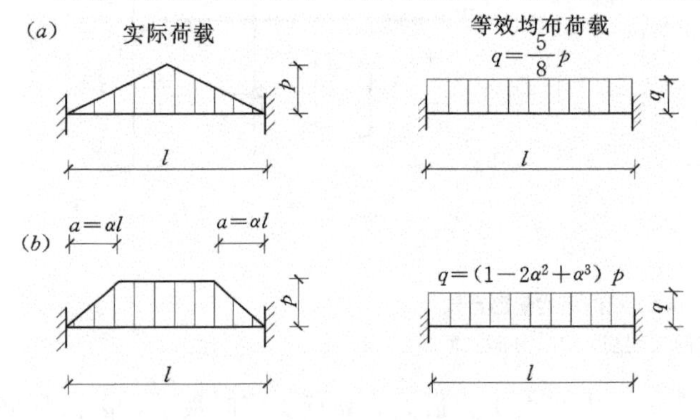

图 1 - 45　连续支承梁的等效均布荷载

按塑性理论计算时，可在弹性理论计算所得的支座弯矩基础上，应用调幅法选定支座弯矩，再按实际荷载求得跨中弯矩。

双向板支承梁的截面设计及构造要求与单向板肋梁楼盖的支承梁相同。

六、双向板肋梁楼盖设计例题

【例 1 - 2】　某工业房楼盖为双向板肋梁楼盖，结构平面布置如图 1 - 46 所示，楼板厚 120mm，加上面层、粉刷等自重，恒荷载设计值 $g=4\text{kN/m}^2$，楼面活载的设计值 $q=8\text{kN/m}^2$，悬挑部分设计值 $q=2\text{kN/m}^2$，混凝土强度等级采用 C20（$f_c=9.6\text{N/mm}^2$），钢筋采用 HRB300 级（$f_y=300\text{N/mm}^2$），要求采用弹性理论计算各区格的弯矩，进行截面设计，并绘出配筋图。

解：1. 划分区格

根据板的支承条件和几何尺寸以及结构的对称性，将楼盖分为 A、B、C、D、E、F、G 各区格。

2. 按弹性理论计算各区格的弯矩

区格 A：

$$l_x = 5.25\text{m}$$

$$l_y = 5.5\text{m}$$

$$l_x/l_y = 5.25/5.5 = 0.95$$

查附表得四边固定时的弯矩数和四边简支时的系数（表中 α 为弯矩系数）。

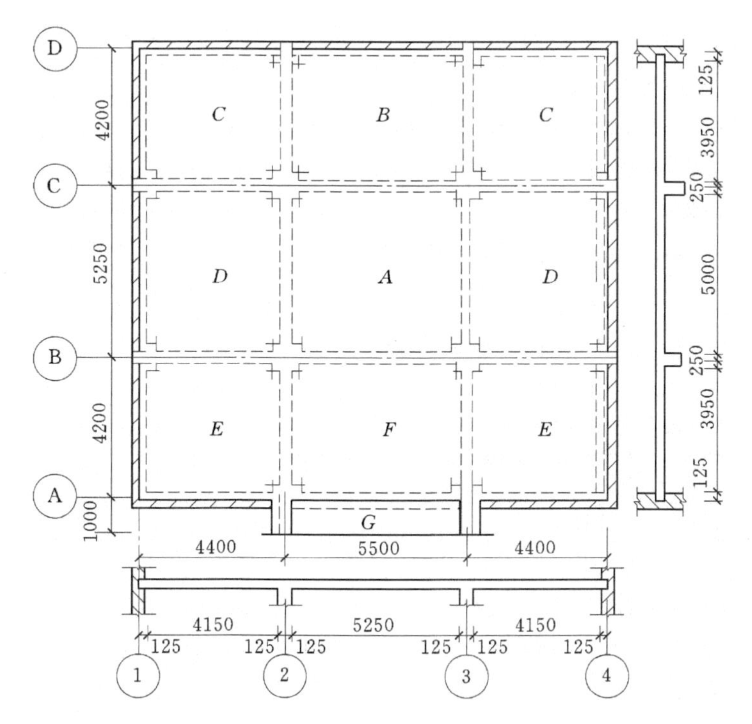

图 1-46　双向板肋形楼盖结构平面布置图

l_x/l_y	支承条件	α_x	α_y	α'_x	α'_y
0.95	四边固定	0.0227	0.0205	−0.055	−0.0528
	四边简支	0.0471	0.0432	—	—

$$M_x = 0.0227 \times (g + q/2) \times l_x^2 + 0.0471 \times q/2 \times l_x^2$$
$$= 0.0227 \times (4 + 8/2) \times 5.25^2 + 0.0471 \times (8/2) \times 5.25^2 \text{kN} \cdot \text{m}$$
$$= 10.20 \text{kN} \cdot \text{m}$$
$$M_y = 0.0205 \times (g + q/2) \times l_x^2 + 0.0432 \times q/2 \times l_x^2$$
$$= 0.0205 \times (4 + 8/2) \times 5.25^2 + 0.0432 \times (8/2) \times 5.25^2 \text{kN} \cdot \text{m}$$
$$= 9.28 \text{kN} \cdot \text{m}$$
$$M'_x = -0.055 \times (g + q) \times l_x^2 = -0.055 \times (4 + 8) \times 5.25^2 \text{kN} \cdot \text{m}$$
$$= -18.19 \text{kN} \cdot \text{m}$$
$$M'_y = -0.0528 \times (g + q) \times l_x^2 = -0.0528 \times (4 + 8) \times 5.25^2 \text{kN} \cdot \text{m}$$
$$= -17.46 \text{kN} \cdot \text{m}$$

区格 B：$l_x = 3.95 + 0.125 + 0.06 = 4.13\text{m}$

$$l_y = 5.5\text{m}$$
$$l_x/l_y = 4.13/5.5 = 0.75$$

l_x/l_y	支承条件	α_x	α_y	α'_x	α'_y
0.75	三边固定，一边简支	0.0390	0.0273	−0.0837	−0.0729
	四边简支	0.0673	0.0420	—	—

$$M_x = 0.0390 \times (g + q/2) \times l_x^2 + 0.0673 \times q/2 \times l_x^2$$

$= 0.0390 \times (4 + 8/2) \times 4.13^2 + 0.0673 \times (8/2) \times 4.13^2$

$= 9.91\text{kN} \cdot \text{m}$

$M_y = 0.0273 \times (g + q/2) \times l_x{}^2 + 0.0420 \times q/2 \times l_x{}^2$

$= 0.0273 \times (4 + 8/2) \times 4.13^2 + 0.0420 \times (8/2) \times 4.13^2$

$= 6.59\text{kN} \cdot \text{m}$

$M'_x = -0.0837 \times (g + q) \times l_x{}^2 = -0.0837 \times (4 + 8) \times 4.13^2 = -17.13\text{kN} \cdot \text{m}$

$M'_y = -0.0729 \times (g + q) \times l_x{}^2 = -0.0729 \times (4 + 8) \times 4.13^2 = -14.92\text{kN} \cdot \text{m}$

区格 D：$l_x = 4.15 + 0.125 + 0.06 = 4.34\text{m}$

$l_y = 5.5\text{m}$

$l_x/l_y = 4.34/5.5 = 0.83$

l_x/l_y	支承条件	α_x	α_y	α'_x	α'_y
0.83	三边固定，一边简支	0.0326	0.0274	−0.0735	−0.0693
	四边简支	0.0584	0.0430	—	—

$M_x = 0.0326 \times (g + q/2) \times l_x{}^2 + 0.0584 \times q/2 \times l_x{}^2$

$= 0.0326 \times (4 + 8/2) \times 4.34^2 + 0.0584 \times (8/2) \times 4.34^2$

$= 9.31\text{kN} \cdot \text{m}$

$M_y = 0.0274 \times (g + q/2) \times l_x{}^2 + 0.0430 \times q/2 \times l_x{}^2$

$= 0.0274 \times (4 + 8/2) \times 4.34^2 + 0.0430 \times (8/2) \times 4.34^2$

$= 7.37\text{kN} \cdot \text{m}$

$M'_x = -0.0735 \times (g + q) \times l_x{}^2 = -0.0735 \times (4 + 8) \times 4.34^2 = -16.61\text{kN} \cdot \text{m}$

$M'_y = -0.0693 \times (g + q) \times l_x{}^2 = -0.0693 \times (4 + 8) \times 4.34^2 = -15.66\text{kN} \cdot \text{m}$

区格 C：$l_x = 4.13\text{m}$

$l_y = 4.34\text{m}$

$l_x/l_y = 4.13/4.34 = 0.95$

l_x/l_y	支承条件	α_x	α_y	α'_x	α'_y
0.95	两邻边固定，两邻边简支	0.0308	0.0289	−0.0726	−0.0698
	四边简支	0.0471	0.0432	—	—

$M_x = 0.0308 \times (g + q/2) \times l_x{}^2 + 0.0471 \times q/2 \times l_x{}^2$

$= 0.0308 \times (4 + 8/2) \times 4.13^2 + 0.0471 \times (8/2) \times 4.13^2$

$= 7.42\text{kN} \cdot \text{m}$

$M_y = 0.0289 \times (g + q/2) \times l_x{}^2 + 0.0432 \times q/2 \times l_x{}^2$

$= 0.0289 \times (4 + 8/2) \times 4.13^2 + 0.0432 \times (8/2) \times 4.13^2$

$= 6.89\text{kN} \cdot \text{m}$

$M'_x = -0.0726 \times (g + q) \times l_x{}^2 = -0.0726 \times (4 + 8) \times 4.13^2 = -14.86\text{kN} \cdot \text{m}$

$M'_y = -0.0698 \times (g + q) \times l_x{}^2 = -0.0698 \times (4 + 8) \times 4.13^2 = -14.29\text{kN} \cdot \text{m}$

区格 E：同区格 C。

区格 F：悬挑部弯矩 $M=-1/2\times(g+q)\times l^2=-1/2\times(4+2)\times1^2=-3\text{kN}\cdot\text{m}$，由于悬挑弯矩远小于区格 F 按四边固定时所计算的弯矩，取区格 F 同区格 B。

3. 截面设计

板跨中截面两个方向有效高度 h_0 的确定：

假定钢筋选用 $\phi10$，则

$$h_{0x}=h-a_s=120-15-5=100\text{mm}$$

$$h_{0y}=h-a_s-d=120-15-5-10=90\text{mm}$$

板支座截面有效高度为

$$h_0=h-a_s=120-15-5=100\text{mm}$$

由于楼盖周边按铰支考虑，因此 C、E 角区格板的弯矩不折减，而中央区格 A 和 $l_{ed}/l_0<1.5$ 的区格板 B、D、F 的跨中弯矩和支座弯矩可减少 20%。

为简化计算，受拉钢筋 A_s 可近似按下式计算：

$$A_s=\frac{M}{0.95f_yh_0}$$

配筋计算结果如表 1-16 所示，其配筋图如图 1-47 所示。

表 1-16　双向板配筋计算表

截面			h (mm)	Ml_x (kN·m)	A_s (mm²)	配筋情况	实配 (mm²)
跨中	区格 A	l_x 方向	90	9.28×0.8=7.42	451	$\phi10$@180	436
		l_y 方向	100	8.16	442	$\phi10$@180	436
	区格 B	l_x 方向	90	5.27	325	$\phi8$ 或 $\phi10$@200	322
		l_y 方向	100	7.93	427	$\phi10$@180	436
	区格 C 和区格 E	l_x 方向	90	6.89	417	$\phi10$@180	436
		l_y 方向	100	7.42	402	$\phi10$@180	436
	区格 D	l_x 方向	100	5.90	402	$\phi10$@180	436
		l_y 方向	90	7.45	309	$\phi8$ 或 $\phi10$@200	322
	区格 F	l_x 方向	90	5.27	325	$\phi8$ 或 $\phi10$@200	322
		l_y 方向	100	7.93	427	$\phi10$@180	436
支座	$A-B$		100	(18.19+17.13) /2.5=14.13	748	$\phi10$@100	785
	$A-D$		100	13.63	707	$\phi10$@100	785
	$A-F$		100	14.13	748	$\phi10$@100	785
	$B-C$ $E-F$		100	16.48	773	$\phi10$@100	785
	$C-D$ $D-E$		100	15.26	733	$\phi10$@100	785
	$F-G$		100	3.0	159	$\phi8$@200	251

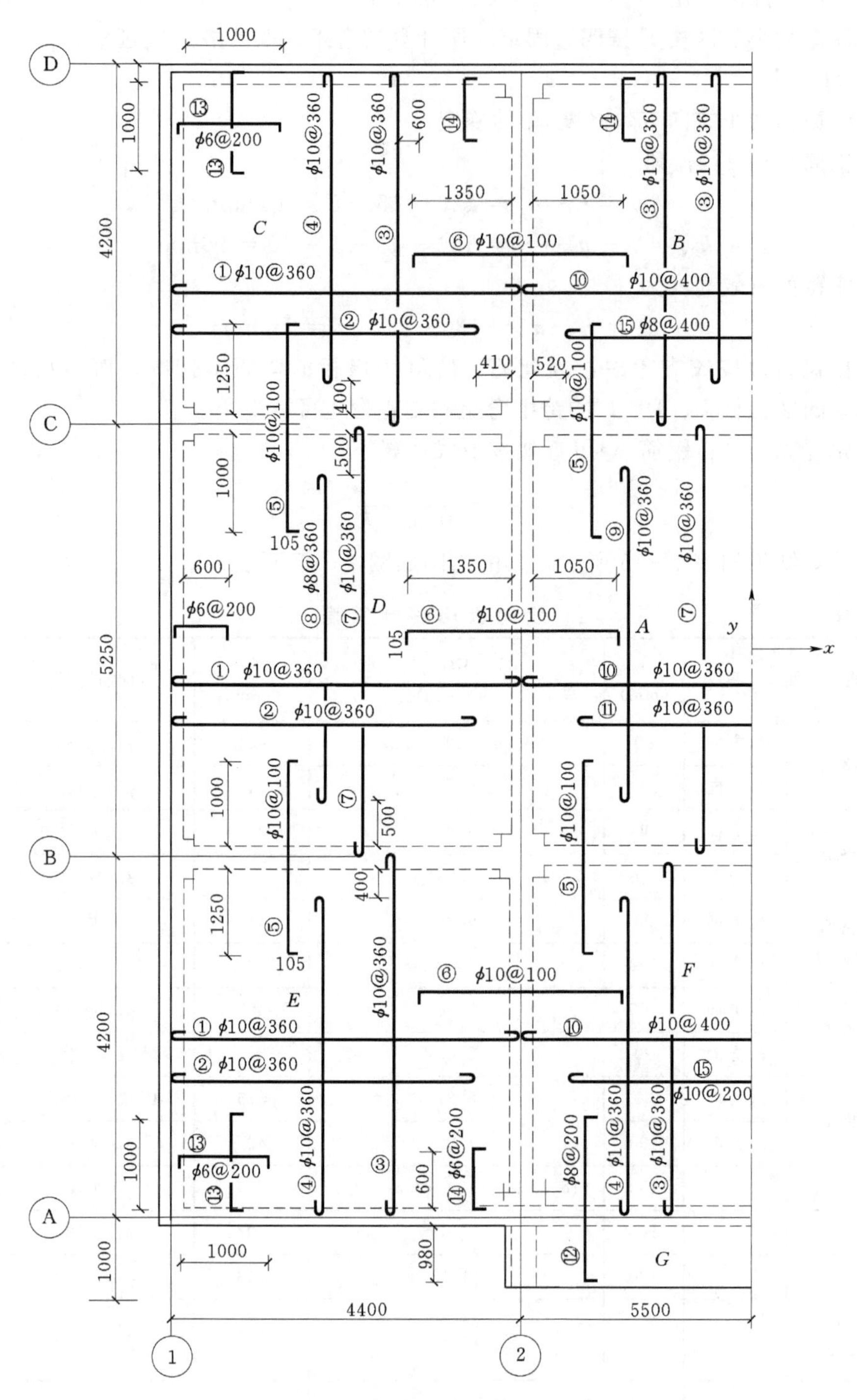

图 1-47 双向板肋形楼盖楼板按弹性理论计算时的配筋图

第四节 无 梁 楼 盖

一、概述

无梁楼盖属于板、柱结构。由于不设梁，所以楼板直接支承于柱上，与相同柱网尺寸的肋梁楼盖相比，楼板的厚度就要加大。为了提高柱顶处平板的抗冲切能力以及减小平板中的弯矩，往往在柱顶设置柱帽，如图 1－48 所示。

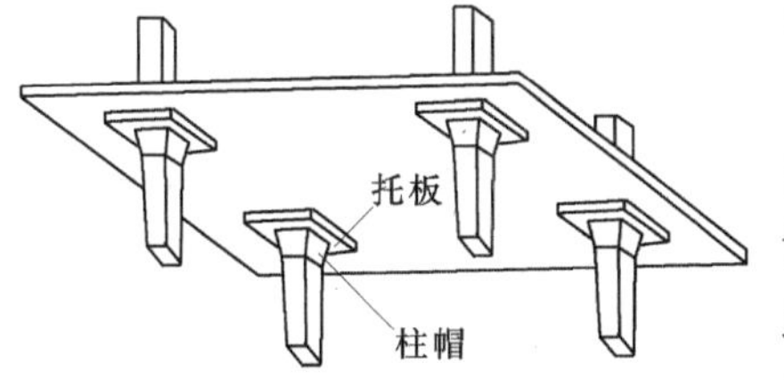

图 1－48 设置柱帽的无梁楼盖

无梁楼盖的主要优点：由于不设梁，所以结构的高度小、板底平整、构造简单、施工方便。根据设计经验，当楼面可变荷载标准值为 $5kN/m^2$ 以上、跨度在 6m 以内时，无梁楼盖较肋梁楼盖经济。所以无梁楼盖常用于商场、冷库、库房和水池的顶盖等。

无梁楼盖的主要缺点：由于取消了肋梁，无梁楼盖的抗弯刚度减小，挠度增大，所以导致板的厚度加大；柱顶周边的剪应力高度集中，可能引起局部板的冲切破坏。

无梁楼盖按施工方法可分为现浇式和装配式。后者是在现场浇筑基础、预制柱，然后将柱插入基础中固定，在地坪上分层浇筑楼板和屋面板，然后逐层将屋面板与楼板分阶段提升至相应标高，临时固定后再浇筑柱帽，使之成为整体，这种结构通常称为升板结构。

无梁楼盖的柱网通常布置成正方形或矩形，以正方形为最经济。楼盖的四周可支承在墙上或边梁上，或悬挑出边柱以外。悬挑板挑出一定的长度，可以减小边跨的跨中弯矩。

二、楼盖破坏特征与受力特点

（一）无梁楼盖的破坏特征

试验表明，无梁楼板在均布荷载作用下，开裂之前处于弹性工作阶段；随着荷载增加，裂缝首先出现在柱帽顶部，随后不断发展，在跨中中部 1/3 跨度处，相继出现成批的板的裂缝，这些裂缝相互正交，且平行于柱列轴线。即将破坏时，在柱帽上和柱列轴线上的板顶裂缝以及跨中的板底裂缝中出现一些发展快的裂缝，在板的这些裂缝截面处，受拉钢筋屈服，受压混凝土压应变达到极限压应变值，最终导致楼板破坏。破坏时板顶裂缝分布情况如图 1－49（*a*）所示，板底裂缝分布情况如图 1－49（*b*）所示。

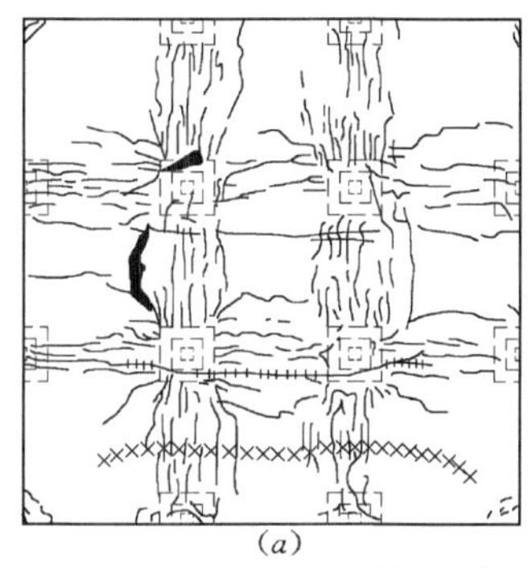

（*a*）

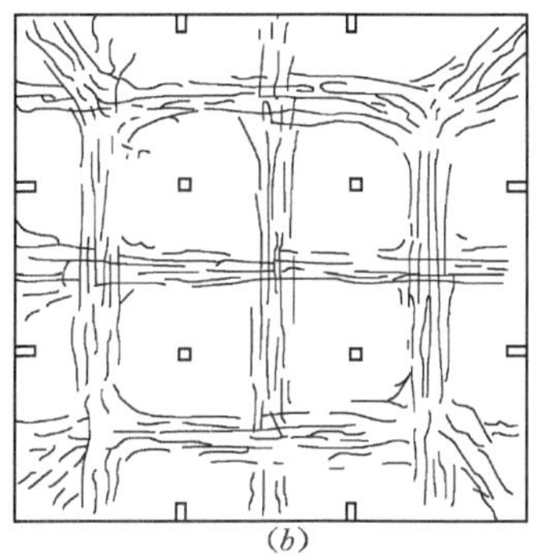

（*b*）

图 1－49 无梁楼盖的破坏裂缝

（*a*）板顶；（*b*）板底

—— 新出现的裂缝；++++++ 很宽的裂缝；××××× 混凝土压碎

（二）无梁楼盖的受力特点

无梁楼盖是四点支承的双向板，在均布荷载作用下，它的弹性变形曲线如图 1－50 所示。把无梁楼盖划分成两种板带：柱上板带和跨中板带，如图 1－51 所示。图 1－50 所示的柱上板带 AB、CD 和 AD、BC 分别成为跨中板带 EF、GH 的弹性支座。可以看出，柱上板带支承于柱上，其跨中具有挠度 f_1；跨中板带弹性支承于柱上板带，其跨中相对挠度 f_2；这样无梁楼盖楼板跨中的总挠度为 f_1+f_2。该挠度较相同柱网尺寸的肋梁楼盖的挠度为大，所以无梁楼盖的板厚应大一些。

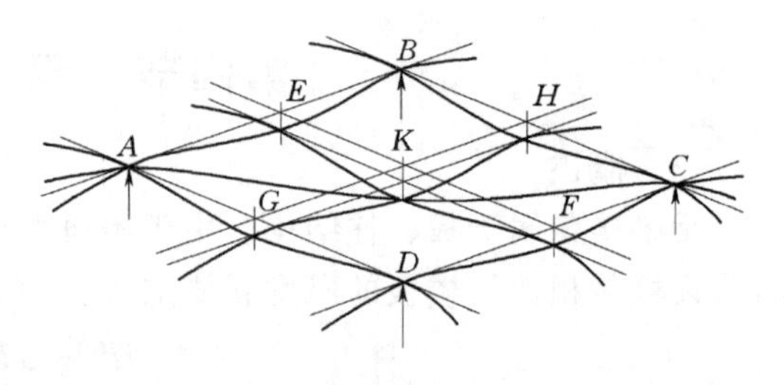

图 1－50　无梁楼盖的弹性变形曲线

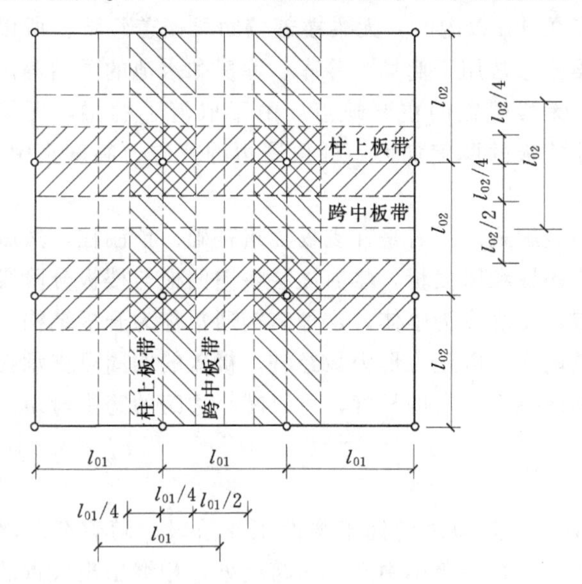

图 1－51　无梁楼盖的柱上板带和跨中板带

三、无梁楼盖的内力分析

无梁楼盖内力计算有两种方法，即弹性计算法和塑性铰线法。本节仅介绍弹性计算法中的弯矩系数法和等代框架法。

（一）弯矩系数法

弯矩系数法又称经验系数法或直接设计法。这种方法首先计算两个方向的截面总弯矩，再将截面总弯矩分配给同一方向的柱上板带和跨中板带。

采用弯矩系数法时，必须满足下列条件：

（1）每个方向至少应有三个连续跨。

（2）同方向相邻跨度的差值不超过较长跨度的 1.3。

（3）任意区格板的长边与短边之比 $l_x/l_y \leqslant 2$。

（4）可变荷载与永久荷载值比值 $p/g \leqslant 3$。

弯矩系数法的计算步骤如下所示：

（1）分别计算每个区格两个方向的总弯矩设计值，其表达式为

x 方向：
$$M_{0x}=\frac{1}{8}(g+q)l_y\left(l_x-\frac{2}{3}c\right)^2 \tag{1-22}$$

y 方向：
$$M_{0y}=\frac{1}{8}(g+q)l_x\left(l_y-\frac{2}{3}c\right)^2 \tag{1-23}$$

式中：l_x 和 l_y 分别为 x 和 y 两个方向的柱距；g 和 q 分别为板单位面积上作用的永久荷载和可变荷载设计值；C 为柱帽在计算弯矩方向的有效宽度，按图 1－52 确定。

（2）将每一方向的总弯矩（M_{0x} 或 M_{0y}）乘以表 1－17 中的弯矩计算系数，分配给柱上板带和跨中板带的支座截面和跨中截面。

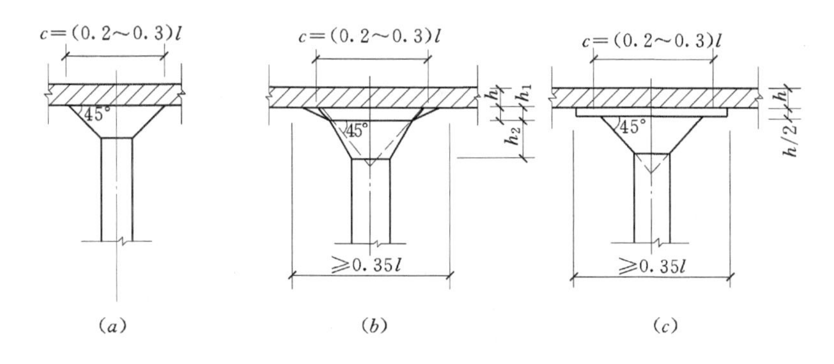

图 1-52　各种形式的柱帽有效宽度

(*a*) 台锥形柱帽；(*b*) 折线形柱帽；(*c*) 带托板柱帽

(3) 在保持总弯矩值不变的情况下，允许将柱上板带负弯矩的 10%分配给跨中板带负弯矩。

表 1-17　无梁板的弯矩计算系数

截面位置	端跨			内跨	
	边支座	跨中	内支座	跨中	支座
柱上板带	-0.48	0.22	-0.50	0.18	-0.50
跨中板带	-0.05	0.18	-0.17	0.15	-0.17

(二) 等代框架法

当不符合弯矩系数法的四个条件时，可采用等代框架法计算竖向荷载作用下的内力。

等代框架法是把整个结构分别沿纵向、横向柱列两个方向划分，将其视为纵向等效框架和横向等效框架，分别进行计算。其中等效框架梁就是各层的楼板。

首先计算等效框架梁、柱的几何特征值。其中等效框架梁宽度和高度为板跨中心线的距离和板厚，跨度取为$(l_y-2c/3)$或$(l_x-2c/3)$；等代柱的截面就是原柱截面，柱的计算高度取为层高减柱帽高度，底层柱高度取为基础顶面至楼板底面的高度减柱帽高度。

按框架计算内力。当仅有竖向荷载时，可以按分层法计算框架内力。最后将计算所得的等效框架控制截面的总弯矩，按照划分的柱上板带和跨中板带分别确定支座和跨中弯矩设计值，即将总弯矩乘以表 1-18 或表 1-19 中所列的分配比值，就可得到无梁楼盖的内力。

表 1-18　等效框架计算弯矩分配比值

项　目	端跨			内跨	
	边支座	跨中	内支座	跨中	支座
柱上板带	0.90	0.55	0.75	0.55	0.75
跨中板带	0.10	0.45	0.25	0.45	0.25

表 1-19　不同边长比时柱上板带和跨中板带弯矩分配比值

l_x/l_y	负弯矩		正弯矩	
	柱上板带	跨中板带	柱上板带	跨中板带
0.5~0.6	0.55	0.45	0.50	0.50
0.6~0.75	0.65	0.35	0.55	0.45

续表

l_x/l_y	负弯矩		正弯矩	
	柱上板带	跨中板带	柱上板带	跨中板带
0.75～1.33	0.70	0.30	0.60	0.40
1.33～1.67	0.80	0.20	0.75	0.25
1.67～2.0	0.85	0.15	0.85	0.15

四、柱帽

柱帽尺寸及配筋，应满足柱帽边缘处平板的受冲切承载力的要求。当满布均布荷载时，无梁楼盖中的内柱柱帽边缘处的平板，可以认为承受中心冲切。

（一）冲切破坏特征

国内外对混凝土板的冲切问题做了大量的试验研究。如图 1－53 所示的板柱连接试件，在集中的柱反力作用下，柱子面积内的板面向内凹陷，而板的另一面则向外隆起。当达到极限承载力时，隆起部分的边界形成环状的裂缝，仿佛板的局部被冲出，通常将这种局部破坏称为冲切破坏。冲切试验的结果可以用下列三点描述：

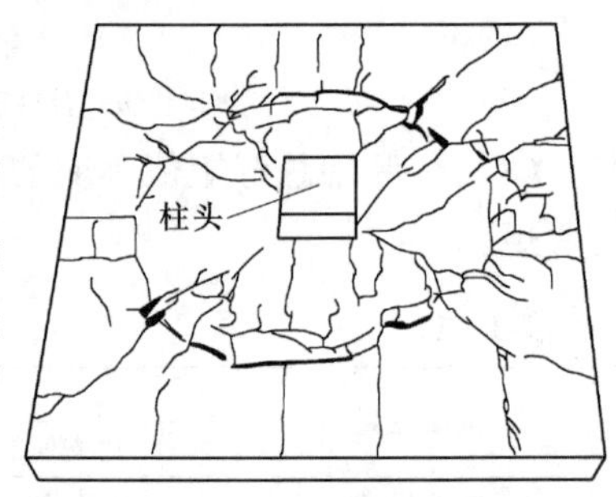

图 1－53　板柱节点的冲切破坏形态

（1）冲切破坏时，形成破坏锥体的锥面与平板大致成 45°倾角。

（2）受冲切承载力与混凝土轴心抗拉强度、局部荷载的周边长度及板纵横两个方向的配筋率，均大体呈直线关系，与板厚呈抛物线关系。

（3）具有弯起钢筋和箍筋的平板，可以大大提高受冲切能力。

（二）冲切承载力计算公式

我国《混凝土结构设计规范》规定，混凝土结构冲切验算按下列方法计算：

（1）对于不配置箍筋或弯起筋的钢筋混凝土平板，其受冲切承载力按下式计算：

$$F_l \leqslant 0.7\beta_h f_t u_m h_0 \tag{1-24}$$

式中：F_l 为冲切荷载设计值，即柱子所承受的轴向力设计值减去柱顶冲切破坏锥体范围内的荷载设计值，如图 1－54 所示，$F_l = N - p\ (c+2h_0)\ (d+2h_0)$；$u_m$ 为距柱帽周边 $h_0/2$ 处的周长；f_t 为混凝土抗拉强度设计值；h_0 为板的截面有效高度；β_h 为截面尺寸效应系数，当 $h \leqslant 800$mm 时，取 $\beta_h = 1.0$，当 $h \geqslant 2000$mm 时，取 $\beta_h = 0.9$，介于之间按线性内插法取用。

（2）对配置受冲切箍筋或弯起筋的混凝土板，受冲切承载力按下列公式计算：

当配置箍筋时，则

$$F_l \leqslant (0.35\beta_h f_t + 0.15\sigma_{pc,m}) u_m h_0 + 0.8 f_{yv} A_{svu} \tag{1-25}$$

当配置弯起筋时，则

$$F_l \leqslant (0.35\beta_h f_t + 0.15\sigma_{pc,m}) u_m h_0 + 0.8 f_y A_{sbu} \sin\alpha \tag{1-26}$$

式中：A_{svu} 为与呈 45°冲切破坏锥体斜截面相交的全部箍筋截面面积；A_{sbu} 为与呈 45°冲切破坏锥体斜截面相交的全部弯起钢筋截面面积；f_{yv} 为箍筋抗拉强度设计值，取值不应大于 360N/mm^2；f_y 为弯起钢筋抗拉强度设计值；α 为弯起钢筋与板底面的夹角。

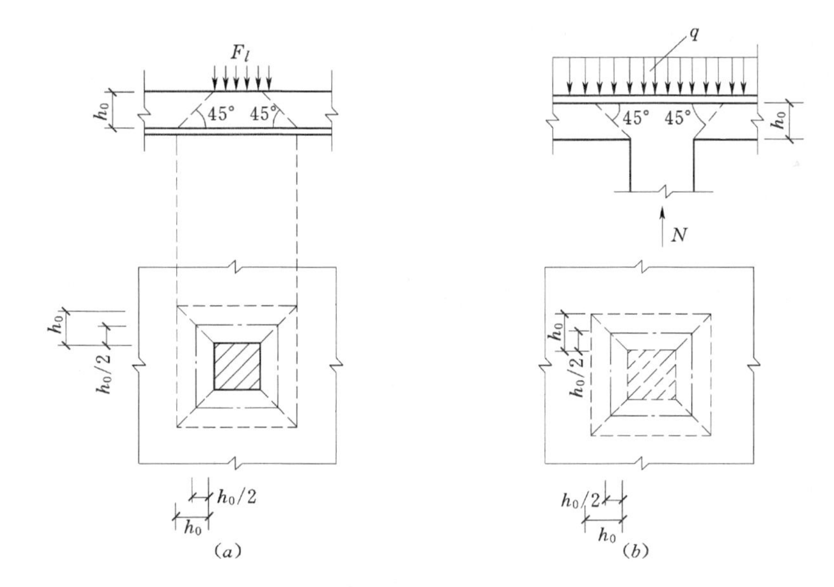

图 1-54　冲切破坏锥体

(a) 局部荷载作用下；(b) 集中反力作用下

(三) 冲切钢筋

根据《混凝土结构设计规范》规定，配置受冲切箍筋或弯起筋的混凝土板，应符合下列要求：

(1) 板的厚度不小于 150mm。

(2) 按计算所需要的箍筋及相应的架立筋应布置在冲切破坏锥体范围内，并布置在从柱边向外不小于 $1.5h_0$ 的范围内 [见图 1-55 (a)]；箍筋宜为封闭式，直径不应小于 6mm，间距不应大于$h_0/3$。

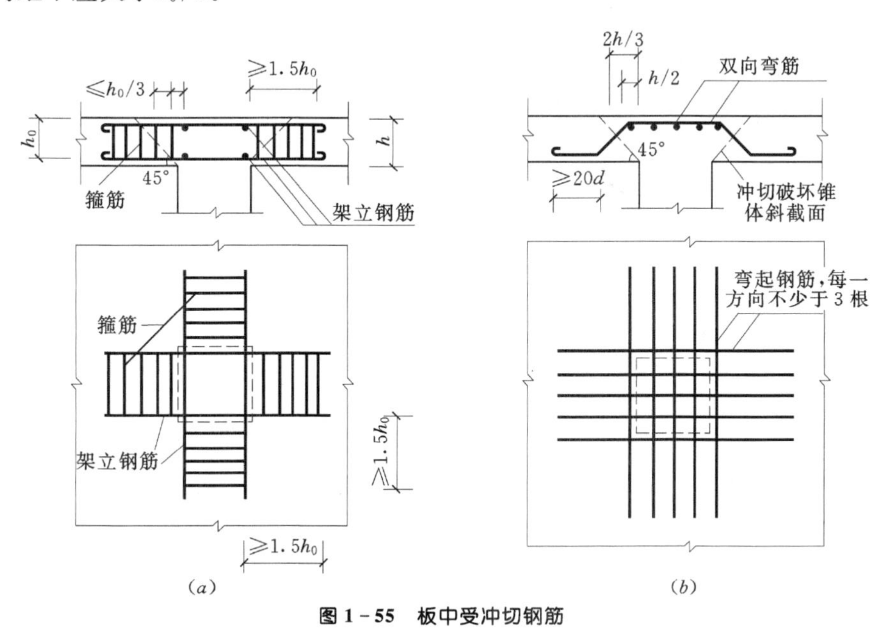

图 1-55　板中受冲切钢筋

(a) 箍筋；(b) 弯起筋

(3) 按计算所需的弯起钢筋应配置在冲切破坏锥体范围内，弯起角度可根据板的厚度在30°～45°之间选取［见图 1-55 (*b*)］；弯起钢筋的倾斜段应与冲切破坏面相交，其交点应在离柱边以外 (1/2～1/3) *h* 的范围内，弯起钢筋直径不应小于 12mm，且每一方向不应少于 3 根。

（四）柱帽配筋构造

不同类型柱帽的一般构造要求，如图 1-56 所示。

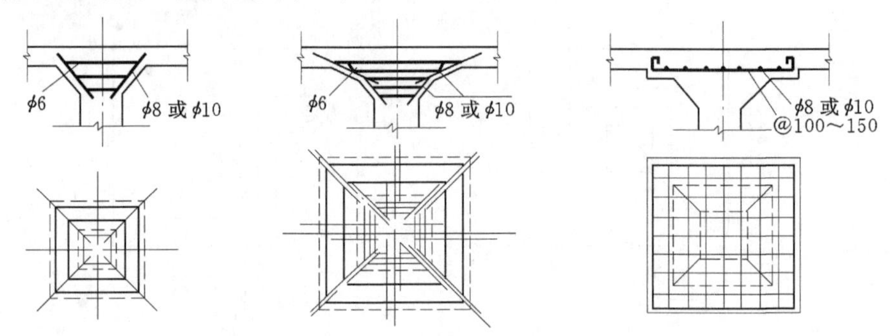

图 1-56　柱帽的配筋构造

五、无梁楼盖的配筋和构造

（一）板的配筋

根据柱上和跨中板带截面弯矩算得的配筋，可沿纵横两个方向均匀地布置于各自的板带上。钢筋的直径和间距，与一般双向板的要求相同，对于承受负弯矩的钢筋，其直径不宜小于 12mm，以保证施工时具有一定刚性。

无梁楼盖中的配筋形式也有弯起式和分离式两种。钢筋弯起或截断的位置应满足图 1-57所示的要求。

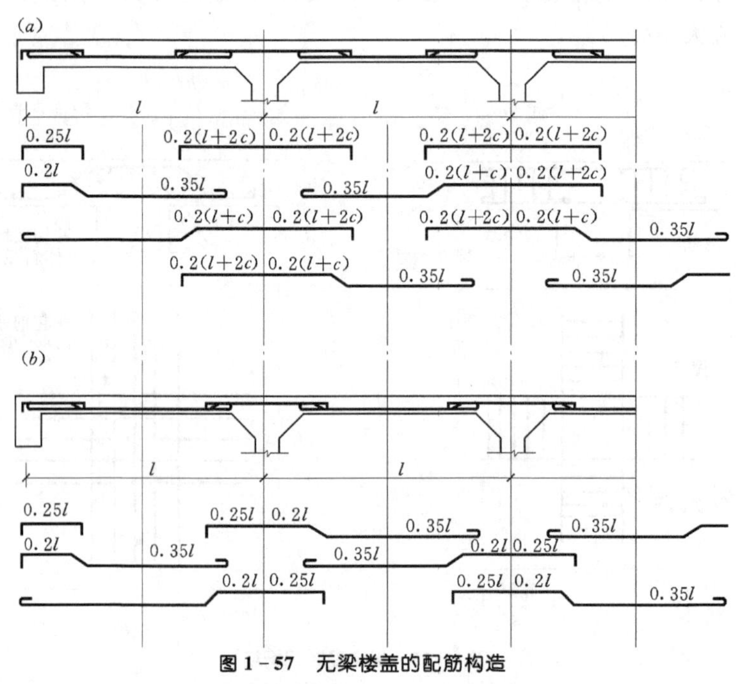

图 1-57　无梁楼盖的配筋构造

(*a*) 柱上板带配筋；(*b*) 跨中板带配筋

(二) 边梁

无梁楼盖的周边应设置边梁，其截面高度应不小于板厚的 2.5 倍，与板形成倒 L 形截面。边梁除了与边柱上的板带一起承受弯矩外，还要承受垂直于边梁轴线方向的扭矩，所以应配置必要的抗扭构造钢筋。

第五节　装配式钢筋混凝土楼盖

在工业与民用建筑中，装配式楼盖得到了较广泛的应用。装配式楼盖的形式主要有铺板式、密肋式和无梁式等，其中以铺板式应用最广。铺板式楼盖的主要构件为预制板和预制梁。目前各地都采用本地的标准图集定型生产构件，由各地的预制厂供应，当有特殊要求或施工条件受限时，才进行专用构件设计。

在现代装配式楼盖中，将一部分构件采用预制，另一部分采用现浇，并可利用预制部分作为现浇部分混凝土的模板。这样不仅能够大量节省模板，减少施工现场工作量，还可以提高结构的整体性。

一、预制板与预制梁

(一) 预制板

1. 实心板

实心板形式如图 1-58 (*a*) 所示，它的特点是板的上下表面平整，制作方便，但用料多、自重较大，而且刚度小，适用于荷载不大、跨度较小的场合。常用跨度 $l=1.2\sim1.4\text{m}$，板厚一般可取 $h\geqslant l/30$，常用板厚 $h=50\sim100\text{mm}$。常用板宽 $B=500\sim1000\text{mm}$。

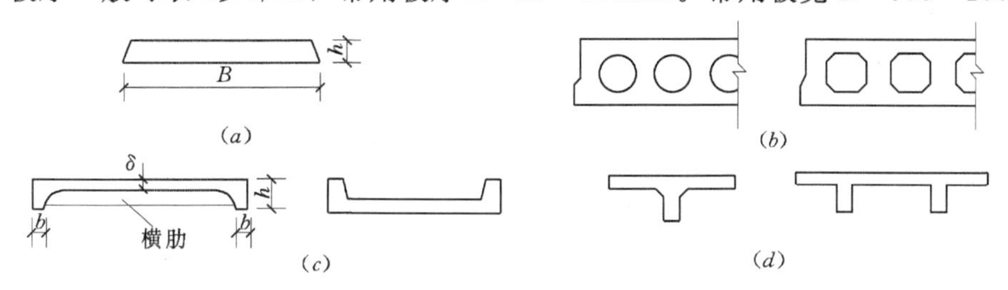

图 1-58　常用预制板形式

(*a*) 实心板；(*b*) 空心板；(*c*) 槽形板；(*d*) T 形板

2. 空心板

空心板孔洞的形状有圆形、矩形等，如图 1-58 (*b*) 所示，其中圆孔板因为制作比较简单而较为常用。空心板的特点是材料用量省、自重轻、隔声效果好、上下表面平整，而且刚度大、受力性能好。但是板面不能任意开洞。

普通空心板常用跨度 $l=2.4\sim4.8\text{m}$，当 $l=1.8\sim3.3\text{m}$，板厚 $h=120\text{mm}$；当 $l=3.3\sim4.8\text{m}$，$h=180\text{mm}$。预应力空心板常用跨度 $l=2.4\sim7.5\text{m}$，板跨 $l=2.4\sim4.2\text{m}$，$h=120\text{mm}$；$l=4.2\sim6.0\text{m}$，$h=180\text{mm}$；$l=6.0\sim7.5\text{m}$，$h=240\text{mm}$。常用的板宽 B 为 600mm、900mm 和 1200mm。

3. 槽形板

槽形板由面板、纵肋和横肋组成，横肋除在板的两端设置外，在板的中部也可设置板肋，以提高板的整体刚度。槽形板又可分为正槽形板和倒槽形板，如图1-58（*c*）所示。

槽形板的特点是受力合理，且节约材料、自重轻、便于开洞。但它的缺点是不能提供平整的天棚，保温隔热效果差。

槽形板的常用跨度 l=1.5～5.6m，板面厚度 δ=25～30mm，纵肋高 h=（1/17～1/22）l，一般取 h 为 120mm、180mm 和 240mm，肋宽 b=50～80mm，常用板宽 B 为 500mm、600mm、900mm、1200mm。

4. T 形板

T 形板又分为单 T 形板和双 T 形板两种，如图 1-58（*d*）所示。T 形板的特点是受力性能好，能跨越较大跨度，但整体刚度较其他形式的预制板差。

T 形板常用的跨度 l=6～12m，肋高 h=300～500mm，板面厚度 δ=40～50mm，板宽 B=1500～2100mm。

（二）预制梁

预制钢筋混凝土梁一般多为单跨简支梁或简支外伸梁。梁的截面形式有矩形、T 形、十字形及花篮形，如图 1-59 所示。当梁跨度较大，预制梁的截面高度较高时，可以采用十字形梁或花篮形梁，这样可以增加房间净空高度，梁的跨高比一般为 1/14～1/8。

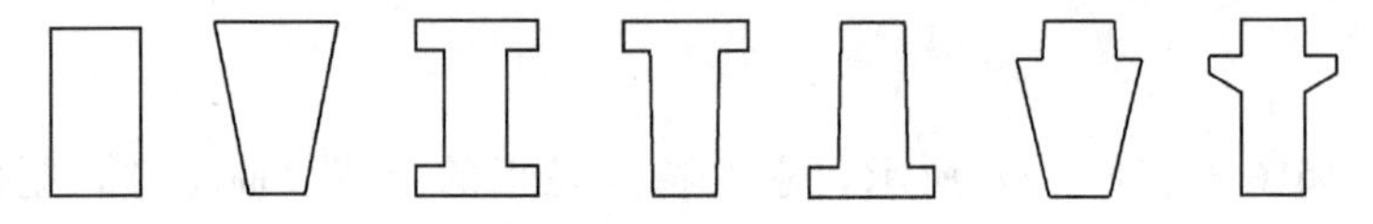

图 1-59　预制梁截面形式

二、铺板式楼盖的结构布置与连接

（一）铺板式楼盖的结构布置

铺板式楼盖板的布置一般根据房屋的承重方案确定，可以采用横向承重方案、纵向承重方案和纵横向承重方案。选择预制板时，应根据房屋平面尺寸和施工吊装能力综合考虑。一般宜选中等宽度的预制板，且预制板型号不宜过多。选板时，首先要熟悉预制构件的标准图，特别要注意预制板的实际宽度一般比图集中的标志尺寸小 10mm，因此，按标志尺寸布置板时，板与板之间将留有 10～20mm 的空隙。安装后用细石混凝土灌缝，以加强板间的连接。

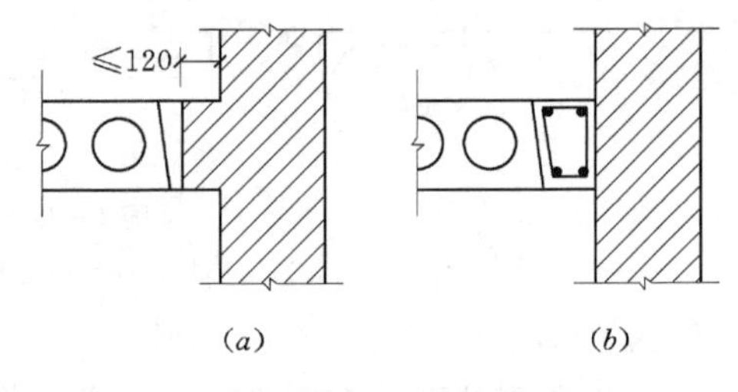

图 1-60　铺板式楼盖的局部构造

（*a*）挑砖；（*b*）现浇板带

在墙边时，不能将板嵌入墙内，可以采用局部现浇钢筋混凝土带的方法［见图 1-60（*b*）］，或沿墙挑砖的方法处理［见图 1-60（*a*）］。

（二）铺板式楼盖的连接

由于铺板式楼盖采用的是预制梁板，所以楼盖的整体性较差，在设计时要特别注意预制板与板、板与墙、墙与梁、梁与板之间的连接。强调楼盖的连接目的有以下三点：一是保证在水平荷载作用下墙体、梁和板的共同工作，保证荷载直接可靠地传至基础；二是楼盖在其水平面像一根两端支承在横墙上的深梁一样工作，在水平力作用下，楼盖内将产生弯曲和剪切应力，预制板缝之间的连接应能承担该应力以保证预制楼盖水平方向的整体性；三是在竖向荷载的作用下，增强各预制板之间的连接，可增强楼盖竖直方向的整体性，改善各独立板的工作性能。因此，在设计中应简单而妥善地处理好各构件之间的连接。

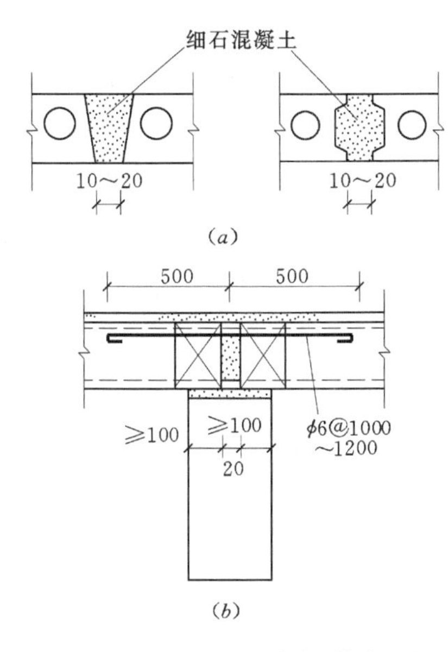

图1-61　板与板的连接构造

1. 板与板的连接

板与板的连接一般采用灌注板缝的方法，即在板缝中用强度等级不小于M15的水泥砂浆或C20细石混凝土灌注，如图1-61（*a*）所示。当楼面有振动荷载时，不允许板缝开裂，或房屋有抗震设防要求时，应在板缝中设置拉结钢筋，如图1-61（*b*）所示。必要时，可在板上现浇一层配有钢筋网的细石混凝土面层。

2. 板与支承墙或支承梁的连接

板与支承墙或梁的连接，一般依靠支承处坐浆和一定的支承长度来保证。坐浆厚度为10～20mm，板在砖砌体上的支承长度外墙不小于120mm，内墙不小于100mm，在混凝土梁上的支承长度不小于80mm（或100mm），如图1-62所示。空心板两端的孔洞应用混凝土堵实，避免在灌缝或浇筑楼面混凝土时漏浆。

3. 梁与墙的连接

梁在墙上的支承长度应保证梁内纵向受力钢筋在支座处有足够的锚固长度，并应满足两端砌体局部承压承载能力的要求。必要时应按计算设置垫块或垫梁。预制梁在墙上的支承长度应不小于180mm，预制梁支承处应坐浆，必要时，应在梁端设拉结钢筋。对于有抗震设防要求的装配式楼盖，应按《建筑抗震设计规范》（GB 50011—2010）的要求处理。

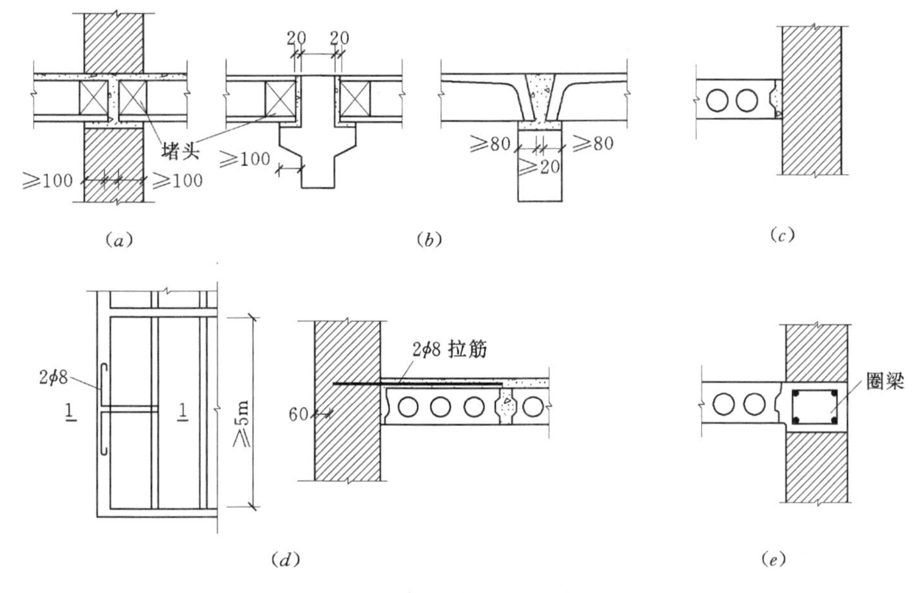

图1-62　板与墙、板与梁的连接

三、铺板式楼盖预制构件设计要点

对于装配式楼盖的构件，无论是梁还是板，都应满足使用阶段的承载力计算及变形和裂缝控制。除此之外，预制构件还应进行制作、运输及吊装时的施工阶段验算。

进行施工阶段验算时，应考虑以下几个问题：

（1）要根据吊装（运输）方案，确定吊点（支点）位置，作出吊装（运输）时预制构件的计算简图，从而计算出吊装（运输）时构件内力。

（2）对预制构件自身进行吊装验算时，应将自重乘以动力系数。动力系数可取 1.5，但根据构件吊装时的受力情况，可适当增减。

（3）吊环计算与构造。为方便吊装，预制构件一般应埋置吊环。每个吊环可按两个截面计算，在构件自重标准值作用下，吊环拉应力不应大于 50N/mm²（已计入构件自重的动力系数）。于是，吊环截面可按下式计算：

$$A_s = \frac{G_K}{2n[\sigma_s]} \tag{1-27}$$

式中：G_K 为构件自重标准值；n 为受力吊环的数目，当一个构件上设四个吊环时，计算中只考虑其中三个同时发挥作用；$[\sigma_s]$为吊环钢筋的容许应力，取$[\sigma_s]=50\text{N/mm}^2$。

第六节　楼梯、雨篷设计与计算

一、钢筋混凝土楼梯的类型与组成

（一）楼梯的类型

在多层和高层建筑物中，楼梯作为垂直交通工具必不可少，且要求楼梯经久耐用，具有良好的防火性能，它是建筑物中的一个重要组成部分。因此，在一般多高层建筑物中常采用钢筋混凝土楼梯。

楼梯的外形和几何尺寸由建筑设计确定，目前在建筑物中采用的楼梯类型很多，有板式、梁式、剪刀式和螺旋式等（见图 1－63），而楼梯按照施工方式的不同，又可分为整体式楼梯和装配式楼梯。本节重点介绍最基本的整体式板式楼梯和梁式楼梯的计算与构造。

（二）楼梯的组成

整体式板式楼梯由平台梁、平台板和梯段板三种基本构件组成。

整体式梁式楼梯由平台梁、平台板、踏步板和斜梁四种基本构件组成。

二、钢筋混凝土现浇板式楼梯计算与构造

（一）梯段板

梯段板是一块带有踏步的斜板，分别支承于上、下平台梁上。为了保证梯段板具有一定的刚度，梯段板的厚度一般取（1/25～1/30）l_0，其中 l_0 为梯段板水平投影方向的长度。

梯段板的荷载计算时，应考虑恒载（踏步自重、斜板自重和面层自重等）和活载，且垂直向下作用（见图 1－64）。

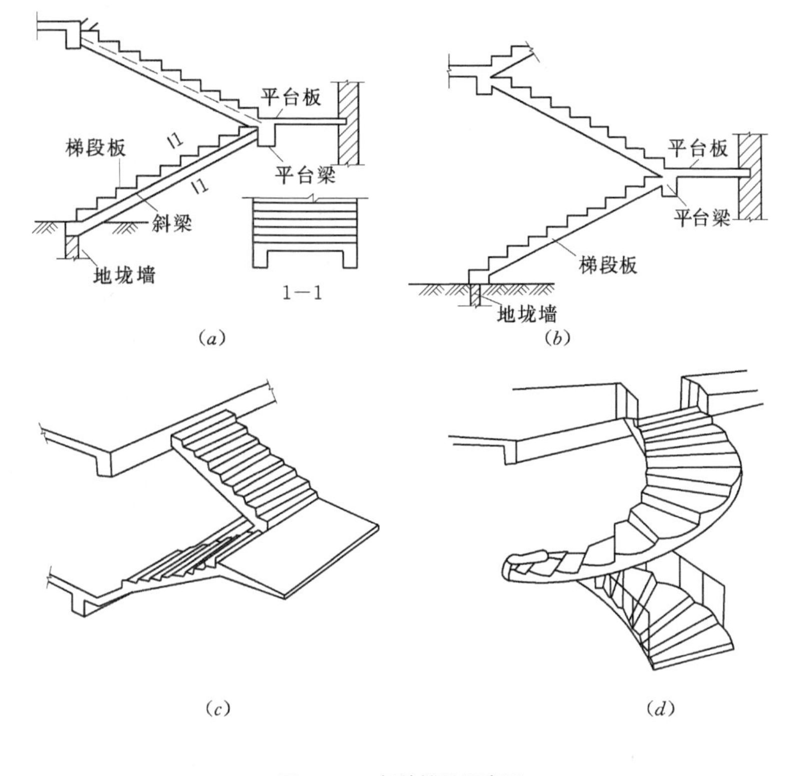

图 1-63 各种楼梯示意图

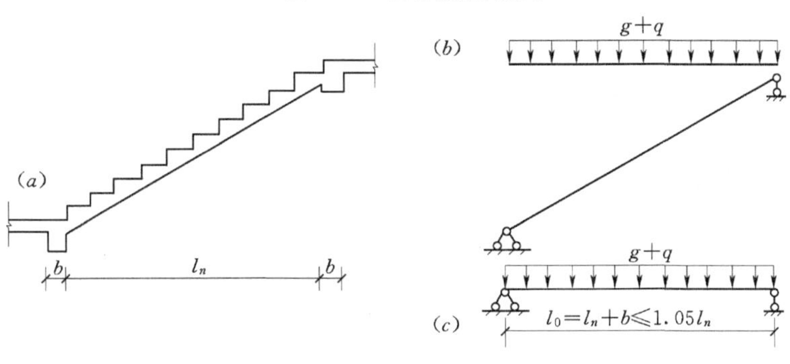

图 1-64 梯段板计算简图

计算梯段板时，可取 1.0m 板宽或整个梯段板宽作为计算单元。

由材料力学可知，梯段板在竖向荷载作用下，其跨中弯矩、剪力值如下所示：

$$M_{\max}=(g+q)l_0^2/8 \tag{1-28}$$

$$V_{\max}=(g+q)l_n\cos\alpha/2 \tag{1-29}$$

式中：g 和 q 分别为作用于梯段板上竖向的恒载和活载的设计值；l_0 和 l_n 分别为梯段板的计算跨度和净跨度的水平投影长度；α 为梯段板与水平方向的夹角。

在实际工程计算中，考虑到平台梁与梯段板整体连接，平台梁对梯段板有一定的约束作用，故可以减少跨中弯矩，这时可取 $M_{\max}=(g+q)l_0^2/10$。由于梯段板为斜向的受弯构件，在竖向荷载作用下，除产生弯矩和剪力外，还将产生轴力，其影响很小，设计时可

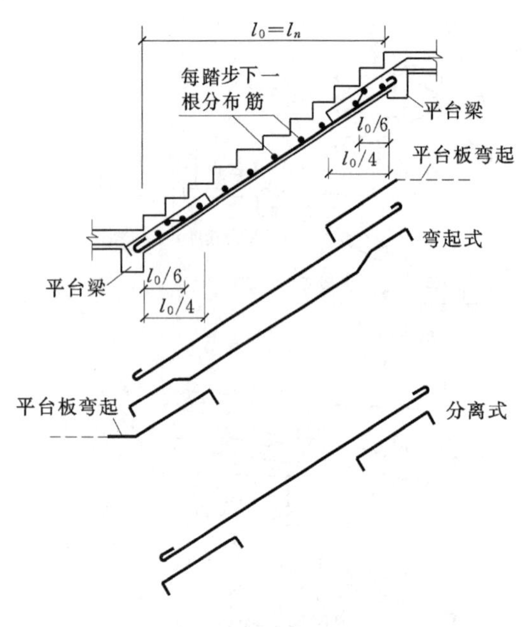

图 1-65 受力钢筋的弯起点位置

不考虑。斜板中的受力钢筋按跨中弯矩计算求得，配筋可采用分离式或弯起式（见图 1-65），为施工方便，采用分离式较多。在实际工程设计中，通常板端的负弯矩按跨中弯矩考虑，是偏于安全的。在垂直于受力筋方向要按构造要求配置分布筋，并要求每个踏步下至少有一根分布筋。

梯段斜板同一般平板计算一样，可不必进行斜截面抗剪承载力验算。

（二）平台板

平台板一般情况下为单向板，板的两端与墙体或平台梁整体连接，考虑到支座对平台板的约束作用，跨中计算弯矩可取

$$M_{max}=(g+q)l_0^2/8$$

或

$$M_{max}=(g+q)l_0^2/10$$

式中：l_0 为平台板的计算跨度，其配筋方式及构造要求与普通板相同。

（三）平台梁

平台梁两端支承在楼梯间的承重墙上（框架结构时支承在柱上），承受梯段板传来的均布荷载和平台梁自重。平台梁可按简支的倒 L 形梁计算。平台梁的截面高度 $h\geqslant l_0/10$，其中 l_0 为平台梁的计算跨度，其他构造要求与一般梁相同。

三、钢筋混凝土现浇梁式楼梯计算与构造

（一）踏步板

梁式楼梯踏步板的高和宽由建筑设计确定，踏步底板厚 $\delta=30\sim50$mm。它是两端支承在斜梁上的单向板［见图 1-65（a）］，为计算方便，可取一个踏步为计算单元［见图 1-66（b）］，其截面为梯形，可按截面面积相等的原则简化为同宽度的矩形截面的简支板计算［见图 1-66（c）］。

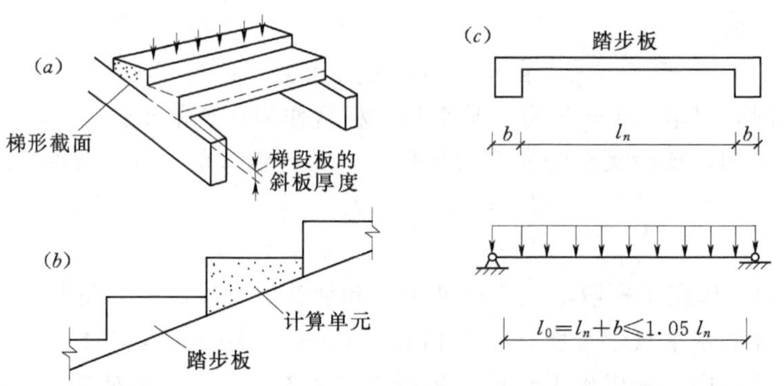

图 1-66 梁式楼梯踏步板计算简图

踏步板的配筋按计算确定，构造要求每个踏步下不少于 2ϕ6 的受力钢筋，布置在踏步板下面的斜板中，分布筋间距不大于 250mm（见图 1－67）。

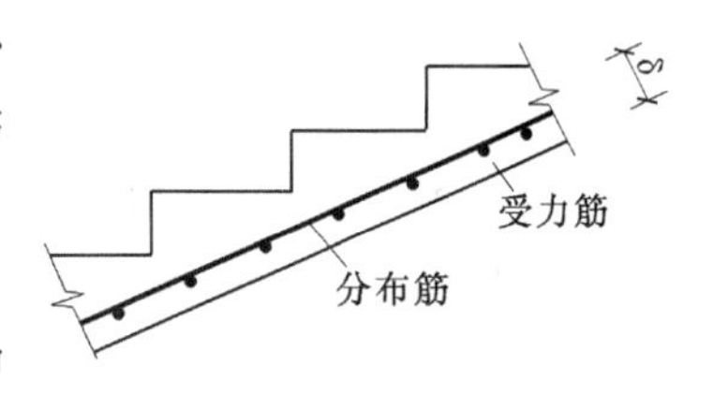

图 1－67　踏步板配筋示意图

（二）梯段斜梁

梯段斜梁两端支承在平台梁上，承受踏步板传来的均布荷载和斜梁自重，荷载的作用方向竖直向下，其内力计算简图如图 1－68 所示，其内力按下列公式计算：

$$M_{max}=(g+q)l_0^2/8 \quad (1-30)$$

$$V_{max}=(g+q)l_n\cos\alpha/2 \quad (1-31)$$

式中：g 和 q 分别为作用于梯段斜梁上竖向的恒载和活载的设计值；l_0 和 l_n 分别为梯段斜梁的计算跨度和净跨度的水平投影长度。

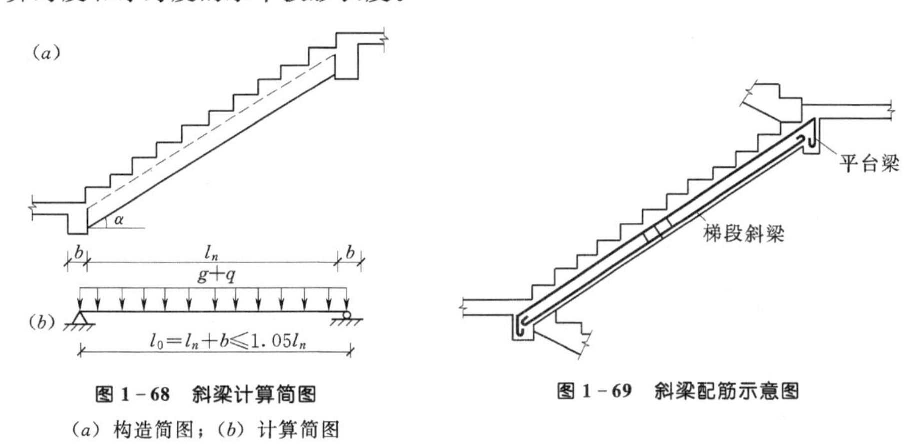

图 1－68　斜梁计算简图

（a）构造简图；（b）计算简图

图 1－69　斜梁配筋示意图

梯段斜梁可按倒 L 形截面进行计算，踏步板下的斜板为其斜梁的受压翼缘。梯段斜梁的截面高度 $h=(1/16\sim1/20)\ l_0$，其配筋及构造要求与一般梁相同，配筋图如图 1－69 所示。

（三）平台梁与平台板

平台板的计算和构造要求与板式楼梯平台板相同。梁式楼梯中的平台梁承受平台板传来的均布荷载，梯段斜梁传来的集中力及平台梁自身的均布荷载（见图 1－70），由材料力学可求出其内力，其配筋和构造要求与一般梁相同。

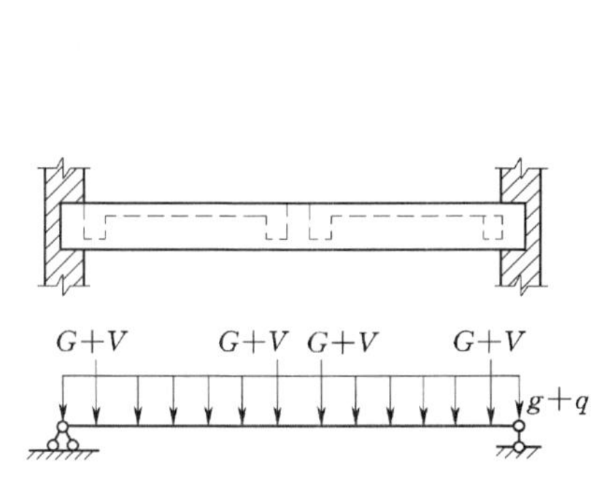

图 1－70　平台梁计算简图

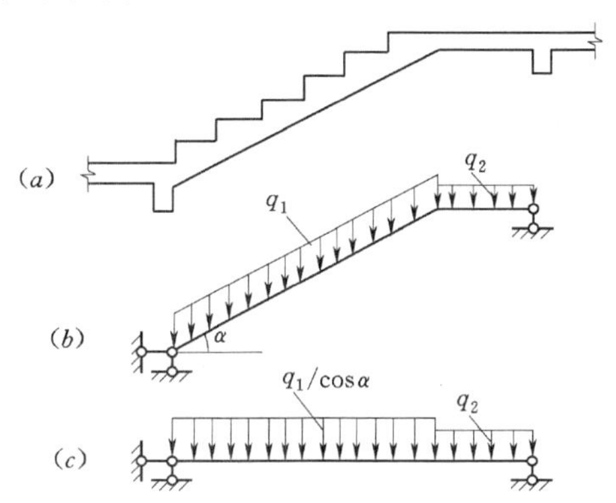

图 1－71　折线形板式楼梯的荷载

(四) 折板的计算与构造要求

为了满足建筑上的要求，有时踏步板需要采用折板的形式（见图 1-71），折板的内力计算与一般斜板相同，在板的内折角处钢筋要分离，并满足钢筋的锚固要求（见图 1-72）。

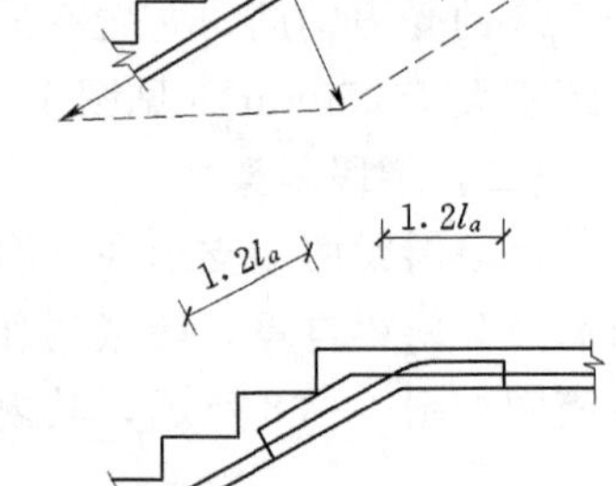

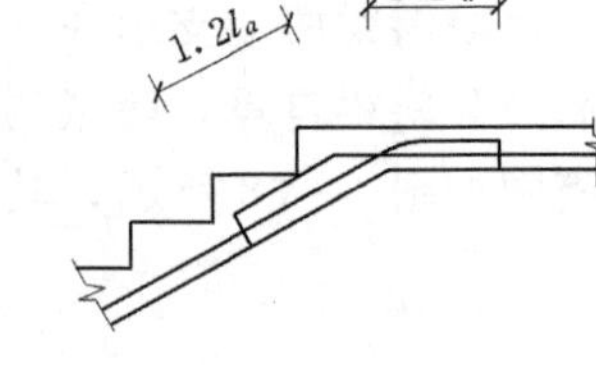

图 1-72 折线形楼梯板内折角处的配筋

四、楼梯设计例题

【例 1-3】 某办公楼楼梯，采用现浇整体式钢筋混凝土结构，其结构布置如图 1-73 所示。已知下列条件：

(1) 活荷载标准值 $q_k=2.5\text{kN/m}^2$。

(2) 材料选用：混凝土采用 C20，$f_c=9.6\text{N/mm}^2$，$f_t=1.1\text{N/mm}^2$，$a_1=1.0$；钢筋选用 HPB235 级，$f_y=210\text{N/mm}^2$。

试按板式楼梯进设计。

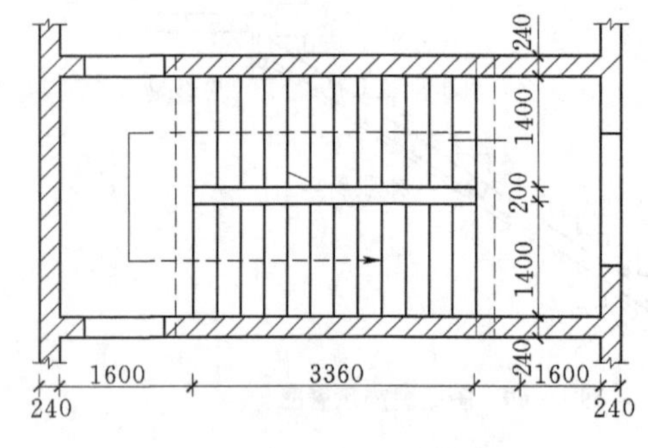

图 1-73 楼梯结构平面布置图

解：1. 梯段板的计算

(1) 确定板厚。梯段板的厚度为

$$h = l_0/30 = 3360/30 = 112\text{mm}$$

取 $h=120\text{mm}$。

(2) 荷载计算（取 1m 宽板带计算）。

楼梯斜板的倾斜角为

$$\alpha = \tan^{-1}\frac{154}{280} = \tan^{-1}0.55 = 28°48'$$

$$\cos\alpha = 0.876$$

踏步重：$\dfrac{1.0}{0.28}\times\dfrac{1}{2}\times 0.28\times 0.154\times 25 = 1.925\text{kN/m}$

斜板重：$\dfrac{1.0}{0.876}\times 0.12\times 25 = 3.425\text{kN/m}$

20mm 厚找平层：$\dfrac{0.28+0.154}{0.28}\times 1.0\times 0.02\times 20 = 0.620\text{kN/m}$

恒荷载标准值：$g_k = 1.925+3.425+0.620 = 5.970\text{kN/m}$

恒荷载设计值：$g = 1.2\times 5.970 = 7.164\text{kN/m}$

活荷载标准值：$q_k = 2.5\times 1.0 = 2.5\text{kN/m}$

活荷载设计值：$q = 1.4\times 2.5 = 3.5\text{kN/m}$

(3) 内力计算。

计算跨度：$l_0=3.36\text{m}$

跨中弯矩：$M = (g+q)l_0^2/10 = \dfrac{1}{10}\times(7.146+3.5)\times 3.36^2 = 12.04\text{kN}\cdot\text{m}$

(4) 配筋计算。

$$h_0 = h - a_s = 120 - 20 = 100\text{mm}$$

$$\alpha_s = \frac{M}{a_1 f_c b h_0^2} = \frac{12.04 \times 10^6}{1.0 \times 9.6 \times 1000 \times 100^2} = 0.125$$

$$\xi = 1 - \sqrt{1 - 2\alpha_s} = 1 - \sqrt{1 - 2 \times 0.125} = 0.134 < \xi_b = 0.614$$

$$\gamma_s = 1 - 0.5\xi = 1 - 0.5 \times 0.134 = 0.933$$

$$A_s = \frac{M}{\gamma_s h_0 f_y} = \frac{12.04 \times 10^6}{0.933 \times 100 \times 270} = 477.9\text{mm}^2$$

受力筋选用 $\phi10$ @125($A_s = 623\text{mm}^2$)，分布筋选用 $\phi6$ @200。

2. 平台板的计算

(1) 荷载计算（取 1m 宽板带计算）。

平台板自重（假定板厚 70mm）： $0.07 \times 1 \times 25 = 1.75\text{kN/m}$

20mm 厚找平层： $0.02 \times 1 \times 20 = 0.40\text{kN/m}$

恒荷载标准值： $q_k = 1.75 + 0.40 = 2.15\text{kN/m}$

恒荷载设计值： $g = 1.2 \times 2.15 = 2.58\text{kN/m}$

活荷载设计值： $q = 1.4 \times 2.5 = 3.5\text{kN/m}$

(2) 内力计算。

计算跨度：$l_0 = l_n + h/2 = 1.4 + 0.07/2 = 1.435\text{m}$

跨中弯矩：$M = (g + q) l_0^2 / 8 = \frac{1}{8} \times (2.58 + 3.5) \times 1.435^2 = 1.57\text{kN} \cdot \text{m}$

(3) 配筋计算。

$$h_0 = h - a_s = 70 - 20 = 50\text{mm}$$

$$\alpha_s = \frac{M}{a_1 f_c b h_0^2} = \frac{1.57 \times 10^6}{1.0 \times 9.6 \times 1000 \times 50^2} = 0.0654$$

$$\xi = 1 - \sqrt{1 - 2\alpha_s} = 1 - \sqrt{1 - 2 \times 0.0654} = 0.068 < \xi_b = 0.614$$

$$\gamma_s = 1 - 0.5\xi = 1 - 0.5 \times 0.068 = 0.966$$

$$A_s = \frac{M}{\gamma_s h_0 f_y} = \frac{1.57 \times 10^6}{0.966 \times 50 \times 270} = 120.38\text{mm}^2$$

受力筋选用 $\phi6$ @180($A_s = 157\text{mm}^2$)，分布筋选用 $\phi6$ @200。

梯段板和平台板的配筋图如图 1-74 所示。

3. 平台梁的计算

(1) 荷载计算。

梯段板传来的荷载： $10.664 \times 3.36/2 = 17.92\text{kN/m}$

平台板传来的荷载： $6.08 \times (1.4/2 + 0.2) = 5.47\text{kN/m}$

梁自重（假定 $b \times h = 200\text{mm} \times 300\text{mm}$）：$1.2 \times 0.2 \times (0.30 - 0.07) \times 25 = 1.38\text{kN/m}$

总荷载设计值： $q = 24.8\text{kN/m}$

(2) 内力计算。

计算跨度：$l_0 = l_n + a = 3.0 + 0.24 = 3.24\text{m}$

$$l_0 = 1.05 l_n = 1.05 \times 3.0 = 3.15\text{m}$$

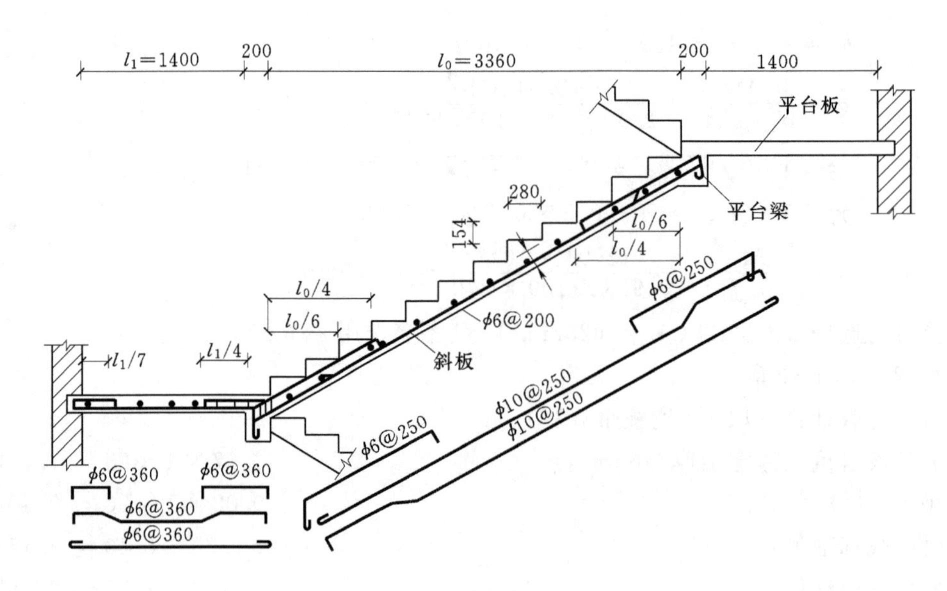

图 1－74　梯段板配筋图

取两者中较小者，l_0＝3.15m。

$$M_{\max}=ql_0^2/8=\frac{1}{8}\times 24.8\times 3.15^2=30.76\text{kN}\cdot\text{m}$$

$$V_{\max}=ql_n/2=\frac{1}{2}\times 24.8\times 3.0=37.2\text{kN}$$

(3) 配筋计算。

正截面计算（按第一类倒 L 形截面计算）。

翼缘宽度：$b'_f=l_0/6=3150/6=525\text{mm}$

$$b'_f=b+s_0/2=200+1400/2=900\text{mm}$$

取两者中的较小者，$b'_f=525\text{mm}$。

$$h_0=h-a_s=300-35=265\text{mm}$$

$$\alpha_s=\frac{M}{a_1 f_c b'_f h_0^2}=\frac{30.76\times 10^6}{1.0\times 9.6\times 525\times 265^2}=0.087$$

$$\xi=1-\sqrt{1-2\alpha_s}=1-\sqrt{1-2\times 0.087}=0.091<\xi_b=0.614$$

$$\gamma_s=1-0.5\xi=1-0.5\times 0.091=0.954$$

$$A_s=\frac{M}{\gamma_s h_0 f_y}=\frac{30.76\times 10^6}{0.954\times 265\times 270}=450.6\text{mm}^2$$

受力筋选用 $3\phi16(A_s=603\text{mm}^2)$。

斜截面箍筋计算：

$$0.7f_t bh_0=0.7\times 1.1\times 200\times 265$$
$$=40.81\text{kN}>V_{\max}=37.2\text{kN}$$

故箍筋可按构造要求配置，采用 $\phi6$@200。

钢筋布置如图 1－75 所示。

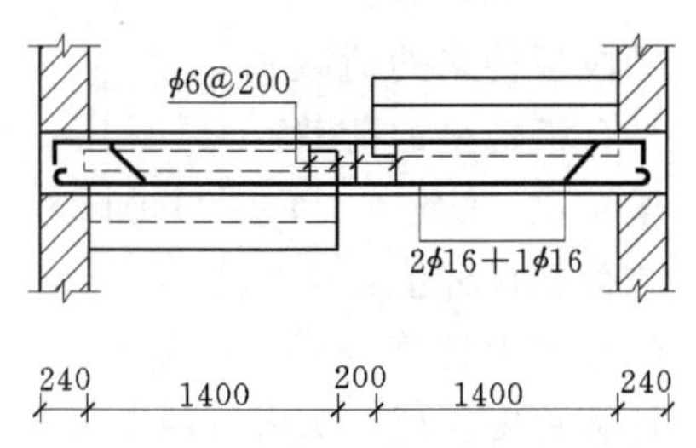

图 1－75　平台梁配筋图

【例 1-4】　若将［例 1-3］的板式楼梯改为梁式楼梯，其余条件不变，试设计计算此梁式楼梯。

解： 1. 踏步板的计算

假定踏步板的底板厚度 $\delta=40\text{mm}$，斜梁截面尺寸取 $b\times h=150\text{mm}\times250\text{mm}$。

(1) 荷载计算。

三角形踏步板自重：$\frac{1}{2}\times0.28\times0.154\times25=0.539\text{kN/m}$

40mm 厚踏步板自重：$0.04\times\sqrt{0.28^2+0.154^2}\times25=0.32\text{kN/m}$

20mm 厚找平层：$0.02\times(0.28+0.154)\times20=0.174\text{kN/m}$

恒荷载标准值：$g_k=0.529+0.32+0.174=1.033\text{kN/m}$

恒荷载设计值：$g=1.2\times1.033=1.24\text{kN/m}$

活荷载标准值：$q_k=2.5\times0.28=0.70\text{kN/m}$

活荷载设计值：$q=1.4\times0.70=0.98\text{kN/m}$

总荷载：$g+q=1.24+0.98=2.22\text{kN/m}$

化为垂直于斜板方向的荷载：$(g+q)'=(g+q)\cos\alpha=2.22\times0.876=1.94\text{kN/m}$

(2) 内力计算。

计算跨度：$l_0=l_n+a=1.1+0.15=1.25\text{m}$

$l_0=1.05l_n=1.05\times1.1=1.15\text{m}$

取两者中较小者，$l_0=1.15\text{m}$。

跨中弯矩：$M=(g+q)'l_0^2/8=\frac{1}{8}\times1.94\times1.15^2=0.321\text{kN}\cdot\text{m}$

(3) 配筋计算。

为了计算方便，板的有效高度 h_0 可近似地按 $c/2$ 计算（c 为板厚加踏步三角形斜边之高），其值为

$$h_0=\frac{1}{2}\times(40+154\times0.876)=87\text{mm}$$

踏步板斜向宽度：$b=\sqrt{280^2+154^2}=320\text{mm}$

$$\alpha_s=\frac{M}{a_1f_cbh_0^2}=\frac{0.321\times10^6}{1.0\times9.6\times320\times87^2}=0.0138$$

$$\xi=1-\sqrt{1-2\alpha_s}=1-\sqrt{1-2\times0.0138}=0.0139<\xi_b=0.614$$

$$\gamma_s=1-0.5\xi=1-0.5\times0.0139=0.993$$

$$A_s=\frac{M}{\gamma_sh_0f_y}=\frac{0.321\times10^6}{0.993\times87\times270}=13.76\text{mm}^2$$

$$A_s=\rho_{\min}bh=0.45\frac{f_t}{f_y}bh=0.45\times\frac{1.1}{270}\times320\times(87+15)=59.84\text{mm}^2$$

每级踏步 $3\phi6(A_s=85\text{mm}^2)$，分布筋采用 $\phi6$@250。

2. 楼梯斜梁的计算

(1) 荷载计算（化为沿水平方向分布）。

由踏步板传来的荷载： $\frac{2.22}{0.28}\times\frac{1.4}{2}=5.55\text{kN/m}$

梁自重： $1.2\times0.15\times(0.25-0.04)\times25\times\frac{1}{0.876}=1.08\text{kN/m}$

沿水平方向分布的荷载总计： $q=5.55+1.08=6.63\text{kN/m}$

(2) 内力计算。

计算跨度：$l_0=l_n+a=3.36+0.20=3.56\text{m}$

$l_0=1.05l_n=1.05\times3.36=3.53\text{m}$

取两者中较小者，l_0=3.53m。

$$M=\frac{1}{8}ql_0^2=\frac{1}{8}\times6.63\times3.53^2=10.3\text{kN}\cdot\text{m}$$

$$V=\frac{1}{2}ql_0\cos\alpha=\frac{1}{2}\times6.63\times0.876=10.15\text{kN}$$

(3) 配筋计算（按倒L形截面计算）。

翼缘宽度：$b'_f=\frac{1}{6}\times\frac{3.53}{0.876}=672\text{mm}$

$$b'_f=b+\frac{1}{2}s_0=150+\frac{1}{2}\times1100=700\text{mm}$$

取两者中较小者，$b'_f=672\text{mm}$，$h_0=250-35=215\text{mm}$。

$$\alpha_s=\frac{M}{a_1f_cbh_0^2}=\frac{10.3\times10^6}{1.0\times9.6\times672\times215^2}=0.0345$$

$$\xi=1-\sqrt{1-2\alpha_s}=1-\sqrt{1-2\times0.0345}=0.0351<\xi_b=0.614$$

$$\gamma_s=1-0.5\xi=1-0.5\times0.0351=0.982$$

$$A_s=\frac{M}{\gamma_sh_0f_y}=\frac{10.3\times10^6}{0.982\times215\times270}=180.68\text{mm}^2$$

受力筋选用2ϕ14（A_s=308mm^2）。

箍筋计算：$0.7f_tbh_0=0.7\times1.1\times150\times215=24.8\text{kN}>V_{斜}=10.15\text{kN}$

故可按构造要求配置，箍筋采用ϕ6@200。

钢筋布置如图1-76所示。

平台梁计算略。

五、雨篷的计算与构造

钢筋混凝土雨篷是房屋结构中最常见的悬挑构件，它有各种不同布置。对悬挑比较长的雨篷，一般采用由梁支承雨篷板，按梁板结构计算其内力。但对一般的雨篷，只由雨篷板和雨篷梁组成。雨篷梁一方面支承雨篷板，另一方面又兼作门过梁，承受上部墙体的重力和楼面梁板或楼梯平台传来的荷载。这种雨篷受荷后可能发生以下三种破坏：

(1) 雨篷板在根部发生受弯破坏。

(2) 雨篷梁受弯、剪、扭而发生破坏。

(3) 整体雨篷发生倾覆破坏。

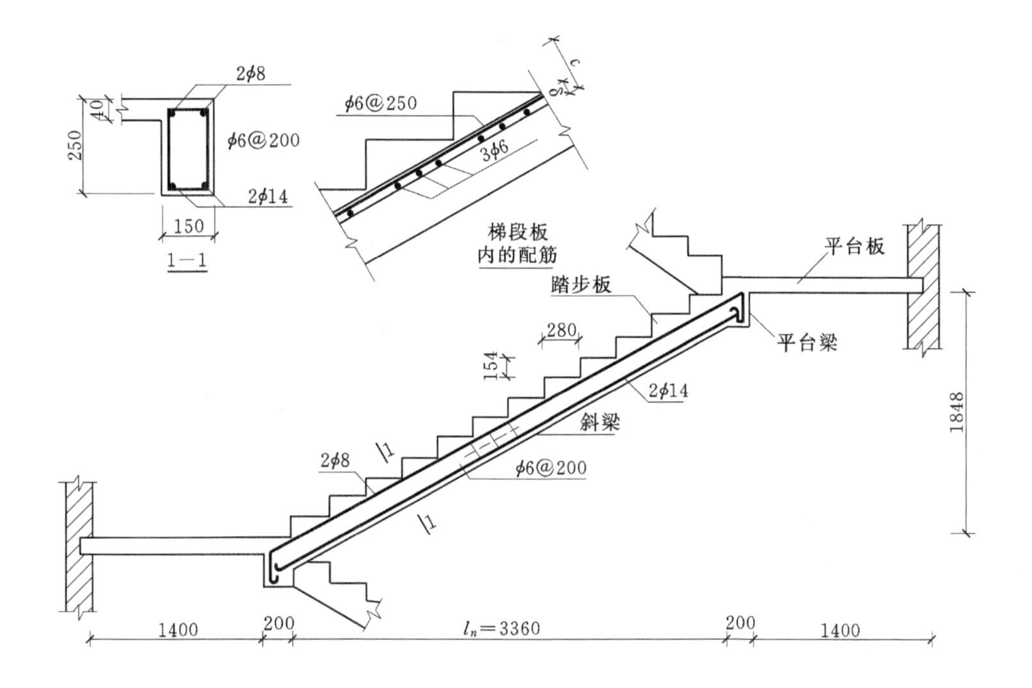

图 1-76 梁式楼梯配筋图

(一) 雨篷板的设计

雨篷板为悬挑板，按受弯构件设计，板厚可取 $l_n/12$。当雨篷板挑出长度 $l_n=0.6\sim1.0$m 时，板根部厚度通常不小于 70mm，端部厚度不小于 50mm。板承受的荷载除永久荷载和均布活荷载外，还应考虑施工荷载或检修的集中荷载（沿板宽每隔 1.0m 考虑一个 1kN 的集中荷载），它作用于板的端部，受力图如图 1-77 所示，内力可由材料力学求出，配筋计算与普通板相同。

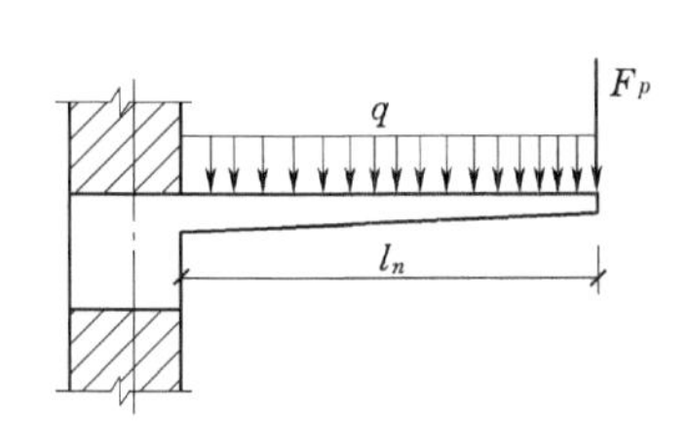

图 1-77 雨篷受力图

(二) 雨篷梁的设计

雨篷梁除承受作用在板上的均布荷载和集中荷载外，还兼有过梁的作用，承受雨篷梁上墙体传来的荷载，计算梁上墙体传来的荷载时，应根据不同情况区别对待。雨篷梁宽度一般与墙厚相同，其高度可参照普通梁的高跨比确定，通常为砖的皮数。为防止板上雨水沿墙缝渗入墙内，往往在梁顶设置高过板顶 60mm 的凸块，如图 1-78 所示。

(三) 雨篷的整体抗倾覆验算

对雨篷除进行承载力计算外，还应进行整体抗倾覆验算。雨篷板上的荷载将绕 O 点产生倾覆力矩 M_{ov}，而抗倾覆力矩 M_r 由梁自重和墙重的合力 G_r 产生，进行抗倾覆验算应满足以下条件：

$$M_r \geqslant M_{or} \tag{1-32}$$

其中

$$M_r = 0.8G_r l_2 \tag{1-33}$$

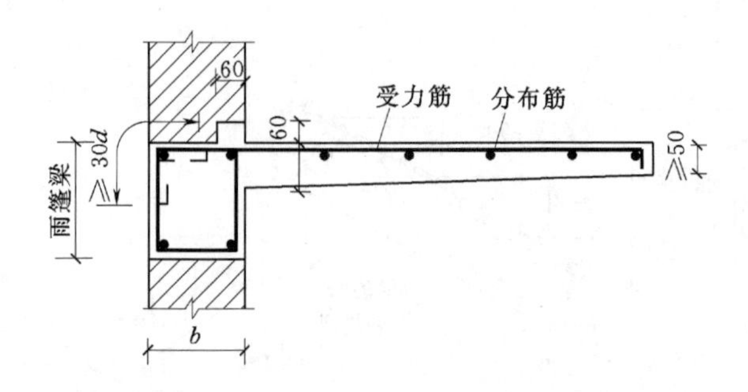

图 1-78　雨篷配筋构造

式中：M_r 为抗倾覆力矩设计值；G_r 为雨篷的抗倾覆荷载，可取雨篷梁尾端上部 45°扩散角范围（其水平长度为 l_3，$l_3=l_n/2$）内的墙体恒荷载标准值，如图 1-79 所示；l_2 为 G_r 距墙边的距离，$l_2=l_1/2$，l_1 为雨篷梁上墙体的厚度。

为保证满足抗倾覆要求，可适当增加雨篷的支承长度，即增加压在梁上的恒荷载值。

（四）雨篷的构造

雨篷板配筋按悬臂板计算，受力筋必须伸入雨篷梁并与梁中的钢筋连接，分布筋按构造要求设置。雨篷梁是按弯剪扭构件设计配筋的，具体配筋构造如图 1-78 所示。

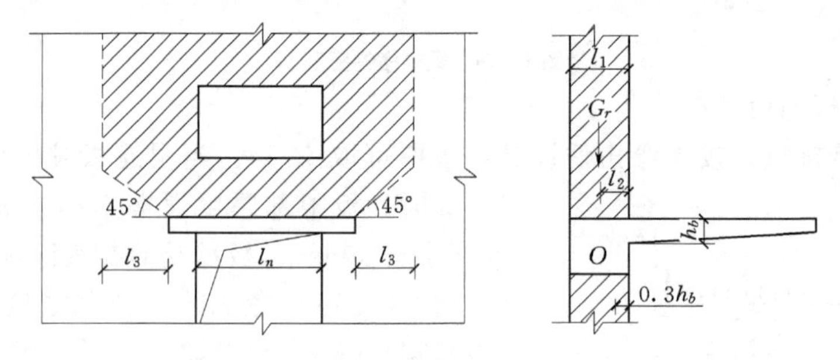

图 1-79　抗倾覆验算受力图

思　考　题

1-1　常见的楼盖形式有哪几种？并说明它们各自的受力特点和适用范围。

1-2　在楼面梁板结构平面布置时应考虑哪些问题？

1-3　混凝土梁板结构设计的一般步骤是什么？

1-4　现浇梁板结构中，单向板和双向板是如何划分的？

1-5　现浇单向板肋形楼盖中的板、次梁和主梁的计算简图如何确定？为什么主梁只能用弹性理论计算，而不采用塑性理论计算？

1-6　什么是"塑性铰"？混凝土结构中"塑性铰"与结构力学中的"理想铰"有何异同？

1-7　什么是"塑性内力重分布"？"塑性铰"与"塑性内力重分布"有何关系？

1－8　什么是“弯矩调幅”？连续梁进行“弯矩调幅”时要考虑哪些因素？

1－9　为什么在计算支座截面的配筋时，应取支座边缘处的内力？

1－10　在主次梁交接处，主梁中为什么要设置吊筋或附加箍筋？

1－11　什么是内力包络图？为什么要做内力包络图？

1－12　单向板、双向板、无梁楼盖的区别何在？

1－13　无梁楼盖内力计算的主要方法有哪些？

1－14　混凝土板受冲切承载力如何计算？采用哪些措施可以提高其受冲切承载力？

1－15　常用的楼梯有哪几种类型？各有何优缺点？说明它们的适用范围。

1－16　板式楼梯与梁式楼梯的传力线路有何不同？

1－17　如何确定板式楼梯及梁式楼梯的计算简图、截面形式？

1－18　简述雨篷和雨篷梁的计算要点和构造要求。如果不满足抗倾覆要求，可采用哪些措施防止倾覆？

习　　题

1－1　如图所示连续梁恒荷载 G 为 25kN，活荷载 P 为 50kN，试按弹性理论计算并画出此梁的弯矩包络图和剪力包络图。若该梁截面尺寸 $b\times h=300\text{mm}\times500\text{mm}$，混凝土强度等级为 C20，纵向受力主筋采用 HRB335，试绘出该梁的配筋图。

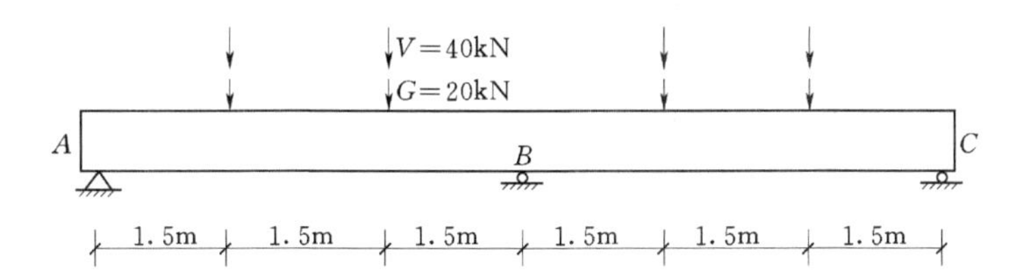

习题 1－1 图

1－2　五跨连续板带如图所示，板跨 2.4m，恒荷载标准值 $g=3\text{kN/m}^2$，荷载分项系数为 1.2，活荷载标准值 $g=4.5\text{kN/m}^2$，荷载分项系数为 1.4，混凝土强度等级为 C20，采用 HPB300 级钢筋，次梁截面尺寸 $b\times h=200\text{mm}\times400\text{mm}$，板厚 $h=80\text{mm}$，按塑性理论计算，并绘出配筋草图。

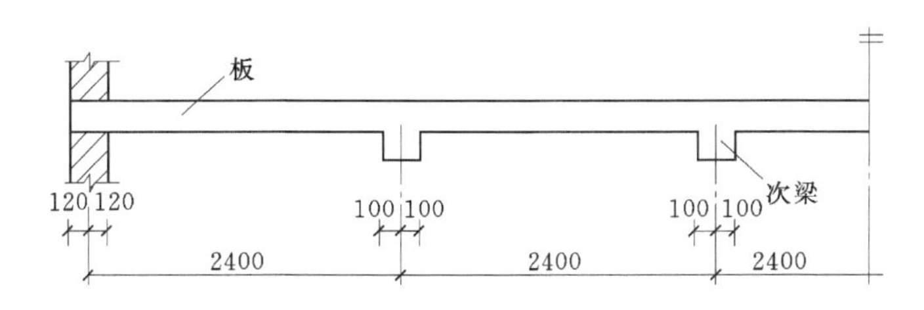

习题 1－2 图

1－3　两跨连续梁如图所示，梁的截面尺寸为 $b\times h=250\text{mm}\times600\text{mm}$，混凝土强度等级为 C30，纵筋为 HRB335 级，若中间支座截面负弯矩钢筋和跨中截面正弯矩钢筋均为

$4\phi25$，试求：

（1）按弹性理论计算量所能承受的 G 和 Q；（2）按考虑塑性内力重分布计算所能承受的 G 和 Q。

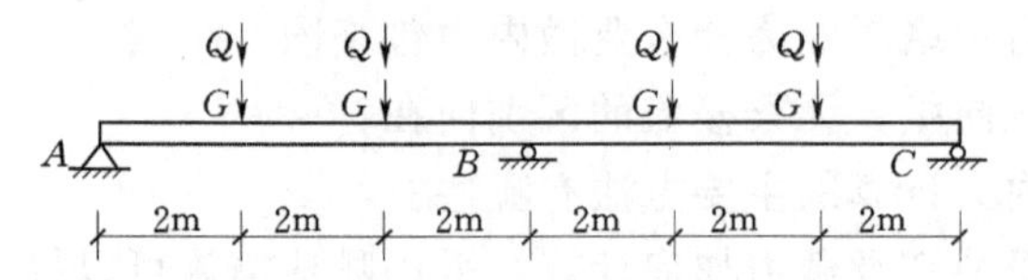

习题 1-3 图

1-4 某双向板楼盖如图所示，混凝土强度等级为 C25，梁沿柱网轴线设置，板厚 $h=110\text{mm}$，柱网尺寸为 5.7m×5.7m。楼面永久荷载（包括板自重）标准值为 3kN/m^2，可变荷载标准值为 4.0kN/m^2。梁与板整浇，截面尺寸为 300mm×600mm。试按弹性理论确定中区格 A、边区格 B、角区格 C 的内力，并计算配筋。

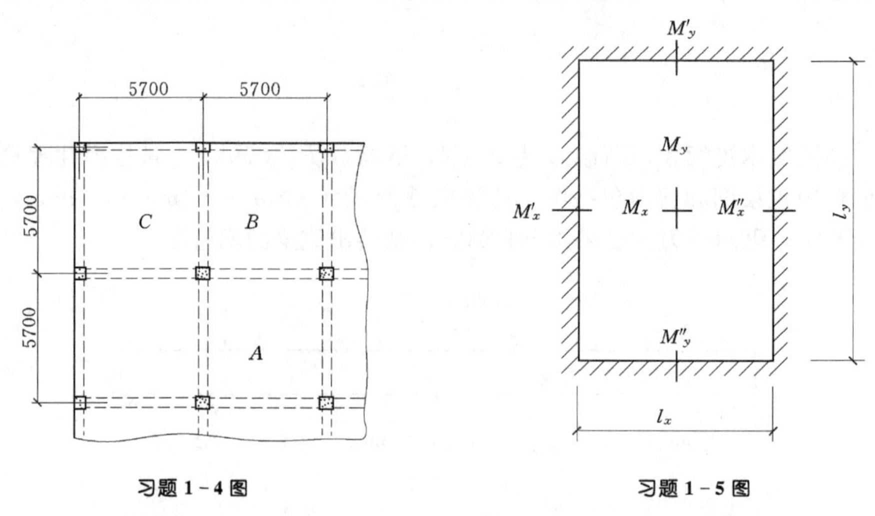

习题 1-4 图　　　　习题 1-5 图

1-5 某矩形双向板如图所示，$l_x=4\text{m}$，$l_y=6\text{m}$，已知板上永久荷载和可变荷载的设计值为 $g+q=10\text{kN/m}^2$，设 $m_y/m_x=l_x/l_y$，$m_x'/m_x=m_x''/m_x=m_y'/m_y=m_y''/m_y=2$，试用塑性铰线法求板中的极限弯矩值。

第二章

单层厂房结构

【本章要点】

- 了解单层厂房结构的选型及结构布置：熟悉各种支撑的作用和布置原则。
- 掌握单层厂房结构竖向荷载、水平荷载的传递路线及各种荷载的计算方法。
- 掌握钢筋混凝土排架结构内力分析方法，排架柱最不利内力组合的原则和方法。
- 掌握柱下单独基础的设计内容和设计方法，特别是柱下单独基础的底面积计算、底板配筋计算和冲切承载力计算。
- 熟悉钢筋混凝土柱、牛腿的设计计算和配筋构造要求。

第一节　概　　述

一、单层厂房的特点

单层厂房与多层厂房或民用建筑相比较，具有以下特点：

（1）厂房内可采用水平运输，如桥式、梁式或壁行吊车、电瓶车、汽车甚至机车等，对各种类型的工业生产均有较大的适应性。设计时应考虑所采用运输工具的通行问题。

（2）可充分利用地基的承载能力，布置大型设备基础并可比较自由地构筑地坑、地沟等地下构筑物。

（3）可利用其屋盖设置天然采光和自然通风设施。在不采用人工照明和机械通风的情况下也可以布置较大跨度和多跨的大面积厂房。

（4）扩建和改建比较方便，以适应生产发展的需要。

（5）某些工业生产过程会散发出大量的余热、烟尘、有害气体、侵蚀性液体及产生噪声，有的厂房要求防振、防爆、防放射线等，在设计时必须采取相应的技术措施。有的生产过程需有各种技术管网，如上、下水道，热力管道，压缩空气、煤气、氧气管道，以及电缆敷设，厂房设计时应考虑各种管道的敷设和相应的荷载。

(6) 单层厂房便于定型设计，使构配件标准化、系列化、通用化、现场施工机械化的程度高，可提高工效。

(7) 单层厂房占地多，所以厂房设计时应予注意。

综上可见，单层厂房的优点较多，能较好地适应各种类型的工业生产，因而其应用范围广。一般冶金、矿山、机械制造、纺织、交通运输和建筑材料等工业部门车间均适宜采用单层厂房。

二、单层厂房结构分类

(一) 按承重结构的材料分类

单层厂房按承重结构的材料可分为混合结构、钢结构和混凝土结构。

1. 混合结构

混合结构是指采用砖柱、钢筋混凝土屋架或木屋架、轻钢屋架等所组成的承重体系。适用于无吊车或吊车吨位不超过 5t、跨度在 15m 以内、柱顶标高在 8m 以下、无特殊工艺要求的小型厂房。

2. 钢结构

钢结构是指采用钢柱、钢屋架或预应力混凝土屋架及大型屋面板所组成的承重体系。适用于吊车吨位在 250t (中级工作制) 以上，或跨度大于 36m 的大型厂房，或有特殊工艺要求的厂房 (如设有 10t 以上锻锤的车间以及高温车间的特殊部位等)。

3. 混凝土结构

混凝土结构是指采用钢筋混凝土柱、普通混凝土屋架、预应力混凝土屋架或屋面梁，或采用钢筋混凝土柱、钢屋架及大型屋面板所组成的承重结构。适用于厂房跨度 18～30m，吊车吨位在 250t (中级工作制) 以下的大部分厂房结构。这时应优先采用装配式和预应力混凝土结构。

(二) 按结构类型分类

单层厂房按结构类型分类，主要有排架结构和刚架结构两种。

1. 排架结构

排架结构由屋架 (或屋面梁)、柱和基础组成。

柱与屋架铰接，柱与基础刚接。

根据生产工艺和使用要求的不同，排架结构可做成等高 (见图 2-1)、不等高 [见图 2-2 (a)] 和锯齿形 [见图 2-2 (b)] 等多种形式。排架结构做成锯齿形者通常用于单向采光的纺织厂。排架结构是目前单层厂房结构的基本形式，其跨度可超过 30m，高度可达 20～30m 或更高，吊车吨位可达 150t 甚至更大。

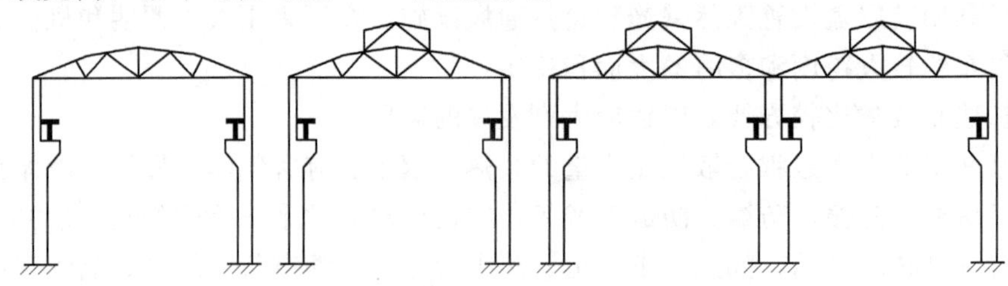

图 2-1 等高排架

2. 刚架结构

刚架结构是装配式钢筋混凝土门式刚架（以下简称为门架）。门架的特点是柱和横梁刚接成一个构件，柱与基础通常为铰接或刚接。刚架顶点、基础做成铰接的，称为三铰门式刚架［见图2-3（a）］，基础做成铰接、顶点做成刚接的称为两铰门架［见图2-3（b）］，前者是静定结构，后者是超静定结构。基础和顶点均做成刚接的，称为无铰门式刚架［见图2-3（c）］。为便于施工吊装，门架通常做成三段，在横梁中弯矩为零（或很小）的截面处设置接头，用焊接或螺栓连接成整体［见图2-3（c）］。刚架横梁的形式一般为人字形，也有做成弧形的。门架立柱和横梁的截面高度都是随内力（主要是弯矩）的增减，而沿轴线方向做成变高截面以节约材料。构件截面一般为矩形，但当跨度和高度均较大时，为减轻自重也有做成工字形或空腹的。门架的优点是梁柱合一，构件种类少，制作较简单，且结构轻巧，当跨度和高度均较小时，其经济指标稍优于排架结构。门架的缺点是刚度较差，承载后会产生跨变，梁柱转角处易产生早期裂缝。所以，在有较大吨位吊车的厂房中，门架的应用受到了一定的限制。此外，由于门架构件形式复杂，使构件的翻身、起吊和对中就位等都比较困难。门式刚架结构一般适用于屋盖较轻的无吊车或吊车吨位不超过10t、跨度不超过18m、檐口高度不超过10m的中小型单层厂房或仓库等。

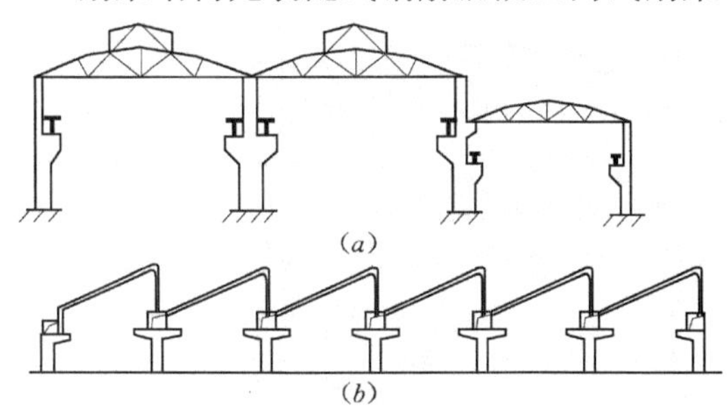

图2-2　不等高排架结构类型

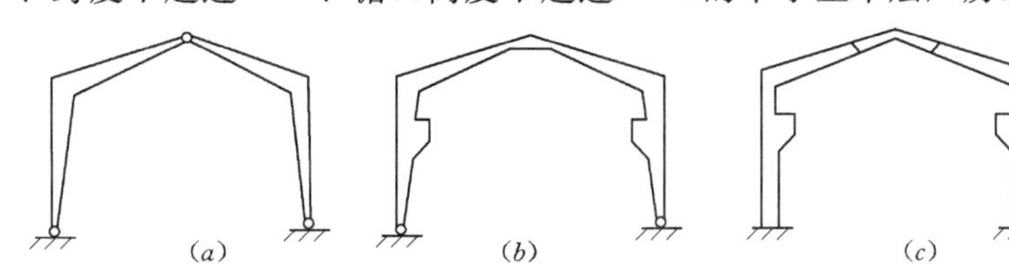

图2-3　门式刚架的形式

（a）三铰式；（b）两铰式；（c）无铰式

本章主要讲述单层厂房装配式钢筋混凝土排架结构设计中的主要问题。

第二节　单层厂房结构组成和结构布置

一、单层厂房的结构组成

单层厂房结构通常由下列结构构件组成（见图2-4）。

（一）屋盖结构

屋盖结构由屋面板（包括天沟板）、屋架或屋面梁（包括屋盖支撑）组成，有时还设有天窗架和托架等。屋盖结构分为无檩和有檩两种屋盖体系：当大型屋面板直接支承（保证三点焊接）在屋架或屋面梁上的，称为无檩屋盖体系，其屋面刚度较大；当小型屋面板（或瓦材）支承在檩条上，檩条支承在屋架上的，通常称为有檩屋盖体系。屋架或屋面梁承受屋面结构自重和屋面活荷载（包括雪荷载和其他荷载如积灰荷载、悬吊荷载等），并将这些荷载传至排架柱，故称为屋面承重结构。天窗架是为了设置供通风、采光用的天窗的，也是一种屋面承重结构。

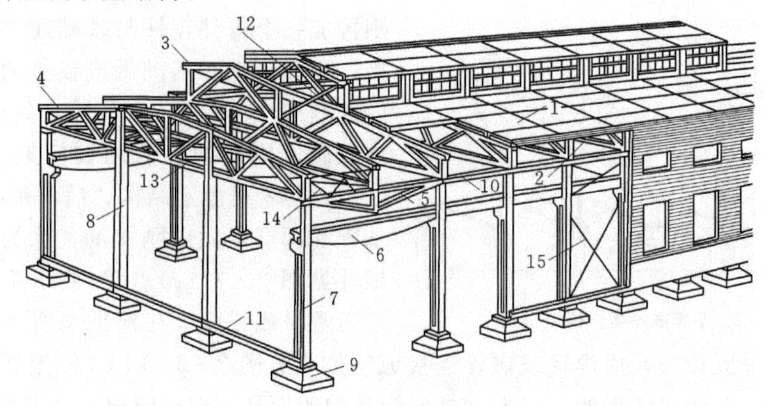

图 2-4 单层厂房结构组成

1—屋面板；2—天沟板；3—天窗架；4—屋架；5—托架；6—吊车梁；7—排架柱；8—抗风柱；9—基础；10—连系梁；11—基础梁；12—天窗架垂直支撑；13—屋架下弦横向水平支撑；14—屋架端部垂直支撑；15—柱间支撑

（二）横向平面排架

厂房的基本承重结构由横梁（屋架或屋面梁）和横向柱列（包括基础）所组成，如图 2-1、图 2-2（a）所示。

厂房结构承受的竖向荷载（结构自重、屋面活荷载和吊车竖向荷载等）及横向水平荷载（风荷载、吊车横向水平荷载和横向水平地震作用等）主要是通过横向平面排架传至基础和地基。

（三）纵向平面排架

纵向平面排架由纵向柱列（包括基础）、连系梁、吊车梁和柱间支撑等组成，其作用是保证厂房结构的纵向稳定性和刚性，承受作用在山墙和天窗端壁并通过屋盖结构传来的纵向风荷载、吊车纵向水平荷载、纵向水平地震作用和温度应力等，如图 2-5 所示。

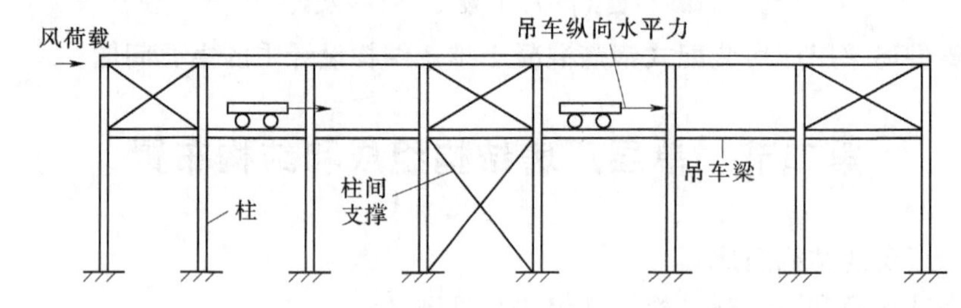

图 2-5 纵向平面排架

（四）吊车梁

吊车梁一般简支在柱牛腿上，主要承受吊车竖向荷载、横向或纵向水平荷载并将它们分别传至横向或纵向平面排架。

（五）柱

柱是单层厂房的主要受力构件，柱和屋面结构一起形成横向和纵向平面排架，承受单层厂房的所有荷载，并把荷载传给基础和地基。

（六）支撑

支撑包括屋盖和柱间支撑。其作用是加强厂房结构的空间刚度，并保证结构构件在安装和使用阶段的稳定和安全；将风荷载、吊车水平荷载或水平地震作用等传递到主要承重构件上去。

（七）梁

梁包括屋面梁、支承围护结构的墙梁、门窗洞口的过梁、排架的纵向连梁和基础梁等。

（八）基础

基础是单层厂房最下部的结构构件，承受柱和基础梁传来的荷载并将它们传至地基。

（九）围护结构

围护结构包括纵向围护墙和和横向围护墙（山墙），还包括由连系梁、抗风柱（有时还有抗风梁或抗风桁架）和基础梁等组成的墙架。这些构件所承受的荷载，主要是围护结构的自重以及作用在墙面上的风荷载。

二、柱网布置与变形缝

（一）柱网布置与定位轴线

厂房承重柱（或承重墙）的定位轴线，在平面上排列所形成的网格，称为柱网。柱网布置就是确定纵向定位轴线之间（跨度）和横向定位轴线之间（柱距）的尺寸。柱网布置既是确定柱的位置，也是确定屋面板、屋架和吊车梁等构件跨度的依据，并涉及结构构件的布置。柱网布置恰当与否，将直接影响厂房结构的经济性、合理性和先进性，对生产使用也有密切关系。

柱网布置的一般原则：符合生产和使用要求；建筑平面和结构方案经济合理；厂房结构形式和施工方法上具有先进性和合理性；符合《厂房建筑模数协调标准》（GB/T 50006—2010）的有关规定；适应生产发展、技术革新的要求和结构构件定型化的要求。

厂房跨度在18m及以下时，应采用扩大模数30M数列，即9m、12m、15m和18m；在18m以上时，应采用扩大模数60M数列，即24m、30m和36m等，如图2－6所示。当跨度在18m以上，工艺布置有明显优越性时，也可采用扩大模数30M数列，即21m、27m和33m等跨度。

厂房的柱距应采用扩大摸数60M数列（见图2－6）。

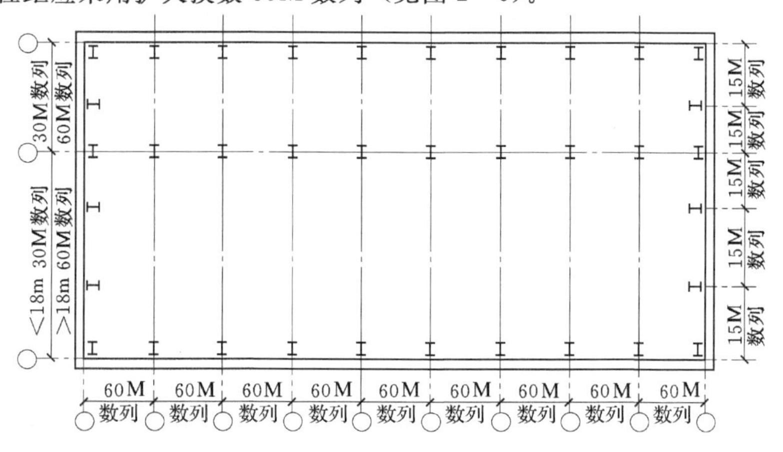

图2－6　柱网与定位轴线示意图

目前，从经济指标、材料用量和施工条件等方面来衡量，采用6m柱距比12m柱距优越。但从现代化工业发展趋势来看，扩大柱距对增加厂房有效面积、提高设备布置和工艺布置的灵活性、机械化施工中减少结构构件的数量和加快施工进度等都是有利的。当然，由于构件尺寸增大也给制作、运输和吊装带来不便。12m柱距是6m柱距的扩大模数，在大小车间相结合时两者可配合使用。此外，12m柱距可以利用现有设备做成6m屋面板系统（设托架），当条件具备时又可直接采用12m屋面板。所以，在选择12m柱距和9m柱距，应优先采用前者。

纵向和横向定位轴线设置要求，详见《房屋建筑学》中单层厂房的相关内容。

(二) 变形缝设置

变形缝包括伸缩缝、沉降缝和防震缝。

如果厂房长度和宽度过大，当气温变化时，将使结构内部产生很大的温度应力，严重时可使墙面、屋面和构件等开裂，影响使用。为减小厂房结构中的温度应力，可设置伸缩缝将厂房结构分成若干区段。伸缩缝应从基础顶面开始，将两个温度区段的上部结构构件完全分开，并留出一定宽度的缝隙，使上部结构在气温变化时，水平方向可以较自由地发生变形，不致引起房屋开裂。温度区段的形状，应力求简单并应使伸缩缝的数量最少。温度区段的长度（伸缩缝之间的距离），取决于结构类型和温度变化情况。《混凝土结构设计规范》（GB 50010—2010）对钢筋混凝土结构伸缩缝的最大距离作了规定，详见附录C-1。当厂房的伸缩缝间距超过规定值时，应验算温度应力。

在有些情况下，为避免厂房因基础不均匀沉降而引起开裂、损坏，需在适当部位用沉降缝将厂房划分成若干刚度较好的单元。在一般单层厂房中可不设沉降缝，只有在特殊情况下才考虑设置：如厂房相邻两部分高度相差很大（如10m以上）、两跨间吊车起重量相差悬殊、地基承载力或下卧层土质有巨大差别、厂房各部分的施工时间先后相差很长、地基土的压缩性能不同等情况。沉降缝应将建筑物从屋顶到基础全部分开，以使在缝两边发生不同沉降时而不致损坏整个建筑物。沉降缝可兼作伸缩缝。

防震缝是为了减轻厂房震害而采取的措施之一。当厂房平、立面布置复杂或结构高度或刚度相差很大，以及在厂房侧边贴建生活间、变电所、锅炉间等房屋时，应设置防震缝将相邻部分分开。地震区的伸缩缝和沉降缝均应符合防震缝的要求。

三、支撑作用和布置原则

(一) 支撑作用

在装配式钢筋混凝土单层厂房结构中，支撑虽然不是主要的承重构件，但却是联系各种主要结构构件并把它们构成整体的重要组成部分。工程实践表明，如果支撑布置不当，不仅会影响厂房的正常使用，甚至可能引起工程事故，故应给予足够的重视。

厂房支撑分为屋盖支撑和柱间支撑两类。就整体而言，支撑的主要作用是保证结构构件的稳定与正常工作，增强厂房的整体稳定性和空间刚度，把有些水平荷载（如纵向风荷载、吊车纵向水平荷载及水平地震作用等）传递到主要承重构件上。此外，在施工安装阶段，应根据具体情况设置某些临时支撑以保证结构构件的稳定。

1. 屋盖支撑

屋盖支撑，包括上弦横向水平支撑、下弦横向水平支撑、下弦纵向水平支撑、垂直支撑、系杆及天窗架支撑等。

(1) 上弦横向水平支撑的作用。上弦横向水平支撑是由交叉角钢和屋架上弦组成的水平桁架，布置在温度区段的两端，其作用是加强屋盖结构纵向水平面内的刚性，减少屋架上弦或屋面梁上翼缘在平面外的计算长度，提高结构构件的稳定性，还可将山墙抗风柱所承受的纵向水平力传到纵向柱列上去。

(2) 下弦横向水平支撑的作用。下弦横向水平支撑承受垂直支撑传来的荷载，当抗风柱与屋架下弦连接时，可以将山墙风荷载传至两旁柱列上，与屋架下弦纵向水平支撑一起能提高屋盖下弦平面内的水平刚度。

(3) 下弦纵向水平支撑的作用。下弦纵向水平支撑一般是由交叉角钢等钢杆件和屋架下弦第一节间组成的水平桁架，其作用是加强屋盖结构在横向水平面内的刚性；在屋盖设有托架时，还可以保证托架上弦的侧向稳定，并将托架区域内的横向水平风力有效地传到相邻柱子上去。下弦纵向水平支撑能提高厂房的空间刚度，增强厂房的空间作用，保证横向水平力的纵向分布，提高结构的整体性。

(4) 屋架垂直支撑的作用。屋架垂直支撑是在垂直平面内连接两个屋架的支撑体系。垂直支撑可以保证屋盖系统空间刚度和屋架安装时的结构安全性，并将屋架上弦平面内的水平荷载传递到屋架下弦平面内。

(5) 系杆的作用。在有檩屋盖体系中，在没有设置屋架上弦水平支撑的屋架上，上弦纵向水平系杆则是用来保证屋架上弦或屋面梁受压翼缘的侧向稳定，减少上弦杆的计算长度，加强各屋架的连接。系杆分为刚性系杆和柔性系杆两种，刚性系杆以承受压力为主也可承受拉力，通常用钢筋混凝土或钢结构制作。柔性系杆只承受拉力，通常用钢结构制作，柔性系杆的截面一般比刚性系杆小得多。

(6) 天窗架支撑的作用。天窗架支撑，包括天窗架上弦横向水平支撑、垂直支撑和屋架上弦系杆。天窗架上弦横向水平支撑其作用是保证天窗架弦杆平面外的稳定，提高天窗架的整体刚度，保证天窗架的整体稳定性。天窗架垂直支撑的作用是保证天窗架安装时的稳定性，将天窗端壁上的风荷载传至屋架上弦水平支撑。

2. 柱间支撑作用

柱间支撑的作用是保证厂房结构的纵向刚度和稳定，抵抗温度应力作用，并将水平荷载（包括天窗端壁和厂房山墙上的风荷载、吊车纵向水平制动力以及作用于厂房纵向的其他荷载）传至基础。

(二) 屋盖支撑的布置原则

屋盖上下弦平面内的水平支撑一般采用十字交叉形式，支撑节间的划分应与屋架节间相适应。交叉杆的倾角一般为 30°～60°，如图 2-7 所示，图中的虚线代表屋架。

1. 屋盖上弦横向水平支撑的布置原则

屋盖上弦横向水平支撑布置原则有以下几点（见图 2-8）：

(1) 跨度较大的无檩体系屋盖，当屋面板与屋架连接点的焊接质量不能保证，且山墙抗风柱与屋架上弦连接时。

(2) 厂房设有天窗，当天窗遇到厂房端部的第二柱间或通过伸缩缝时，由于天窗区段内没有屋面板，屋盖纵向水平刚度不足，屋架上弦侧向稳定性较差，应在第一或第二柱间的天窗范围内设置上弦水平支撑，并在天窗范围内沿纵向设置一至三道受压的纵向水平系杆。

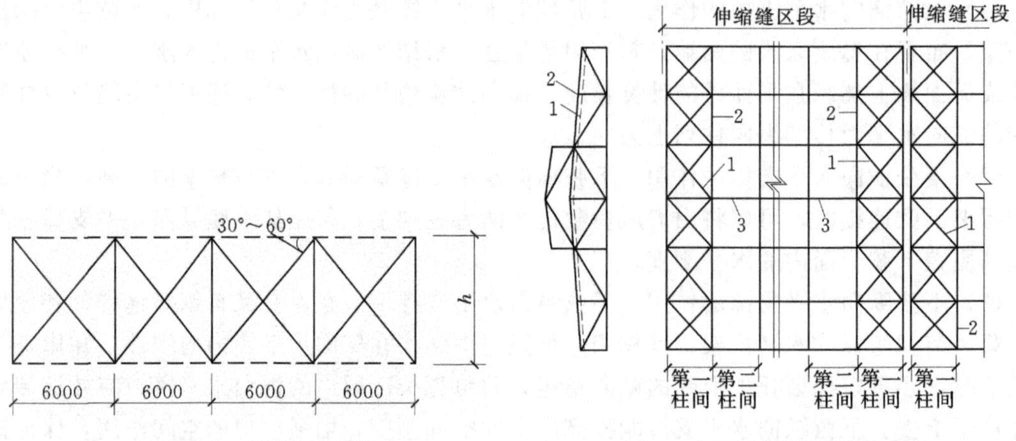

图 2-7 屋盖上、下弦水平支撑形式

图 2-8 屋架上弦横向水平支撑

1—上弦横向支撑；2—屋架上弦；3—刚性系杆

(3) 在钢屋架屋盖系统中，上弦横向水平支撑的间距以不超过 60m 为宜。

2. *屋盖下弦横向水平支撑的布置原则*

屋盖下弦横向水平支撑布置原则有以下几点（见图 2-9）：

(1) 当抗风柱与屋架下弦连接，纵向水平力通过屋架下弦传递时。

(2) 厂房内有较大的振动源，如设有硬钩桥式吊车或 5t 及以上的锻锤时。

(3) 有纵向运行的悬挂吊车（或电葫芦），且吊点设置在屋架下弦时，这时可在悬挂吊车的轨道尽端柱间设置下弦横向水平支撑。

(4) 钢结构屋盖在一般情况下都应设置下弦横向水平支撑；只有当厂房跨度较小（如小于或等于 18m），且没有悬挂吊车，厂房无较大振动源时，可以不设。

3. *屋盖下弦纵向水平支撑的布置原则*

屋盖下弦纵向水平支撑布置原则有以下几点（见图 2-9）：

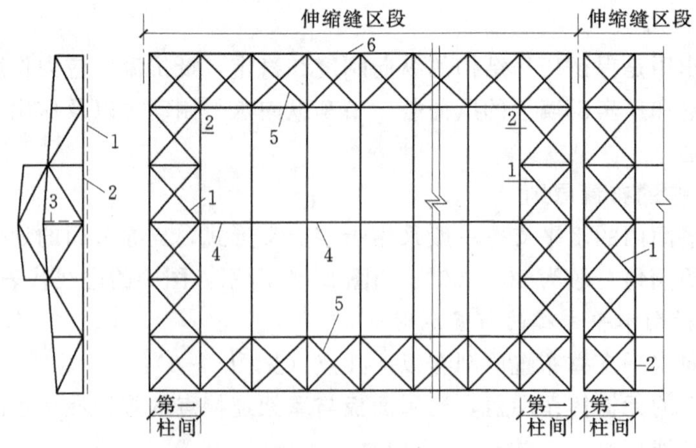

图 2-9 屋架下弦横向与纵向水平支撑

1—下弦横向水平支撑；2—屋架下弦；3—垂直支撑；

4—水平系杆；5—下弦纵向水平支撑；6—托架

（1）厂房内设有托架时，该支撑布置在托架所在的柱间，并向两端各延伸一个柱间。

（2）厂房内设有软钩桥式吊车，但厂房高大，吊车吨位较重时（如单跨厂房柱高15～18m以上，中级工作制吊车 30t 以上时）。这时，等高多跨厂房一般可沿边列柱的屋架下弦端部各布置一道通长的纵向支撑；跨度较小的单跨厂房可沿下弦中部布置一道通长的纵向支撑。

（3）厂房内设有硬钩桥式吊车或 5t 及以上的锻锤时。这时可沿边柱列设置纵向水平支撑。当吊车吨位较大或对厂房刚度有特殊要求时，可沿中间柱列适当增设纵向水平支撑。

（4）当厂房已设有下弦横向水平支撑时，则纵向水平支撑应尽可能与横向水平支撑连接，以形成封闭的水平支撑系统。

4. 屋架垂直支撑的布置原则

屋架垂直支撑的形式如图 2－10 所示。

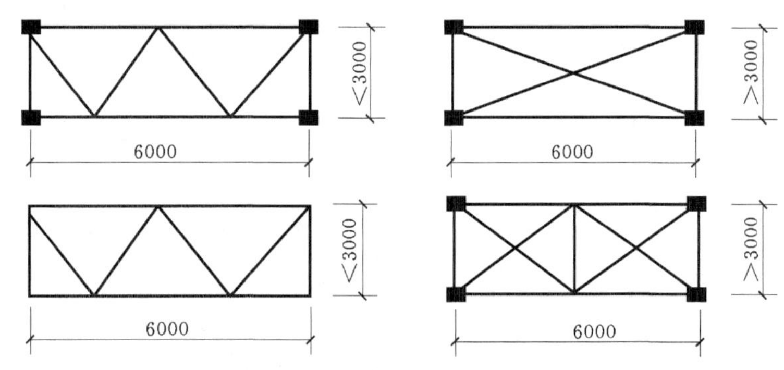

图 2－10　屋盖垂直支撑形式

屋架垂直支撑布置原则有以下几点（见图 2－11）：

（1）对于梯形屋架，为了使屋面传来的纵向水平力能可靠地传到柱顶，以及施工时保证屋架的平面外稳定，应在屋架两端各设一道垂直支撑（见图 2－11）。

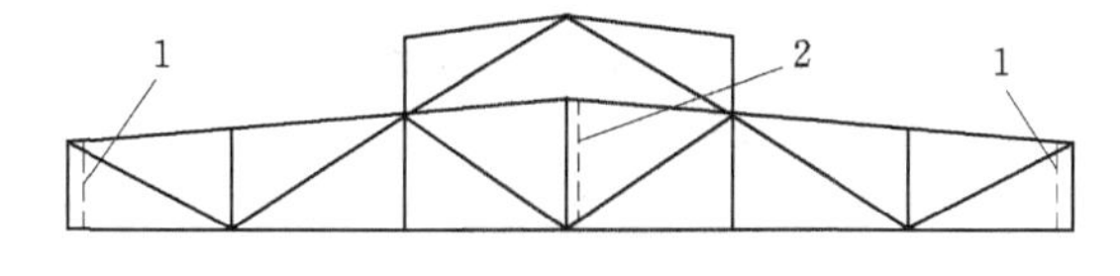

图 2－11　屋架垂直支撑

1—支座垂直支撑；2—跨中垂直支撑

对于拱形屋架及屋面梁，在支座处高度不大，该处可不设置垂直支撑，但需对梁支座进行抗倾覆验算，如稳定性不能满足要求时应采取措施。

（2）屋架跨中的垂直支撑，可按表2－1的规定设置（见图 2－12）。垂直支撑应在每一伸缩缝区段端部第一或第二柱间设置，当厂房伸缩缝区段的长度大于 90m 时，还应在柱间支撑柱距内增设一道垂直支撑。

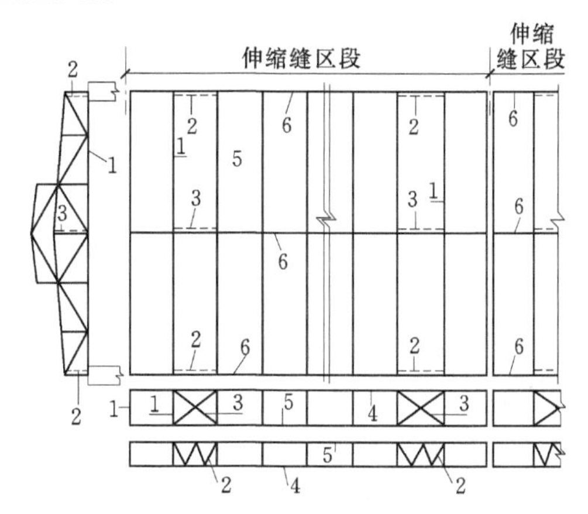

图 2－12　屋架垂直支撑和水平系杆布置

1—屋架；2—端部垂直支撑；3—跨中垂直支撑；4—刚性系杆；5—柔性系杆；6—系杆

（3）当设有下弦横向水平支撑时，垂直支撑应与屋架下弦横向水平支撑布置在同一柱间内。

表 2-1 屋架垂直支撑布置

厂房跨度 L (m)	$L=12\sim18$	$18<L\leqslant24$	$24<L\leqslant30$		$30<L\leqslant36$	
			不设端部垂直支撑	设端部垂直支撑	不设端部垂直支撑	设端部垂直支撑
屋架跨中垂直支撑设置要求	不设	一道	两道	一道	三道	两道

注 布置两道时，宜在跨度 1/3 附近或天窗架侧柱处设置；布置三道时，宜在跨度 1/4 附近和跨度中间处设置。

5. 天窗架支撑的布置原则

天窗架支撑布置有天窗架上弦水平支撑和天窗架间的垂直支撑两种（见图 2-13）。

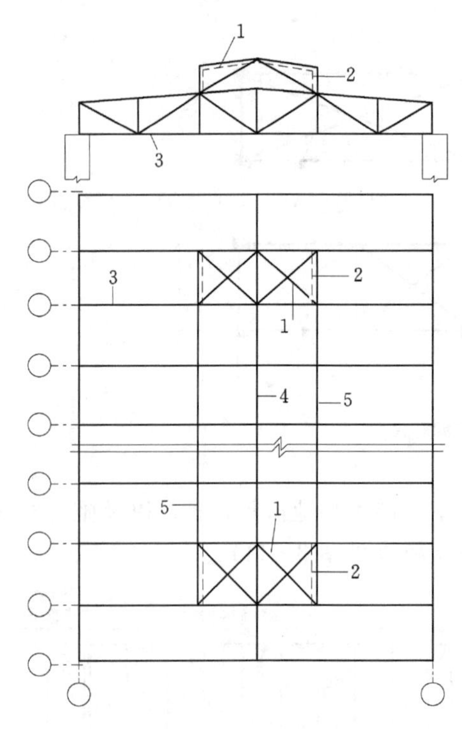

图 2-13 天窗架支撑布置

1—天窗上弦水平支撑；2—天窗端部垂直支撑；3—屋架；4—刚性系杆；5—柔性系杆

天窗架上弦水平支撑布置原则为：当屋盖为有檩体系或虽为无檩体系但大型屋面板与屋架的连接不能起整体作用，应将上弦水平支撑布置在天窗端部的第一柱距内。

天窗架的垂直支撑布置原则为：天窗架的垂直支撑应与屋架上弦水平支撑布置在同一柱距内（或在天窗端部第一柱距内），一般在天窗架两侧设置，当天窗架宽度大于 12m 时，还应在中央设置一道[见图 2-14（*a*）]。为了不妨碍天窗开启，也可设置在天窗斜杆平面内［见图 2-14（*b*）］。通风天窗设置挡风板时，在天窗端部的第一柱距内应设置挡风板柱的垂直支撑。

6. 系杆的布置原则

系杆的作用是充当屋架上下弦的侧向支承点。系杆一般通长设置，一端最终连接于垂直支撑或上下弦横向水平支撑的节点上，如图 2-12 所示。

在屋架上弦平面内，大型屋面板的肋可以起到刚性系杆的作用；当采用檩条时，檩条也可以起到系杆的作用，但应对檩条进行稳定和承载力验算。在进行屋盖结构安装，屋面板就位以前，在屋脊及屋架两端设置系杆能保证屋架上弦有较好的平面外刚度。在有天窗时，由于在天窗范围内没有屋面板或檩条，在屋脊节点处设置系杆对于保证屋架的稳定有重要作用。

系杆的布置原则如下：

（1）当设置屋架跨度中部的垂直支撑时，一般沿每一垂直支撑的垂直平面内设置通长的上下弦系杆，屋脊和上弦结点处需设置上弦受压系杆，下弦节点处可设置受拉系杆；当设置屋架端部垂直支撑时，一般在该支撑沿垂直面内设置通长的刚性系杆。

（2）当设置下弦横向水平支撑或纵向水平支撑时，均应设置相应的下弦受压系杆，以形成水平桁架。

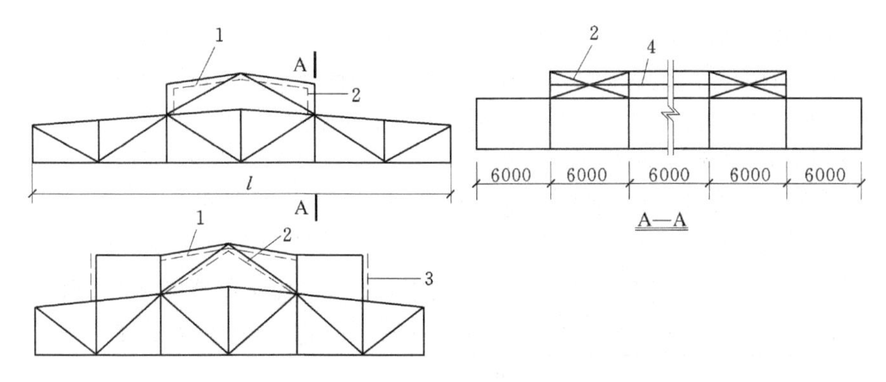

图 2-14　天窗架垂直支撑

1—天窗架上弦水平支撑；2—天窗架端部垂直支撑；3—挡风板立柱垂直支撑；4—系杆

（3）天窗侧柱处应设置柔性系杆。

（4）当屋架横向水平支撑设置在端部第二柱间时，第一柱间所有系杆均应该是刚性系杆。

（5）在屋架下弦平面内，由于没有屋面板或檩条，一般应在跨中或跨中附近设置柔性系杆，此外还要在两端设置刚性系杆。

（三）柱间支撑布置原则

柱间支撑一般包括上部柱间支撑、中部柱间支撑和下部柱间支撑。柱间支撑的形式一般分为六类，如图 2-15 所示。通常宜采用十字交叉形支撑，它具有构造简单、传力直接和刚度较大等特点。交叉杆件的倾角在 35°～55°之间。在特殊情况下，如因生产工艺的要求及结构空间的限制，可以采用其他形式的支撑。当 $l/h>2$ 时采用人字形支撑，当 $l/h>2.5$ 时采用八字形支撑。其中 l 为柱距，h 为垂直支撑的竖向分隔高度（见图 2-15）；当柱距为 12m，且 h_2 较小时，采用斜柱式支撑比较合理。

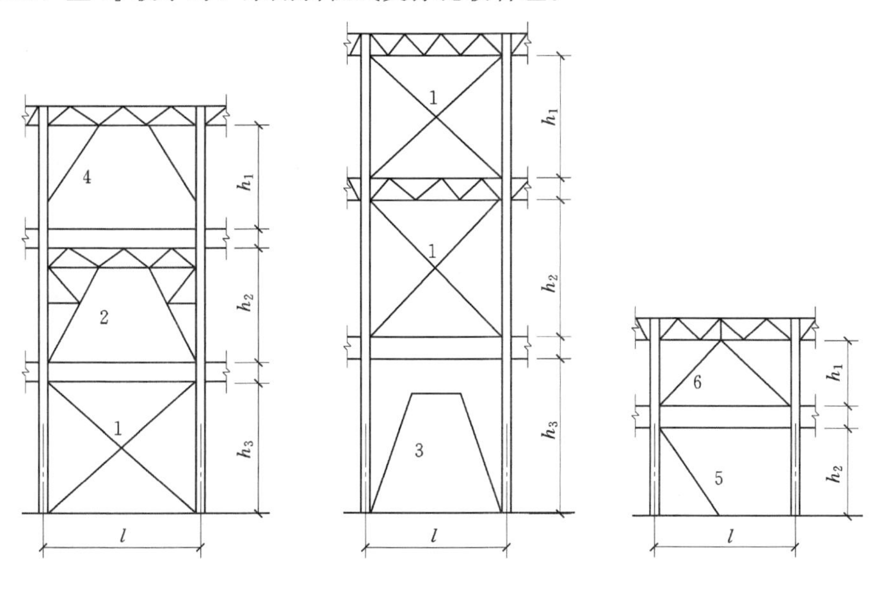

图 2-15　柱间支撑形式

1—十字交叉形支撑；2—空腹门形支撑；3—实空腹门形支撑；4—八字形支撑；

5—斜柱型支撑；6—人字形支撑

柱间支撑布置原则如下：

（1）厂房设有重级工作制吊车，或中、轻级工作制吊车起重量在10t及10t以上时。

（2）厂房跨度在18m及18m以上，或柱高大于8m时。

（3）纵向柱的总数每排在7根以下时。

（4）厂房设有3t及3t以上的悬挂吊车时。

（5）露天吊车栈桥的柱列。

柱间支撑的设置方式如图2－16所示。柱间支撑应布置在伸缩缝区段的中央或临近中央（上部柱间支撑在厂房两端第一个柱距内也应同时设置），这样有利于在温度变化或混凝土收缩时，厂房可有一定的自由变形而不致产生较大的温度或收缩应力。同时在柱顶设置通长刚性连系杆来传递水平荷载，如图2－16所示。当屋架端部设有下弦连系杆时，柱顶连系杆也可不设。

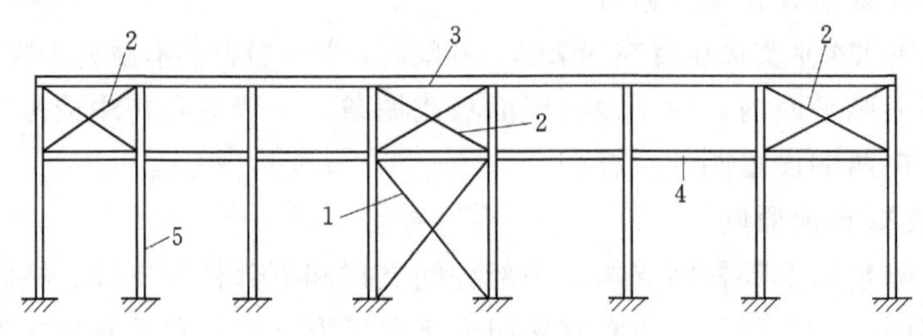

图2－16　柱间支撑布置

1—下部柱间支撑；2—上部柱间支撑；3—柱顶系杆；4—吊车梁；5—柱

当钢筋混凝土矩形或工字形柱的截面高度 $h \geqslant 600$mm时，其下部柱间支撑应设计成双片，且其间距应等于柱高减去200mm［见图2－17（a）］；双肢柱的下部柱间支撑应设在吊车梁的垂直面内，而边柱列有墙架时，可仅在吊车梁垂直面内设置一道柱间支撑［见图2－17（b）］。当上段柱截面高度大于1000mm或设有人孔及刚度要求较高时，柱间支撑一般宜设计成双片形式。

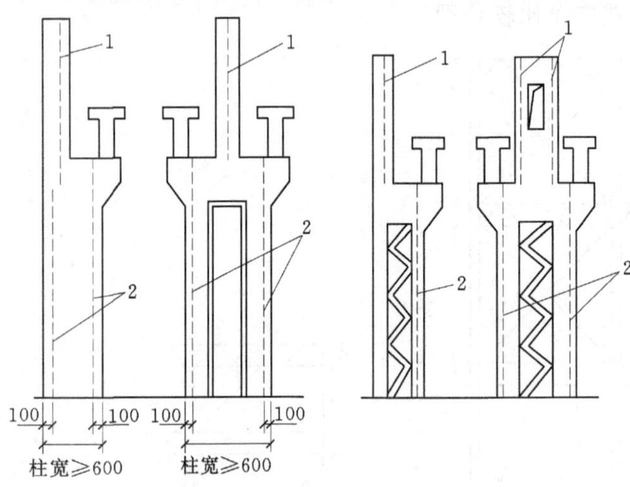

图2－17　矩形、工字形及双肢柱的支撑布置

1—上部柱间支撑；2—下部柱间支撑

柱间支撑一般采用钢结构，杆件承载力和稳定性验算均应符合现行《钢结构设计规范》（GB 50017—2003）的有关规定。当厂房设有中级或轻级工作制吊车时，柱间支撑亦可采用钢筋混凝土结构。

四、抗风柱的作用与构造

单层厂房的山墙受风荷载面积较大，一般需设置抗风柱将山墙分成若干区段。使墙面受到的风荷载一部分（靠近纵向柱列的区格）直接传至纵向柱列，另一部分则经抗风柱下端直接传至基础，上端通过屋盖系统传至纵向柱列。

当厂房跨度和高度均不大（如跨度不大于 12m，柱顶标高 8m 以下）时，可在山墙设置砖壁柱作为抗风柱；当跨度和高度均较大时，一般都设置钢筋混凝土抗风柱，柱外侧再贴砌山墙。在很高的厂房中，为不使抗风柱的截面尺寸过大，加设水平抗风梁或钢抗风桁架［见图 2-18（*a*）］作为抗风柱的中间铰支点。

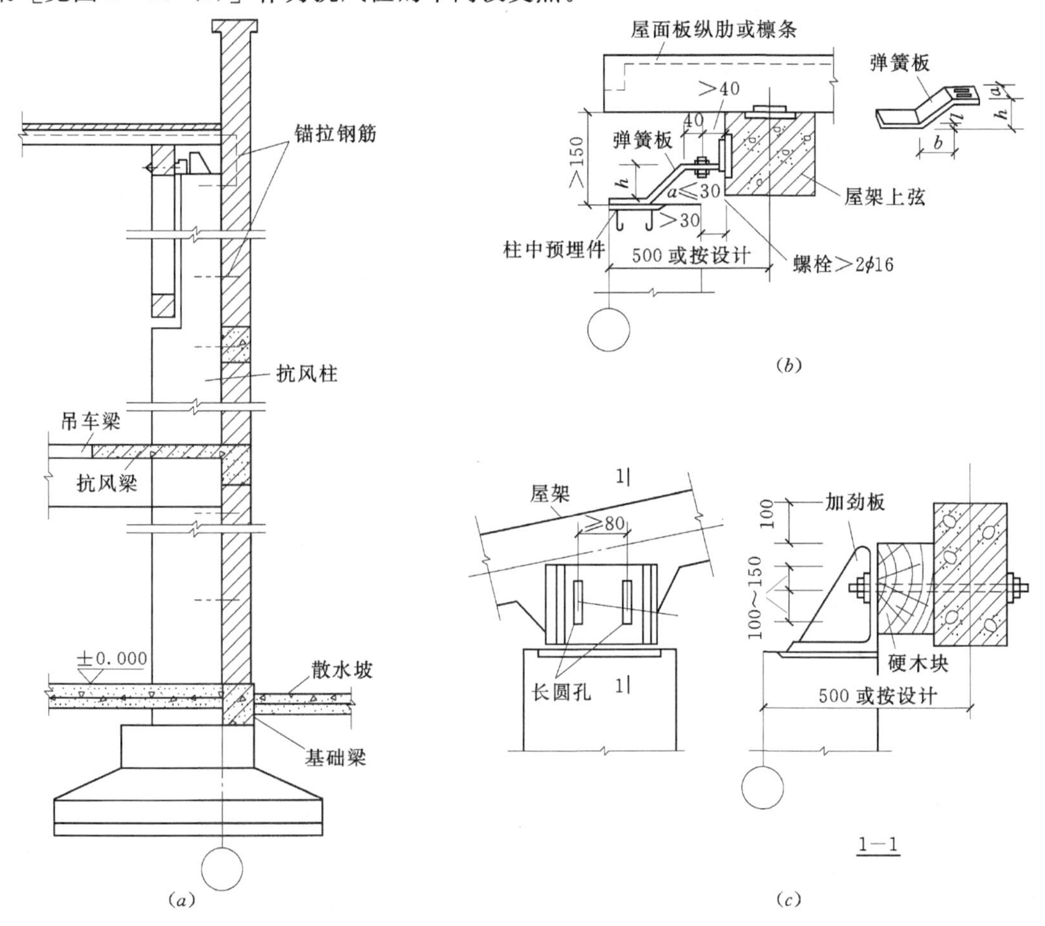

图 2-18　抗风柱

1—锚拉钢筋；2—抗风柱；3—吊车梁；4—抗风梁；5—散水坡；6—基础梁；7—屋面纵筋或檩条；8—弹簧板；9—屋架上弦；10—柱中预埋件；11—≥2ϕ16 螺栓；12—加劲板；13—长圆孔；14—硬木块

抗风柱的柱脚一般采用插入基础杯口的固接方式。若厂房端部需扩建时，则柱脚与基础的连接、构造宜考虑抗风柱拆迁的可能性。抗风柱上端与屋架（屋面梁）上弦铰接，根据具体情况，也可与下弦铰接或同时与上、下弦铰接。抗风柱与屋架的连接必须满足两个要求：一是在水平方向必须与屋架有可靠的连接以保证有效地传递风荷载；二是在竖向脱开，且两者之间能允许一定的相对位移以防止厂房与抗风柱沉降不均匀时产生不利影响。所以，抗风柱与屋架一般采用竖直方向可以移动、水平方向又有较大刚度的弹簧板连接［见图 2-18（*b*）］；若不均匀沉降可能较大时，则宜采用螺栓连接方案［见图 2-18（*c*）］。

抗风柱的上柱宜采用矩形截面，其截面尺寸 $b \times h$ 不宜小于 350mm×300mm，下柱宜采用工字形或矩形截面，当柱较高时也可采用双肢拄。

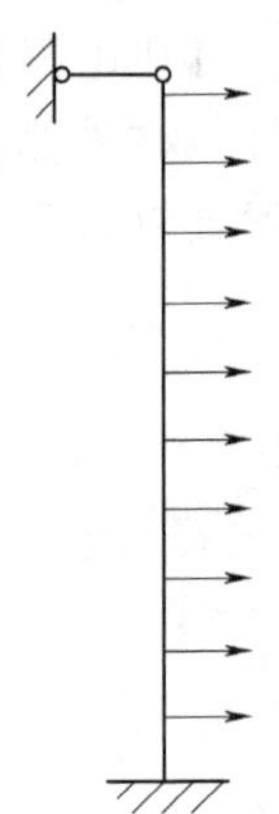

图 2-19 抗风柱计算简图

抗风柱主要承受山墙风荷载，一般情况下其竖向荷载只有柱自重，故设计时可近似地按受弯构件计算（计算简图见图 2-19），并应考虑正、反两个方向的弯矩。当抗风柱还承受由承重墙梁、墙板及平台板等传来的竖向荷载时，应按偏心受压构件设计。

五、圈梁、连系梁、过梁和基础梁的作用及布置原则

当用砖砌体作为厂房的围护结构时，一般要设置圈梁、连系梁、过梁和基础梁。

（一）圈梁的作用和布置

圈梁将墙体与厂房柱箍在一起，其作用是增强房屋的整体刚度，防止由于地基的不均匀沉降或较大振动荷载等对厂房的不利影响。圈梁置于墙体内和柱连接，仅起拉结作用。圈梁不承受墙体重量，柱上不需设置支承圈梁的牛腿。

圈梁的布置与墙体高度、对厂房刚度的要求以及地基情况有关。对于一般单层厂房可参照下列原则设置：

对无桥式吊车的厂房，当墙厚 $h\leqslant 240$mm、檐口标高为 5～8m 时，应在檐口附近布置一道。当檐口高度大于 8m 时宜增设一道。对有桥式吊车或较大振动设备的厂房，除在檐口或窗顶布置圈梁外，宜在吊车梁标高处或其他适当位置增设一道；外墙高度大于 15m 时还应适当增设。

圈梁宜连续地设在同一水平面上，并形成封闭状；当圈梁被门窗洞口截断时，应在洞口上部增设相同截面的附加圈梁。附加圈梁与圈梁的搭接长度不应小于其垂直距离的 2 倍，且不得小于 1.0m，如图 2-20 所示。圈梁的截面宽度宜与墙厚相同，当墙厚 h 不小于 240mm 时，圈梁的宽度不宜小于 $2h/3$。圈梁高度应为砌体每皮厚度的倍数，且不小于 120mm。圈梁的纵向钢筋不宜小于 $4\phi 10$，绑扎接头的搭接长度按受拉钢筋考虑，箍筋间距不应大于 300mm。当圈梁兼作过梁时，过梁部分配筋应增加按过梁计算确定的钢筋数量。

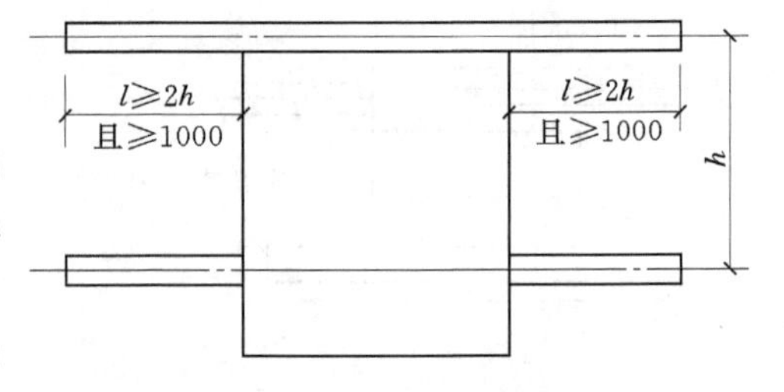

图 2-20 圈梁的搭接长度

圈梁可采用现浇或预制装配现浇接头方式。混凝土强度等级，现浇的不宜低于 C15，预制的不宜低于 C20。

（二）连系梁的作用和布置

连系梁的作用是连系纵向柱列，以增强厂房的纵向刚度并传递风荷载到纵向柱列；此外，连系梁还承受其上部的墙体的重量。连系梁通常是预制的，两端搁置在柱牛腿上，其连接可采用螺栓连接或焊接连接。

（三）过梁的作用和布置

过梁的作用是承托门窗洞口上的墙体重量。在进行厂房结构布置时，应尽可能将圈梁、连系梁和过梁结合起来，使一个构件起到两个或三个构件的作用，以节约材料，简化施工。

(四) 基础梁的作用和布置

在排架结构厂房中，通常用基础梁来承托围护墙体的重量，而不另做墙基础。基础梁底距地基土表面应预留 100mm 的孔隙，使梁可随柱基础一起沉降。当基础下有冻胀性土时，应在梁下铺设一层干砂、碎砖或矿渣等松散材料并留 50～150mm 的空隙。这可防止土壤冻结膨胀时将梁顶裂。基础梁与柱一般可不连接（一级抗震等级的基础梁顶面应增设预埋件与柱焊接），将基础梁直接搁置在柱基础杯口上，或当基础埋置较深时，放置在基础上面的混凝土垫块上（见图 2－21）。施工时，基础梁支承处应坐浆。

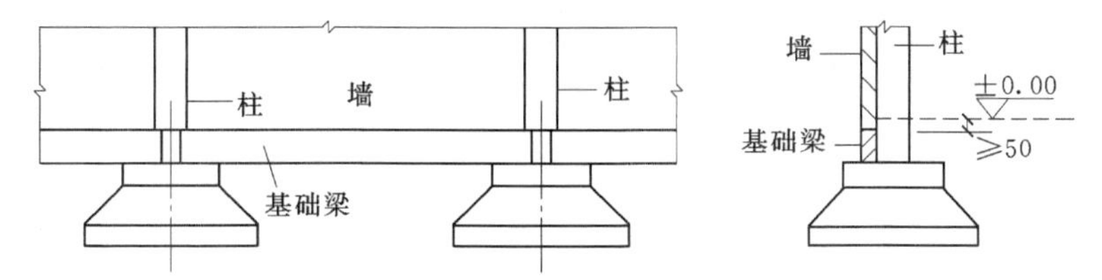

图 2－21　基础梁的布置

当厂房高度不大，且地基比较好，同时，柱基础又埋得较浅时，也可不设基础梁而做砖石或混凝土的墙基础。基础梁应优先采用矩形截面，必要时才采用梯形截面。

连系梁、过梁和基础梁均有全国通用图集，设计时可直接选用。

第三节　排　架　计　算

整个厂房实际上是一个复杂的空间结构，若按空间结构计算，则计算过程非常复杂。在实际工程中，为了简化计算，将复杂的空间受力结构简化为平面结构来分析，而不考虑相邻排架的影响。在横向（跨度方向）按横向平面排架计算，在纵向（柱距方向）按纵向平面排架计算，并且近似地认为，各个横向平面排架之间以及各个纵向平面排架之间都是互不影响，各自独立工作的。

纵向平面排架是由柱列、基础、连系梁、吊车梁和柱间支撑等组成，如图 2－5 所示。由于纵向平面排架的柱较多，抗侧刚度较大，每根柱承受的水平力不大，因此往往不必计算，仅当抗侧刚度较差、柱较少以及需要考虑水平地震作用或温度应力时才进行计算。所以本节介绍的排架计算是对横向排架而言。以下除说明的以外，一般简称排架。

单层厂房的排架结构设计包括结构选型与结构布置、确定结构计算简图、结构荷载计算、结构内力分析、排架柱控制截面内力组合、排架柱的配筋计算（包括施工吊装验算）、柱下基础的设计，以及绘制结构施工图。排架计算是为排架柱和基础的设计提供数据。

一、计算简图

(一) 计算单元的选取

厂房的柱距一般沿纵向是相等的，可通过相邻柱距的中线截出一个典型区段，如图 2－22 (*a*)中斜线部分所示。此部分所选取的排架，如图 2－22 (*b*) 所示。除吊车等移动荷载外，这一部分的面积就是排架的负荷范围，或称荷载从属面积，以此作为排架的计算单元。

(二) 排架计算的简化假定

为了简化计算，根据构造和实践经验，假定以下条件成立：

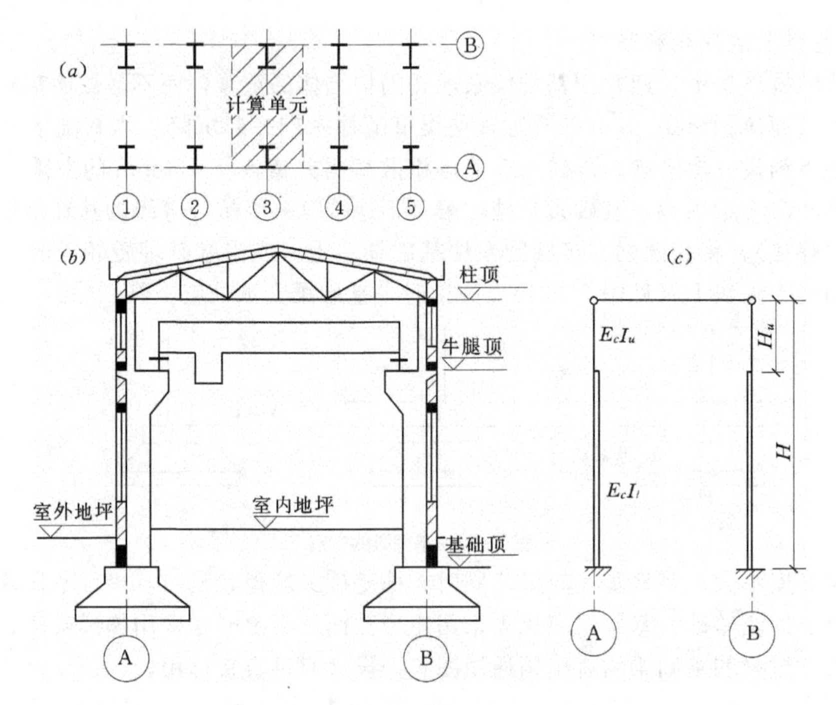

图 2-22 排架计算单元和计算简图

(1) 柱下端固接于基础顶面，上端与屋面梁或屋架铰接。

(2) 屋面梁或屋架没有轴向变形。

由于柱插入基础杯口有一定深度，并用细石混凝土与基础紧密地浇捣成一体，而且地基变形是有限制的，基础转动一般较小，因此，假定（1）通常是符合实际的。但有些情况，例如，地基土质较差、变形较大或有大面积堆载等比较大的地面荷载时，则应考虑基础位移和转动对排架内力和变形的影响。

由假定（2）知，横梁或屋架两端的水平位移相等。假定（2）对于屋面梁或大多数下弦杆刚度较大的屋架是适用的；对于组合式屋架或两铰、三铰拱架则应考虑其轴向变形对排架内力和变形的影响，这种情况称为“跨变”。因此，假定（2）实际上是指对没有“跨变”的排架计算而言。

(三) 排架计算简图

根据上述的计算单元和计算假定，排架的计算简图如图 2-22（c）所示。

计算简图中，柱的计算轴线取上部和下部柱截面重心的连线，屋面梁或屋架用一根没有轴向变形的刚杆表示。图中 H、H_u 公式如下：

柱总高：H＝柱顶标高＋基础底面标高的绝对值

－初步拟定的基础高度（即由柱顶至基础顶的距离）

上部柱高：H_u＝柱顶标高－轨顶标高＋轨道构造高度

＋吊车梁支承处的吊车梁高（即由柱顶至牛腿顶面的距离）

为使支撑吊车梁的牛腿顶面标高能符合 300mm 的倍数，吊车轨顶的构造高度与标志高度之间允许有±200mm 的差值。

轨顶标高由工艺要求提供，吊车梁高度、轨道构造高度可由有关吊车梁、轨道及其连接的标准图集查得。基础顶面标高：基础顶面标高一般为－0.5m。当持力层较深时，基础顶面标高等于持力层标高加基础高度减 0.3m，上述持力层标高由地质勘察资料提供，其值为负；基础高度由杯口基础的构造要求初估，约为柱截面高度加 250mm；“减 0.3m”是要求基础底面位于持力层上表面以下 0.3m 处。上下部柱的截面弯曲刚度为 E_cI_u、E_cI_l，由混凝土强度等级以及预先假定的柱截面形状和尺寸确定。其中 I_u 和 I_l 分别为上部和下部柱的截面惯性矩。

二、排架上荷载计算

根据排架的计算单元，绘出排架受荷总图，并算出作用在排架上的各种荷载，是结构设计中非常重要的一个内容。它是手算的依据，也可作为电算的输入数据。图 2－23 显示了图 2－22（b）所示的排架所受荷载的实际情况，图 2－24 所示为该排架结构计算简图上的荷载总图。

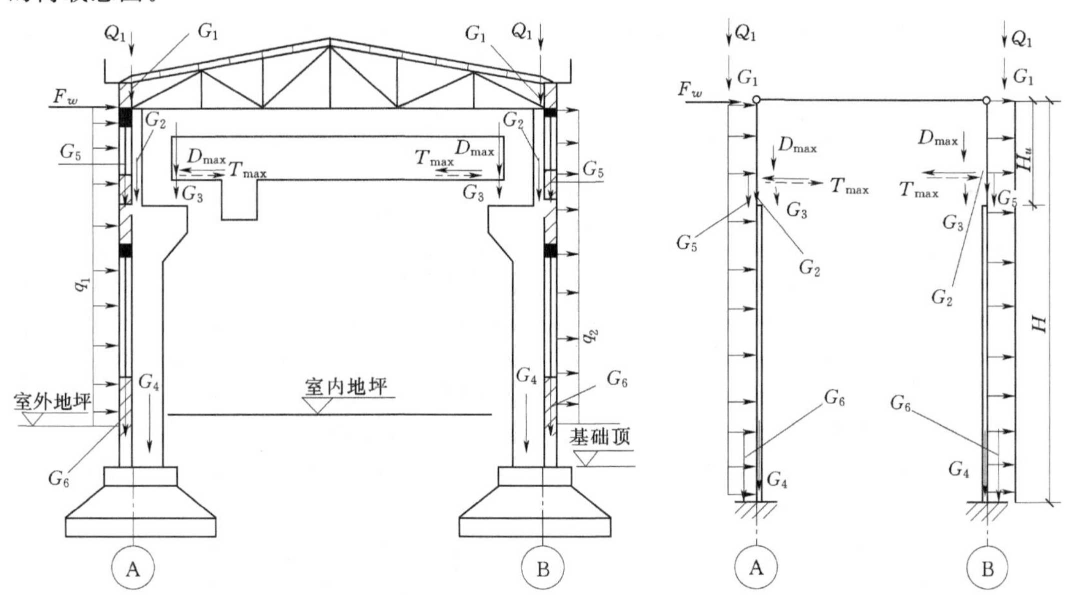

图 2－23　排架实际所受荷载示意图　　图 2－24　排架计算简图的荷载总图

排架上所受的荷载包括永久荷载、屋面活荷载、风荷载和吊车荷载，抗震设计时还应考虑地震作用。在排架荷载分析之前，首先应清楚各种荷载的传递路线，这样才能进行荷载计算和结构分析。单层厂房荷载传递路线如图 2－25 所示。

（一）永久荷载

永久荷载，包括屋面恒荷载（G_1）、上柱自重（G_2）、吊车梁及轨道等自重（G_3）、下柱自重（G_4）、连系梁或基础梁及其上墙体自重（G_5、G_6）。现分述如下。

1. 屋面恒荷载

屋面恒荷载 G_1 包括各构造层（如保温屋、隔热层、防水层、隔离层、找平层等）、屋面板、天沟板（或檐口板）、屋架、天窗架及其支撑等自重，可按屋面构造详图、屋面构件标准图和荷载规范等进行计算。当屋面坡度较陡时，其负荷范围应按斜面面积计算。屋面恒荷载是通过屋架或屋面梁的端部以竖向集中力（G_1）的形式传至柱顶。

屋面恒荷载的作用点位于屋架端部杆件几何中心线的交点（见图 2－26），当为屋面

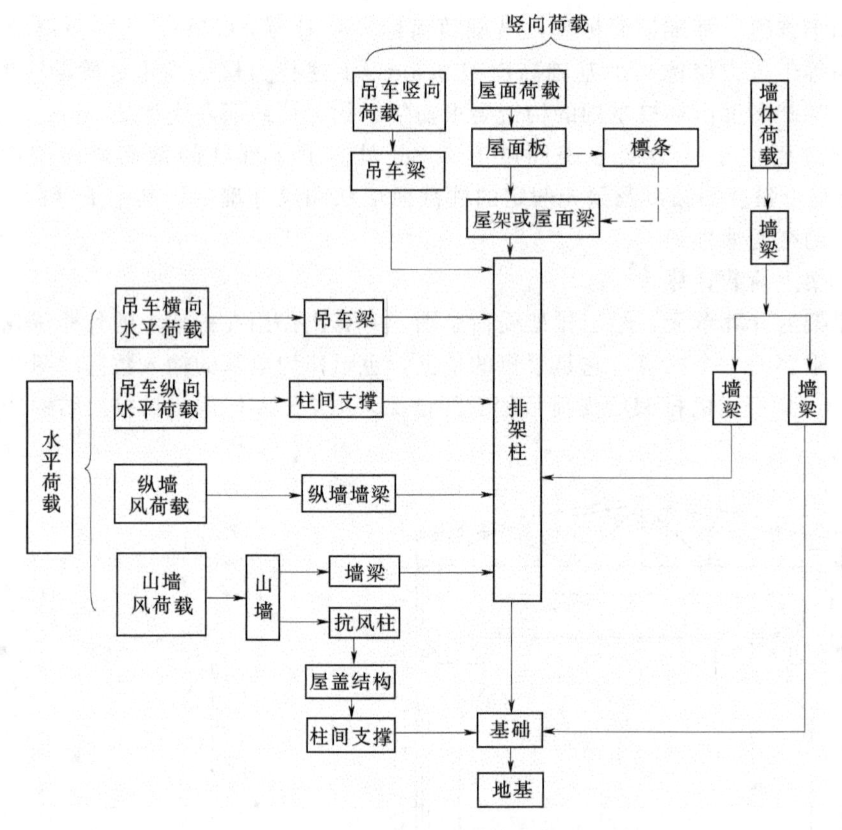

图 2-25 单层厂房荷载传递路线

梁时，G_1 通过梁端支承垫板的中心线作用于柱顶，通常在厂房纵向定位轴线内侧 150mm 处。若上柱截面高度为 h_u，对于图 2-26（a）的情况，G_1 对上柱中心线的偏心距为

$$e_1 = h_u/2 - 150 \tag{2-1}$$

对于中柱顶，当两侧屋架传来荷载相同，且作用点对称时，则 G_1 对中柱的偏心距为零［见图 2-26（b）］。

当两侧跨度不同或屋面构造不同时，两侧屋架（或屋面梁）传来的荷载不同，则合力偏心距不为零。

2. 上柱自重

对于边柱上柱自重 G_2 按上柱截面尺寸和上柱高计算，作用在上柱底中心线处（见图 2-27）。上柱自重 G_2 对下柱中心线的偏心距为

$$e_2 = (h_l - h_u)/2 \tag{2-2}$$

式中：h_l 和 h_u 分别为下柱和上柱的截面高度。

对于中柱，一般可取 $e_2=0$。

3. 吊车梁及轨道等自重

吊车梁及轨道等自重 G_3 可按吊车梁及轨道连接构造的标准图采用。G_3 沿吊车梁中心线作用于牛腿顶面标高处。一般情况下，吊车梁中心线到柱纵向轴线的距离为 750mm，故对于图 2-27 的情况，G_3 对下柱中心线的偏心距为

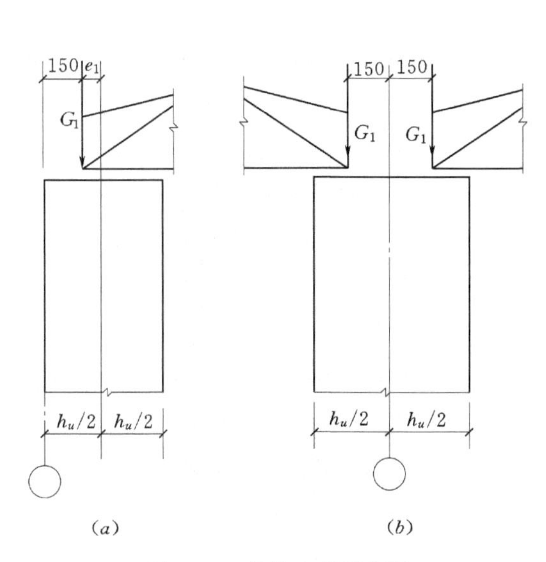

图 2-26　各柱 G_1 作用位置

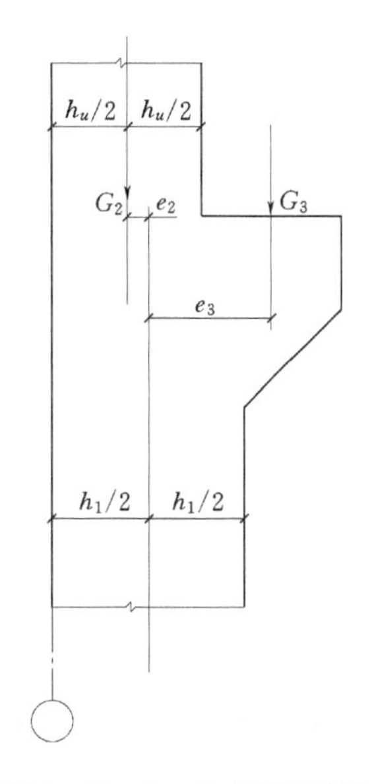

图 2-27　G_2、G_3 的作用位置

对于边柱　　$e_3 = 750 - h_l/2$

对于中柱　　$e_3 = 750$

4. 下柱自重

下柱自重 G_4 按下柱截面尺寸和下柱高计算。对于工字形截面柱，考虑到沿截面柱高方向部分为矩形截面（如柱的下端及牛腿部分），可乘以 1～1.2 的增大系数。G_4 沿下柱中心线作用于基础顶面标高处［见图 2-24］。

5. 连系梁、基础梁及其上墙体自重

连系梁、基础梁自重可根据构件编号由连系梁、基础梁的选用表查得，也可按连系梁、基础梁的几何尺寸计算。墙体自重按墙体构造、尺寸（包括窗户）等进行计算。连系梁及其上墙体自重 G_5 沿墙体中心线作用于支承连系梁的柱牛腿顶面标高处。基础梁及其上墙体自重 G_6 作用于基础顶面（见图 2-24）。

G_5（G_6）对下柱中心线的偏心距 e_5（e_6）为

$$e_5(e_6) = 0.5h_b + 0.5h_l \tag{2-3}$$

式中：h_b 为围护墙的厚度。

根据永久荷载作用点的位置，可以把永久荷载换算成对于截面形心位置的轴向力和偏心力矩。在竖向力作用下对排架结构只产生轴力，不需要对排架进行内力分析（只把轴力叠加即可），而在力矩作用下需要对排架进行内力分析。

柱顶的偏心压力除了对柱顶存在偏心力矩外，由于边柱上、下柱截面形心不重合，因此，对下柱顶也存在偏心力矩。

现把图 2-23 所示的排架结构在永久荷载作用下的计算简图介绍如下，对于其他竖向荷载也采用相同的分析方法。

若图 2-23 所示的结构是对称的，图 2-28（a）显示永久荷载 G_1～G_6 的实际位置，而图 2-28（b）显示出等效后的计算简图。图中的 M_1、M_2 分别为

$$M_1 = G_1 e_1 \tag{2-4}$$

$$M_2 = G_1 e_2 + G_2 e_2 - G_3 e_3 + G_5 e_5 \tag{2-5}$$

对于其他永久荷载，对排架柱只产生轴力。求解图 2-28（*b*），即可求出在永久荷载作用下排架结构的内力。

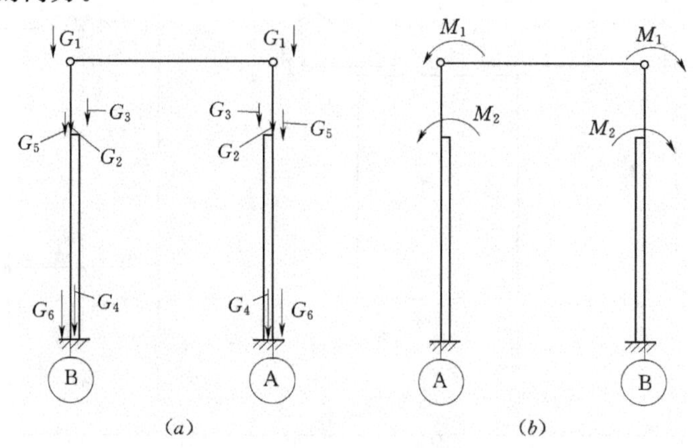

图 2-28　永久荷载作用下结构计算简图

（*a*）永久荷载 $G_1 \sim G_6$；（*b*）等效计算简图

应当说明的是，柱、吊车梁及轨道等构件吊装就位后，屋架尚未安装，此时还不能形成排架结构，所以柱在柱、吊车梁及轨道等自重荷载作用下，应按竖向悬臂柱进行内力分析，但考虑到此种受力状态比较短暂，并且这部分内力值较小，不会对柱控制截面内力产生较大影响。因此通常仍按排架结构进行内力分析。

（二）屋面活荷载

屋面活荷载可能有屋面均布活荷载、积雪荷载和积灰荷载三种。它们均按屋面水平投影面积计算。屋面均布活荷载不与积雪荷载同时考虑，取两者中的较大值。积灰荷载应与屋面均布活荷载或积雪荷载两者的较大值同时考虑。

1. 屋面均布活荷载

屋面均布活荷载是考虑屋面检修、清灰等上人时，人和工具等的荷载。按《建筑结构荷载规范》的规定，按表 2-2 采用。

表 2-2　　　　屋面均布活荷载

项　次	类　别	标准值（kN/m²）	组合值系数 ψ_c	准永久值系数 ψ_q
1	不上人屋面	0.5	0.7	0
2	上人屋面	2.0	0.7	0.4
3	屋顶花园	3.0	0.7	0.5

注　1. 不上人屋面，当施工或检修荷载较大时，应按实际情况采用；对不同结构应按有关设计规范的规定，将标准值作 0.2kN/m² 的增减。
2. 上人屋面，兼作其他用途时，应按相应的楼面或荷载采用。
3. 对于因屋面排水不畅、堵塞等引起的积水荷载，应采取构造措施加以防止；必要时，应按积水的可能深度确定屋面活荷载。
4. 屋顶花园荷载不包括花圃土石料自重。

2. 屋面雪荷载

建筑物或构筑物顶面上由于积雪对结构所产生的压力，称为屋面雪荷载。屋面水平投影面上的雪荷载标准值按下式计算：

$$S_k = \mu_r S_0 \tag{2-6}$$

式中：S_k 为水平投影面上雪荷载标准值，kN/m^2；μ_r 为屋面积雪分布系数，应根据不同类型的屋顶形式，按《建筑结构荷载规范》（GB 50009—2012）中的表 6.2.1 的规定采用，排架计算时，可近似按积雪全跨均匀分布考虑；S_0 为基本雪压，kN/m^2，是以当地一般空旷平坦地面上统计所得 50 年一遇最大积雪的自重确定的。各地的基本雪压应按《建筑结构荷载规范》（GB 50009—2012）附表 D.4 中的 50 年重现期所对应的雪压确定，或按全国基本雪压分布图确定。

山区的基本雪压应通过实际调查后确定。如无实际资料时，可按当地邻近空旷平坦地面的基本雪压值乘以系数 1.2 采用。

雪荷载的组合值系数、准永久值系数按《建筑结构荷载规范》（GB 50009—2012）的规定采用（见表 2-10）。

3. *屋面积灰荷载*

设计生产中有大量排灰的厂房及其邻近建筑物时，应考虑积灰荷载。对于具有一定除尘设施和保证清灰制度的机械、冶金、水泥厂的厂房屋面，其水平投影面上的屋面积灰荷载及相应的组合值系数、频遇值系数、准永久值系数应分别按《建筑结构荷载规范》（GB 50009—2012）中表 4.4.1-1 和表 4.4.1-2 采用；对于屋面上易形成灰堆处，在设计屋面板、檩条时，积灰荷载标准乘以下列规定的增大系数：

（1）在高低跨处 2 倍于屋面高差，但不大于 6m 的分布宽度内取 2.0。

（2）在天沟处不大于 3m 的分布宽度内取 1.4。

屋面活荷载标准值确定后，即可按计算单元中的负荷面积计算 Q_1。它们的作用位置与 G_1 相同。屋面活荷载作用下结构的内力分析方法同永久荷载。对于多跨排架结构应考虑活荷载作用在不同跨上对结构的影响。

（三）风荷载

1. *任意高度处风荷载标准值确定*

风对建筑物表面所产生的压力或吸力，称为风荷载。垂直于建筑物表面任意高度处的风荷载标准值按下式计算：

$$w_k = \beta_z \mu_s \mu_z w_0 \tag{2-7}$$

式中：w_k 为风荷载标准值，kN/m^2；β_z 为 z 高度处的风振系数，对单层厂房 $\beta_z = 1.0$；μ_s 为风荷载体型系数；μ_z 为 z 高度处的风压高度变化系数；w_0 为基本风压，kN/m^2。

（1）基本风压。基本风压是以当地比较空旷平坦地面上离地 10m 高统计所得 50 年一遇 10min 平均最大风速 v_0（m/s）为标准，按 $w_0 = \rho v_0^2/2$ 确定的风压。此处的 ρ 为空气的重力密度(t/m^2)，与各地区的海拔高度有关。

基本风压应根据建筑物所在地，按《建筑结构荷载规范》（GB 50009—2012）中附录 D.4 中的 50 年重现期的基本风压确定，或根据该规范中给出的全国基本风压分布图确定，但不得小于 $0.3kN/m^2$。

（2）风载体型系数。风载体型系数是指风作用在建筑物表面所引起的实际压力（或吸力）与基本风压的比值。它表示建筑物表面在稳定风压作用下的静态压力分布规律，主要与建筑物的体型和尺寸有关，按《建筑结构荷载规范》（GB 50009—2012）中表 7.3.1 的规定采用。表 2-3 给出了一般单层厂房的体型系数，供设计时采用。

表 2-3　　一般单层厂房体型系数

项次	类别	体型及体型系数
1	封闭式双坡屋面	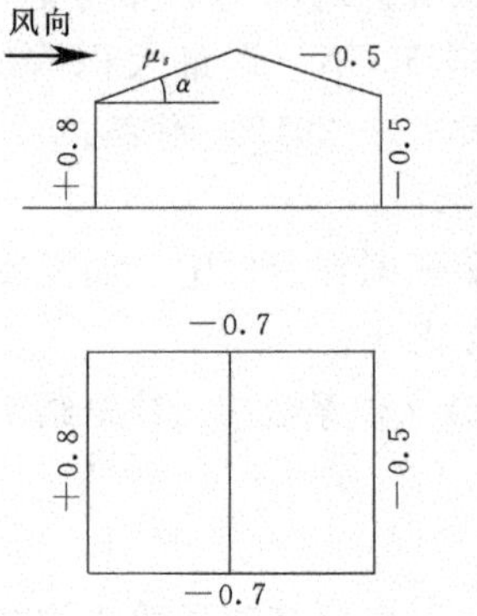 α ≤15°，μ_s −0.6；α 30°，μ_s 0；α ≥60°，μ_s +0.8 中间值按插入法计算
2	封闭式带天窗双坡屋面	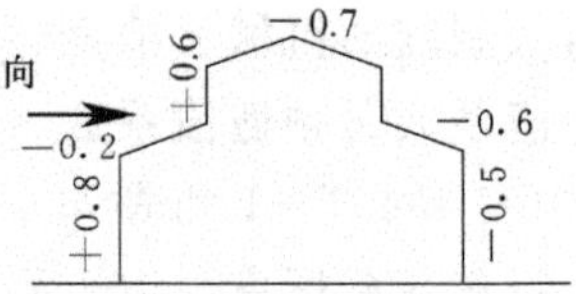 带天窗的拱形屋面可按本图采用
3	封闭式双跨屋面	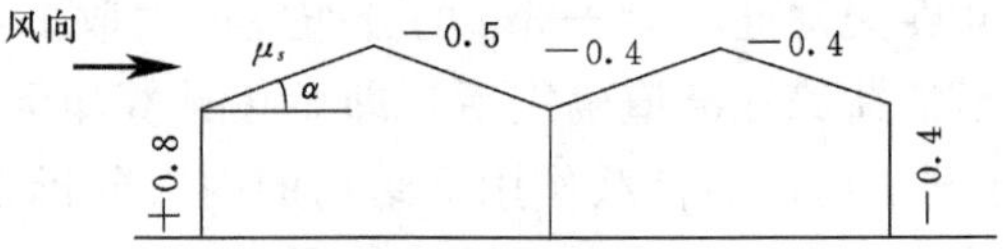 迎风坡面的 μ_s 按第 1 项采用
4	封闭式带天窗的双跨坡屋面	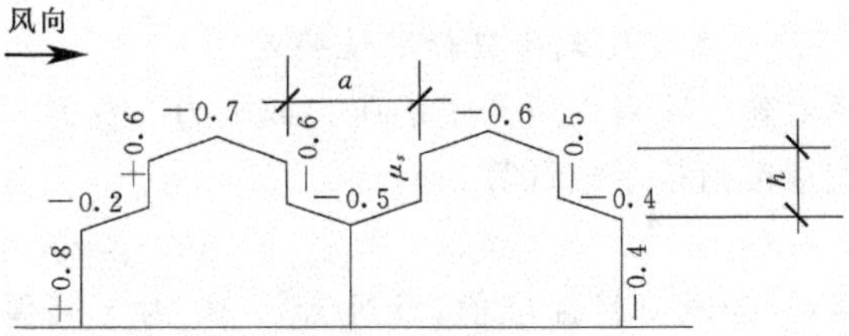 迎风面第 2 跨天窗的 μ_s 按下列采用 当 $a \leqslant 4h$ 时，取 $\mu_s=0.2$ 当 $a>4h$ 时，取 $\mu_s=0.6$

验算围护构件及其连接的承载力时，风载体型系数对于正压区按《建筑结构荷载规范》（GB 50009—2012）中表 7.3.1 的规定采用，在此不详细介绍。

（3）风压高度变化系数。建筑物处于近地风的风流场中，近地风的风速随高度而增加的规律与地面粗糙度有关。通常认为在离地面 300～500m 时，风速才不再受地面粗糙的影响。根据《建筑结构荷载规范》（GB 50009—2012），对于平坦或稍有起伏的地形，地面粗糙度可分为 A、B、C 和 D 四类，具体规定如下：

1）A 类指近海海面和海岛、海岸、湖岸及沙漠地区。

2）B 类指田野、乡村、丛林、丘陵以及房屋比较稀疏的乡城镇和城市郊区。

3）C 类指有密集建筑群的城市市区。

4）D 类指有密集建筑群且房屋较高的城市市区。

风压高度变化系数应根据地面粗糙度类别按《建筑结构荷载规范》（GB 50009—2012）采用。表 2－4 给出了风压高度变化系数 μ_z 的取值。

表 2－4　　风压高度变化系数 μ_z

离地面或海平面高度（m）	地面粗糙度类别			
	A	B	C	D
5	1.17	1.00	0.74	0.62
10	1.38	1.00	0.74	0.62
15	1.52	1.14	0.74	0.62
20	1.63	1.25	0.84	0.62
30	1.80	1.42	1.0	0.62
40	1.92	1.56	1.13	0.73
50	2.03	1.67	1.25	0.84
60	2.12	1.77	1.35	0.93
70	2.20	1.86	1.45	1.02
80	2.27	1.95	1.54	1.11
90	2.34	2.02	1.62	1.19
100	2.40	2.09	1.70	1.27
150	2.64	2.38	2.03	1.61
200	2.83	2.61	2.30	1.92
250	2.99	2.80	2.54	2.19
300	3.12	2.97	2.75	2.45
350	3.12	3.12	2.94	2.68
400	3.12	3.12	3.12	2.91
⩾450	3.12	3.12	3.12	3.12

对于山区的建筑物、远海海面和海岛的建筑物和构筑物，风压高度变化系数可按平坦地面的粗糙度类别，由表 2－4 取值后，还应进行修正，详见《建筑结构荷载规范》（GB 50009—2012）中的相关规定。

2. 排架计算简图上风荷载标准值计算

排架计算时，作用在柱顶以下墙面上的风荷载按均布考虑，其风压高度变化系数可按柱顶标高取值，这是偏于安全的。当基础顶面至室外地坪的距离不大时，为简化计算，风荷载可按柱全高计算，不再减去基础顶面至室外地坪那一小段多算的风荷载。若基础埋置较深时，则按实际情况计算，否则误差较大。

柱顶至屋脊间屋盖（包括天窗）部分的风荷载，仍取为均布的，其对排架的作用则按作用在柱顶的水平集中风荷载标准值 F_{wk} 考虑。此时的风压高度变化系数可按下述情况确定：有矩形天窗时，按天窗檐口取值；无矩形天窗时，按厂房檐口标高取值。

图 2-29 所示为双单跨有天窗厂房风荷载的分布情况。图 2-30 为简化的计算简图。

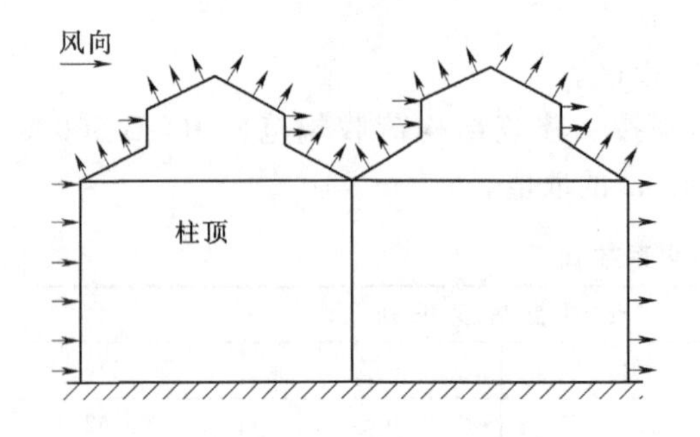

图 2-29 双单跨有天窗厂房风荷载的分布

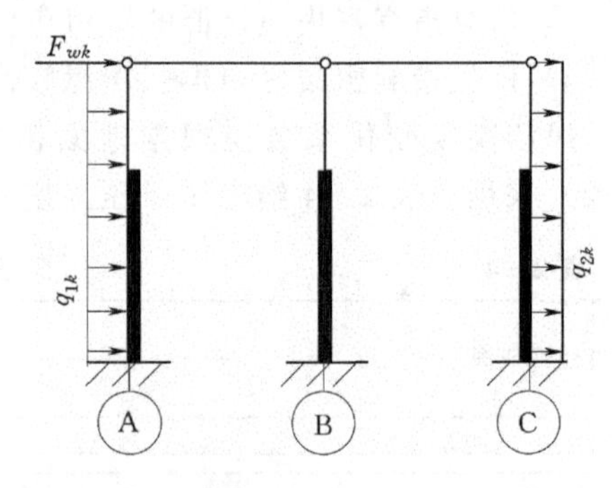

图 2-30 风荷载作用下双跨排架的计算简图

迎风面和背风面风荷载的标准值为

$$\left.\begin{aligned} q_{1k} &= \mu_{s1}\mu_z w_0 B \\ q_{2k} &= \mu_{s2}\mu_z w_0 B \end{aligned}\right\} \qquad (2-8)$$

式中：μ_{s1} 和 μ_{s2} 分别为单层厂房迎风面和背风面的风荷载体型系数；B 为计算单元的宽度，一般单层厂房 $B=6\text{m}$；μ_z 为风压高度变化系数，根据地面粗糙度类别按表 2-4 确定。

柱顶以上的风荷载可转化为一个水平集中力，其计算标准值为

$$F_{wk} = \sum \mu_s \mu_z w_0 h_i B \qquad (2-9)$$

屋面部分风荷载的体型系数可根据表 2-3 屋面的形式确定。风荷载的计算方法详见[例 2-1]。

应该说明的是，风荷载沿厂房柱全高（从柱顶到基顶）均匀分布，是一种偏于安全的近似计算。风荷载对结构产生的影响应考虑左风和右风两种情况。

风荷载的组合值系数、准永久值系数的取值，见表 2-10。

风荷载作用下结构的内力分析可采用剪力分配法（见本节第三部分），或采用结构力学的力法求解。

【例 2-1】 某金属装配车间双跨等高厂房，外型与部分风载体型系数如图 2-31 所示。本地区基本风压 $w_0=0.55\text{kN/m}^2$。柱顶标高为 +10.4m，室外天然地坪标高为 -0.15m，柱顶至檐口高度为 1.4m，檐口至天窗底为 1.3m，图中 $a=18\text{m}$，$h=2.6\text{m}$，地面粗糙度为 B 类，排架计算宽度 $B=6\text{m}$。求作用在排架上的风荷载标准值。

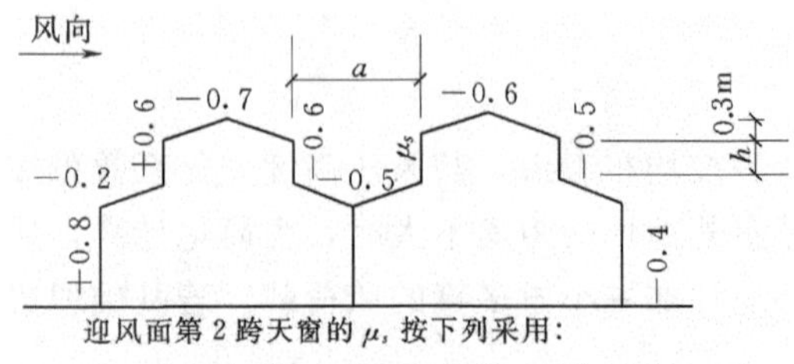

图 2-31 风荷载体型系数的确定

解： 在左风情况下，天窗处的 μ_s 根据表 2-3确定：$a=18\text{m}$，$h=2.6\text{m}$，因此 $a>4h$，所以 $\mu_s=+0.6$，风荷载体型系数如图 2-31 所示。

风压高度变化系数 μ_z 的确定：作用在柱顶以下墙面上的风荷载按均布考虑，其风压高度变化系数可按柱顶标高取值。

柱顶至屋脊间屋盖部分的风荷载，仍取

为均布的，其对排架的作用则按作用在柱顶的水平集中风荷载标准值 F_{wk} 考虑。这时的风压高度变化系数可按天窗檐口取值。

柱顶至室外地面的高度为

$$Z = 10.4 + 0.15 = 10.55\text{m}$$

天窗檐口至室外地面的高度为

$$Z = 10.55 + 1.4 + 1.3 + 2.6 = 15.85\text{m}$$

由表 2-4 按线性内插法确定 μ_z：

柱顶：　　　$\mu_z = 1.0 + (10.55 - 10)(1.14 - 1.0)/(15 - 10) = 1.02$

天窗檐口处：$\mu_z = 1.0 + (15.85 - 10)(1.14 - 1.0)/(15 - 10) = 1.16$

左风情况下风荷载的标准值［见图 2-32 (*a*)］：

$$q_{1k} = \mu_{s1}\mu_z w_0 B = 0.8 \times 1.02 \times 0.55 \times 6 = 2.69\text{kN/m}$$

$$q_{2k} = \mu_{s2}\mu_z w_0 B = 0.4 \times 1.02 \times 0.55 \times 6 = 1.35\text{kN/m}$$

柱顶以上的风荷载可转化为一个水平集中力计算，其风压高度变化系数统一按天窗檐口处 $\mu_z = 1.16$ 取值。其标准值为

$$\begin{aligned} F_{wk} &= \sum \mu_s \mu_z w_0 B h_i \\ &= [(0.8 + 0.4) \times 1.16 \times 0.55 \times 6 \times 1.4] \\ &\quad + [(0.4 - 0.2 + 0.5 - 0.5) \times 1.16 \times 0.55 \times 6 \times 1.3] \\ &\quad + [(0.6 + 0.6 + 0.6 + 0.5) \times 1.16 \times 0.55 \times 6 \times 2.6] \\ &\quad + [(0.7 - 0.7 + 0.6 - 0.6) \times 1.16 \times 0.55 \times 6 \times 0.3] \\ &= 30.32\text{kN} \end{aligned}$$

右风和左风情况对称，方向相反［见图 2-32 (*b*)］。

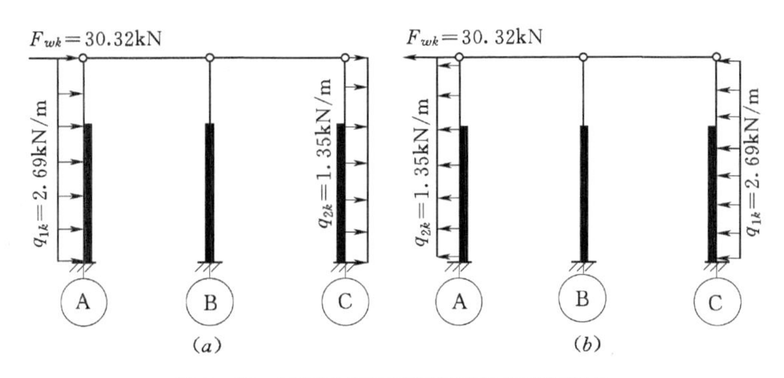

图 2-32　风荷载作用下双跨排架的计算简图

(*a*) 左风情况；(*b*) 右风情况

(四) 吊车荷载

单层厂房中常用的吊车有悬挂吊车、手动吊车、电动葫芦和桥式吊车等。其中，悬挂吊车的水平荷载可不列入排架计算，而由有关支撑系统承受；手动吊车和电动葫芦可不考虑水平荷载，因此这里讲的吊车荷载是指桥式吊车而言的。

在按吊车荷载设计厂房结构时，根据吊车荷载达到其额定起重量的频繁程度将吊车工作制度分为轻级、中级、重级和特重级四种荷载状态，按吊车在使用期内要求的总工作循

环次数分为 10 个利用等级。现行的《建筑结构荷载规范》根据吊车要求的利用等级和荷载状态，来确定吊车的工作级别，共分为 8 个工作级别，以此来确定吊车荷载的计算参数。现行的《建筑结构荷载规范》所采用的吊车工作级别是与过去的工作制等级相对应的。为了便于参考以往的设计资料，现给出《建筑结构荷载规范》的条文说明中关于吊车的工作制等级与工作级别的对应关系，如表 2-5 所示。一般满载机会少、运行速度低以及不需要紧张而繁重工作的场所如水电站、机械检修站等的吊车属于 A1～A3 工作级别（轻级工作制）；机械加工车间和装配车间的吊车属于 A4～A5 工作级别（中级工作制）；冶炼车间和直接参加连续生产的吊车属于 A6～A7 工作级别（重级工作制）或 A8 工作级别（超重级工作制）。

表 2-5　　吊车的工作制等级与工作级别的对应关系

工作制等级	轻级	中级	重级	超重级
工作级别	A1～A3	A4～A5	A6～A7	A8

桥式吊车对排架的作用有竖向荷载和水平荷载两种。

1. 吊车对排架产生的竖向荷载

桥式吊车由大车（桥架）和小车组成，大车在吊车梁的轨道上沿厂房纵向行驶，小车在大车桥架的轨道上沿横向行驶。带有吊钩的起重卷扬机安装在小车上。当小车吊有额定起重量开到大车某一极限位置时（见图 2-33），在这一侧的每个大车轮压称为吊车的最大轮压标准值 $p_{max,k}$，在另一侧的轮压称为最小轮压标准值 $p_{min,k}$。$p_{max,k}$与 $p_{min,k}$同时发生。

$p_{max,k}$可根据吊车型号、规格等查阅专业标准《起重机基本参数和尺寸系列》（ZQ1－62～8－62）或直接参照吊车制造厂的产品规格得到。对于一般的四轮吊车有

$$p_{min,k}=\frac{G_{1,k}+G_{2,k}+G_{3,k}}{2}-p_{max,k} \tag{2-10}$$

式中：$G_{1,k}$和$G_{2,k}$分别为大车和小车的自重标准值，kN；$G_{3,k}$为与吊车额定起重量Q对应的重力标准值，kN。

吊车是移动的，因此吊车对排架产生的竖向荷载可根据吊车每个轮子的轮压（最大轮压或最小轮压）、吊车宽度和轮距，利用反力影响线计算（见图 2-34），由 $p_{max,k}$在吊车梁支座产生的反力标准值$D_{max,k}$；同时，在另一侧排架柱上由 $p_{min,k}$在吊车梁支座产生的反力标准值$D_{min,k}$。$D_{max,k}$、$D_{min,k}$即作用在排架上的吊车竖向荷载标准值。

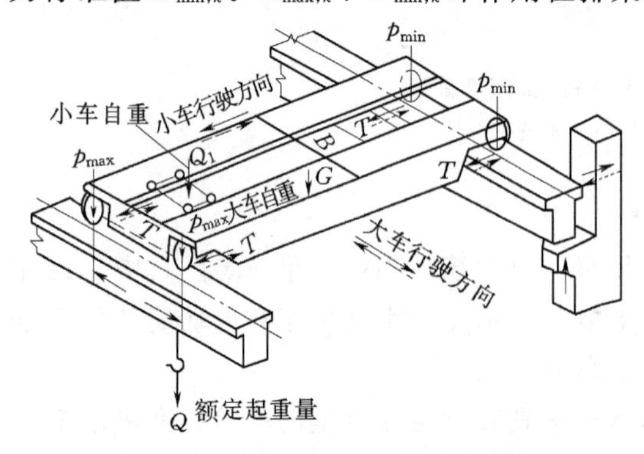

图 2-33　产生 p_{max}与 p_{min}的小车位置

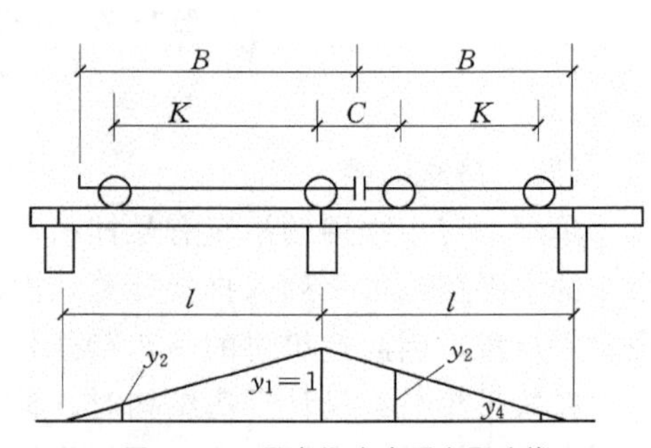

图 2-34　吊车梁支座反力影响线

吊车宽度 B、轮距 K，根据吊车型号、规格（起重量和跨度）由电动单钓、双钩桥式吊车数据表查得。吊车竖向荷载作用在吊车梁的中线处，当两台吊车不同时，有

$$\left.\begin{aligned} D_{\max,k} &= \beta[p_{1\max,k}(y_1+y_2)+p_{2\max,k}(y_3+y_4)] \\ D_{\min,k} &= \beta[p_{1\min,k}(y_1+y_2)+p_{2\min,k}(y_3+y_4)] \end{aligned}\right\} \tag{2-11}$$

式中：$p_{1\max,k}$ 和 $p_{2\max,k}$ 分别为吊车 1 和吊车 2 最大轮压标准值，且 $p_{1\max,k} > p_{2\max,k}$；$p_{1\min,k}$ 和 $p_{2\min,k}$ 分别为吊车 1 和吊车 2 最小轮压标准值，且 $p_{1\min,k} > p_{2\min,k}$；$y_1$、$y_2$ 和 y_3、y_4 分别为与吊车 1 和吊车 2 的轮子相应的支座反力影响线上的竖标，可按图 2-34 的几何关系求得。

当两台吊车相同时，有

$$\left.\begin{aligned} D_{\max,k} &= \beta p_{\max,k}\sum y_i \\ D_{\min,k} &= \frac{p_{\min,k}}{p_{\max,k}}D_{\max,k} \end{aligned}\right\} \tag{2-12}$$

其中
$$\sum y_i = y_1+y_2+y_3+y_4$$

式中：$\sum y_i$ 为各轮子下影响线竖标之和；β 为多台吊车荷载折减系数，如表 2-7 所示。

吊车的竖向荷载 $D_{\max,k}$、$D_{\min,k}$ 作用在吊车梁支座垫板中心处（同 G_3 作用点的位置），对下部柱都是偏心压力（见图 2-27）。其内力分析的方法同永久荷载作用，即把吊车的竖向荷载等效成对下柱的轴心压力和对下柱柱顶的力矩。考虑到 $D_{\max,k}$ 即可以发生在左柱又可以发生在右柱，因此在吊车竖向荷载作用下对于单跨厂房应考虑两种情况（见图 2-35）。对于双跨厂房，当两跨均有吊车时，应考虑四种荷载情况（见图 2-36）。

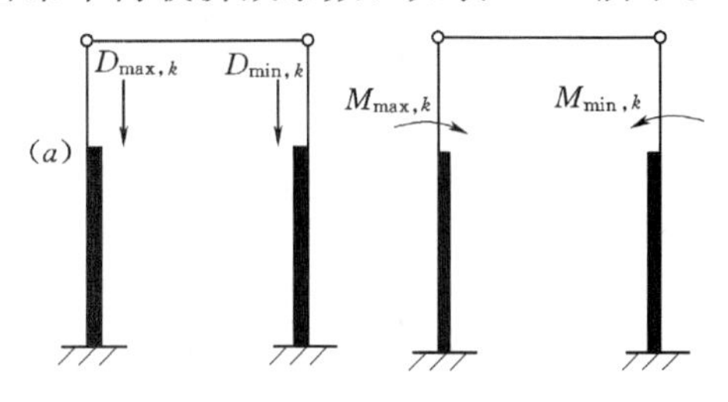

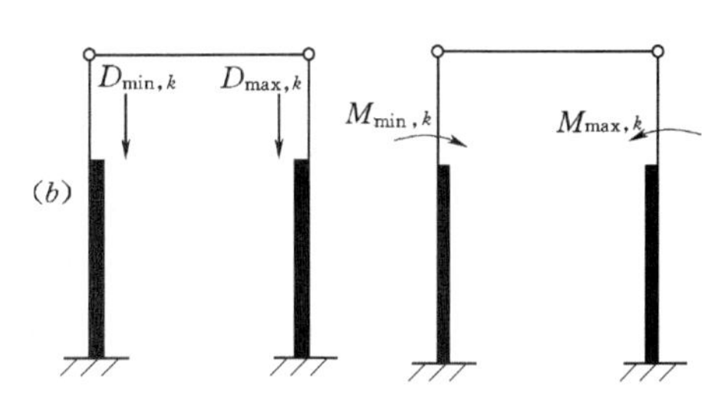

图 2-35　$D_{\max,k}$、$D_{\min,k}$ 作用下单跨排架的两种荷载情况

2. 吊车对排架产生的水平荷载

吊车对排架产生的水平荷载分为横向水平荷载和纵向水平荷载两种。

(1) 吊车对排架产生的横向水平荷载。吊车对排架产生的横向水平荷载是指当小车吊有重物时刹车所引起的横向水平惯性力。它通过小车刹车轮与桥架轨道之间的摩擦力传给大车，再通过大车轮由吊车轨顶传给吊车梁，而后由吊车梁顶与柱的连接钢板传给排架柱。因此，对排架来说，吊车横向水平荷载作用在吊车梁顶面的水平处。

吊车对排架产生的横向水平荷载标准值，应按小车重力标准值与额定起重量标准值之和乘以横向制动力系数 α，因此，总的吊车对排架产生的横向水平荷载标准值 $\sum T_{i,k}$ 可以表示为

$$\sum T_{i,k} = \alpha(G_{2,k}+G_{3,k}) \tag{2-13}$$

式中：α 为吊车横向制动力系数，按现行《建筑结构荷载规范》(GB 50009—2012) 的规定取值。对于硬钩吊车 α=0.2，对于软钩吊车，按表 2-6 确定。

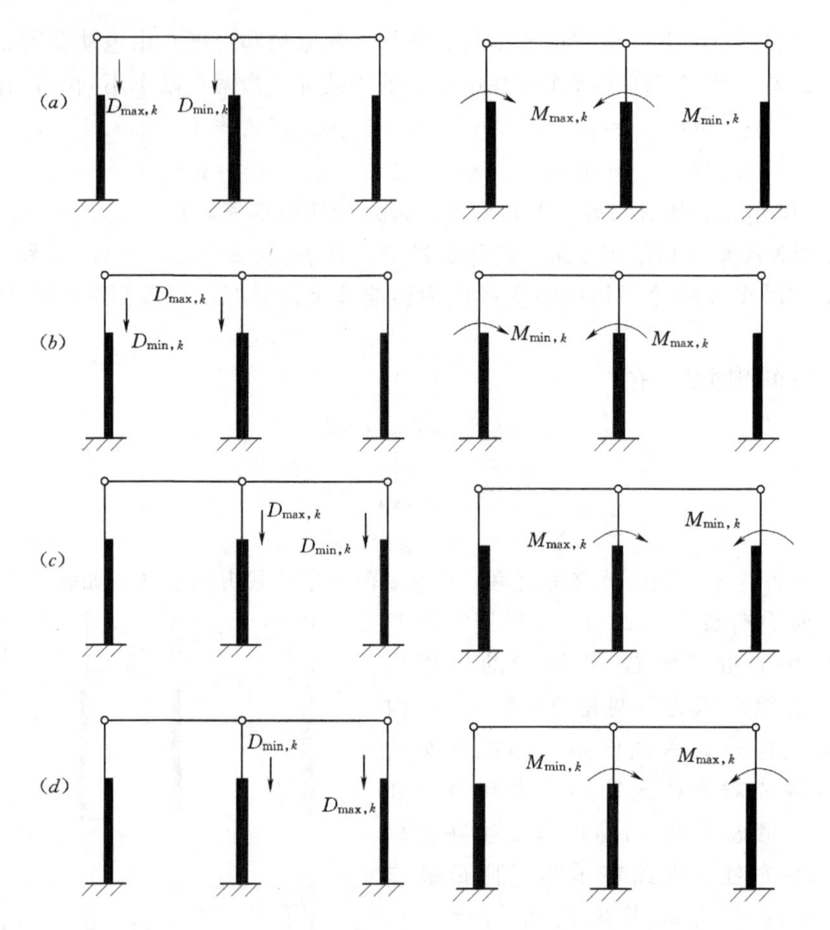

图 2-36 $D_{max,k}$、$D_{min,k}$作用下双跨排架的四种荷载情况

由于软钩吊车是指吊重通过钢丝绳传给小车的常见吊车，硬钩吊车是指吊重通过刚性结构（如夹钳、料耙等）传给小车的特种吊车，且硬钩吊车工作频繁、运行速度高，小车附设的刚性悬臂结构使吊重不能自由摆动，以致刹车时产生的横向水平惯性力较大；另外硬钩吊车的卡轨现象也较严重，因此，硬钩吊车的横向水平荷载系数取得较高。

表 2-6　软钩吊车横向制动力系数

Q (t)	≤10	15～50	≥75
α	0.12	0.10	0.08

吊车横向水平荷载应等分于桥架的两端，分别由轨道上的车轮平均传至轨道，其方向与轨道垂直。通常桥式吊车其大车总轮数为 4，即每一侧的轮数为 2，因此，通过一个大车轮子传递的吊车横向水平荷载标推值 T_k，按下式计算：

$$T_k = \frac{1}{4}\alpha(G_{2,k} + G_{3,k}) \tag{2-14}$$

吊车对排架产生的最大横向水平荷载的标准值 $T_{max,k}$时的吊车位置，与产生吊车竖向荷载 $D_{max,k}$、$D_{min,k}$时吊车运行的位置相同。因此，也可用图 2-34 所示的影响线计算。

当两台吊车不同时，吊车对排架产生的水平荷载标准值为

$$T_{max,k} = \beta[T_{1,k}(y_1 + y_2) + T_{2,k}(y_3 + y_4)] \tag{2-15}$$

当两台吊车相同时，吊车的水平荷载标准值为

$$T_{\max,k} = \frac{T_k}{p_{\max}} D_{\max,k} \tag{2-16}$$

式中：T_k 为每个轮子水平制动力标准值。

关于多台吊车的荷载折减，规定多台吊车的竖向荷载，对于多跨厂房一个排架一般不多于 4 台吊车；多台吊车的水平荷载，对单跨或多跨厂房最多只考虑两台，多台吊车的荷载折减系数按表 2-7 采用。对于多层吊车的单跨或多跨厂房，计算排架时，参与组合的吊车台数及荷载折减系数应按实际情况考虑。

表 2-7　　多台吊车的荷载折减系数

参与组合的吊车台数	吊车工作制	
	A1～A5	A6～A8
2	0.9	0.95
3	0.85	0.8
4	0.8	0.85

(2) 吊车对排架产生的纵向水平荷载。吊车对排架产生的纵向水平荷载是由大车的运行机构在刹车时引起的纵向水平制动力。吊车的纵向水平荷载标准值应按作用在一侧轨道上的所有刹车轮的最大轮压的标准值 $p_{\max}$之和乘以刹车轮与轨道间的滑动摩擦系数 α'。按《建筑结构荷载规范》(GB 50009—2012) 取 $\alpha'=0.1$，即按式 (2-17) 计算得

$$T_k = mn\alpha' p_{\max,k} \tag{2-17}$$

式中：m 为起重量相同的吊车台数；n 为吊车每侧制动轮数，对于一般的四轮吊车，$n=1$；$p_{\max,k}$为吊车最大轮压标准值。

吊车对排架产生的纵向水平荷载作用于刹车轮与轨道的接触点，方向与轨道一致，由纵向平面排架承受。

计算吊车水平荷载时，无论是横向制动力还是纵向制动力，最多只考虑两台吊车同时制动。当纵向柱列少于 7 根时，应计算纵向水平制动力。悬挂吊车、手动吊车、电动葫芦可不考虑水平制动力。

吊车荷载的组合值系数、准永久值系数，按吊车工作级别查《建筑结构荷载规范》(GB 50009—2012) 表 5.4.1 及条文 5.4.2 (见表 2-10)。

考虑地震作用时，尚应计算集中于柱顶及吊车梁顶面处的水平地震作用，详见《建筑抗震设计规范》(GB 50011—2010)。

【例 2-2】　已知有一双跨厂房，跨度为 24m，柱距 6m 厂房每跨内设两台吊车，A4 级工作制，吊车的有关参数见表 2-8。各跨吊车水平荷载 $T_{\max,k}$作用在吊车梁顶面 (在距牛腿顶面顶 0.9m 处)，边柱牛腿处吊车梁中心距下柱中心距离 $e_3=0.25$m，中柱牛腿处吊车梁中心距下柱中心距离 $e_3=0.75$m。上柱高 3.5m，下柱高 7.85m (牛腿顶面至基础顶面的距离)。试计算吊车对排架产生的竖向荷载和水平荷载的标准值并画出结构计算简图。

解： AB 跨吊车为两台 300/50、A4 级工作制 (中级工作制)。BC 跨吊车为两台 200/50、A4 级工作制 (中级工作制)。

最小轮压计算如下：

$$AB\ 跨：\quad p_{\min,k} = \frac{G_{1,k}+G_{2,k}+G_{3,k}}{2} - p_{\max,k} = \frac{420+300}{2} - 290 = 70.0\text{kN}$$

表 2-8 **吊车的有关参数**

吊车位置	起重量（kN）	桥跨 LK（m）	小车重 g（kN）	最大轮压 $p_{max,k}$（kN）	大车轮距 K（m）	大车宽 B（m）	车高 H（m）	吊车总重（kN）
左跨（AB跨）吊车	300/50	22.5	118	290	4.8	6.15	2.6	420
右跨（BC跨）吊车	200/50	22.5	78	215	4.4	5.55	2.3	320

BC跨： $p_{min,k}=\dfrac{G_{1,k}+G_{2,k}+G_{3,k}}{2}-p_{max,k}=\dfrac{320+200}{2}-215=45.0\text{kN}$

1. 吊车对排架产生的竖向荷载 $D_{max,k}$、$D_{min,k}$ 的计算

吊车对排架产生的竖向荷载 $D_{max,k}$、$D_{min,k}$ 的计算，按每跨 2 台吊车同时工作且达到最大起重量考虑。按《建筑结构荷载规范》（GB 50009—2012）的规定，吊车荷载的折减系数为 $\beta=0.9$。吊车对排架产生的竖向荷载的计算利用吊车梁支座反力影响线求得。

AB 跨吊车对排架产生的竖向荷载 $D_{max,k}$、$D_{min,k}$ 的计算（见图 2-37）：

$$D_{max,k}=\beta p_{max,k}\sum y_i=0.9\times 290\times\left(1+\frac{1.2}{6}+\frac{4.65}{6}\right)=515.48\text{kN}$$

$$D_{min,k}=\frac{p_{min,k}}{p_{max,k}}D_{max,k}=\frac{70}{290}\times 515.48=124.43\text{kN}$$

BC 跨吊车对排架产生的竖向荷载 $D_{max,k}$、$D_{min,k}$ 的计算（见图 2-38）：

$$D_{max,k}=\beta p_{max,k}\sum y_i=0.9\times 215\times\left(1+\frac{1.6}{6}+\frac{4.85}{6}+\frac{0.45}{6}\right)=416.03\text{kN}$$

$$D_{min,k}=\frac{p_{min,k}}{p_{max,k}}D_{max,k}=\frac{45.0}{215}\times 416.03=87.08\text{kN}$$

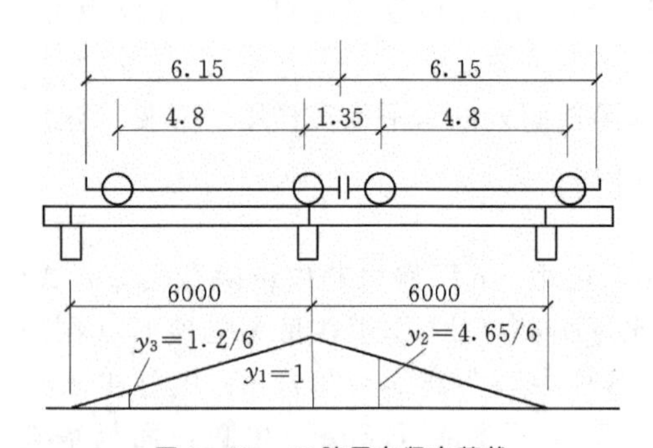

图 2-37 **AB 跨吊车竖向荷载 $D_{max,k}$、$D_{min,k}$ 的计算**

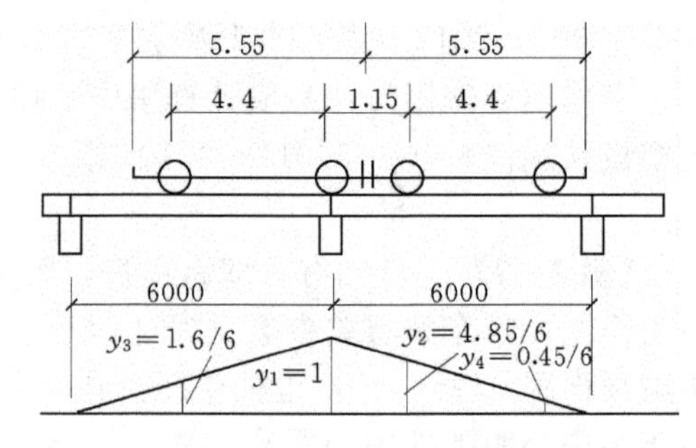

图 2-38 **BC 跨吊车竖向荷载 $D_{max,k}$、$D_{min,k}$ 的计算**

2. 吊车对排架产生的水平荷载 $T_{max,k}$ 的计算

吊车对排架产生的水平荷载 $T_{max,k}$ 的计算，按每跨 2 台吊车同时工作且达到最大起重量考虑。吊车荷载的折减系数为 $\beta=0.9$，吊车水平力系数 $\alpha=0.1$。吊车对排架产生的水平荷载的计算也可利用吊车对排架产生的竖向荷载计算时，吊车梁支座反力影响线求得。

（1）AB 跨吊车对排架产生的水平荷载 $T_{max,k}$ 的计算（见图 2-37）：

每个车轮传递的水平力的标准值为

$$T_k = \frac{1}{4}\alpha(G_{2,k} + G_{3,k}) = \frac{1}{4} \times 0.1 \times (118 + 300) = 10.45\text{kN}$$

则 AB 跨的吊车传给排架的水平荷载标准值为

$$T_{\max,k} = \frac{T_k}{p_{\max,k}} D_{\max,k} = \frac{10.45}{290} \times 515.48 = 18.58\text{kN}$$

(2) BC 跨吊车对排架产生的水平荷载 $T_{\max,k}$ 的计算（见图 2－38）：

每个车轮传递的水平力的标准值为

$$T_k = \frac{1}{4}\alpha(G_{2,k} + G_{3,k}) = \frac{1}{4} \times 0.1 \times (78 + 200) = 6.95\text{kN}$$

则 BC 跨的吊车传给排架的水平荷载标准值为

$$T_{\max,k} = \frac{T_k}{p_{\max,k}} D_{\max,k} = \frac{6.95}{215} \times 416.03 = 13.45\text{kN}$$

各跨吊车水平荷载 $T_{\max,k}$ 作用在吊车梁顶面，即作用在距吊车梁顶 0.9m 处。

3. 吊车荷载作用下排架结构计算简图的确定

跨吊车竖向荷载 $D_{\max,k}$、$D_{\min,k}$ 的作用位置对下柱中心的偏心距：边柱，$e_3=0.25$m；中柱，$e_3=0.75$m。

吊车竖向荷载作用下对于双跨厂房，当两跨均有吊车时，应考虑四种情况（见图 2－39）。在吊车水平荷载作用下，按两台吊车单独作用不同的跨内，考虑到 $T_{\max,k}$ 既可以向左又可以向右，在吊车水平荷载作用下双跨排架的计算简图应考虑四种情况（见图 2－40）。吊车水平荷载作用在吊车梁的顶面，即作用在牛腿上 0.9m 处的位置。

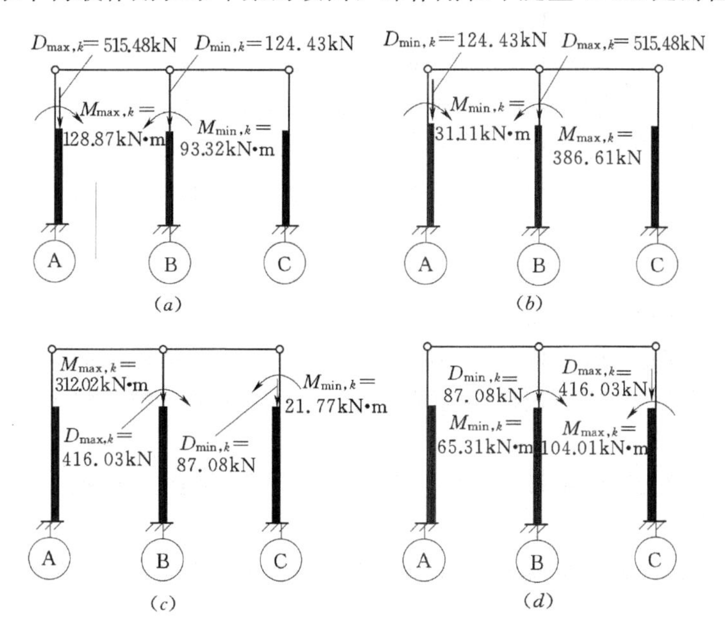

图 2－39　$D_{\max,k}$、$D_{\max,k}$ 作用下双跨排架的四种荷载情况

(a) AB 跨有吊车，$D_{\max,k}$ 在 A 柱右；(b) AB 跨有吊车，$D_{\max,k}$ 在 B 柱左；
(c) BC 跨有吊车，$D_{\max,k}$ 在 B 柱右；(d) BC 跨有吊车，$D_{\max,k}$ 在 C 柱左

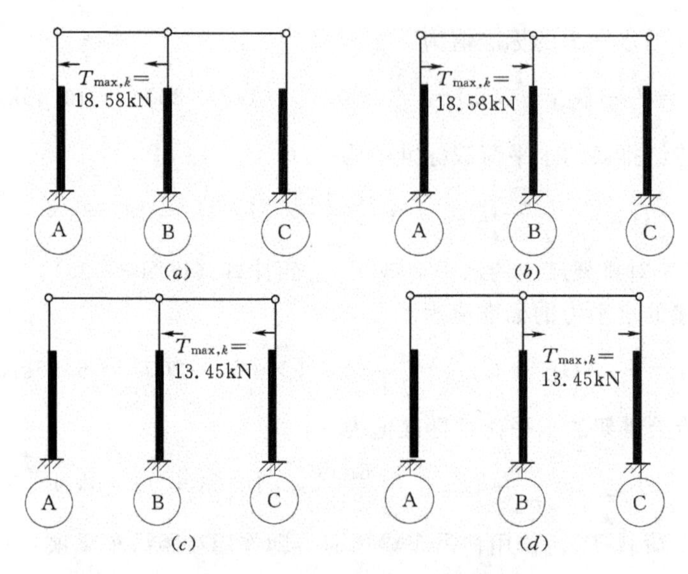

图 2-40 各跨 $T_{max,k}$作用下双跨排架计算的四种荷载情况

(a) AB 跨有吊车，$T_{max,k}$向左；(b) AB 跨有吊车，$T_{max,k}$向右；

(c) BC 跨有吊车，$T_{max,k}$向左；(d) BC 跨有吊车，$T_{max,k}$向右

AB 跨吊车荷载对排架柱产生的偏心弯矩计算如下：

A 柱：　$M_{max,k} = D_{max,k}e_3 = 515.48 \times 0.25 = 128.87\text{kN}$

　　　$M_{min,k} = D_{min,k}e_3 = 124.43 \times 0.25 = 31.11\text{kN}$

B 柱左：　$M_{max,k} = D_{max,k}e_3 = 515.48 \times 0.75 = 386.61\text{kN}$

　　　$M_{min,k} = D_{min,k}e_3 = 124.43 \times 0.75 = 93.32\text{kN}$

BC 跨吊车荷载对排架柱产生的偏心弯矩计算如下：

C 柱：　$M_{max,k} = D_{max,k}e_3 = 416.03 \times 0.25 = 104.01\text{kN}$

　　　$M_{min,k} = D_{min,k}e_3 = 87.08 \times 0.25 = 21.77\text{kN}$

B 柱右：　$M_{max,k} = D_{max,k}e_3 = 416.03 \times 0.75 = 312.02\text{kN}$

　　　$M_{min,k} = D_{min,k}e_3 = 87.08 \times 0.75 = 65.31\text{kN}$

三、用剪力分配法计算等高排架

从排架的计算观点来看，柱顶水平位移相等的排架，称为等高排架。等高排架有柱顶标高相同和柱顶标高虽不同但由倾斜横梁贯通相连接的两种情况，如图 2-41 (a)、(b) 所示。

柱顶位移不相等的不等高排架，可以用结构力学中“力法”求解。本书只介绍计算等高排架的一种简便方法——剪力分配法。

由结构力学知，当单位水平力作用在单阶柱柱顶时（见图 2-42），柱顶的水平位移为

$$\Delta u = \frac{H^3}{C_0 E_c I_l} \tag{2-18}$$

其中

$$C_0 = \frac{3}{1 + \lambda^3\left(\frac{1}{n} - 1\right)}$$

$$\lambda = \frac{H_u}{H}$$

$$n = \frac{I_u}{I_l}$$

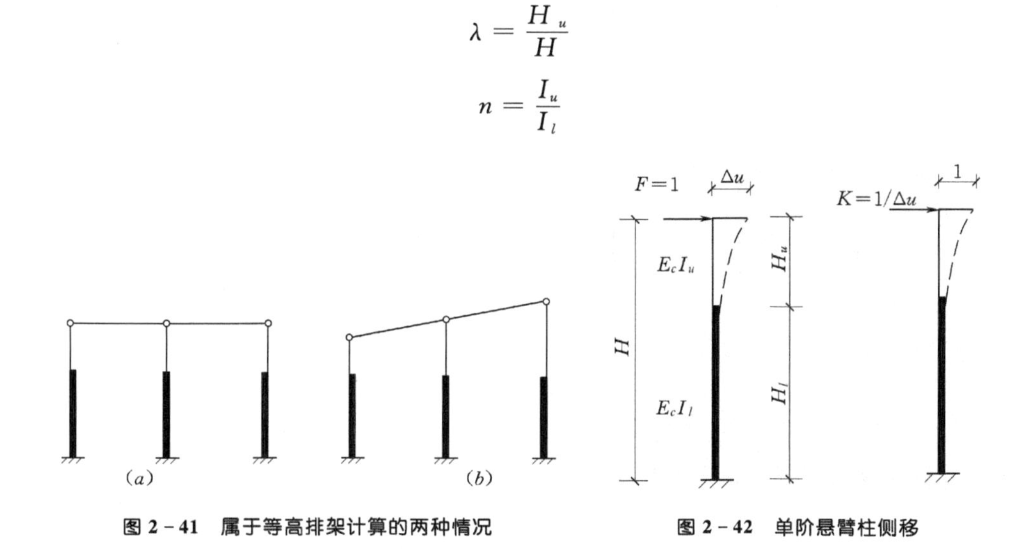

图 2-41　属于等高排架计算的两种情况

图 2-42　单阶悬臂柱侧移

式中：Δu 为柱顶有水平单位力时柱顶产生的位移；C_0 为计算系数，可由附录 C 的附图 C-1 查得；H_u 和 H 分别为上部柱高和柱的总高；I_u 和 I_l 分别为上柱和下柱的惯性矩。

单阶悬臂柱的柱顶产生单位位移时在柱顶所施加的力称为单阶悬臂柱侧移刚度 K（见图 2-42），其表达式如下：

$$K = \frac{1}{\Delta u} = \frac{C_0 E_c I_c}{H^3} \tag{2-19}$$

（一）等高排架在柱顶集中力作用下的内力分析

当柱顶有水平集中力作用时［见图 2-43（a）］，设有 n 根柱，各柱顶的水平位移为 u，任意一根柱的侧移刚度为 $K_i = 1/\Delta u_i$，则其分配的柱顶剪力 V_i 可由力的平衡条件和变形协调条件求得。按柱侧移刚度的定义，则有

$$V_i = K_i u$$

故
$$\sum_1^n V_i = \sum_1^n K_i u = \sum_1^n \frac{1}{\Delta u_i} u = u \sum_1^n K_i$$

而 $\sum\limits_1^n V_i = F$，则

$$u = \frac{F}{\sum\limits_1^n K_i}$$

则
$$V_i = \frac{K_i}{\sum\limits_1^n K_i} F = \eta_i F$$

其中
$$\eta_i = \frac{K_i}{\sum\limits_1^n K_i} \tag{2-20}$$

式中：η_i 为第 i 根柱的剪力分配系数，$\eta_A = K_A/K, \eta_B = K_B/K, \eta_C = K_C/K$；$K$ 为各柱的侧移刚度之和，$K = K_A + K_B + K_C$；K_i 为第 i 根柱的侧移刚度，按式（2-19）确定。

求出剪力分配系数后，即可求出柱顶剪力：

$$V_A = \eta_A F, \ V_B = \eta_B F, \ V_C = \eta_C F$$

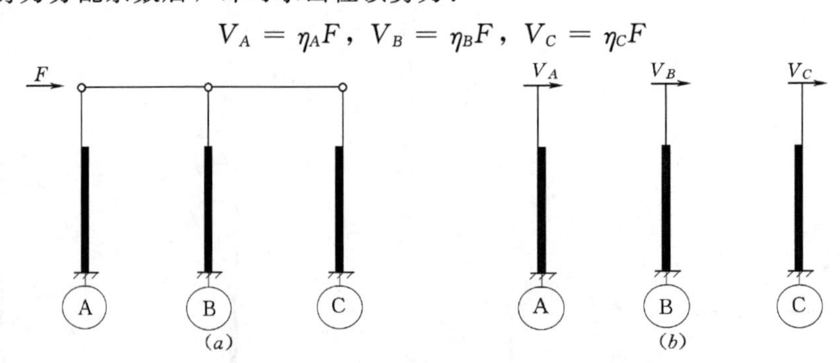

图 2-43 柱顶水平荷载作用下柱顶剪力

求出柱顶剪力后，即可按悬臂柱绘制出结构的内力图。

(二) 等高排架在任意荷载作用下的内力分析

当排架上有任意荷载作用（如吊车的水平荷载）时，如图 2-44 所示，为了能利用上述剪力分配系数进行计算，可以把计算过程分为以下四个步骤：

(1) 先在排架柱顶附加不动铰支座以阻止柱顶水平位移，并求出不动铰支座的水平反力 R，如图 2-44 (b) 所示。

(2) 撤消附加的不动铰支座，在此排架柱顶加上反向作用的 $R = R_A + R_B$，如图 2-44 (c)所示。

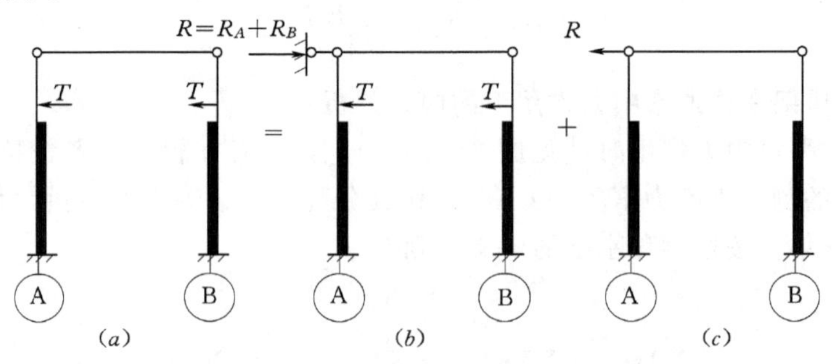

图 2-44 任意荷载作用下等高排架的计算

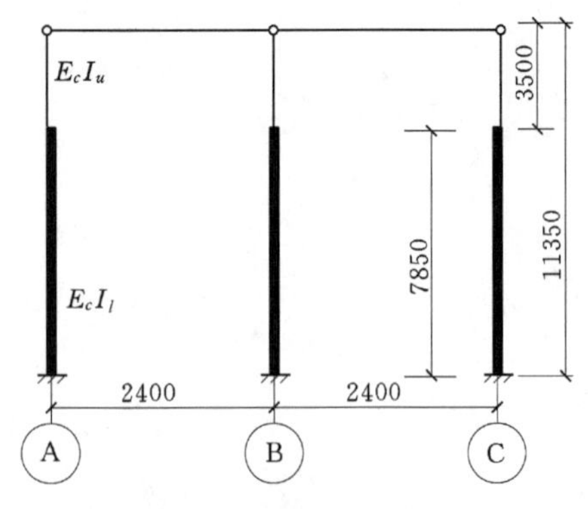

图 2-45 排架计算简图

(3) 将上述两个状态叠加，以恢复原状，即叠加上述两个步骤中求出柱顶剪力。

(4) 按平衡条件求得排架柱内力。

本书规定柱顶不动铰支座反力、柱顶剪力和水平荷载自左向右为正，反之为负。

各种荷载作用下单阶柱柱顶不动铰支座反力 R 可按附录 C 计算。

【例 2-3】 用剪力分配法计算［例 2-2］所示的排架在吊车水平荷载作用下的内力（标准值）。排架柱截面的几何特征如表 2-9 所示，计算简图如图 2-45 所示。

表 2-9　　各柱的截面几何特征

柱号	截面面积 $A(mm^2)$	截面沿排架方向惯性矩 $I_x(mm^4)$	截面沿垂直于排架方向的惯性矩 $I_y(mm^4)$	截面沿排架方向回转半径 $i_x(mm)$	截面沿垂直于排架方向的回转半径 $i_y(mm)$	单位长度柱自重 $G(kN/m)$
A、C上柱	160.0×10^3	21.33×10^8	21.33×10^8	115.50	115.50	4.00
A、C下柱	209.6×10^3	259.97×10^8	18.05×10^8	352.18	92.80	5.24
B上柱	240.0×10^3	72×10^8	32×10^8	173.2	115.50	6.00
B下柱	233.6×10^3	416.99×10^8	18.33×10^8	422.5	88.58	5.83

解：1. 计算有关参数

A、C柱：$\lambda=\dfrac{H_u}{H}=\dfrac{3.5}{11.35}=0.308$，　$n=\dfrac{I_u}{I_l}=\dfrac{21.33\times10^8}{25.97\times10^8}=0.082$

$$C_0=\frac{3}{1+\lambda^3\left(\frac{1}{n}-1\right)}=\frac{3}{1+0.308^3\times\left(\frac{1}{0.082}-1\right)}=2.261$$

B柱：　$\lambda=\dfrac{H_u}{H}=\dfrac{3.5}{11.35}=0.308$，　$n=\dfrac{I_u}{I_l}=\dfrac{7200\times10^8}{416.99\times10^8}=0.173$

$$C_0=\frac{3}{1+\lambda^3\left(\frac{1}{n}-1\right)}=\frac{3}{1+0.308^3\times\left(\frac{1}{0.173}-1\right)}=2.263$$

单位力作用下悬臂柱的柱顶位移如下（见附录 C-2）：

A、C柱：　$\Delta u_A=\Delta u_C=\dfrac{H^3}{C_0E_cI_l}=\dfrac{11350^3}{2.261\times E_c\times259.97\times10^8}=\dfrac{24.87}{E_c}$

B柱：　$\Delta u_B=\dfrac{H^3}{C_0E_cI_l}=\dfrac{11350^3}{2.263\times E_c\times416.99\times10^8}=\dfrac{13.322}{E_c}$

令 $K_i=1/\Delta u_i$，则

$$K_A=K_C=0.040E_c;K_B=0.075E_c$$

$$K=K_A+K_B+K_C=\frac{1}{\Delta u_A}+\frac{1}{\Delta u_B}+\frac{1}{\Delta u_C}=0.156E_c$$

故三根柱的剪力分配系数为

$$\eta_A=\frac{K_A}{K}=0.26,\ \eta_B=\frac{K_B}{K}=0.48,\ \eta_C=\frac{K_C}{K}=0.26$$

验算：　$\eta_A+\eta_B+\eta_C\approx1.0$

2. 吊车水平荷载（标准值）作用下排架内力分析

(1) AB跨有吊车荷载，$T_{max,k}$向左作用在AB柱，其计算简图如图 2-46（a）所示。

吊车水平荷载 $T_{max,k}$的作用点距柱顶的距离 $y=3.5-0.9=2.6m$，$y/H_u=0.743$。因此排架柱顶不动铰支座的支座反力系数 C_5 由附录 C-2 确定。

A、C柱：　$\lambda=\dfrac{H_u}{H}=0.308$，$n=\dfrac{I_u}{I_l}=0.082$

当 $y=0.7H_u$ 时，则有

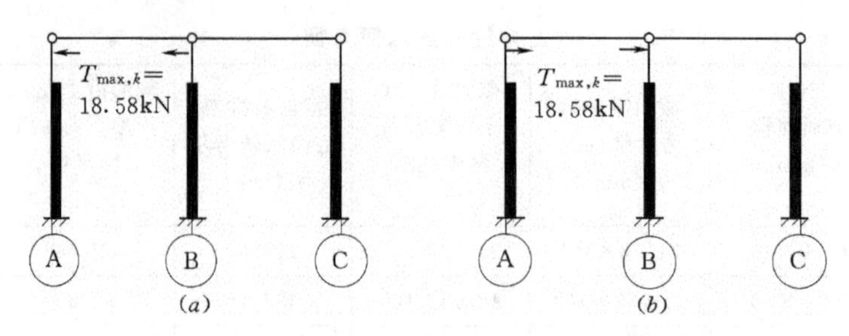

图 2-46 AB 跨有吊车，在 $T_{max,k}$ 作用下排架计算简图

(a) AB 跨有吊车，$T_{max,k}$ 向左；(b) AB 跨有吊车，$T_{max,k}$ 向右

$$C_5=\frac{2-3\alpha\lambda+\lambda^3\left[\frac{(2+\alpha)(1-\alpha)^2}{n}-(2-3\alpha)\right]}{2\left[1+\lambda^3\left(\frac{1}{n}-1\right)\right]}$$

$$=\frac{2-3\times0.743\times0.308+0.308^3\times\left[\frac{(2+0.743)(1-0.743)^2}{0.082}-(2-3\times0.743)\right]}{2\left[1+0.308^3\left(\frac{1}{0.082}-1\right)\right]}$$

$$=0.522$$

B 柱：$\lambda=\frac{H_u}{H}=0.308$，$n=\frac{I_u}{I_l}=0.173$

当 $y=0.7H_u$ 时，则有

$$C_5=\frac{2-3\alpha\lambda+\lambda^3\left[\frac{(2+\alpha)(1-\alpha)^2}{n}-(2-3\alpha)\right]}{2\left[1+\lambda^3\left(\frac{1}{n}-1\right)\right]}$$

$$=\frac{2-3\times0.743\times0.308+0.308^3\times\left[\frac{(2+0.743)(1-0.743)^2}{0.173}-(2-3\times0.743)\right]}{2\left[1+0.308^3\left(\frac{1}{0.173}-1\right)\right]}$$

$$=0.592$$

柱顶不动铰支座反力的计算：

A 柱：$R_A=-C_5T_{max,k}=-0.522\times(-18.58)=9.70\text{kN}(\rightarrow)$

B 柱：$R_B=-C_5T_{max,k}=-0.592\times(-18.58)=11.0\text{kN}(\rightarrow)$

C 柱：$R_C=0$

故假设的排架柱顶不动铰支座的支座反力之和为

$$R=R_A+R_B+R_C=20.70\text{kN}(\rightarrow)$$

各柱顶的实际剪力为

$$V_A=R_A-\eta_AR=9.7-0.26\times20.7=4.32\text{kN}(\rightarrow)$$

$$V_B=R_B-\eta_BR=11.0-0.48\times20.7=1.06\text{kN}(\rightarrow)$$

$$V_C=R_C-\eta_CR=-0.26\times20.7=-5.38\text{kN}(\leftarrow)$$

$$\sum V_i=4.32+1.06-5.38=0$$

A 轴柱弯矩及柱底剪力计算：

上柱顶弯矩：$M=0$

吊车水平荷载作用点处弯矩：$M=4.32\times(3.5-0.9)=11.23\text{kN}\cdot\text{m}$

上柱底弯矩：$M=4.32\times3.5-18.58\times0.9=-1.60\text{kN}\cdot\text{m}$

下柱底弯矩：$M=4.32\times11.35-18.58\times(11.35-2.6)=-113.54\text{kN}\cdot\text{m}$

柱底剪力：$V=4.32-18.58=-14.26\text{kN}$（→）。

B、C 轴柱弯矩及柱底剪力计算从略。

排架的弯矩图、柱底剪力图（向左为正）如图 2－47 所示，柱的轴力为零。

（2）AB 跨有吊车荷载，$T_{\max,k}$ 向右作用在 A、B 柱。由于荷载反对称，因此，其弯矩、底剪力与第（1）种情况相反，数值相等。排架的弯矩图、柱底剪力图（向左为正）如图 2－48 所示，柱的轴力为零。

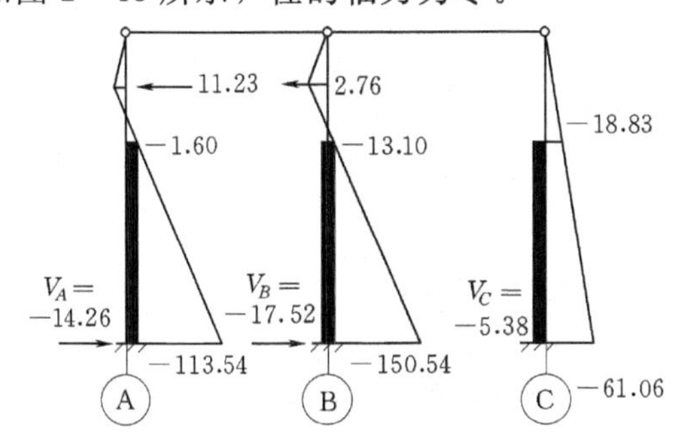

图 2－47　AB 跨有吊车，$T_{\max,k}$ 向左排架的弯矩（kN · m）和柱底剪力（kN）

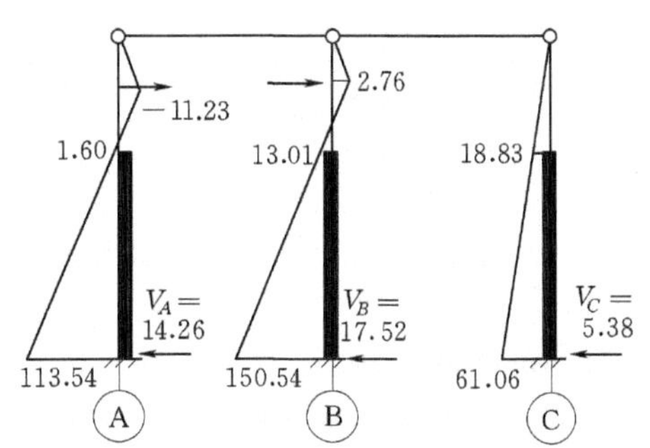

图 2－48　AB 跨有吊车，$T_{\max,k}$ 向右排架的弯矩（kN · m）和柱底剪力（kN）

（3）BC 跨有吊车荷载，$T_{\max,k}$ 向左、右作用在 B、C 柱，其计算简图如图 2－49 所示。同理，可求得排架的内力，如图 2－50、图 2－51 所示。

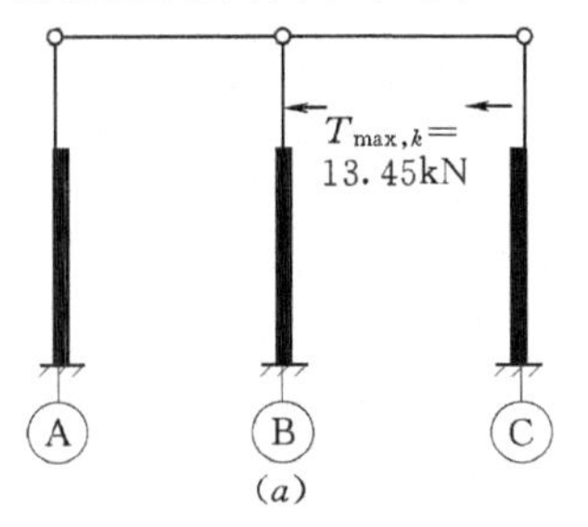

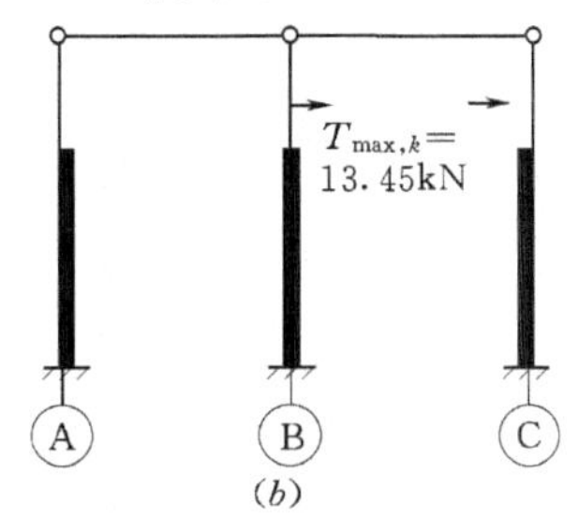

图 2－49　BC 跨有吊车，在 $T_{\max,k}$ 作用下排架计算简图

（a）BC 跨有吊车，$T_{\max,k}$ 向左；（b）BC 跨有吊车，$T_{\max,k}$ 向右

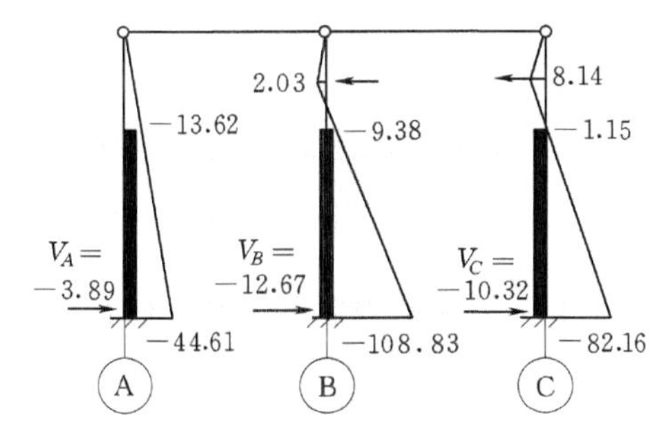

图 2－50　BC 跨有吊车，$T_{\max,k}$ 向左排架的弯矩（kN · m）和柱底剪力（kN）

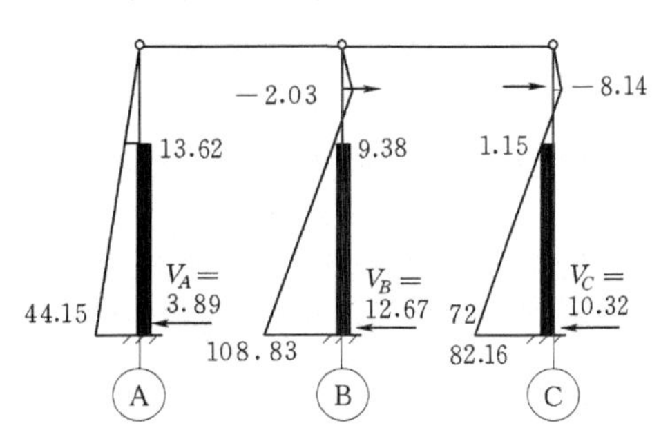

图 2－51　BC 跨有吊车，$T_{\max,k}$ 向右排架的弯矩（kN · m）和柱底剪力（kN）

【例 2-4】 用剪力分配法计算［例 2-1］中的排架在风荷载作用下的内力（标准值）。排架柱截面的几何特征见表 2-9。计算简图如图 2-32 所示。

解： 1. *左风情况*

其计算简图如［例 2-1］的图 2-32（*a*）所示。

在均布风荷载作用下，各柱顶不动铰支座反力计算如下：

A 柱:$\lambda=\dfrac{H_u}{H}=0.308$， $n=\dfrac{I_u}{I_l}=0.082$

$$C_9=\frac{3\times\left[1+\lambda^4\left(\frac{1}{n}-1\right)\right]}{8\times\left[1+\lambda^3\left(\frac{1}{n}-1\right)\right]}=\frac{3\times\left[1+0.308^4\times\left(\frac{1}{0.082}-1\right)\right]}{8\times\left[1+0.308^3\times\left(\frac{1}{0.082}-1\right)\right]}=0.311$$

$$R_A=-C_9qH=-0.311\times2.69\times11.35=-9.50\text{kN}(\leftarrow)$$

C 柱：$C_9=0.311$

$$R_C=-C_9qH=-0.311\times1.35\times11.35=-4.77\text{kN}(\leftarrow)$$

故假设的排架柱顶不动铰支座的支座反力之和为

$$R=R_A+R_B+R_C=-14.27\text{kN}(\rightarrow)$$

故各柱顶的实际剪力为

$$V_A=R_A-\eta_AR+\eta_AF_w=-9.05+0.26\times14.27+0.26\times30.32=2.09\text{kN}(\rightarrow)$$

$$V_B=R_B-\eta_BR+\eta_BF_w=0.48\times14.27+0.48\times30.32=21.40\text{kN}(\rightarrow)$$

$$V_C=R_C-\eta_CR+\eta_CF_w=-4.77+0.26\times14.27+0.26\times30.32=6.82\text{kN}(\rightarrow)$$

$$\sum V_i=2.09+21.04+6.82=30.31\approx F_w=30.22$$

各柱顶的实际剪力求出后，即可按悬臂柱进行内力计算（计算从略）。排架的弯矩图、柱底剪力图（向左为正）如图 2-52 所示，柱轴力为零。

2. *右风情况*

其计算简图如［例 2-1］的图 2-32（*b*）所示。

由于对称性，右风作用时的内力图如图 2-53 所示。

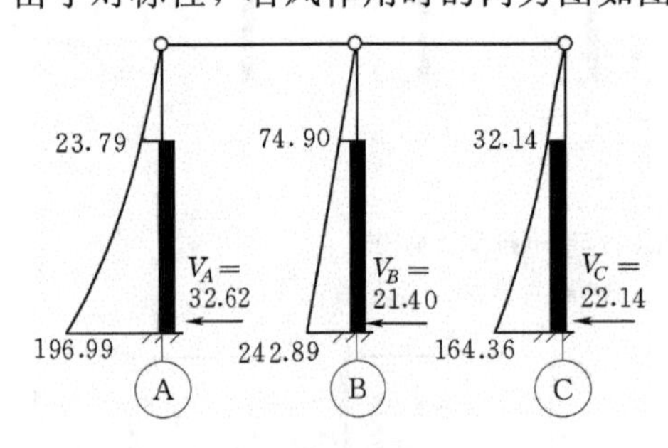

图 2-52 左风情况排架的弯矩（kN·m）和柱底剪力（kN）

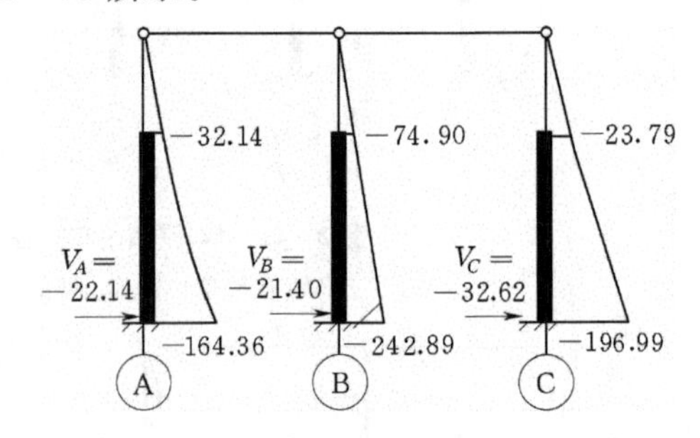

图 2-53 右风情况排架的弯矩（kN·m）和柱底剪力（kN）

四、排架柱的控制截面与内力组合

求得排架在各种荷载作用下的内力后，即可确定排架柱的控制截面和控制截面上的最不利内力组合。

（一）排架柱控制截面的确定

在图 2-54 所示的一般单阶排架柱中，通常上柱各截面配筋是相同的，而在上柱中牛腿顶面（即上柱底截面）Ⅰ-Ⅰ的内力最大，因此截面Ⅰ-Ⅰ为上柱的控制截面。在下柱中，通常各截面配筋也是相同的，而牛腿顶截面Ⅱ-Ⅱ和柱底截面Ⅲ-Ⅲ的内力较大，因此取截面Ⅱ-Ⅱ和Ⅲ-Ⅲ截面为下柱的控制截面。另外，截面Ⅲ—Ⅲ的内力值也是设计柱下基础的依据。截面Ⅰ-Ⅰ与Ⅱ-Ⅱ虽在一处，但内力值却不同，分别代表上柱、下柱截面，在设计截面Ⅱ-Ⅱ时，不计牛腿对其截面承载力的影响。

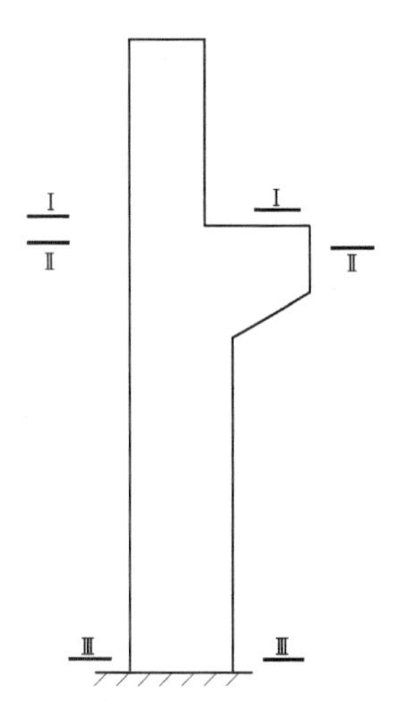

图 2-54　单阶柱的控制截面

（二）荷载效应组合

排架结构所考虑的荷载有恒荷载、屋面活荷载［积灰荷载＋（雪荷载与屋面活荷载中较大值）］、吊车荷载（吊车竖向荷载、吊车水平荷载）、风荷载（左风和右风）。荷载效应组合要考虑三个问题：一是这些荷载哪几种同时作用时才是最不利的？为此就要考虑可能出现的荷载组合情况；二是几种活荷载同时出现的可能性是否存在？对此需进行判断，详见第（四）部分；三是几种活荷载同时作用又同时达到其设计值的可能性毕竟较小，因此要考虑活荷载组合值系数 ψ_c。

设计排架结构时，应根据使用过程中可能同时产生的荷载效应，对承载力和正常使用两种极限状态分别进行荷载效应（内力）组合，并分别取其最不利的情况进行设计。根据《混凝土结构设计规范》（GB 50010—2010）、《建筑地基基础设计规范》（GB 50007—2011）的要求，在结构设计时针对这两种极限状态，采用不同的荷载组合项目。

1. 荷载效应的基本组合

对于排架柱的配筋计算、基础高度和基础配筋计算，应采用荷载效应的基本组合，进行承载力极限状态设计。根据《建筑结构荷载规范》（GB 50009—2012），分别按可变荷载效应控制和永久荷载效应控制的组合，取最不利的情况进行设计。

（1）按可变荷载效应控制的组合：

$$S_d = \sum_{j=1}^{m} \gamma_{Gj} S_{GjK} + \gamma_{Q1} \gamma_{L1} S_{Q1K} + \sum_{i=2}^{n} \gamma_{Qi} \gamma_{Li} \Psi_{ci} S_{QiK} \qquad (2-21)$$

（2）按永久荷载效应控制的组合：

$$S_d = \sum_{j=1}^{m} \gamma_{Gj} S_{GjK} + \sum_{i=1}^{n} \gamma_{Qi} \gamma_{Li} \Psi_{ci} S_{QiK} \qquad (2-22)$$

式中：γ_{Gj} 为第 j 个永久荷载分项系数，当其效应对结构不利时，对由可变荷载效应控制的组合应取 1.2，对由永久荷载效应控制的组合应取 1.35，当其效应对结构有利时的组合应取 1.0；γ_{Qi} 为第 i 个可变荷载的分项系数，一般情况应取 1.4，对标准值大于 4kN/m^2 的工业房屋楼面结构的活荷载应取 1.3；γ_{Li} 为第 i 个可变荷载考虑设计使用年限的调整系数，当结构设计使用年限为 5 年、50 年、100 年分别取 0.9、1.0、1.1；S_{GjK} 为按永久荷载标准值 G_{jK} 计算的荷载效应值；S_{QiK} 为按可变荷载标准值 Q_{iK} 计算的荷载效应值，其中 S_{Q1K} 为诸可变荷载效应中起控制作用者，当对 S_{Q1K} 无法明显判断时，轮次以各可变荷载效应为 S_{Q1K}，选其中最不利的荷载效应组合；Ψ_{ci} 为可变荷载 Q_i 的组合值系数（见表 2-10）；m 为参与组合的永久荷载数；n 为参与组合的可变荷载数。

2. 荷载效应的标准组合

对于排架结构的地基承载力验算，应采用荷载效应的标准组合，即

$$S_d = \sum_{j=1}^{m} S_{GjK} + S_{Q1K} + \sum_{i=2}^{n} \Psi_{ci} S_{QiK} \quad (2-23)$$

各符号意义同前式。

3. 荷载效应的准永久组合

对于排架柱的裂缝宽度验算、地基的变形验算时，应取荷载作用效应的准永久组合，即

$$s = S_{GK} + \sum_{i=1}^{n} \Psi_{qi} S_{QiK} \quad (2-24)$$

式中：Ψ_{qi}为可变荷载Q_i的准永久值系数，见表 2-10；其余符号意义同前。

由表 2-10 可见，排架设计时准永久组合中可变荷载作用效应考虑雪荷载、上人屋面的活荷载、雪荷载及积灰荷载，不考虑风荷载和吊车荷载。

各可变荷载的组合值系数 Ψ_c、准永久值系数 Ψ_q 根据《建筑结构荷载规范》（GB 50009—2012）确定，按表 2-10 采用。

表 2-10　单层厂房活荷载的组合值系数 Ψ_c、准永久值系数 Ψ_q

序号	活荷载种类	组合值系数 Ψ_c	准永久值系数 Ψ_q
1	屋面活荷载	$\Psi_c=0.7$	不上人屋面取 $\Psi_q=0.0$，上人屋面取 $\Psi_q=0.4$
2	屋面雪荷载	$\Psi_c=0.7$	按雪荷载分区Ⅰ、Ⅱ、Ⅲ的不同 Ψ_q 分别取 0.5、0.2、0
3	屋面积灰荷载	一般取 $\Psi_c=0.9$，在高炉附近的单层厂房屋面：$\Psi_c=1.0$	一般取 $\Psi_q=0.8$，在高炉附近的单层厂房屋面：$\Psi_q=1.0$
4	风荷载	$\Psi_c=0.6$	$\Psi_q=0$
5	吊车荷载	软钩吊车：$\Psi_c=0.7$，硬钩吊车及 A8 级工作制吊车：$\Psi_c=0.95$	排架设计时取 $\Psi_q=0.0$。 吊车梁设计时： 软钩吊车：A1～A3 级工作制吊车 $\Psi_q=0.5$，A4、A5 级工作制吊车 $\Psi_q=0.6$，A6、A7 级工作制吊车 $\Psi_q=0.7$。 硬钩吊车及 A8 级工作制吊车：$\Psi_q=0.95$

（三）排架柱控制截面最不利内力的内力组合

排架柱控制截面的内力种类包括轴向力 N、弯矩 M 和水平剪力 V。对于同一个控制截面，这三种内力应该怎样组合，其截面的承载力才是最不利的？这就需要进行内力组合以便作出判断。

排架柱是偏心受压构件，其纵向受力钢筋的计算取决于轴向力 N 和弯矩 M，而 N 和 M 对承载力的影响存在相关性，一般可考虑以下四种内力组合：

（1）$+M_{max}$及相应的 N 和 V。

（2）$-M_{max}$及相应的 N 和 V。

（3）N_{max}及相应的 M 和 V。

（4）N_{min}及相应的 M 和 V。

当柱的截面采用对称配筋及采用对称基础时，第（1）、（2）两种内力组合合并为一

种，即 $|M_{max}|$ 及相应的 N 和 V。

通常，按上述四种内力组合已经能够满足设计要求。但在某些情况下，它们可能都不是最不利的。例如，对大偏心受压的柱截面，偏心距 $e_0=M/N$ 越大（即 M 越大，N 越小）时，配筋往往越多。因此，有时 M 虽然不是最大值，只比最大值略小，而它所对应的 N 却减小很多，这组内力所要求的配筋量反而会更大些。

（四）荷载组合注意事项

（1）每次组合都必须包括恒荷载项。

（2）每次组合以一种内力为目标来决定荷载项的取舍。例如当考虑第（1）种内力组合时，必须以得到 $+M_{max}$ 为目标，然后得到与它对应的 N、V 值。

（3）当取 N_{max} 或 N_{min} 为组合目标时，应使相应的 M 绝对值尽可能地大，因此对于不产生轴向力而产生弯矩的荷载项（风荷载及吊车水平荷载）中的弯矩值也应组合进去。以 N_{min} 为组合目标时，对可变荷载效应控制的组合项目中，永久荷载作用效应的分项系数取 1.0。

（4）风荷载项中有左风和右风两种，每次组合只能取其中的一种。

（5）对于吊车荷载项要注意以下两点：

1）D_{max}（或 D_{min}）与 T_{max} 之间的关系。由于吊车横向水平荷载不可能脱离其竖向荷载而单独存在，因此一方面，当取用 T_{max} 所产生的内力时，就应把同跨内 D_{max}（或 D_{min}）产生的内力组合进去，即“有 T，必有 D”。另一方面，吊车竖向荷载却可以脱离吊车横向水平荷载而单独存在，即“有 D 不一定有 T”。不过考虑到 T_{max} 既可向左又可向右作用的特性。如果取用了 D_{max}（或 D_{min}）产生的内力，总是要同时取用了 T_{max} 才能求得最不利的内力。因此在吊车荷载的内力组合时，要遵守“有 T_{max} 必有 D_{max}（或 D_{min}），有 D_{max}（或 D_{min}）也要有 T_{max}”的规则。

2）取用的吊车荷载项目数。在一般情况下，内力组合表中每一个吊车荷载项都是表示一个跨度内两台吊车的内力（已乘以两台吊车时的吊车荷载折减系数 β，对轻级和中级，$\beta=0.9$，对重级和特重级，$\beta=0.95$）。因此，对于 T_{max} 不论单跨还是多跨排架，都只能取用表中的一项，对于吊车竖向荷载，单跨时在 D_{max} 或 D_{min} 中两者取一，多跨时或者取一项或者取两项（在不同跨内各取一项），当取两项时，吊车荷载折减系数 β 应改为四台吊车的值，故对其内力值应乘以转换系数，轻级和中级时为 0.8/0.9，重级和超重级时为 0.85/0.95。

（6）由于柱底水平剪力对基础底面将产生弯矩，其影响不能忽视，故在组合截面Ⅲ-Ⅲ的内力时，要把相应的水平剪力值求出。

（7）对于 $e_0>0.55h_0$ 的截面，应验算裂缝宽度 $w_{max}\leqslant[w_{max}]$，以及需要验算地基的变形时，要进行荷载效应的准永久组合，且不考虑风荷载及吊车荷载。

（8）对于排架柱的承载力设计、基础高度验算和基础配筋计算，应采用荷载效应的基本组合；地基的承载力验算，对于Ⅲ－Ⅲ截面，还应做荷载作用效应的标准组合。

（五）内力组合表的参考格式

排架柱的内力组合可以列表进行。对于非抗震设计可参考设计实例（见表 2-18），也可按表 2-11，这是一种简化的内力组合表。

表 2-11 两跨排架 A 柱内力组合表

柱号	截面	荷载项目 / 内力（kN 或 kN·m）	荷载	屋面活载	吊车在 AB 跨			吊车在 AB 跨			风荷载		内力组合					
					D_{max} 在 A 柱	D_{min} 在 A 柱	T_{max} 向左或向右	D_{max} 在 B 柱	D_{min} 在 B 柱	T_{max} 向左或向右	左风	右风	$\|M_{max}\|$ 相应的 N		N_{max} 相应的 M		N_{max} 相应的 M	
			1	2	3	4	5	6	7	8	9	10	组合项目	组合值	组合项目	组合值	组合项目	组合值
A 柱	Ⅰ-Ⅰ	M																
		N																
		M_K																
		N_K																
	Ⅱ-Ⅱ	M																
		N																
		M_K																
		N_K																
	Ⅲ-Ⅲ	M																
		N																
		M_K																
		N_K																
		M_q																
		N_q																

五、单层厂房排架结构考虑空间作用的计算

（一）单层厂房排架的空间作用概念

前已介绍，单层厂房排架结构实际上是一个空间结构。为了说明问题，图2－55所示为单跨厂房在柱顶水平荷载作用下，由于结构或荷载情况的不同所产生的四种柱顶水平位移示意图。在图2－55（*a*）中，各排架水平位移相同，互不牵制，因此它实际上与没有纵向构件连系着的排架相同，都属于平面排架；在图2－55（*b*）中。由于两端有山墙，其侧移刚度很大，水平位移很小，对其他排架有不同程度的约束作用，故柱顶水平位移呈曲线，$u_b<u_a$；在图2－55（*c*）中，没有直接承载的排架因受到直接承载排架的牵动也将产生水平位移；在图2－55（*d*）中，由于有山墙，各排架的水平位移都比情况（*c*）的小，$u_d<u_c$。可见，在后三种情况中，各个排架或山墙都不能单独变形，而是互相制约成一整体的。这种排架与排架、排架与山墙之间相互关联的整体作用，称为厂房的整体空间作用。产生单层厂房整体空间作用的条件有两个，一个是各横向排架（山墙可理解为广义的横向排架）之间必须有纵向构件将它们联系起来，另一个是各横向排架彼此的情况不同，或者是结构不同，或者是承受的荷载不同。由此可以理解，无檩屋盖比有檩屋盖、局部荷载比均布荷载，厂房整体空间作用要大些。由于山墙的侧向刚度大，对与它相邻的一些排架水平位移的约束也大，故在厂房整体空间作用中起着相当大的作用。

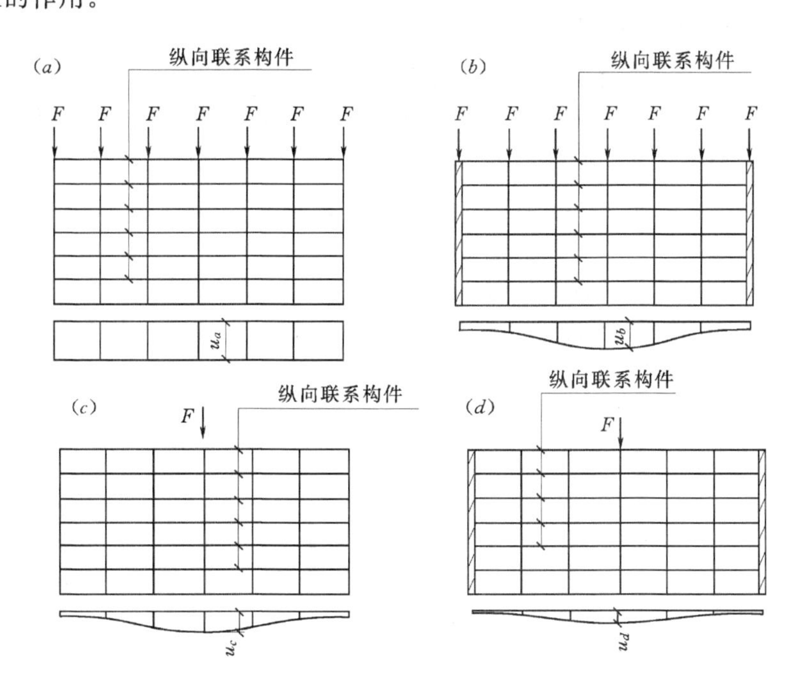

图2－55　柱顶水平位移的比较

（二）吊车荷载作用下考虑厂房空间作用的排架内力计算

显然，在局部（如吊车）荷载作用下单层厂房的空间作用是显著的，而在风荷载作用下单层厂房的空间作用相对要弱，因此在设计中只在局部荷载作用下才考虑厂房的空间作用。考虑厂房空间作用的排架内力计算，其柱顶为弹性支承的铰接排架（见

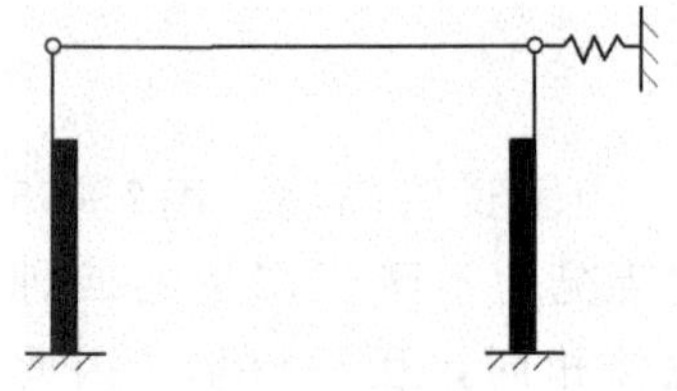

图 2-56 排架考虑空间作用的计算简图

图2-56)。

清华大学根据实测和理论分析，分别对无檩和有檩屋盖体系提出了计算方法。表 2-12 中给出了建议的单跨厂房整体空间作用分配系数 m 用值。为了慎重起见，对于大吨位吊车的厂房（大型屋面板体系在 75t 以上，轻型有檩屋盖体系在 30t 以上），建议暂不考虑厂房空间作用。

表 2-12　　单跨厂房整体空间作用分配系数 m

<table>
<tr><th colspan="2" rowspan="2">厂 房 情 况</th><th rowspan="2">吊车吨位
（t）</th><th colspan="4">厂 房 长 度（m）</th></tr>
<tr><th>≤60</th><th colspan="3">>60</th></tr>
<tr><td rowspan="2">有檩屋盖</td><td>两端无山墙及一端有山墙</td><td>≤30</td><td>0.95</td><td colspan="3">0.85</td></tr>
<tr><td>两端有山墙</td><td>≤30</td><td colspan="4">0.85</td></tr>
<tr><td rowspan="4">无檩屋盖</td><td rowspan="3">两端无山墙及一端有山墙</td><td rowspan="3">≤75</td><td colspan="4">跨 度（m）</td></tr>
<tr><td>12～27</td><td>>27</td><td>12～27</td><td>>27</td></tr>
<tr><td>0.90</td><td>0.85</td><td>0.85</td><td>0.80</td></tr>
<tr><td>两端有山墙</td><td>≤75</td><td colspan="4">0.80</td></tr>
</table>

注 1. 厂房砖墙应为实心砖墙，如有开洞，洞口对山墙水平截面面积的削弱应不超过 50%，否则应视为无山墙情况。
2. 当厂房设有伸缩缝时，厂房长度应按一个伸缩缝区段的长度计，且伸缩缝处应视为无山墙。

属于下列情况之一者，不考虑厂房的空间作用：

情况 1：当厂房一端有山墙或两端均无山墙，且厂房的长度小于 36m 时。

情况 2：天窗跨度大于厂房跨度的 1/2，或天窗布置使厂房屋盖沿纵向不连续时。

情况 3：厂房柱距大于 12m（包括一般柱距小于 12m，但个别柱距不等，且最大柱距超过 12m 的情况）。

情况 4：当屋架下弦为柔性拉杆时。

考虑厂房空间作用的排架内力分析可按图 2-57 的三个步骤。考虑整体空间工作后。上柱弯矩将增大，因而相应的配筋增多，但下柱弯矩减小，总的钢筋用量有所降低。

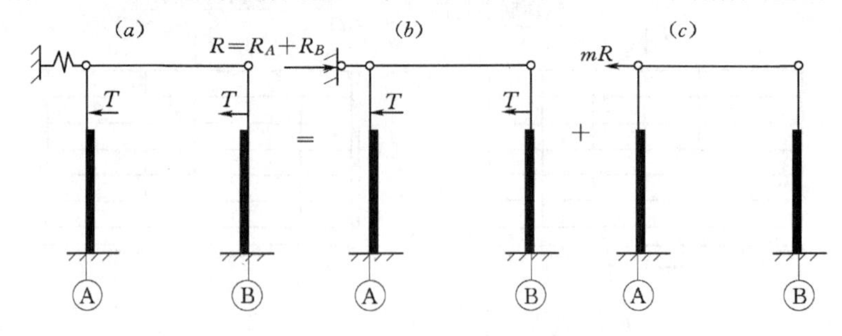

图 2-57 考虑厂房空间作用排架的计算

以上是对单跨厂房讲的，对于多跨厂房，其空间刚度一般比单跨的大，但目前还缺少充分的实测资料和理论分析。根据实践经验，对于两端有山墙的两跨或两跨以上的等高厂房，且为无檩屋盖体系、吊车吨位不小于 30t 时，在实际应用上柱顶可按水平不动铰支座计算。

第四节　单层厂房柱的设计

一、柱的形式

单层厂房柱的形式很多，目前常用的有实腹矩形柱、工字形柱、双肢柱等（见图2－58）。实腹矩形柱的外形简单，施工方便，但混凝土用量多，经济指标较差。工字形柱的材料利用比较合理，目前在单层厂房中应用广泛，但其混凝土用量比双肢柱多，特别是当截面尺寸较大（如截面高度 $h>1600$mm）时更甚，同时自重大，施工吊装也较困难，因此使用范围也受到一定限制。

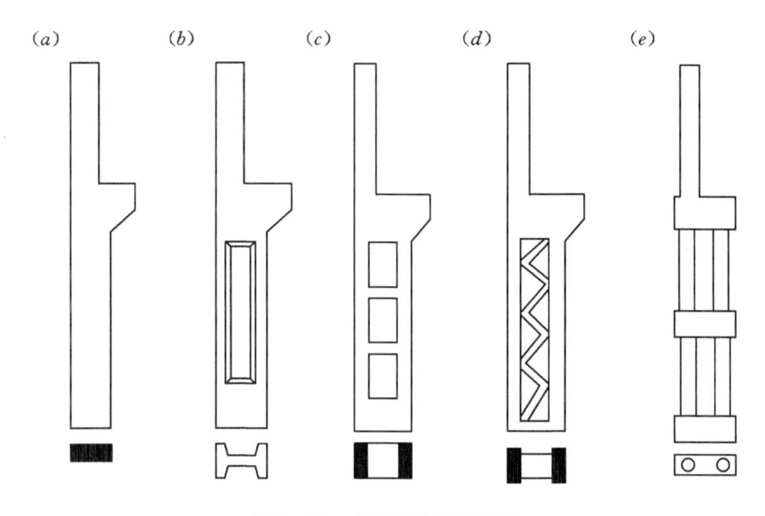

图2－58　单层厂房柱的形式

双肢柱有平腹杆和斜腹杆两种。前者构造较简单，制作也较方便，在一般情况下受力合理，而且腹部整齐的矩形孔洞便于布置工艺管道。当承受较大水平荷载时，宜采用具有桁架受力特点的斜腹杆双肢柱。但其施工制作较复杂，若采用预制腹杆则制作条件将得到改善。双肢柱与工字形柱相比较，混凝土用量少，自重较轻，柱高大时尤为显著，但其整体刚度差些，钢筋构造也较复杂，用钢量稍多。

根据工程经验，目前对预制柱可按截面高度 h 确定截面形式：

当 $h\leqslant 600$mm 时，宜采用矩形柱；

当 $h=600\sim800$mm 时，采用工字形或矩形柱；

当 $h=900\sim1400$mm 时，宜采用工字形柱；

当 $h>1400$mm 时，宜采用双肢柱。

对设有悬臂吊车的柱宜采用矩形柱；对易受撞击及设有壁行吊车的柱宜采用矩形柱或腹板厚度大于或等于120mm、翼缘高度大于或等于150mm的工字形柱，当采用双肢柱时，则在安装壁行吊车的局部区段宜做成实腹柱。

实践表明，矩形、工字形和斜腹杆双肢柱的侧移刚度和受剪承载力都较大，因此，《建筑抗震设计规范》规定，当抗震设防烈度为8度和9度时，厂房宜采用矩形、工字形截面和斜腹杆双肢柱，不宜采用薄壁工字形柱、腹板开孔柱、预制腹板的工字形柱和管柱；柱底至室内地坪以上 500mm 范围内和阶形柱的上柱宜采用矩形截面。

二、柱的设计

柱的设计内容一般包括确定外形构造尺寸和截面尺寸；根据各控制截面最不利的内力组合进行截面承载力设计；施工吊装运输阶段的承载力和裂缝宽度验算；与屋架、吊车梁等构件的连接构造和绘制施工图等。当有吊车时还需进行牛腿设计。

（一）截面尺寸和外形构造尺寸

柱截面尺寸除应保证柱具有一定的承载力外，还必须使柱具有足够的刚度，以免造成厂房横向和纵向变形过大，发生吊车轮和轨道的过早磨损，影响吊车正常运行或导致墙和屋盖产生裂缝，影响厂房的正常使用。根据刚度要求，对于 6m 柱距的厂房柱和露天栈桥柱的最小截面尺寸，可按表 2－13 确定。

表 2－13　6m 柱距单层厂房矩形、工字形截面柱截面尺寸限值

<table>
<tr><th>项　目</th><th>简　图</th><th colspan="2">分　项</th><th>截面高度 h</th><th>截面宽度 b</th></tr>
<tr><td rowspan="2">无吊车厂房</td><td rowspan="2"></td><td colspan="2">单　跨</td><td>$\geqslant H/18$</td><td rowspan="2">$\geqslant H/30$，
并且$\geqslant 300$；
管柱 $r \geqslant H/105$
$D \geqslant 300$mm</td></tr>
<tr><td colspan="2">多　跨</td><td>$\geqslant H/20$</td></tr>
<tr><td rowspan="9">有吊车厂房</td><td rowspan="9"></td><td>$Q \leqslant 10$t</td><td></td><td>$\geqslant H_k/14$</td><td rowspan="9">$\geqslant H_l/20$，
并且$\geqslant 400$；
管柱 $r \geqslant H_l/85$
$D \geqslant 400$mm</td></tr>
<tr><td rowspan="2">$Q=15 \sim 20$t</td><td>$H_k \leqslant 10$m</td><td>$\geqslant H_k/11$</td></tr>
<tr><td>$10\text{m} < H_k \leqslant 12$m</td><td>$\geqslant H_k/12$</td></tr>
<tr><td rowspan="2">$Q=30$t</td><td>$H_k \leqslant 10$m</td><td>$\geqslant H_k/9$</td></tr>
<tr><td>$H_k > 12$m</td><td>$\geqslant H_k/10$</td></tr>
<tr><td rowspan="2">$Q=50$t</td><td>$H_k \leqslant 11$m</td><td>$\geqslant H_k/9$</td></tr>
<tr><td>$H_k > 13$m</td><td>$\geqslant H_k/11$</td></tr>
<tr><td rowspan="2">$Q=75 \sim 100$t</td><td>$H_k \leqslant 12$m</td><td>$\geqslant H_k/9$</td></tr>
<tr><td>$H_k > 14$m</td><td>$\geqslant H_k/8$</td></tr>
<tr><td rowspan="3">露天栈桥</td><td rowspan="3"></td><td>$Q \leqslant 10$t</td><td></td><td>$\geqslant H_k/10$</td><td rowspan="3">$\geqslant H_l/20$，
并且$\geqslant 400$；
管柱 $r \geqslant H_l/85$
$D \geqslant 400$mm</td></tr>
<tr><td>$Q=15 \sim 30$t</td><td>$H_k \leqslant 12$m</td><td>$\geqslant H_k/9$</td></tr>
<tr><td>$Q=50$t</td><td>$H_k \leqslant 12$m</td><td>$\geqslant H_k/8$</td></tr>
</table>

注　1. 表中的 Q 为吊车起重量；H 为基础顶至柱顶的总高度；H_k 为基础顶至吊车梁顶的高度；H_l 为基础顶至吊车梁底的高度；r 为管柱的单管回转半径；D 为管柱的单管外径。

2. 当采用平腹杆双肢柱时，h 应乘以 1.1；采用斜腹杆双肢柱时，h 应乘以 1.05。

3. 表中有吊车厂房的柱截面高度系按重级和特重级荷载状态考虑的，若为中、轻级荷载状态，应乘以系数 0.95。

4. 当厂房柱距为 12m 时，柱的截面尺寸宜乘以系数 1.1。

柱的截面形式和尺寸取决于柱高和吊车起重量，首先初步估计柱的截面尺寸，并根据表 2－13 柱截面尺寸的限值进行验算。

工字形柱的翼缘厚度不宜小于 120mm，腹板厚度不宜小于 100mm。当有高温或侵蚀性介质时，翼缘和腹板尺寸均应适当增大。工字形柱的腹板开孔洞时，宜在孔洞周边每边设置 2～3 根直径不小于 8mm 的补强钢筋，每个方向的补强钢筋的截面面积不宜小于该方向被截断钢筋的截面面积。当孔的横向尺寸小于柱截面高度的一半、孔的竖向尺寸小于相邻两孔之间的净距时，柱的刚度可按实腹工字形柱计算，但在计算承载力时应扣除孔洞的削弱部分。当开孔尺寸超过上述规定时，柱的刚度和承载力应按双肢柱计算。

工字形柱的外形尺寸与构造如图 2－59 所示。

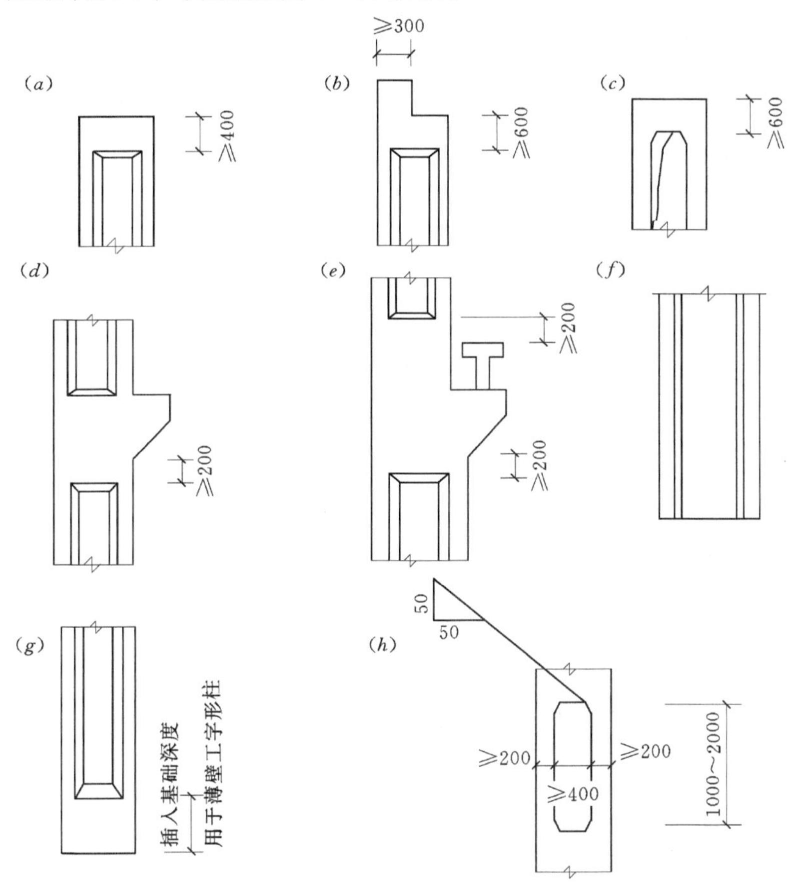

图 2－59　工字形柱外形尺寸与构造

(二) 柱的计算长度

在排架柱配筋计算之前，需要确定柱的计算长度。采用刚性屋盖的单层工业厂房柱和露天吊车栈桥柱的计算长度 l_0 可按表 2－14 采用。

(三) 排架柱配筋计算

1. 排架柱偏心受压承载力

一般情况下排架方向按偏心受压构件计算，计算出的纵向钢筋对称配置于弯矩作用方向的两边。

表 2-14 采用刚性屋盖的单层工业厂房柱和露天吊车栈桥柱的计算长度 l_0

柱的类型		排架方向	垂直排架方向	
			有柱间支撑	无柱间支撑
无吊车厂房柱	单跨	$1.5H$	$1.0H$	$1.2H$
	两跨及多跨	$1.25H$	$1.0H$	$1.2H$
有吊车厂房柱	上柱	$2.0H_u$	$1.25H_u$	$1.5H_u$
	下柱	$1.0H_l$	$0.8H_l$	$1.0H_l$
露天吊车柱和栈桥柱		$2.0H_l$	$1.0H_l$	—

注 1. 表中 H 为从基础顶面算起的柱子全高；H_l 为从基础顶面至装配式吊车梁底面或现浇式吊车梁顶面的柱子下部高度；H_u 为从装配式吊车梁底面或现浇式吊车梁顶面算起的柱子上部高度。
2. 表中有吊车厂房排架柱的计算长度，当计算中不考虑吊车荷载时，可按无吊车厂房采用，但上柱的计算长度仍按有吊车厂房采用。
3. 表中有吊车排架柱的上柱在排架方向的计算长度，仅适用于 $H_u/H_l \geqslant 0.3$ 的情况；当 $H_u/H_l < 0.3$ 时，宜采用 $2.5H_u$。

偏心受压构件的计算方法详见《混凝土结构设计原理》教材。但是，考虑二阶效应的弯矩设计值按下述规定计算：

$$M = \eta_s M_0; \tag{2-25}$$

$$\eta_s = 1 + \frac{1}{1500\dfrac{e_i}{h_0}}\left(\frac{l_0}{h}\right)^2 \zeta_c; \tag{2-26}$$

$$\zeta_c = \frac{0.5f_cA}{N}; \tag{2-27}$$

$$e_i = e_0 + e_a \tag{2-28}$$

其中

$$e_0 = \frac{M_0}{N}$$

式中：M_0 为一阶弹性分析柱端弯矩设计值；e_i 为初始偏心距；ζ_c 为截面曲率修正系数，当 $\zeta_c > 1.0$ 时，取 $\zeta_c = 1.0$；e_0 为轴向压力对截面重心偏心距；e_a 为附加偏心距，取 20mm 和偏心方向截面最大尺寸的 1/30 两者中的较大值；l_0 为排架柱计算长度（见表 2-14）；h、h_0 分别为考虑弯矩方向柱的截面高度和截面有效高度；A 为柱截面面积，对工字形截面取 $A = bh + 2(b_f - b)h'_f$。

2. 排架柱轴心受压承载力

垂直于排架方向按轴心受压构件验算承载力，验算时所考虑的受压钢筋应是周边对称布置。轴心受压构件的稳定系数 φ，可根据垂直于排架方向的长细比 l_0/i（下柱工字形截面）或 l_0/b（上柱矩形截面），查《混凝土结构设计规范》（GB 50010—2010）中表 6.2.15 或参照《混凝土结构设计原理》教材。

3. 柱裂缝宽度

在荷载效应准永久组合下，$e_0 > 0.55h_0$ 时，应验算柱裂缝宽度，即 $\omega_{max} \leqslant \omega_{lim}$。

(四) 配筋及其他构造要求

全部纵向钢筋截面面积：对于 C60 及以下强度等级混凝土、钢筋强度等级 300MPa、

335MPa，全部纵向钢筋截面面积不小于截面面积的 0.6%，其他情况详见《混凝土结构设计原理》教材或《混凝土结构设计规范》（GB 50010—2010）的规定。全部纵向钢筋的配筋率不宜大于 5%。

一侧纵向钢筋的配筋率不小于 0.002。

矩形和工字形柱的混凝土强度等级常用 C20～C30，当轴向力大时宜用较高等级。纵向受力钢筋一般采用 HRB400 和 HRB335 级钢筋，构造钢筋可用 HPB300 或 HRB335 级钢筋，直径 $d \geqslant 6$mm 的箍筋用 HPB300 级钢筋。排架柱纵向受力钢筋直径不宜小于 12mm，排架柱纵向构造钢筋直径不宜小于 10mm。当柱的截面高度 $h>600$mm 时，在侧面应设置直径为 12～16mm 的纵向构造钢筋，并相应地设置复合箍筋或拉结筋。柱内纵向钢筋的净距不应小于 50mm，且不宜大于 300mm；对水平浇筑的预制柱，其最小净距不应小于 25mm 和纵向钢筋的直径。垂直于弯矩作用平面的纵向钢筋的中距不大于 300mm。工字形柱截面的箍筋构造形式如图 2-60 所示，不得采用具有内折角的箍筋。关于受压构件箍筋的详细构造详见《混凝土结构设计原理》教材。

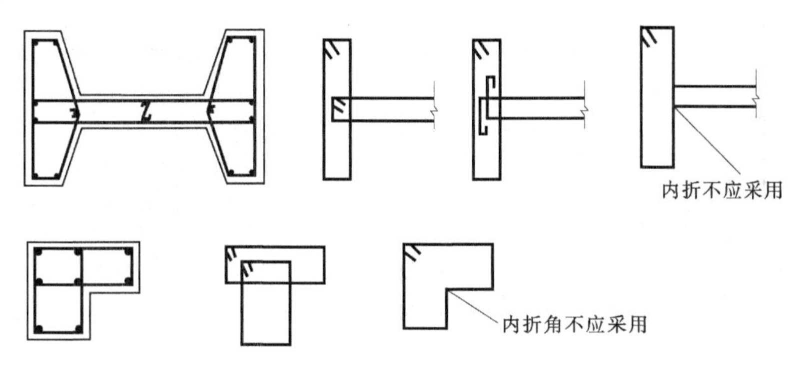

图 2-60　工字形截面箍筋构造

纵向受力钢筋混凝土保护层厚度的选取，应根据构件工作的环境类别确定，详见《混凝土结构设计原理》教材或《混凝土结构设计规范》（GB 50010—2010）。

钢筋混凝土工字形柱的施工图如图 2-61 所示。

(五) 柱的吊装验算

单层厂房排架柱一般采用预制钢筋混凝土柱，预制柱应根据运输、吊装时混凝土的实际强度进行吊装验算。一般考虑翻身起吊［见图 2-62（*a*）］或平吊［见图 2-62（*b*）］，其最不利位置及相应的计算简图，如图 2-62（*c*）所示。图中 g_1 为上柱自重，g_2 为牛腿部分柱自重，g_3 为下柱工字形截面自重。按图 2-62（*c*）中的 1-1、2-2 和 3-3 截面分别进行承载力和裂缝宽度验算。验算时应注意以下问题：

（1）柱身自重应乘以动力系数 1.5（根据吊装时的受力情况可适当增减）。

（2）因吊装验算系临时性的，故构件安全等级可较其使用阶段的安全等级降低一级。

（3）柱的混凝土强度一般按设计强度的 70%考虑。当吊装验算要求高于设计强度的 70%方可吊装时，应在施工图上注明。

（4）一般宜采用单点绑扎起吊，吊点设在变阶处。当需用多点起吊时，吊装方法应与施工单位共同商定并进行相应的验算。

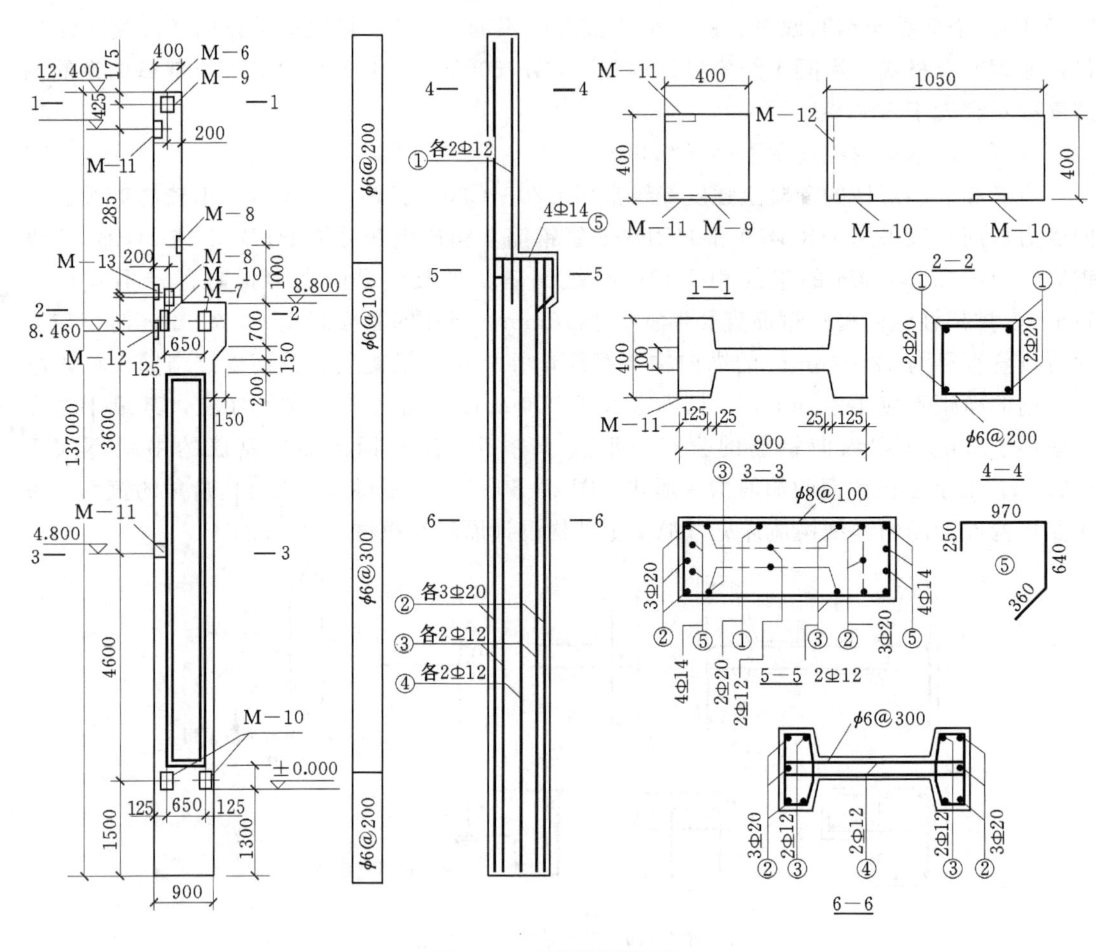

图 2-61 工字形柱施工图

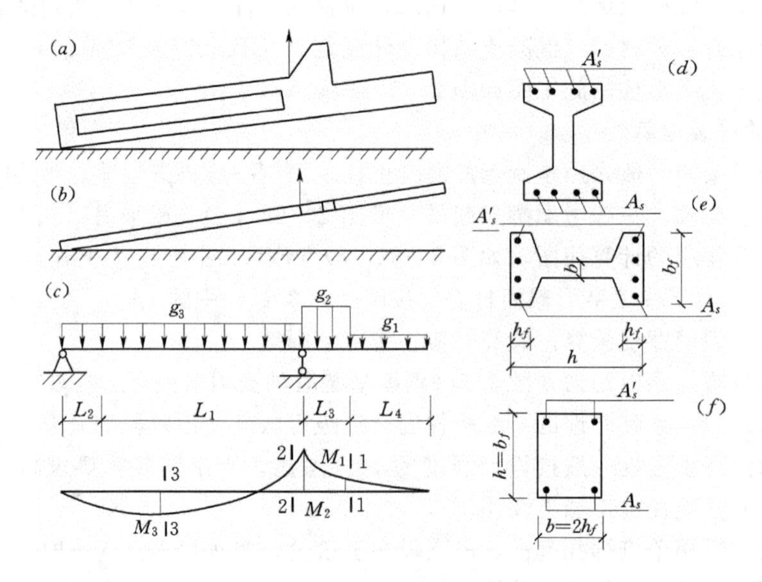

图 2-62 柱吊装验算简图

(5) 当柱变阶处截面吊装验算配筋不足时，可在该局部区段加配短钢筋。

(6) 当采用翻身起吊时，下柱截面按工字形截面验算［见图 2-62 (d)］。当采用平吊时，下柱截面按矩形截面验算［见图 2-62 (f)］，此时矩形截面的宽度为 $2h_f$，受力钢筋只考虑上下边缘处的钢筋［图 2-62 (e) ～ (f)］。

三、牛腿设计

在单层厂房中，常采用柱侧伸出的牛腿来支承屋架（屋面梁）、托架和吊车梁等构件。尽管牛腿比较小，但由于这些构件大多是负荷较大或是有动力作用，所以牛腿是一个比较重要的结构构件。在设计时必须重视牛腿的设计。

根据牛腿竖向力 F_v 的作用点至下柱边缘的水平距离 a 的大小，一般把牛腿分成两类：当 $a \leqslant h_0$ 时，为短牛腿（见图 2-63）；当 $a > h_0$ 时，为长牛腿（见图 2-64）。其中，h_0 为牛腿与下柱交接处牛腿垂直截面的有效高度。

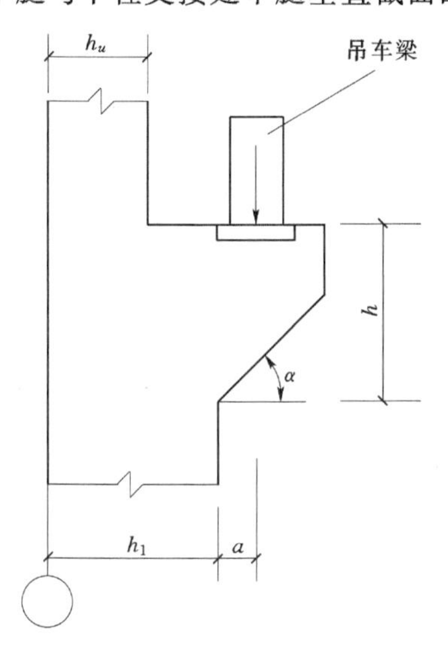

图 2-63　短牛腿（$a \leqslant h_0$）

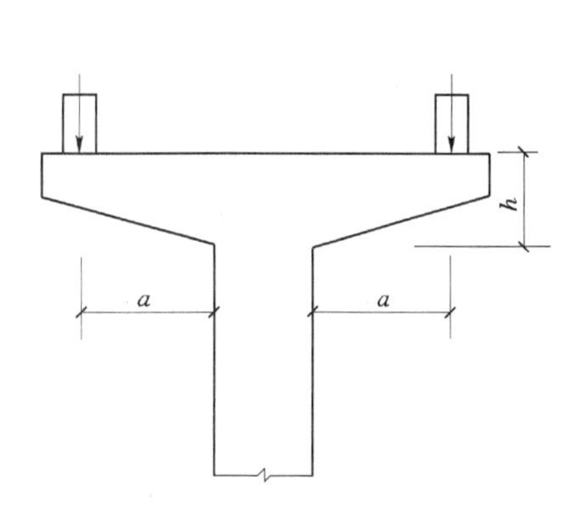

图 2-64　长牛腿（$a > h_0$）

长牛腿的受力特点与悬臂梁相似，可按悬臂梁设计。支承吊车梁等构件的牛腿均为短牛腿（以下简称牛腿），它实质上是一变截面深梁其受力性能与普通悬臂梁不同。

本节将在介绍牛腿试验研究结果的基础上阐述牛腿的设计方法。

(一) 试验研究

1. 弹性阶段的应力分布

图 2-65 所示为对 $a/h_0 = 0.5$ 的环氧树脂牛腿模型进行光弹性试验得到的主应力迹线。由图可见，在牛腿上部主拉应力迹线基本上与牛腿上边缘平行，且牛腿上表面的拉应力沿长度方向比较均匀。牛腿下部主压应力迹线大致与从加载点到牛腿下部转角的连线 ab 平行。牛

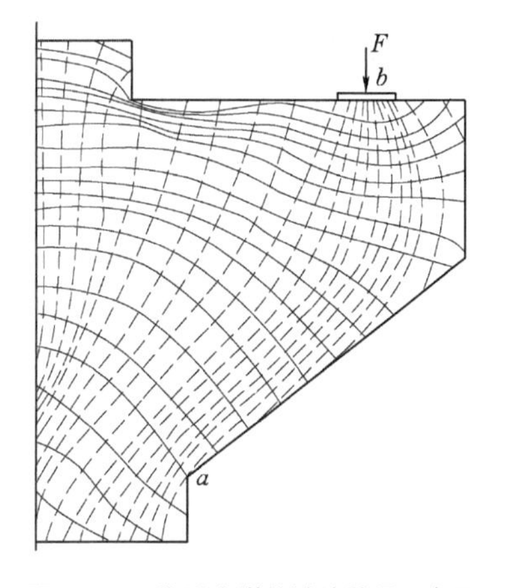

图 2-65　牛腿光弹性试验结果示意图

——主拉应力迹线；

－－－主压应力迹线

腿中下部主拉应力迹线是倾斜的，这大致能说明为什么下面所描述的从加载板内侧开始的裂缝有向下倾斜的现象。

2. 裂缝的出现与展开

对钢筋混凝土牛腿在竖向力作用下的试验表明，一般在极限荷载的 20%～40%时出现竖向裂缝，但其展开很小，对牛腿的受力性能影响不大。随着荷载继续增加，约在极限荷载的 40%～60%时，在加载板内侧附近出现第一条斜裂缝（见图 2-66 所示①）。此后，随着荷载的增加，除这条斜裂缝不断发展外，几乎不再出现第二条斜裂缝。直到接近破坏时（约为极限荷载的 80%），突然出现第二条斜裂缝（见图 2-66 所示②），这预示着牛腿即将破坏。在牛腿使用过程中，所谓允许不允许出现斜裂缝均对裂缝①而言。它是控制牛腿截面尺寸的主要依据。

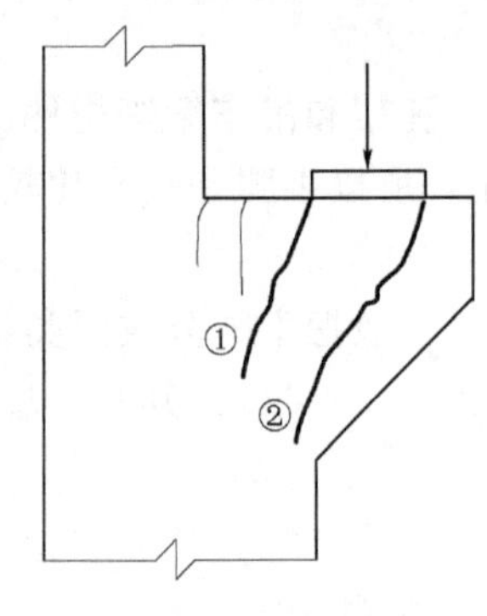

图 2-66 牛腿裂缝示意图

试验表明，a/h_0 值是影响斜裂缝出现迟早的主要参数。随着 a/h_0 值的增加，出现斜裂缝的荷载不断减小。这是因为 a/h_0 值增加，水平方向的应力也增加，而竖直方向的应力减小，因此主拉应力增大，斜裂缝提早出现。

3. 牛腿破坏形态

牛腿的破坏形态（见图 2-67）主要取决于 a/h_0 值，有以下三种主要破坏形态：

（1）弯曲破坏。当 $a/h_0>0.75$ 和纵向受力钢筋配筋率较低时，一般发生弯曲破坏。其特征是当出现裂缝①后。随荷载增加，该裂缝不断向受压区延伸，水平纵向钢筋应力也随之增大并逐渐达到屈服强度，这时裂缝①外侧部分绕牛腿下部与柱的交接点转动，致使受压区混凝土压碎而引起破坏，如图 2-67（*a*）所示。

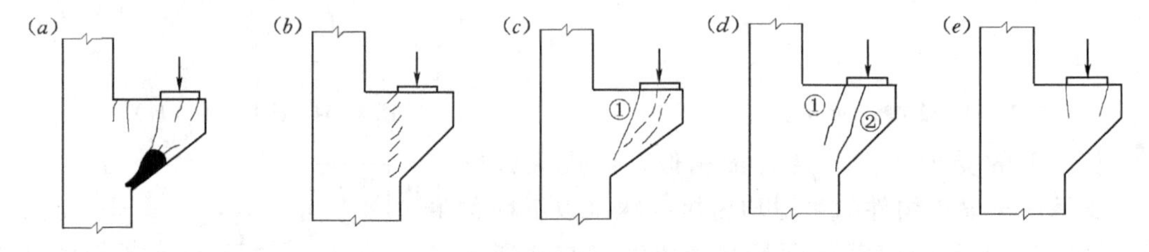

图 2-67 牛腿的破坏形态

（*a*）弯曲破坏；（*b*）纯剪破坏；（*c*）斜压破坏；（*d*）斜拉破坏；（*e*）局压破坏

（2）剪切破坏。剪切破坏又分纯剪破坏、斜压破坏和斜拉破坏三种，其中纯剪破坏是当 a/h_0 值很小（<0.1）或 a/h_0 值虽较大但边缘高度 h_1 较小时，可能发生沿加载板内侧接近竖直截面的剪切破坏。其特征是在牛腿与下柱交接面上出现一系列短斜裂缝，最后牛腿沿此裂缝从柱上切下而遭破坏，如图 2-67（*b*）所示。这时牛腿内纵向钢筋应力较低。

（3）局部受压破坏。当加载板过小或混凝土强度过低，由于很大的局部压应力而导致加载板下混凝土局部压碎破坏，如图 2-67（*d*）所示。

4. 牛腿在竖向力和水平拉力同时作用下的受力情况

对同时作用有竖向力 F_v 和水平拉力 F_h 的牛腿的试验结果表明，由于水平拉力的作用，牛腿截面出现斜裂缝的荷载比仅有竖向力作用的牛腿有不同程度的降低。当 $F_v/F_h=0.2\sim0.5$ 时，开裂荷载下降 36%～47%，可见影响较大，同时牛腿的承载力亦降低。试验还表明，有水平拉力作用的牛腿与没有水平拉力作用的牛腿，两者的破坏规律相似。

(二) 牛腿的承载力计算与构造

1. 确定牛腿的几何尺寸

柱牛腿的几何尺寸（包括牛腿的宽度、顶面的长度、外缘高度和底面倾斜角度等），可参照图 2-68 的构造要求确定。

(1) 根据吊车梁宽度 b 和吊车梁外缘到牛腿外边缘的距离（100mm 左右）确定牛腿顶面的长度，牛腿的宽度与柱宽相等。

(2) 根据牛腿外缘高度 $h_1\geqslant h/3$ 且 $h_1\geqslant 200\text{mm}$ 的构造要求，并取 $\alpha=45°$，即可确定牛腿的总高 h。

(3) 按下式验算牛腿截面总高 h 是否满足抗裂要求：

$$F_{vk}\leqslant\beta\left(1-0.5\frac{F_{hk}}{F_{vk}}\right)\frac{f_{tk}bh_0}{0.5+\dfrac{a}{h_0}}\quad(2-29)$$

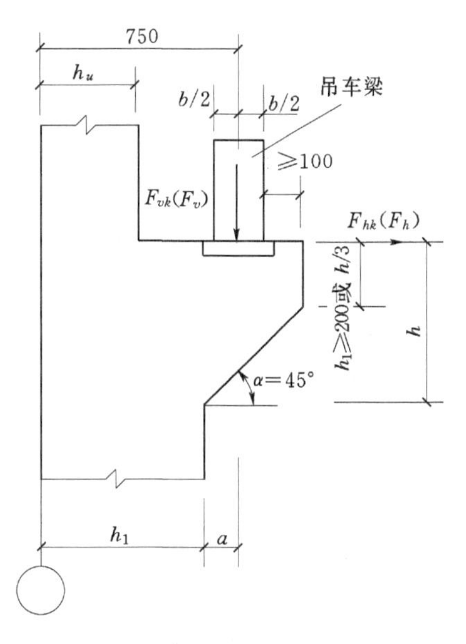

图 2-68　牛腿几何尺寸

式中：F_{vk} 为作用于牛腿顶部按荷载效应标准组合计算的竖向力值，对于吊车梁下的牛腿，$F_{vk}=D_{\max,k}+G_{3k}$；F_{hk} 为作用于牛腿顶部按荷载效应标准组合计算的水平拉力值；对于吊车梁下的牛腿，当吊车梁顶有预埋钢板和上柱相连时，$F_{hk}=0$；G_{3k} 为由吊车梁和轨道自重在牛腿顶面产生的压力标准值，β 为裂缝控制系数，对于支承吊车梁牛腿，取为 0.65，对于其他牛腿，取为 0.8；b 为牛腿宽度，取柱宽；h_0 为牛腿与下柱交接处垂直截面的有效高度，$h_0=h_1-a_s+c\tan\alpha$，当 $\alpha>45°$，取 $\alpha=45°$，c 为下柱边缘到牛腿外边缘的水平长度；a 为竖向力作用点至下柱边缘的水平距离，此时应考虑安装偏差 20mm，当考虑 20mm 安装偏差后的竖向力作用点仍在下柱截面以内时取 $a=0$。

2. 按计算和构造配置纵向受力钢筋

(1) 计算简图。试验结果表明，在荷载作用下，牛腿顶面的纵向钢筋受拉。在斜裂缝出现后，钢筋应力急剧增加，破坏时钢筋的应力沿牛腿顶面全长均匀分布，钢筋如同桁架中的水平拉杆，在配筋率不大时可达到屈服。在斜裂缝外侧的一个不很宽的范围内混凝土受压，且斜压应力比较均匀，如同桁架中的斜压杆。破坏时混凝土的压应力可达到其抗压强度，如图 2-69 (*a*) 所示。

根据上述分析牛腿的受力特点，计算时可将牛腿简化为一个三角形桁架：钢筋为水平拉杆，混凝土为斜压杆。当竖向力和水平拉力共同作用时，其计算简图如图 2-69 (*b*) 所示。

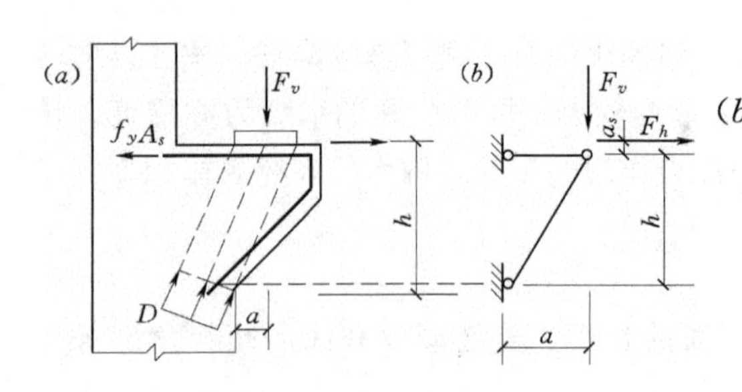

图 2-69 牛腿计算简图

(2) 纵向受拉钢筋的计算。根据图 2-69 (b)，取力矩平衡条件，可得

$$f_yA_sZ = F_va + F_h(Z + a_s)$$

若近似取 $Z=0.85h_0$，可得

$$A_s = \frac{F_va}{0.85f_yh_0} + \left(1 + \frac{a_s}{0.85h_0}\right)\frac{F_h}{f_y} \tag{2-30}$$

式 (2-30) 中若近似取 $a_s/0.85h_0 = 0.2$，则承受竖向力和承受水平拉力的纵向受拉钢筋的总截面面积按下式计算：

$$A_s = \frac{F_va}{0.85f_yh_0} + 1.2\frac{F_h}{f_y} \tag{2-31}$$

式中：F_v 为作用在牛腿顶部的竖向力设计值；F_h 为作用在牛腿顶部的水平拉力设计值；a 为竖向力 F_v 作用点至下柱边缘的水平距离，当 $a<0.3h_0$ 时，取 $a=0.3h_0$。

(3) 纵向受拉钢筋的构造。沿牛腿顶部配置的纵向受力钢筋，宜采用 HRB400 级或 HRB500 级热轧钢筋。全部纵向钢筋及弯起钢筋宜沿牛腿外边缘向下伸入下柱内 150mm 后截断（见图 2-70）。纵向受力钢筋及弯起钢筋深入上柱内的锚固长度：当采用直线锚固时不应小于 l_a；当上柱尺寸不足时，可向下弯折，其包含弯弧段在内的水平段不少于 $0.4l_a$，竖直段不少于 $15d$，总长度不少于 l_a。

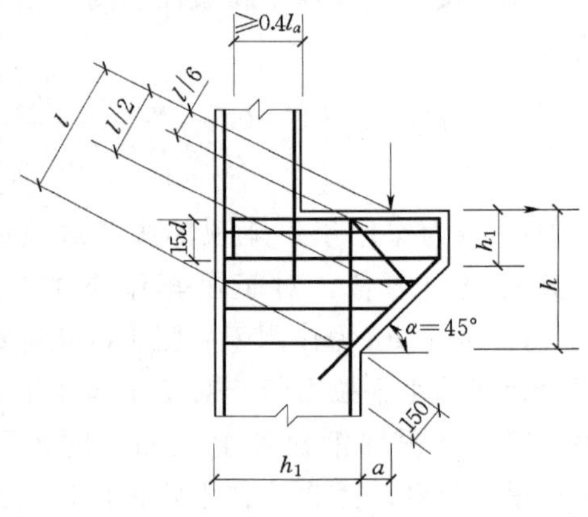

图 2-70 牛腿的配筋构造

按式 (2-31) 计算的承受竖向力牛腿纵向受拉钢筋，其配筋率按牛腿有效截面计算不应小于 0.2%且不小于 $0.45f_t/f_y$，也不宜大于 0.6%，根数不宜少于 4 根，直径不宜小于 12mm。承受水平拉力的水平锚筋应焊在预埋件上，且不少于 2 根。

当牛腿设于上柱柱顶时，宜将牛腿对边的柱外侧纵向受力钢筋沿柱顶水平弯入牛腿，作为牛腿纵向受拉钢筋使用。当牛腿顶面纵向受拉钢筋与牛腿对边的柱外侧纵向钢筋分开配置时，牛腿顶面纵向受拉钢筋应弯入柱外侧，并符合钢筋搭接的规定。

(三) 按构造要求配置水平箍筋和弯起钢筋

按构造要求，牛腿的水平箍筋直径取 6～12mm，间距为 100～150mm，且在上部 $2h_0/3$ 范围内的水平箍筋的总截面面积不宜小于承受竖向力的纵向受拉钢筋截面面积的 1/2。当牛腿的剪跨比 $a/h_0 \geqslant 0.3$ 时，宜设置弯起钢筋，可以提高牛腿的承载力。弯起钢筋宜采用 HRB400 级或 HRB500 级热轧钢筋。配置在牛腿上部 $l/6 \sim l/2$ 之间的范围内 (见图2-70)。其截面面积不宜小于承受竖向力的纵向受拉钢筋截面面积的 1/2，根数不宜少于 2 根，直径不宜小于 12mm。纵向受拉钢筋不得兼作弯起钢筋。

(四) 验算垫板下局部受压承载力验算

垫板下局部受压承载力应满足式 (2-32) 的要求，即

$$\sigma = \frac{F_{vk}}{A} \leqslant 0.75 f_c \qquad (2-32)$$

其中 $$A = ab$$

式中：A 为局部承压面积；a、b 分别为局部承压的长和宽；f_c 为混凝土抗压强度设计值。

当局部承压不满足要求时，应采取必要措施，如加大局部承压面积、提高混凝土强度等级等。

(五) 吊车梁上翼缘与上柱内侧的连接设计

吊车梁上翼缘需要与上柱内侧的连接，以传递吊车的水平荷载。因此，需要在上柱内侧设置如图 2-71 所示的预埋件。预埋件的锚筋与端部的钢板焊接，锚筋的根数和直径应按《混凝土结构设计规范》(GB 50010—2010) 的要求设计，即满足式 (2-33) 的要求。

$$0.8\alpha_b f_y A_s \geqslant T_{\max} \qquad (2-33)$$

其中 $$\alpha_b = 0.6 + 0.25t/d$$

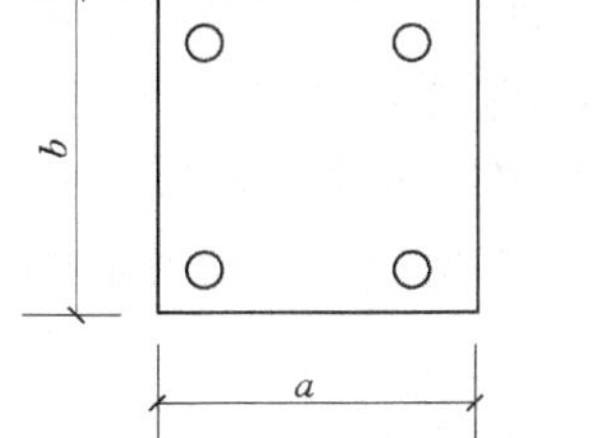

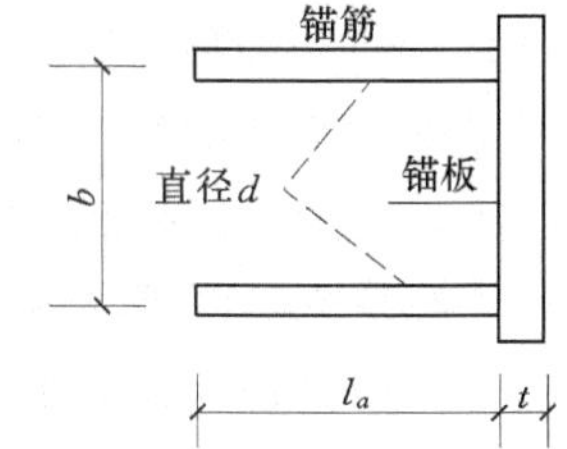

图 2-71　吊车梁上翼缘与上柱内侧的连接预埋件

式中：α_b 为锚板弯曲变形折减系数，当采取措施防止锚板弯曲变形的措施时 $\alpha_b = 1.0$；$T_{\max}$为吊车水平荷载设计值；f_y 为锚筋的抗拉强度设计值；A_s 为锚筋的面积。

锚板宜采用 Q235、Q345 级钢，锚板厚度应根据受力情况计算确定，且不小于锚筋直径 60%，受拉和受弯预埋件的锚板厚度尚宜大于 $b/8$，b 为锚筋间距。

受力预埋件的应采用 HRB400 或 HPB300 级钢筋，不应采用冷加工钢筋。锚筋预埋的长度应满足受拉钢筋锚固长度 $l_a = \alpha \frac{f_y}{f_t} d$ 要求。当锚筋采用 HPB300 级钢筋时，其端部应做弯钩。当无法满足锚固长度要求时，应采取其他有效的锚固措施。预埋件受力直锚筋直径不宜小于 8mm，且不宜大于 25mm。直锚筋数量不宜少于 4 根，且不宜多于 4 排。锚筋的间距和锚筋至构件边缘距离，均不应小于 $3d$ 和 45mm。

锚筋与锚板应采用 T 形焊接。焊缝高度应根据计算确定。当锚筋直径不大于 20mm 时宜采用压力埋弧焊；当锚筋直径大于 20mm 时宜采用穿孔塞焊。当采用手工焊时，焊缝高度不宜小于 6mm，且对 300MPa 级钢筋不宜小于 $0.5d$，对其他钢筋不宜小于 $0.6d$，d 为锚筋直径。

预埋件锚筋中心至锚板边缘距离不应小于 $2d$ 和 20mm。预埋件的位置应使锚筋位于构件的外层主筋内侧。

第五节　柱下独立基础设计

一、基础作用及设计要求

(一) 基础作用与基础形式

柱下基础是单层厂房中的重要受力构件，上部结构传来的荷载都是通过基础传至地基的。因此，地基基础的设计是单层厂房结构设计的重要内容。

按受力性能划分，柱下独立基础分为轴心受压和偏心受压两种。在以恒荷载为主要荷载的多层框架房屋，其中间柱下的独立基础通常可按轴心受压考虑。在单层厂房中，其柱下独立基础则是偏心受压的。按施工方法划分，柱下独立基础可分为预制柱基础和现浇基础两种。

单层厂房柱下独立基础的常用形式是扩展基础，这种基础有阶梯形和锥形两类［见图2－72（*a*）］。因与预制柱连接的部分做成杯口，故又称为杯形基础。当由于地质条件限制、附近有较深的设备基础或有地坑必须把基础埋得较深时，为了不使预制柱过长，可做成带短柱的扩展基础。它由杯口、短柱和底板组成，因为杯口位置较高，故又称高杯口基础［见图2－72（*b*）］。当短柱很高时，为节约材料也可做成空腹的，即用四根预制柱代替，而在其上浇筑杯底和杯口［见图2－72（*c*）］。

为减少现场浇筑混凝土工程量，节约模板加快施工进度，亦可采用半装配式的板肋式基础，即将杯口和肋板预制，在现场与底板浇筑成整体［见图2－72（*d*）］。

在实际工程中，有时采用如图2－72（*e*）、（*f*）所示的壳体基础。它适用于偏心矩较小的柱下基础，也常用于烟囱、水塔和料仓等构筑物的基础。

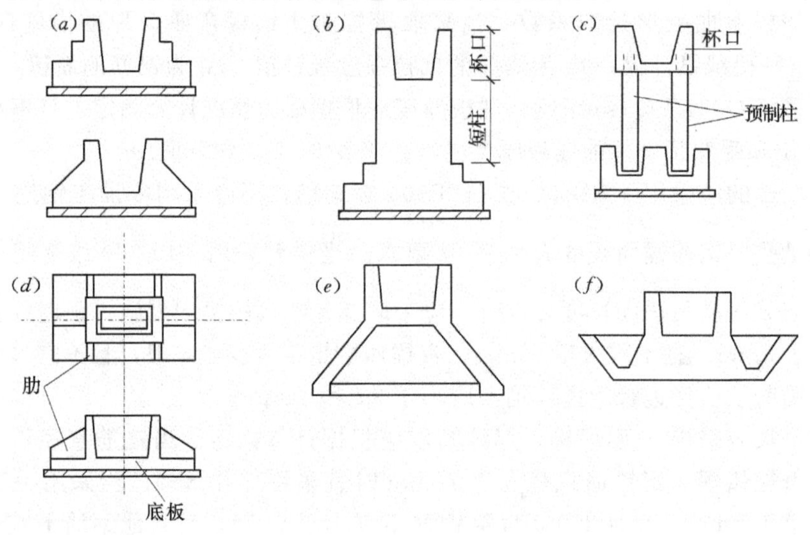

图2－72 基础的形式

当上部结构荷载大、地基条件差、对不均匀沉降要求严格的厂房，一般采用桩基础。下面仅对预制柱带杯口的柱下独立基础设计作介绍，现浇柱的柱下独立基础设计计算方法与此相同，只是在构造上有所差别。下面针对柱下扩展基础来介绍地基与基础设计的要求。

（二）地基基础设计要求

地基与基础设计内容包括：基础形式的选择、基础埋深的确定、基础底面外形尺寸的确定（必要时进行地基的变形验算）、基础高度的确定、基础底板配筋计算和考虑基础的构造要求。

1. 基础埋深的确定

基础埋置深度是指基础底面至天然地面的距离。选择基础埋置深度也即选择合适的地基持力层。基础埋置深度的大小对于建筑物的安全和正常使用、基础施工技术措施、施工工期和工程造价等影响很大。因此，合理确定基础埋置深度是基础设计工作中的重要环节。设计时必须综合考虑建筑物自身条件（如使用条件、结构形式、荷载的大小和性质等）以及所处的地质条件、气候条件、邻近建筑的影响等。从实际出发，抓住决定性因素，经综合分析后加以确定。

2. 基础底面外形尺寸的确定

基底的外形尺寸应满足地基承载力的要求。在内力组合时，已获得排架柱传来的作用于基顶（Ⅲ－Ⅲ）截面荷载效应的标准组合值，简称内力标准值。对于设有基础梁的情况，尚应考虑由基础梁传来的轴向力和相应的偏心矩。

3. 基础高度的确定

基础高度应使基础满足抗冲切和抗剪承载力的要求。确定了基础底面尺寸后，先按构造要求估计基础高度，再按抗冲切和抗剪承载力的要求验算基础高度尺寸。验算的位置取柱与基础交接处和基础的变阶处。根据《建筑地基基础设计规范》（GB 50007—2011）的要求，基础高度的验算用柱底按荷载的基本组合所求出的内力设计值进行设计。

4. 基础底板的配筋计算

基础底板配筋计算的目的是使基础满足受弯承载力的要求。基础底板在地基净反力作用下，沿两个方向产生向上的弯曲，因此，需要基础底板在两个方向都需配置受力钢筋。

根据《建筑地基基础设计规范》（GB 50007—2011）的要求，基础底板的配筋计算用柱底按荷载的基本组合所求出的内力设计值进行设计。

5. 考虑基础的构造要求

下面就轴心受压和偏心受压这两种基础的受力特点，分别介绍基础底面面积、基础高度和基础底板配筋的设计计算方法，并介绍基础的构造要求。

二、轴心受压柱下独立基础的计算

（一）基础底面面积的确定

轴心受压时，假定基础底面的压力为均匀分布（见图 2－73），设计时应满足下式要求：

$$p_k \leqslant f_a \tag{2-34}$$

$$p_k = \frac{N_k + G_k}{A} \leqslant f_a \tag{2-35}$$

$$G_k = \gamma_G dA = \gamma_G dab \tag{2-36}$$

式中：N_k 为基础顶面相应于荷载标准组合时轴向力设计值；f_a 为经基础宽度和埋深修正后的地基承载力特征值，根据《建筑地基基础设计规范》（GB 50007—2011）的要求确定；G_k 为基础及基础上回填土的自重标准值；d 为基础埋深；γ_G 为基础和回填土的平均重度，一般取 20kN/m²，地下水位以下取 10kN/m²；d 为基地埋深；a 和 b 分别为基底的长边和短边尺寸。

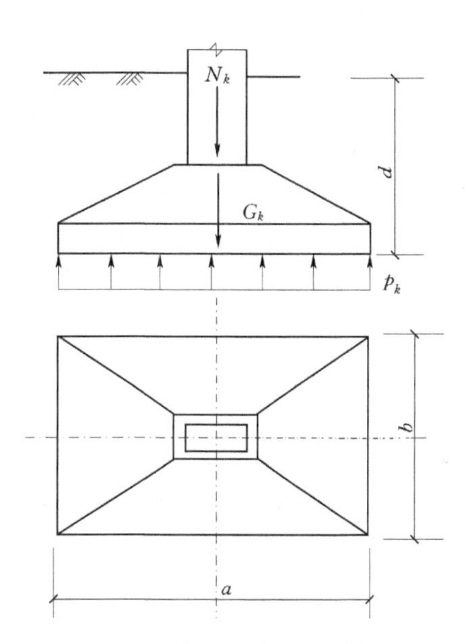

图 2－73　轴心受压基础计算简图

将式（2－36）代入到式（2－35），经整理后得

$$A = ab \geqslant \frac{N_k}{f_a - \gamma_G d} \tag{2-37}$$

设计时先按上式求得 A，再确定两个边长。一般轴心受压基础底面采用正方形较为合理，即 $b=a=\sqrt{A}$。也可采用矩形，先选定基础底面的一个边长 b，即可求得另一边长 $a=A/b$。

对于地基基础设计等级为甲级、乙级和特殊情况下的丙级的建筑物，除应按上述地基承载力确定底面尺寸外，还需进行地基的变形验算。当地基存在软弱下卧层时，还应验算软弱下卧层的承载力。最后确定基础的底面尺寸。

（二）基础高度确定

1. 基础受冲切承载力验算

基础高度除应满足构造要求外，还应根据柱与基础交接处混凝土抗冲切承载力要求确定（对于阶梯形基础还应按相同原则对变阶处的高度进行验算）。

试验结果表明，当基础高度（或变阶处高度）不够时，柱传给基础的荷载将使基础发生如图 2－74（a）所示的冲切破坏，即沿柱边大致成 45°方向的截面被拉开，而形成如图 2－74（b）所示的角锥体（阴影部分）破坏。为了防止冲切破坏，必须使冲切面外的地基反力所产生的冲切力 F_l 小于或等于冲切面处混凝土的抗冲切承载力。

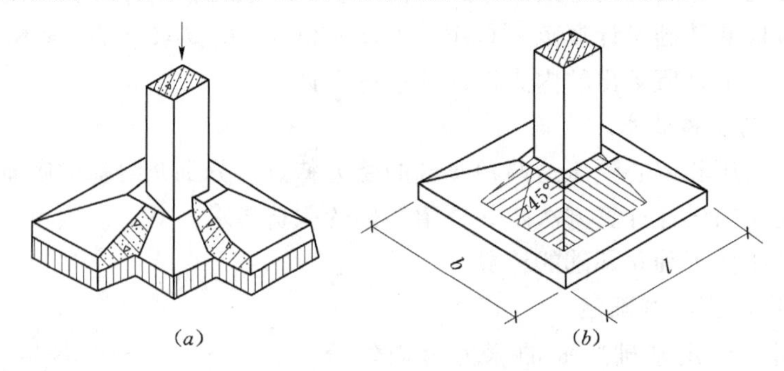

图 2－74 基础冲切破坏简图

验算的位置取柱与基础交接处和基础的变阶处。对于矩形基础，柱短边一侧冲切破坏较柱长边一侧危险。所以，一般只需根据短边一侧冲切破坏条件来确定基础底板厚度，如图 2－75（a）所示。基础的抗冲切承载力，应满足式(2－38)要求。

$$F_l \leqslant 0.7\beta_{hp} f_t b_m h_0 \tag{2-38}$$

$$F_l = p_n A_l \tag{2-39}$$

$$b_m = \frac{b_t + b_b}{2} \tag{2-40}$$

式中：β_{hp} 为受冲切承载力截面高度影响系数，当 $h \leqslant 800$mm 时 $\beta_{hp}=1.0$，当 $h \geqslant 2000$mm 时 $\beta_{hp}=0.9$，h 在中间值时 β_{hp} 按线性内插法取用；f_t 为混凝土抗拉强度设计值；b_m 为冲切破坏锥体截面的上边长 b_t 与下边长 b_b 的平均值；b_t 为冲切破坏锥体斜截面的上边长，当计算柱与基础交接处的冲切承载力时取柱宽，当计算基础变阶处的冲切承载力时取上阶宽；b_b 为冲切破坏锥体斜截面的下边长［当冲切破坏锥体的底面落在基础底面以内，如

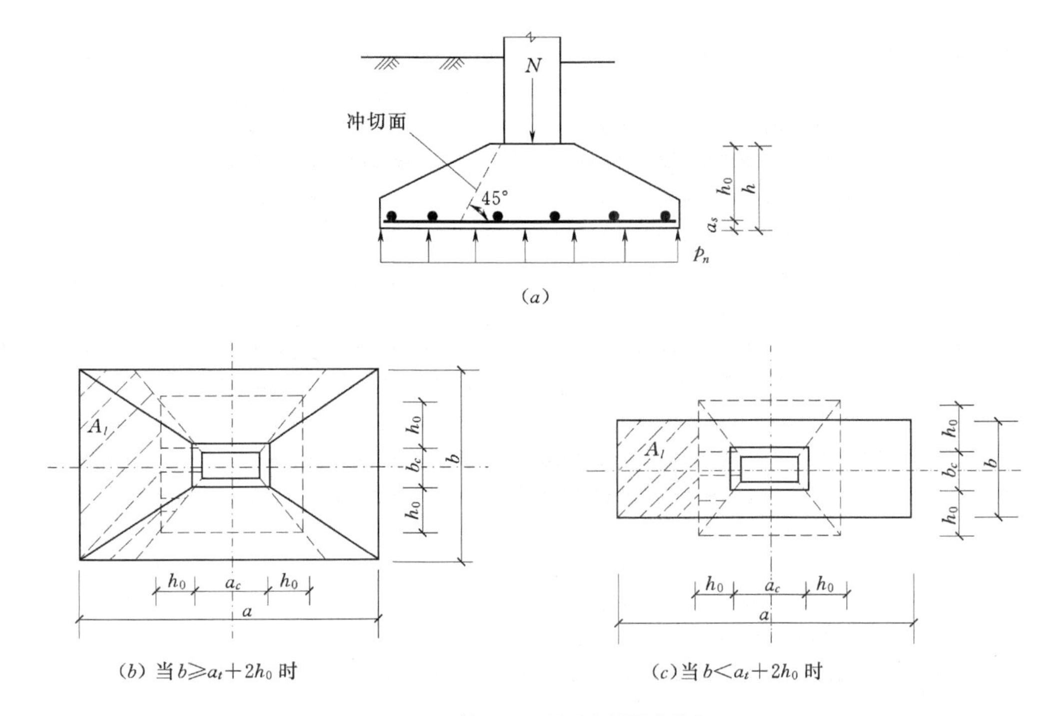

图 2－75　轴心受压基础底板厚度确定

图 2－75（b）所示，当计算柱与基础交接处的冲切承载力时，取柱宽加 2 倍该处基础有效高度，即 $b_b=b_c+2h_0$；当计算基础变阶处的冲切承载力时，取上阶宽加 2 倍该处基础的有效高度。当冲切破坏锥体的底面在 b 方向落在基础底面以外，如图 2－75（c)所示，即 $b<b_c+2h_0$时，取 $b_b=b$]；h_0 为基础冲切破坏锥体的有效高度：柱与基础交接处取该处基础底板的有效高度 $h_{0\mathrm{I}}$，变阶处取下阶处基础底板的有效高度 $h_{0\mathrm{II}}$；A_l 为计算冲切荷载时取用的面积，如图 2－75（b）、（c）中的阴影部分的面积；p_n 为扣除基础及回填土的自重，在荷载基本组合下基础底面单位面积上土的净反力，$p_n=N/A$；N 为在荷载基本组合下，基础顶面轴力设计值。

A_l 按下面要求确定：

当 $b>b_c+2h_0$ 时，如图 2－75（b）所示：

$$A_l=\left(\frac{a}{2}-\frac{a_c}{2}-h_0\right)b-\left(\frac{b}{2}-\frac{b_c}{2}-h_0\right)^2 \tag{2-41}$$

当 $b/2<0.5b_c+h_0$ 时，如图 2－75（c）所示：

$$A_l=\left(\frac{a}{2}-\frac{a_c}{2}-h_0\right)b \tag{2-42}$$

当冲切破坏锥体的底面位于基础底面以外时，可不进行抗冲切承载力计算。当抗冲切承载力计算不满足要求时，则要调整基础的高度直至满足要求。

2. 基础受剪承载力验算

根据《建筑地基基础设计规范》（GB 50007—2011）的规定，当基础底面短边尺寸小于或等于柱宽加两倍基础有效高度时，应按下式验算柱与基础交接处、变阶处截面受剪承载力（见图 2-76）。

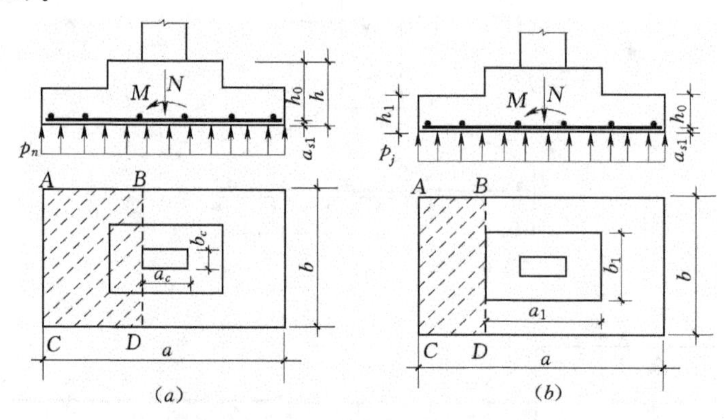

图 2-76　验算阶形基础受剪承载力示意图

(*a*) 柱与基础交接处；(*b*) 基础变阶处

$$V_s \leqslant 0.7\beta_{hs} f_t A_0 \tag{2-43}$$

$$\beta_{hs} = (800/h_0)^{1/4} \tag{2-44}$$

其中
$$A_0 = b_0 h_0$$

式中：V_s 为相应于作用的基本组合时，柱与基础交接处或变阶处剪力设计值（kN），图 2-76中阴影面积乘以基底阴影部分的平均净反力；β_{hs} 为受剪承载力截面高度影响系数，当 $h_0<800$mm 时取 $h_0=800$mm，当 $h_0>2000$mm 时取 $h_0=2000$mm；f_t 为混凝土抗拉强度设计值，N/mm^2；A_0 为验算截面处基础的有效截面面积，m^2，当验算截面为阶形或锥形时，可将其截面折算成矩形截面，截面的折算宽度和截面的有效高度按附录 C-3 计算。

（三）基础底板的配筋计算

基础底板配筋计算的控制截面取在柱与基础交接处或变阶处（对阶形基础），计算两个方向弯矩时，将基础视作固定在柱周边或变阶处（对阶形基础）的四面挑出的悬臂板，如图 2-76 所示。

1. 沿基础的长边方向柱边缘处的受力钢筋

对轴心受压基础，沿长边方向的截面Ⅰ-Ⅰ处的弯矩 M_{I}，等于作用在梯形面积 *ABCD* 上的地基净反力 p_n 的合力与该面积形心到柱边截面的距离相乘之积，由图 2-77 不难写出：

$$M_{\mathrm{I}} = \frac{1}{24} p_n (a - a_c)^2 (2b + b_c) \tag{2-45}$$

沿长边方向的受拉钢筋 $A_{s\mathrm{I}}$，可近似按下式计算：

$$A_{s\mathrm{I}} = \frac{M_{\mathrm{I}}}{0.9 f_y h_{0\mathrm{I}}} \tag{2-46}$$

式中：$h_{0\mathrm{I}}$为Ⅰ-Ⅰ截面处截面的有效高度，当有垫层时 $h_{0\mathrm{I}}=h-45$，当无垫层时 $h_{0\mathrm{I}}=h-75$。

2. 沿基础短边方向柱的边缘处的受力钢筋

对轴心受压基础，沿短边方向的截面Ⅱ-Ⅱ处的弯矩 M_{II}，等于作用在梯形面积 *BCGF* 上的地基净反力 p_n 的合力与该面积形心到柱边截面的距离相乘之积，由图 2-77 不难写出

$$M_{\mathrm{II}}=\frac{1}{24}p_n(b-b_c)^2(2a+a_c) \quad (2-47)$$

沿短边方向的钢筋一般置于沿长边钢筋的上面，如果两个方向的钢筋直径均为 d，则截面Ⅱ-Ⅱ的有效高度 $h_{0\mathrm{II}}=h_{0\mathrm{I}}-d$，于是，沿短边方向的钢筋截面面积 $A_{s\mathrm{II}}$ 为

$$A_{s\mathrm{II}}=\frac{M_{\mathrm{II}}}{0.9f_yh_{0\mathrm{II}}} \quad (2-48)$$

3. 基础底板最小配筋率验算

按照《建筑地基基础设计规范》(GB 50007—2011) 的规定，基础底板受力钢筋最小配筋率不应小于 0.15%。计算最小配筋率时，对于阶形或锥形基础截面，可将其折算成矩形截面，截面的折算宽度和截面的有效高度按附录 C-3 计算。基础底板最小配筋率验算时应注意：沿基础长边方向配筋和短边方向配筋均需进行验算，验算截面取柱与基础交接处和变阶处。

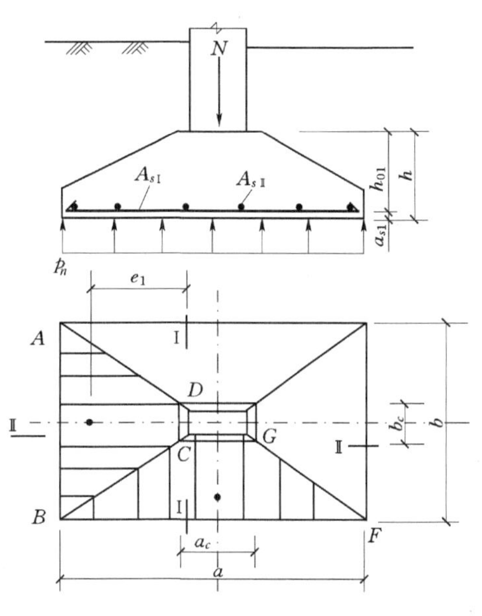

图 2-77　轴心受压基础底板配筋计算简图

$$A_s \geqslant 0.15\% b_0 h_0 \quad (2-49)$$

式中：A_s 为按受弯承载力计算的钢筋面积，mm^2；b_0 为截面的折算宽度（见附录 C-3），mm；h_0 为截面的有效高度（见附录 C-3），mm。

在基础底板的钢筋确定好后，即可选择合适的钢筋直径和间距。

三、偏心受压柱下独立基础的计算

(一) 基础底面尺寸的确定

当柱为偏心受压时，假定基础底面的压力为线性分布，先把基础顶面的内力转化到基础底面，然后确定基础底面的最大和最小压应力（见图 2-78）。在荷载标准组合下，基础底面的内力为

$$N_k = G_k + N_{ck}$$
$$M_k = M_{ck} + V_{ck}h$$

在偏心荷载作用下（见图 2-78），$p_{k,\max}$ 和 $p_{k,\min}$ 可按下式计算：

$$\begin{matrix}p_{k,\max}\\p_{k,\min}\end{matrix}=\frac{N_{ck}+G_k}{A}\pm\frac{M_k}{W}=\frac{N_{ck}+G_k}{ab}\left(1\pm\frac{6e_k}{a}\right) \quad (2-50)$$

$$e_k=\frac{M_k}{N_k+G_k} \quad (2-51)$$

$$G_k = A\gamma_G d \quad (2-52)$$

由式 (2-50) 可知，当 $e<a/6$ 时，$p_{k,\min}>0$，这时地基反力图形为梯形［见图 2-78 (a)］；当 $e=a/6$ 时，$p_{k,\min}=0$，地基反力图形为三角形；当 $e>a/6$时，$p_{k,\min}<0$，如图2-78 (b)所示。这说明基础底面积的一部分将产生拉应力，但由于基础与地基的接触是不可能受拉的，因此这部分基础底面与地基之间是脱离的，即这时承受地基反

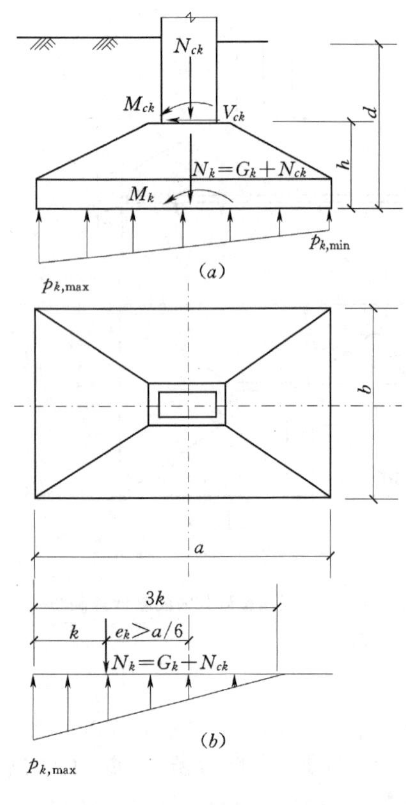

图 2-78　偏心受压基础计算简图

力的基础底面积不是 ba，而是 $3kb$。因此，此时的 $p_{k,\max}$不能按式(2-50)计算，根据力的平衡条件按下式计算：

由
$$N_k+G_k=\frac{1}{2}p_{\max}3kb$$

得
$$p_{k,\min}=\frac{2(N_{ck}+G_k)}{3bk} \tag{2-53}$$

其中
$$k=(a/2)-e_k$$
$$W=\frac{1}{6}ba^2$$

式中：k 为偏心荷载作用点至最大压力 $p_{k,\max}$作用边缘的距离；W 为基础底面的抵抗矩。

根据《建筑地基基础设计规范》（GB 50007—2011）的要求，在偏心荷载作用下，地基承载力应符合式（2-54）、式（2-55）的要求：

$$p_k=\frac{p_{k,\max}+p_{k,\min}}{2}\leqslant f_a \tag{2-54}$$

$$p_{k,\max}\leqslant 1.2f_a \tag{2-55}$$

式中：p_k 为相应于荷载效应标准组合时，基础底面处的平均压应力值；$p_{k,\max}$为相应于荷载效应标准组合时，基础底面边缘处的最大压应力值；$p_{k,\min}$为相应于荷载效应标准组合时，基础底面边缘处的最小压应力值；f_a 为经基础宽度和埋深修正后的地基承载力特征值，根据《建筑地基基础设计规范》（GB 50007—2011）的要求确定。

式（2-55）中将地基承载力特征值提高 20%的原因，是因为 $p_{k,\max}$只在基础边缘的局部范围内出现，而且 $p_{k,\max}$中的大部分是由活荷载产生的。

说明：确定偏心受压基础底面尺寸一般采用试算法，先按轴心受压基础所需的底面积增大 10%～30%，$A=a\times b=$（1.1～1.4）$N_k/(f_a-\gamma_G d)$。偏心受压基础的底面形状一般采用矩形（沿弯矩作用方向取长边），基础长边与短边尺寸之比 β 不应超过 3.0：一般对于边柱基础 $\beta=a/b=1.2\sim2.0$；对于中柱基础 $\beta=a/b=1.0\sim1.5$。根据计算的 A 值，可假定 b 值，利用 $a=\beta b$ 来确定 a 值。若不合适则重新调整，直到满意为止。

初步选定长、短边尺寸，然后计算出偏心荷载作用下的 p_k 和 $p_{k,\max}$应满足式(2-54)、式（2-55）的要求。若太大或太小，可调整基础底面的长度或宽度再验算，反复一二次，即可确定出合适的基础底面尺寸。当 $p_{k,\max}$和 $p_{k,\min}$相差过大时，则容易引起基础的倾斜，因此，$p_{k,\max}$和 $p_{k,\min}$相差不宜过于悬殊。一般认为，在高、中压缩性地基土上的基础，或有吊车的厂房柱基础，偏心距 e_k 不宜大于 $a/6$（相当于 $p_{k,\min}\geqslant0$）；对于低压缩性地基土上的基础，当考虑荷载作用效应的标准组合时，对偏心距 e_k 的要求可适当放宽，但也应控制在 $a/4$ 以内。若上述条件不能满足时，则应调整基础底面尺寸，或做成梯形底面形状的基础，使基础底面形心与荷载重心尽量重合。

（二）基础高度确定

1. 基础受冲切承载力验算

偏心受压基础受冲切承载力的验算方法与轴心受压基础的方法是相同的，即仍采用式（2－38）验算。但在用式（2－39）计算冲切力时，只是在荷载基本组合下地基的净反力 p_n 的取值不同。偏心受压基础取 $p_{n,\max}$，即在荷载基本组合下基础底面单位面积上土的最大净反力设计值（扣除基础及回填土的自重），其表达式如下：

$$p_{n,\max}=\frac{N}{A}+\frac{(M+Vh)}{W} \tag{2-56}$$

式中：N、M 和 V 分别为在荷载基本组合下，基础顶面轴力、弯矩和剪力设计值。

当冲切破坏锥体的底面位于基础底面以外时，也可不进行抗冲切承载力计算。当抗冲切承载力不满足要求时，则要调整基础的高度直至满足要求。

2. 基础受剪承载力验算

偏心受压基础受冲剪载力的确定方法与轴心受压基础相同，仍采用式（2－43）验算。由于在偏心荷载下基底的压力分布为梯形或三角形，如图 2－78 所示，因此在计算剪力设计值 V_s 时，用图 2－76 中阴影面积乘以基底阴影部分的平均净反力。

（三）基础底板的配筋计算

偏心受压基础底板的配筋计算公式仍可采用轴心受压基础的计算公式，见式（2－45）～式（2－48），但在计算 M_{I} 和 M_{II} 时，分别用 $(p_{n,\max}+p_{n\mathrm{I}})/2$ 和 $(p_{n,\max}+p_{n,\min})/2$ 代替 p_n。

基础最小配筋率的验算方法同轴心受压基础。

四、柱下独立基础的构造要求

单层厂房的柱一般是预制柱，柱下基础是带杯口的。预制柱和现浇柱下基础的选型、基础顶面内力、基础埋深、基底尺寸、基础高度和基底配筋的计算方法完全一样，只是基础构造要求有所差别。

（一）一般构造要求

轴心受压基础的底面一般采用正方形。偏心受压基础的底面应采用矩形，长边与弯矩作用方向平行，长、短边边长长的比值应合理（如前所述）。

锥形基础的边缘高度不宜小于 200mm，且两个方向的坡度不宜大于 1∶3；阶形基础的每阶高度宜为 300～500mm。

基础混凝土强度等级不应低于 C20。

基础下通常要做素混凝土垫层，垫层混凝土强度等级不宜低于 C10，垫层厚度不宜小于 70mm，一般采用 100mm，垫层面积比基础底面积大，通常每端伸出基础边 100mm。

底板受力钢筋一般采用 HRB335 级或 HPB300 级钢筋，基础受力钢筋应满足最小配筋率 0.15%的要求。底板受力钢筋最小直径小于 10mm；间距不应大于 200mm，也不应小于 100mm。当有垫层时，受力钢筋的保护层厚度不小于 40mm，无垫层时不小于 70mm。

基础底板的边长大于 2.5m 时，底板受力钢筋长度可取边长的 0.9 倍，但应交错布置。

对于现浇柱基础，如与柱不同时浇灌，其插筋的根数与直径应与柱内纵向受力钢筋相同。插筋的锚固及与柱的纵向受力钢筋的搭接长度，应符合《混凝土结构设计规范》的规定。

（二）预制基础的杯口形式和柱的插入深度

当预制柱的截面为矩形或工字形时，柱基础采用单杯口形式；当为双肢柱时，可采用双杯口形式，也可采用单杯口形式，杯口的构造如图 2-79 所示。

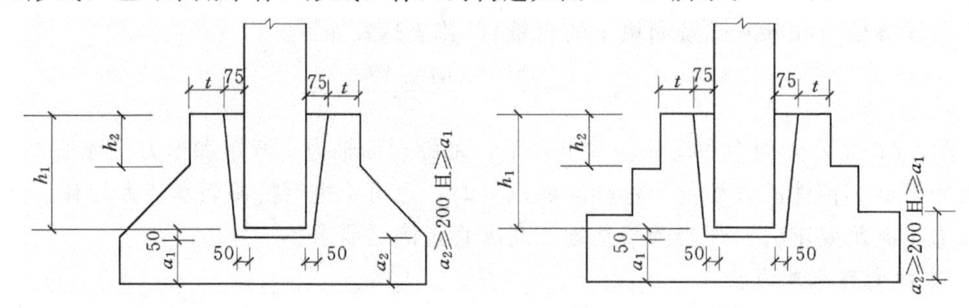

图 2-79 预制柱的杯口构造

预制柱插入基础杯口应有足够的深度，使柱可靠地嵌固在基础中，插人深度 h_1 应满足表 2-15 的要求，同时 h_1 还应满足柱纵向受力钢筋锚固长度的要求和柱吊装时稳定性的要求，即应使 $h_1>0.05$ 倍柱长（指吊装时的柱长）。

表 2-15 柱的插入深度 h_1

矩形或工字形柱				双肢柱
$h<500$	$500\leqslant h<800$	$800\leqslant h\leqslant 1000$	$h>1000$	
(1.0～1.2) h	h	$0.9h$ 且 $h_1\geqslant 800$	$0.8h$ 且 $h_1\geqslant 1000$	(1/2～1/3) h_a (1.5～1.8) h_b

注 1. h 为柱截面长边尺寸；h_a 为双肢柱整个截面长边尺寸；h_b 为双肢柱整个截面短边尺寸。
2. 柱轴心受压或小偏心受压时，h_1 可适当减少，偏心距大于 $2h$ 时，h_1 可适当增大。

基础的杯底厚度 a_1 和杯壁厚度 t 可按表 2-16 选用。

表 2-16 基础的杯底厚度和杯壁厚度 单位：mm

柱截面长边尺寸 h	杯底厚度 a_1	杯壁厚度 t
$h<500$	≥150	150～200
$500\leqslant h<800$	≥200	≥200
$800\leqslant h<1000$	≥200	≥300
$1000\leqslant h<1500$	≥250	≥350
$1500\leqslant h<2000$	≥300	≥400

注 1. 双肢柱的杯底厚度值，可适当增大。
2. 当有基础梁时，基础梁下的杯壁厚度，应满足其支承宽度要求。
3. 柱子插入杯口部分的表面应凿毛，柱子与杯口之间的空隙，应用比基础混凝土强度等级高一级的细石混凝土充填密实，当达到材料强度设计值的 70%以上时，方能进行上部结构的吊装。

（三）无短柱基础杯口的配筋构造

当柱为轴心或小偏心受压且 $t/h_2 \geqslant 0.65$，或大偏心受压且 $t/h_2 \geqslant 0.75$ 时，杯壁可不配筋；当柱为轴心或小偏心受压且 $0.5 \leqslant t/h_2 < 0.65$ 时，杯壁可按表 2－17 的要求构造配筋，钢筋置于杯口顶部，每边两个如图 2－80（a）所示；在其他情况下，应按计算配筋。

表 2－17　　　　杯壁构造配筋

柱截面长边尺寸 h（mm）	$h<1000$	$1000 \leqslant h<1500$	$1500 \leqslant h<2000$
钢筋直径（mm）	8～10	10～12	12～16

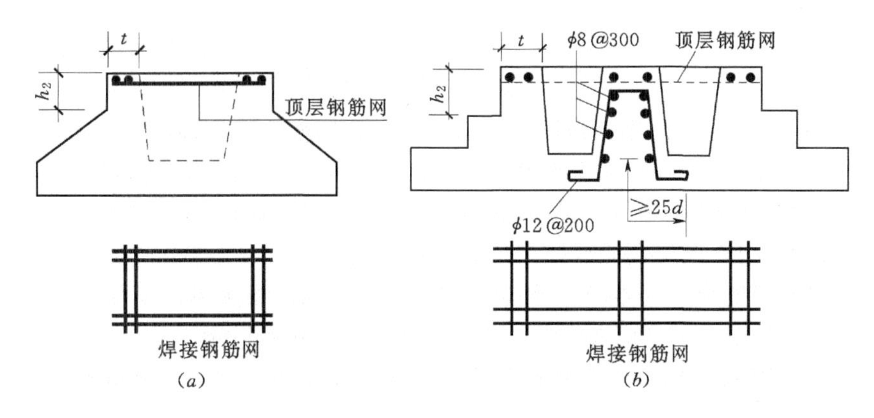

图 2－80　无短柱基础的杯口的配筋构造

当双杯口基础的中间隔板宽度小于 400mm 时，应在隔板内配置 ϕ12@200 的纵向钢筋和 ϕ8@300 的横向钢筋，如图 2－79（b）所示。

第六节　单层厂房设计示例

一、设计资料

（一）设计题目

某金属装配车间双跨等高厂房。

（二）设计内容

（1）计算排架所受的各项荷载。

（2）计算各种荷载作用下的排架内力（对于吊车荷载不考虑厂房的空间作用）。

（3）柱及牛腿设计，柱下单独基础设计。

（4）绘制施工图：柱模板图和配筋图，基础模板图和配筋图。

（三）设计资料

（1）金属结构车间为两跨厂房，跨度均为 24m。厂房总长 54m 柱距为 6m，轨顶标高 8.0m。厂房剖面如图 2－81 所示。

（2）厂房每跨内设两台吊车，A4 级工作制，吊车的有关参数见［例 2－1］的表 2－8。

（3）建设地点为东北某城市，基本雪压 0.35kN/m²，雪荷载准永久值系数分区为Ⅰ

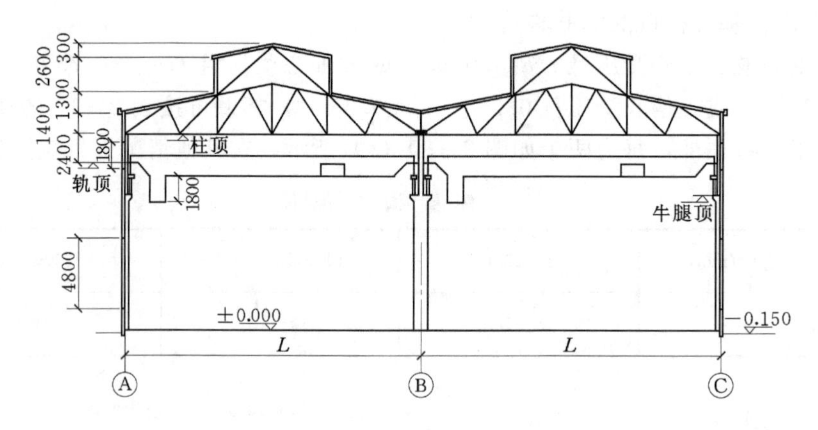

图 2-81 双跨单层厂房剖面图

区。基本风压 0.55kN/m²。冻结深度 1.8m。厂区自然地坪下 0.8m 为回填土，回填土的下层 8m 为均匀黏性土，地基承载力特征值 f_a=240kPa，土的天然重度为 17.5kN/m³，土质分布均匀。下层为粗砂土，地基承载力特征值 f_a=350kPa，地下水位−5.5m。

（4）厂房标准构件选用及荷载标准值如下：

1）屋架采用跨度为 24m 梯形钢屋架，按《建筑结构荷载规范》屋架自重标准值（包括支撑）为 0.12+0.011L（L 为跨度，以 m 计），单位为 kN/m²。

2）吊车梁选用钢筋混凝土等截面吊车梁，梁高 900mm，梁宽 300mm，自重标准值 39kN/根，轨道及零件自重 0.8kN/m，轨道及垫层构造高度 200mm。

3）天窗采用矩形纵向天窗，每榀天窗架每侧传给屋架的竖向荷载为 34kN（包括自重、侧板、窗扇支撑等自重）。

4）天沟板自重标准值为 2.02kN/m。

（5）围护墙采用 240mm 厚面粉刷墙，自重 5.24kN/m²。钢窗：自重 0.45kN/m²，窗宽 4.0m，窗高见剖面图（见图 2-81）。围护墙直接支撑于基础梁上，基础梁截面为 240mm×450mm。基础梁自重 2.7kN/m。

（6）材料：混凝土强度等级为 C25，柱的纵向钢筋采用 HRB335 级，其余钢筋采用 HPB300 级。

（7）屋面卷材防水做法及荷载标准值如下：

屋面防水层：0.4kN/m²；

25mm 厚水泥沙浆找平层：0.5kN/m²；

100mm 厚珍珠岩制品保温层：0.4kN/m²；

隔汽层：0.05kN/m²；

25mm 厚水泥沙浆找平层：0.5kN/m²；

6m 预应力大型屋面板：1.4kN/m²。

二、结构计算简图确定

本装配车间工艺无特殊要求，荷载分布均匀，故选取具有代表性的排架进行结构设计。排架的负荷范围如图 2-82（a）所示，结构计算简图如图 2-82（b）所示。下面确定结构计算简图中的几何尺寸。

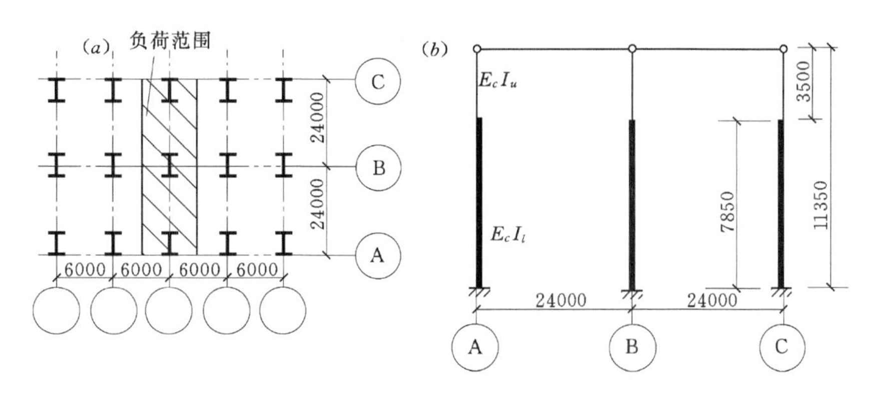

图 2－82　结构计算简图确定

(一) 排架柱的高度

1. 基础的埋置深度及基础高度的确定

考虑冻结深度及回填土层，选取基础底面至室外地坪的距离为 1.8m。初步估计基础的高度为 1.0m，则基础顶面标高为－0.95m。

2. 牛腿顶面标高的确定

轨顶标高为＋8.0m，吊车梁高为 0.9m，轨道及垫层高度为 0.2m。因此，牛腿顶标高为 8.0－0.9－0.2＝6.9m。符合 300mm 的模数（允许有±200mm 的偏差）。

3. 上柱顶标高的确定

如图 2－82 所示，上柱顶距轨顶 2.4m，则上柱顶的标高为 10.4m。

4. 计算简图中上柱和下柱的高度尺寸的确定

上柱高：　　　$H_u=10.4-6.9=3.5\text{m}$

下柱高：　　　$H_l=6.9+0.95=7.85\text{m}$

柱的总高度：　$H=11.35\text{m}$

(二) 柱截面尺寸的确定

上柱选矩形截面，下柱选工字形截面。

由表 2－13 确定柱的截面尺寸，并考虑构造要求。

对于下柱截面高度 h：由于下柱高 $H_l=7.85\text{m}$，吊车梁及轨道构造高度为 1.1m，因此基础顶至吊车梁顶的高度 $H_k=7.85+1.1=8.95\text{m}$。下柱截面高度 $h\geqslant H_k/9=8.95/9=0.994\text{m}$；下柱截面宽度 $B\geqslant H_l/20=7.85/20=0.3925\text{m}$，并且 $B\geqslant 400\text{mm}$。

对于上柱截面主要考虑构造要求，一般截面尺寸不小于 400mm×400mm。

对于本设计边柱，即 A、C 轴柱［见图 2－83（a）］：

上柱取 400mm×400mm；

下柱取 400mm×1000mm×120mm。

对于本设计中柱，即 B 轴柱［见图 2－83（b）］：

上柱取 400mm×600mm；

下柱取 400mm×1200mm×120mm。

(三) 截面几何特征和柱的自重计算

截面几何特征包括截面面积 A、平行于排架方向惯性矩 I_x 和回转半径 i_x、垂直于排

架方向惯性矩 I_y 和回转半径 i_y。单位长度柱的自重用 G 表示。

1. A、C 轴柱截面几何特征

上柱［见图 2-83（a）］：

$$A = 400 \times 400 = 160 \times 10^3 \text{mm}^2$$
$$G = 25 \times 0.16 = 4.0\text{kN/m}$$
$$I_x = I_y = (1/12) \times 400 \times 400^3 = 21.33 \times 10^8 \text{mm}^4$$
$$i_x = i_y = (I_x/A)^{1/2} = 115.5\text{mm}$$

下柱［见图 2-83（c）］：

$A = 400 \times 160 \times 2 + 120 \times 680 = 209.6 \times 10^3 \text{mm}^2$

$G = 25 \times 0.2096 = 5.24\text{kN} \cdot \text{m}$

$I_x =（1/12）\times 400 \times 1000^3 -（1/12）\times（400-120）\times 680^3 = 259.97 \times 10^8 \text{mm}^4$

$I_y = 2 \times（1/12）\times 160 \times 400^3 +（1/12）\times 680 \times 120^3 = 18.05 \times 10^8 \text{mm}^4$

$i_x =（I_x/A)^{1/2} = 352.18\text{mm}$

$i_y =（I_y/A)^{1/2} = 92.80\text{mm}$

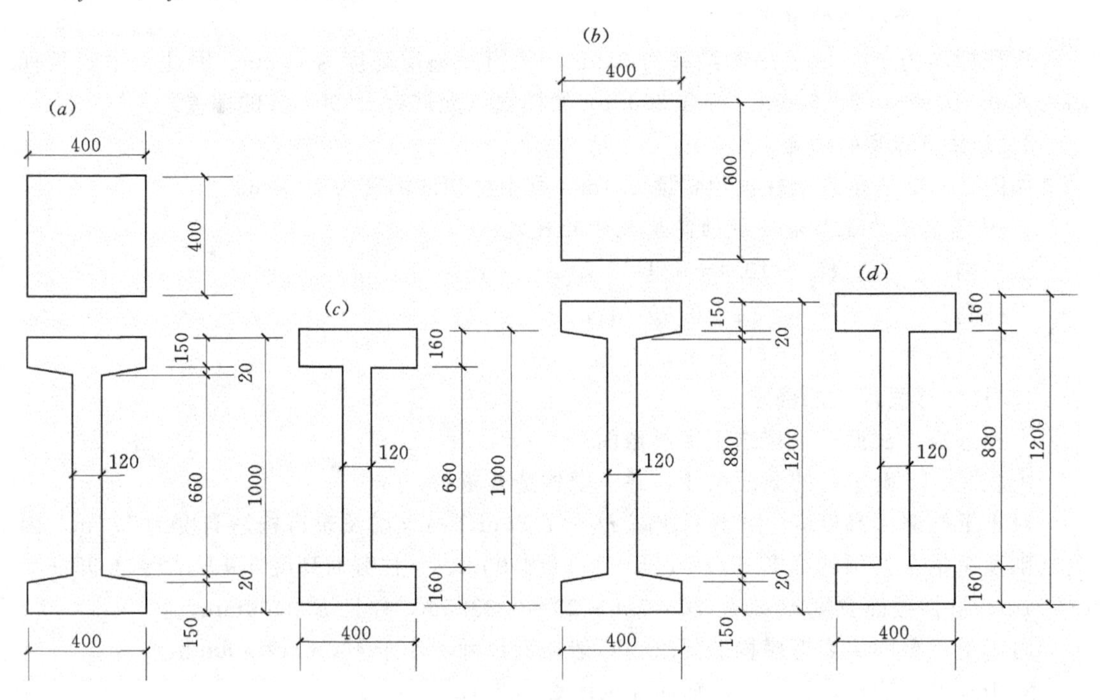

图 2-83　柱的截面详图

（a）A、C 轴柱详图；（b）B 轴柱详图；（c）A、C 轴下柱计算简图；（d）B 轴下柱计算简图

2. 中柱 B 轴柱截面几何特征计算

中柱 B 轴柱截面几何特征计算从略。

各柱的截面几何特征列于表 2-9。

三、荷载计算与相应的计算简图

在荷载计算中，把各荷载算至排架的相应位置。

(一) 恒荷载标准值与计算简图的确定

1. 屋盖结构自重标准值（G_{1k}）

屋面均布荷载汇集：

屋面防水层：	$0.4kN/m^2$
25mm 厚水泥沙浆找平层：	$0.5kN/m^2$
100mm 厚珍珠岩制品保温层：	$0.4kN/m^2$
隔汽层：	$0.05kN/m^2$
25mm 厚水泥沙浆找平层：	$0.5kN/m^2$
6m 预应力大型屋面板：	$1.4kN/m^2$
屋架自重标准值（包括支撑）：	$0.12+0.011L=0.12+0.011\times24=0.384kN/m^2$
合计：	$3.634kN/m^2$

屋盖结构自重由屋架传给排架柱的柱顶 G_{1k} 按负荷范围计算：

屋面结构传来荷载：	$3.634\times6\times24\times0.5=261.65kN$
天窗架传来荷载：	34kN
天沟板传来荷载：	$2.02\times6=12.12kN$
合计：	307.77kN

对于 A、C 轴柱：$G_{1A,k}=G_{1C,k}=307.77kN$，对柱顶的偏心距 $e_{1A}=e_{1C}=200-150=50mm$，如图 2-84（$a$）所示。

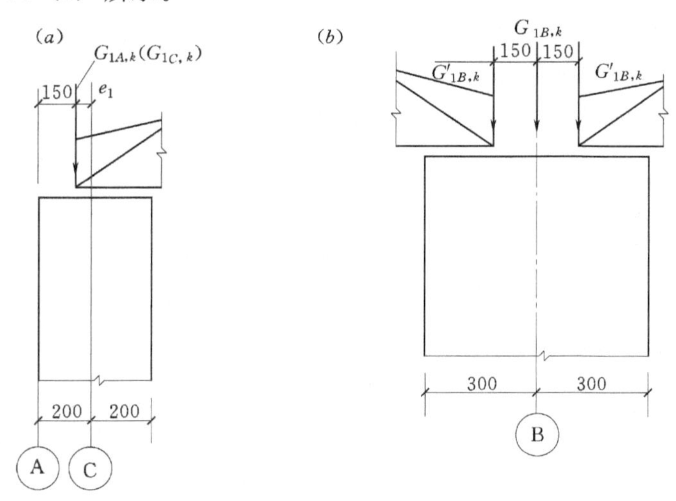

图 2-84　各柱 G_{1k} 作用位置

对于中柱：$G_{1B,k}=2G'_{1B,k}=2\times307.77=615.54kN$，对柱顶的偏心距 $e_{1B}=0$，如图 2-84（b）所示。

2. 上柱自重 G_{2k}（见图 2-85）

对于边柱：$G_{2A,k}=G_{2C,k}=4\times3.5=14kN$，其偏心距 $e_{2A}=e_{2C}=500-200=300mm$。

对于中柱：$G_{2B,k}=6\times3.5=21kN$，其偏心距 $e_{2B}=0$。

3. 吊车梁、轨道与零件的自重 G_{3k}（见图 2-85）

对于边柱牛腿处：$G_{3A,k}=G_{3C,k}=39+0.8\times6=43.8kN$，其偏心距 $e_{3A}=e_{3C}=750-500$

=250mm。

对于中柱牛腿处：$G_{3B,k左}=G_{3B,k右}=43.8$kN，其偏心距 $e_{3B左}=e_{3B右}=750$mm。

4. 下柱自重 G_{4k}（见图 2-85）

对于边柱：$G_{4A,k}=G_{4C,k}=7.85\times5.24\times1.1=45.25$kN。其偏心距 $e_{4A}=e_{4C}=0$。

对于中柱：$G_{4B,k}=7.85\times5.83\times1.1=50.34$kN。其偏心距 $e_{4B}=0$。

5. 连系梁、基础梁与上部墙体自重 G_{5k}、G_{6k}（见图 2-85）

由于只在基础顶设置基础梁，因此，基础梁与上部墙体自重直接传给基础，故 $G_{5k}=0$。

为了确定墙体的荷载，需要计算墙体的净高：基础顶标高为−0.950m。轨顶标高为+8.00m。根据单层厂房剖面图（见图 2-81）：檐口标高为 8+2.4+1.4=+11.8m。基础梁高为 0.45m。因此，墙体净高为 11.8+0.95−0.45=12.3m。窗宽 4m，窗高 4.8+1.8=6.6m。

基础梁上墙体自重：

$$5.24\times[12.3\times6-4\times(4.8+1.8)]+0.45\times4\times(4.8+1.8)=260.3\text{kN}$$

基础梁自重：

$$2.7\times6=16.2\text{kN}$$

基础梁与上部墙体自总重：

$$G_{6A,k}=G_{6C,k}=260.3+16.2=276.5\text{kN}$$

这项荷载直接作用在基础顶面，对下柱中心线的偏心距为

$$e_{6A}=e_{6C}=120+500=620\text{mm}$$

中柱列没有围护墙，$G_{6B,k}=0$。

各永久荷载的大小和作用位置，如图 2-85 所示。

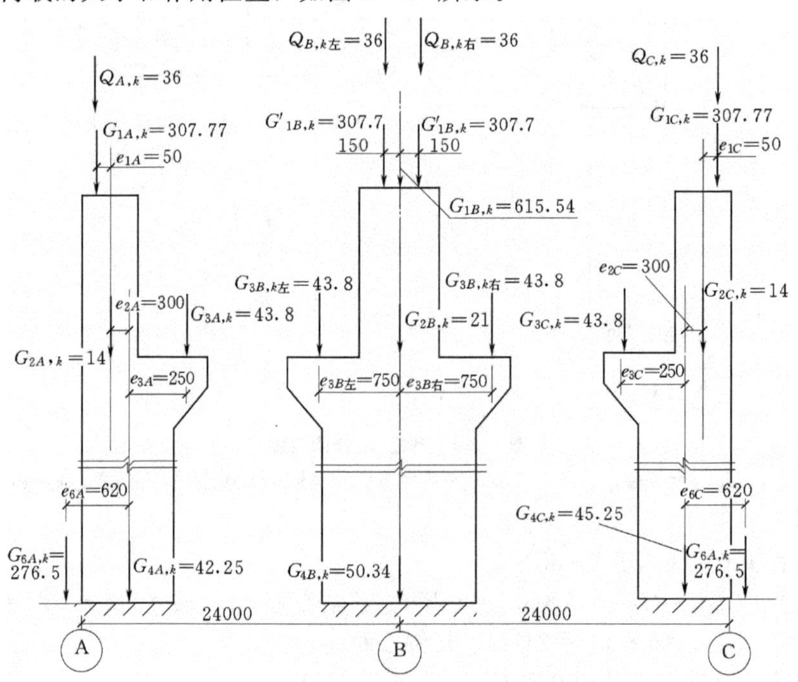

图 2-85 各永久荷载、活荷载的大小（kN）和作用位置（mm）

恒荷载（永久荷载）计算简图的确定：根据永久荷载作用点的位置，可以把永久荷载换算成对于截面形心位置的竖向力和偏心力矩。在竖向力作用下对排架结构只产生轴力，不需要对排架进行内力分析（只把轴力叠加即可），而在力矩作用下需要对排架进行内力分析。

需要特别注意的是，柱顶的偏心压力除了对柱顶存在偏心力矩外，由于边柱上、下柱截面形心不重合，因此对下柱顶也存在偏心力矩。现把如图 2－85 所示的排架结构在永久荷载作用下的计算简图介绍如下，对于其他的竖向荷载也采用相同的分析方法。

A、C 轴柱（边柱）各截面弯矩计算：

柱　　顶：　$M_{1A,k}=M_{1C,k}=307.77\times0.05=15.39\text{kN}\cdot\text{m}$

牛腿顶面：　$M_{2A,k}=M_{2C,k}=(307.77+14)\times0.3-43.8\times0.25=85.58\text{kN}\cdot\text{m}$

对于中柱，由于结构对称荷载对称，因此，中柱不存在弯矩作用。

排架结构在永久荷载作用下的计算简图如图 2－86 所示。

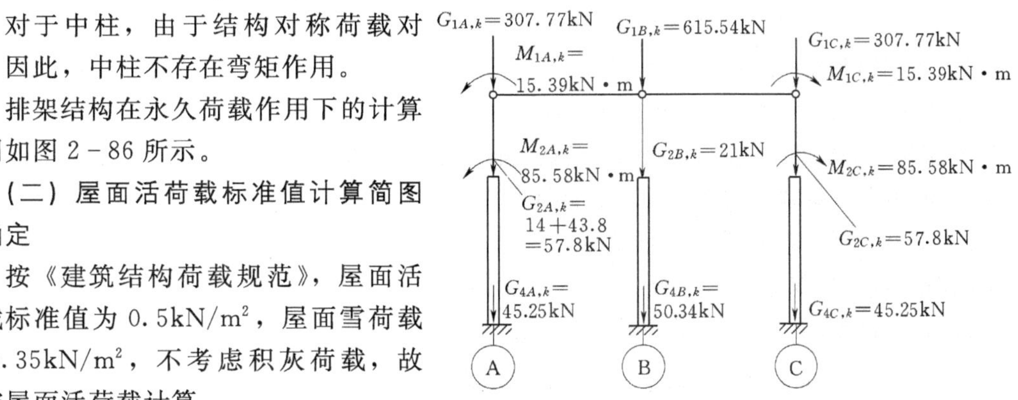

图 2－86　永久荷载作用下双跨排架的计算简图

（二）屋面活荷载标准值计算简图的确定

按《建筑结构荷载规范》，屋面活荷载标准值为 0.5kN/m^2，屋面雪荷载为 0.35kN/m^2，不考虑积灰荷载，故仅按屋面活荷载计算。

由屋架传给排架柱的屋面活荷载标准值，近似按如图 2－83 所示的负荷范围计算：

$$Q_{A,k}=Q_{B,k左}=Q_{B,k右}=Q_{C,k}=0.5\times6\times24\times0.5=36\text{kN}$$

各 Q_k 的作用位置与相应柱顶各恒荷载的位置相同，如图 2－86 所示。

屋面活荷载作用下排架结构计算简图的确定（见图 2－87），对于双跨单层厂房，应考虑各跨分别有屋面活荷载对结构所产生的影响，各柱顶、牛腿顶面弯矩计算方法与永久荷载相同。

AB 跨有活荷载时，有

柱　　顶：　$M_{1A,k}=36\times0.05=1.8\text{kN}\cdot\text{m}$，$M_{1B,k}=36\times0.15=5.4\text{kN}\cdot\text{m}$

牛腿顶面：　$M_{2A,k}=36\times0.3=10.8\text{kN}\cdot\text{m}$，$M_{2B,k}=0$

同理，BC 跨有活荷载时，有

柱　　顶：　$M_{1C,k}=36\times0.05=1.8\text{kN}\cdot\text{m}$，$M_{1B,k}=36\times0.15=5.4\text{kN}\cdot\text{m}$

牛腿顶面：　$M_{2C,k}=36\times0.3=10.8\text{kN}\cdot\text{m}$，$M_{2B,k}=0$

（三）吊车荷载标准值与计算简图的确定

见［例 2－2］。

（四）风荷载标准值与计算简图的确定

见［例 2－1］。

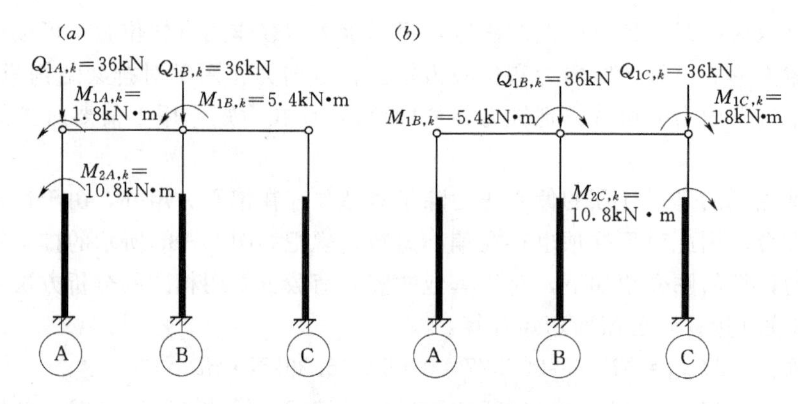

图 2-87 活荷载作用下双跨排架的计算简图

(a) AB 跨有活荷载作用；(b) BC 跨有活荷载作用

四、排架结构内力分析

本厂房为两跨等高排架，可用剪力分配法进行排架结构的内力计算。在各种荷载作用下柱顶按可动铰支座计算，不考虑厂房的空间工作。此处规定柱顶不动铰支座反力 R、柱顶剪力 V 和水平荷载自左向右为正，截面弯矩以柱左侧受拉为正，柱的轴力以受压为正。

(一) 各柱剪力分配系数的确定

各柱的几何特征值详见［例 2-3］中表 2-9。

单位力作用下悬臂柱的柱顶位移为

$$\Delta u = \frac{H^3}{C_0 E_c I_l}$$

其中

$$C_0 = \frac{3}{1+\lambda^3\left(\frac{1}{n}-1\right)}$$

计算有关参数：

A、C 柱：$\lambda=\frac{H_u}{H}=\frac{3.5}{11.35}=0.308$；$n=\frac{I_u}{I_l}=\frac{21.33\times10^8}{25.97\times10^8}=0.082$

$$C_0=\frac{3}{1+\lambda^3\left(\frac{1}{n}-1\right)}=\frac{3}{1+0.308^3\left(\frac{1}{0.082}-1\right)}=2.261$$

B 柱：$\lambda=\frac{H_u}{H}=\frac{3.5}{11.35}=0.308$；$n=\frac{I_u}{I_l}=\frac{72.00\times10^8}{416.99\times10^8}=0.173$

$$C_0=\frac{3}{1+\lambda^3\left(\frac{1}{n}-1\right)}=\frac{3}{1+0.308^3\left(\frac{1}{0.173}-1\right)}=2.263$$

单位力作用下各悬臂柱的柱顶位移：

A、C 柱：$\Delta u_A=\Delta u_C=\frac{H^3}{C_0 E_c I_l}=\frac{11350^3}{2.261\times E_c\times 259.97\times10^8}=\frac{24.87}{E_c}$

B 柱：$\Delta u_B=\frac{H^3}{C_0 E_c I_l}=\frac{11350^3}{2.263\times E_c\times 416.99\times10^8}=\frac{13.322}{E_c}$

令 $K_i=1/\Delta u_i$，则 $K_A=K_C=0.040E_c$；$K_B=0.075E_c$

$$K = K_A + K_B + K_C = \frac{1}{\Delta u_A} + \frac{1}{\Delta u_B} + \frac{1}{\Delta u_C} = 0.156E_c$$

故三根柱的剪力分配系数为

$$\eta_A = \frac{K_A}{K} = 0.26,\ \eta_B = \frac{K_B}{K} = 0.48,\ \eta_C = \frac{K_C}{K} = 0.26$$

验算：$\eta_A + \eta_B + \eta_C \approx 1.0$

当柱顶有水平荷载 F 时，根据剪力分配系数，即可求出柱顶剪力为

$$V_A = \eta_A F,\ V_B = \eta_B F,\ V_C = \eta_C F$$

(二) 永久荷载 (标准值) 作用下排架的内力分析

排架的计算简图如图 2-86 所示。

只对弯矩 M 作用进行排架分析，对图 2-86 所示的竖向荷载所产生的轴力直接累加。

各柱顶不动铰支座的支座反力计算：

A 柱：$\lambda = \frac{H_u}{H} = \frac{3.5}{11.35} = 0.308,\ n = \frac{I_u}{I_l} = \frac{21.33 \times 10^8}{25.97 \times 10^8} = 0.082$

柱顶不动铰支座的反力，参数参见附录 C-2：

$$C_1 = 1.5 \times \frac{1 - \lambda^2\left(1 - \frac{1}{n}\right)}{1 + \lambda^3\left(\frac{1}{n} - 1\right)} = 1.5 \times \frac{1 - 0.308^2\left(1 - \frac{1}{0.082}\right)}{1 + 0.308^3\left(\frac{1}{0.082} - 1\right)} = 2.331$$

$$C_3 = 1.5 \times \frac{1 - \lambda^2}{1 + \lambda^3\left(\frac{1}{n} - 1\right)} = 1.5 \times \frac{1 - 0.308^2}{1 + 0.308^3\left(\frac{1}{0.082} - 1\right)} = 1.02$$

$$R_1 = \frac{M}{H}C_1 = \frac{15.39}{11.35} \times 2.331 = 3.16\text{kN}(\rightarrow)$$

$$R_2 = \frac{M}{H}C_3 = \frac{85.58}{11.35} \times 1.02 = 7.69\text{kN}(\rightarrow)$$

$$R_A = R_1 + R_2 = 10.85\text{kN}(\rightarrow)$$

B 柱：$R_B = 0$

C 柱：$R_C = -R_A = -10.85\text{kN}\ (\leftarrow)$

故假设的排架柱顶不动铰支座的支座反力之和为

$$R = R_A + R_B + R_C = 0$$

各柱顶的实际剪力为

$$V_A = R_A = 10.85\text{kN}(\rightarrow)$$

$$V_B = 0$$

$$V_C = -10.85\text{kN}(\leftarrow)$$

各柱顶的实际剪力求出后，即可按悬臂柱进行内力计算。

A 轴柱弯矩及柱底剪力计算：

柱顶弯矩为其偏心力矩：$M = -15.39$

上柱底弯矩：$M = -15.39 + 10.85 \times 3.5 = 22.58\text{kN}\cdot\text{m}$

下柱顶弯矩：$M = 22.58 - 85.58 = -63.0\text{kN}\cdot\text{m}$

下柱底弯矩：$M = 10.85 \times 11.35 - 15.39 - 85.58 = 22.18\text{kN}\cdot\text{m}$

柱底剪力与柱顶相等方向向左（←）。

A 柱弯矩图如图 2-88 所示。C 轴柱各截面弯矩计算方法同 A 轴柱，只是符号相反，不再详述。B 轴柱无弯矩和剪力。

各柱的轴力计算过程如下：

柱轴力标准值计算（参见图 2-86）：

A、C 轴柱：

柱顶：　$N=307.77\text{kN}$

上柱底：$N=307.77+14=321.77\text{kN}$

下柱顶：$N=321.77+43.8=365.57\text{kN}$

下柱底：$N=365.57+45.25=410.82\text{kN}$

B 轴柱：

柱顶：　$N=615.54\text{kN}$

上柱底：$N=615.54+21=636.54\text{kN}$

下柱顶：$N=636.54+43.8\times2=724.14\text{kN}$

下柱底：$N=724.14+50.34=774.48\text{kN}$

排架的弯矩图、柱底剪力（向左为正）和轴力图如图 2-88 所示。

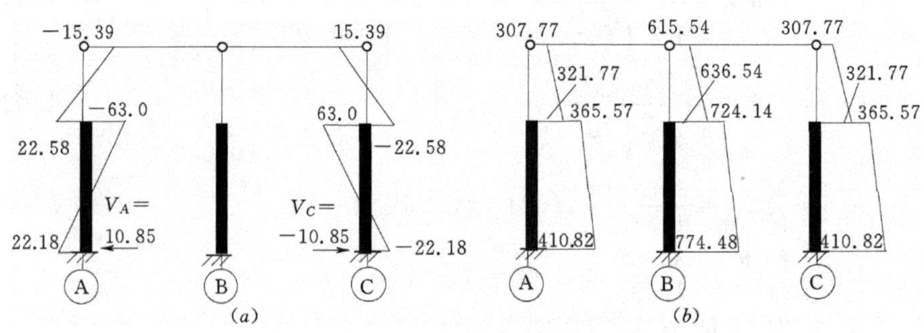

图 2-88　永久荷载作用下排架的内力图

（a）永久荷载作用下的弯矩（kN·m）和柱底剪力（kN）；（b）永久荷载作用下的轴力（kN）

（三）屋面活荷载（标准值）作用下排架内力分析

排架的计算简图如图 2-87 所示。

（1）AB 跨有活荷载时［见图 2-87（a）］，各柱顶不动铰支座的支座反力如下。

A 柱：　$C_1=2.331,C_3=1.02$

$$R_1=\frac{M_{1A,k}}{H}C_1=\frac{1.8}{11.35}\times2.331=0.370\text{kN}(\rightarrow)$$

$$R_2=\frac{M_{2A,k}}{H}C_3=\frac{10.8}{11.35}\times1.02=0.971\text{kN}(\rightarrow)$$

$$R_A=R_1+R_2=1.341\text{kN}(\rightarrow)$$

B 柱：　$\lambda=\dfrac{H_u}{H}=0.308,n=\dfrac{I_u}{I_l}=0.173$

$$C_1=1.5\times\frac{1-\lambda^2\left(1-\dfrac{1}{n}\right)}{1+\lambda^3\left(\dfrac{1}{n}-1\right)}=1.5\times\frac{1-0.308^2\times\left(1-\dfrac{1}{0.173}\right)}{1+0.308^3\times\left(\dfrac{1}{0.173}-1\right)}=1.912$$

$$R_B = R_1 = \frac{M_{1B,k}}{H}C_1 = \frac{5.4}{11.35} \times 1.912 = 0.910\text{kN}(\rightarrow)$$

C 柱：　$R_C = 0$

故假设的排架柱顶不动铰支座的支座反力之和为

$$R = R_A + R_B + R_C = 2.251\text{kN}(\rightarrow)$$

各柱顶的实际剪力为

$$V_A = R_A - \eta_A R = 1.341 - 0.26 \times 2.251 = 0.756\text{kN}(\rightarrow)$$

$$V_B = R_B - \eta_B R = 0.91 - 0.48 \times 2.251 = -0.170\text{kN}(\leftarrow)$$

$$V_C = R_C - \eta_C R = -0.26 \times 2.251 = -0.585\text{kN}(\leftarrow)$$

$$\sum V_i = 0.756 - 0.170 - 0.585 = 0.001 \approx 0$$

求出各柱顶剪力求，即可计算各柱弯矩，其原理与永久荷载下柱弯矩计算一致，在此不再介绍。

排架的弯矩图、柱底剪力图（向左为正）和轴力图，如图 2－89 所示。

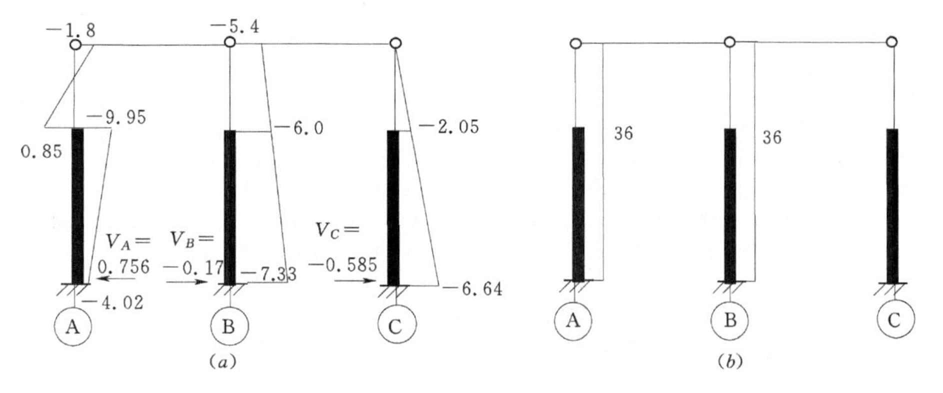

图 2－89　AB 跨有屋面活荷载时排架的内力图

(a) AB 跨有屋面活荷载时的弯矩（kN·m）和柱底剪力（kN）；(b) AB 跨有屋面活荷载时的轴力（kN）

(2) BC 跨有活荷载时［见图 2－87（b）］与 AB 跨有活荷载时的图 2－87（a）荷载为反对称，因此，各柱顶的剪力为

$$V_A = 0.585\text{kN}(\rightarrow),\ V_B = 0.170\text{kN}(\rightarrow),\ V_C = -0.756\text{kN}(\leftarrow)$$

BC 跨有活荷载时排架的弯矩图、柱底剪力图（向左为正）和轴力图，如图 2－90 所示。

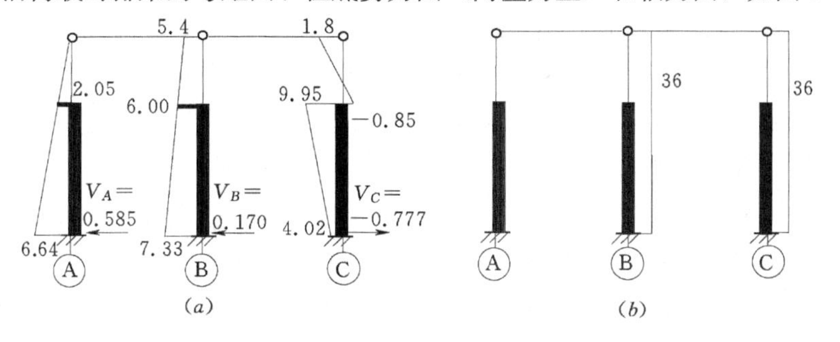

图 2－90　BC 跨有屋面活荷载时排架的内力图

(a) BC 跨有屋面活荷载时的弯矩（kN·m）和柱底剪力（kN）；(b) BC 跨有屋面活荷载时的轴力（kN）

(四) 吊车竖向荷载(标准值)作用下排架内力分析

吊车竖向荷载作用下结构计算简图参见[例 2-2]图 2-39。

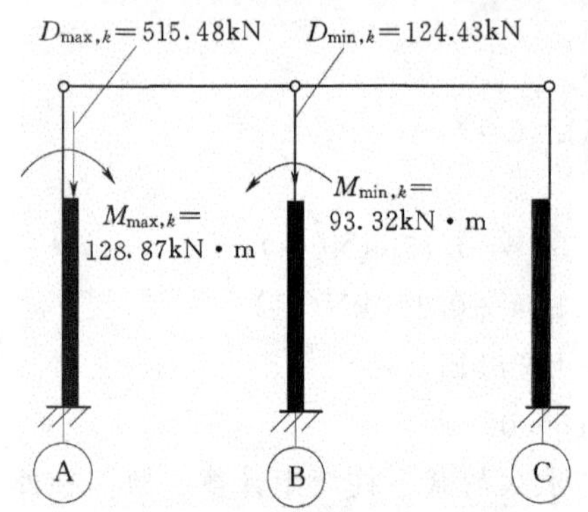

图 2-91 AB 跨有吊车 $D_{max,k}$ 作用在 A 柱右时排架计算简图

(1) AB 跨有吊车荷载,$D_{max,k}$ 作用在 A 柱右,$D_{min,k}$ 作用在 B 柱左时排架内力分析,其计算简图如图 2-91 所示。

A 柱: $C_3 = 1.02$

$$R_A = R_2 = \frac{M_{max,k}}{H}C_3 = \frac{128.87}{11.35}\times 1.02 = -11.58\text{kN}(\leftarrow)$$

B 柱:柱顶不动铰支座的反力系数参见附录 C-2。

$$\lambda = \frac{H_u}{H} = 0.308$$

$$n = \frac{I_u}{I_l} = 0.173$$

$$C_3 = 1.5\times\frac{1-\lambda^2}{1+\lambda^3\left(\frac{1}{n}-1\right)} = 1.5\times\frac{1-0.308^2}{1+0.308^3\times\left(\frac{1}{0.173}-1\right)} = 1.191$$

$$R_B = R_2 = \frac{M_{min,k}}{H}C_3 = \frac{93.32}{11.35}\times 1.191 = 9.79\text{kN}(\rightarrow)$$

C 柱: $R_C = 0$

故假设的排架柱顶不动铰支座的支座反力之和为

$$R = R_A + R_B + R_C = -1.79\text{kN}(\leftarrow)$$

各柱顶的实际剪力为

$$V_A = R_A - \eta_A R = -11.58 + 0.26\times 1.79 = -11.11\text{kN}(\leftarrow)$$

$$V_B = R_B - \eta_B R = 9.79 + 0.48\times 1.79 = 10.65\text{kN}(\rightarrow)$$

$$V_C = R_C - \eta_C R = 0.26\times 1.9 = 0.47\text{kN}(\rightarrow)$$

$$\sum V_i = -11.11 + 10.65 + 0.47 = 0.01 \approx 0$$

各柱顶的实际剪力求出后,即可按悬臂柱进行内力计算。

A 轴柱弯矩及柱底剪力计算:

上柱顶弯矩:$M=0$

上柱底弯矩:$M=-11.11\times 3.5=-38.89\text{kN}\cdot\text{m}$

下柱顶弯矩:$M=-38.89+128.87=89.98\text{kN}\cdot\text{m}$

下柱底弯矩:$M=-11.11\times 11.35+128.87=-2.77\text{kN}\cdot\text{m}$

柱底剪力与柱顶相等,方向向右(→)。下柱轴力为吊车竖向荷载。

B、C 轴柱弯矩及柱底剪力计算从略。

排架的弯矩图、柱底剪力图（向左为正）和轴力图，如图 2－92 所示。

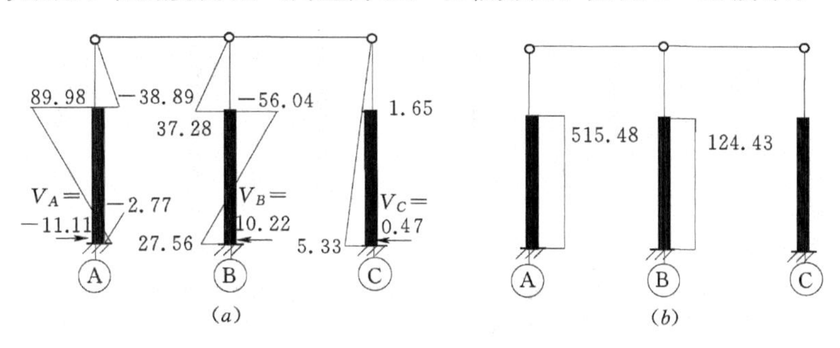

图 2－92　*AB* 跨有吊车，$D_{max,k}$在 *A* 柱右时排架的内力

(*a*) $D_{max,k}$在 *A* 柱右时弯矩（kN·m）和柱底剪力（kN）；(*b*) $D_{max,k}$在 *A* 柱右时的轴力（kN）

（2）*AB* 跨有吊车荷载，$D_{max,k}$作用在 *B* 柱左，$D_{min,k}$作用在 *A* 柱右时排架内力分析，其计算简图如图 2－93 所示。

各柱顶不动铰支座的支座反力：

A 柱：　$C_3=1.02$

$$R_A=R_2=\frac{M_{min,k}}{H}C_3=-\frac{31.11}{11.35}\times1.02=-2.80\text{kN}(\leftarrow)$$

B 柱：　$C_3=1.91$

$$R_B=R_2=\frac{M_{max,k}}{H}C_3=\frac{386.61}{11.35}\times1.91=40.57\text{kN}\ (\rightarrow)$$

C 柱：　$R_C=0$

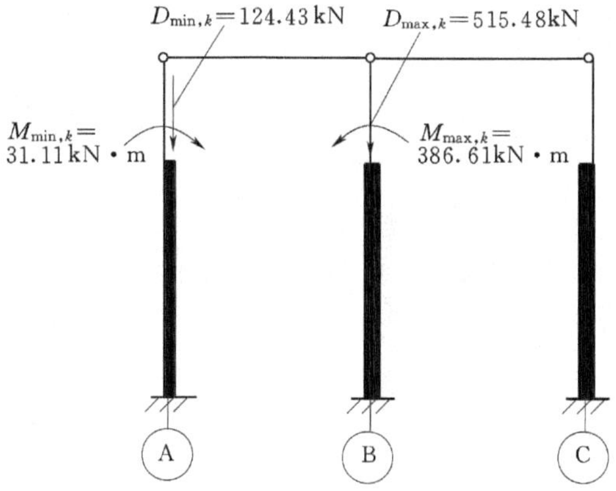

$D_{min,k}$=124.43kN　$D_{max,k}$=515.48kN

$M_{min,k}$= 31.11kN·m　$M_{max,k}$= 386.61kN·m

A　B　C

图 2－93　*AB* 跨有吊车，$D_{max,k}$作用在 *B* 柱左时排架计算简图

故假设的排架柱顶不动铰支座的支座反力之和为

$$R=R_A+R_B+R_C=37.77\text{kN}(\rightarrow)$$

各柱顶的实际剪力为

$$V_A=R_A-\eta_AR=-2.80-0.26\times37.77=-12.62\text{kN}(\leftarrow)$$

$$V_B=R_B-\eta_BR=40.51-0.48\times37.77=22.44\text{kN}(\rightarrow)$$

$$V_C=R_C-\eta_CR=-0.26\times37.77=-9.82\text{kN}(\leftarrow)$$

$$\sum V_i=-12.62+22.44-9.82=0$$

各柱弯矩、柱底剪力及柱轴力计算参见情况 1。

排架的弯矩图、柱底剪力图（向左为正）和轴力图，如图 2－94 所示。

（3）*BC* 跨有吊车荷载，$D_{max,k}$作用在 *B* 柱右，$D_{min,k}$作用在 *C* 柱左时排架内力分析，

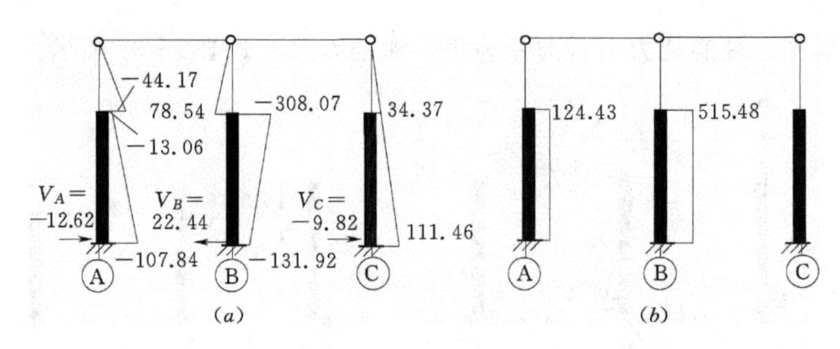

图 2-94 *AB* 跨有吊车，$D_{max,K}$在 *B* 柱左时排架的内力图

(*a*) $D_{max,k}$在 *B* 柱左时弯矩（kN·m）图和柱底剪力（kN）(*b*) $D_{max,K}$在 *B* 柱左时的轴力（kN）图

其计算简图如图 2-95 所示。

各柱顶不动铰支座的支座反力：

B 柱：　$C_3 = 1.191$

$$R_B = R_2 = \frac{M_{max,k}}{H}C_3 = -\frac{312.02}{11.35} \times 1.191 = -32.74\text{kN}(\leftarrow)$$

C 柱：　$C_3 = 1.02$

$$R_C = R_2 = \frac{M_{min,k}}{H}C_3 = \frac{21.77}{11.35} \times 1.02 = 1.96\text{kN}(\rightarrow)$$

A 柱：　$R_A = 0$

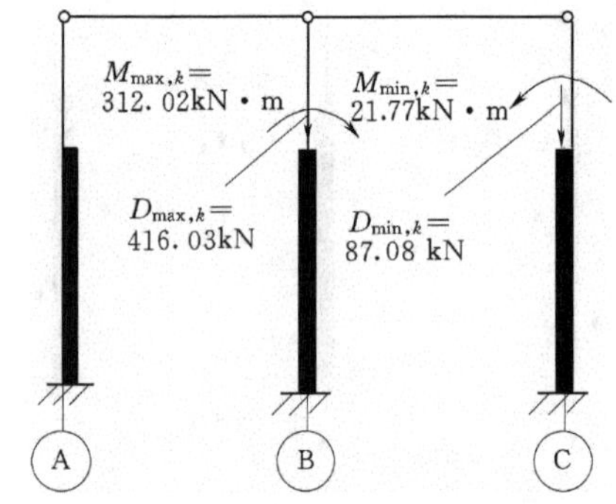

图 2-95 *BC* 跨有吊车，$D_{max,k}$作用在 *B* 柱，$D_{min,k}$作用在 *C* 柱时排架计算简图

故假设的排架柱顶不动铰支座的支座反力之和为

$$R = R_A + R_B + R_C = -30.78\text{kN}(\leftarrow)$$

各柱顶的实际剪力为

$$V_A = R_A - \eta_A R = 0.26 \times 30.78 = 8.0\text{kN}(\rightarrow)$$

$$V_B = R_B - \eta_B R = -32.74 + 0.48 \times 30.78 = -17.97\text{kN}(\leftarrow)$$

$$V_C = R_C - \eta_C R = 1.96 + 0.26 \times 30.78 = 9.96\text{kN}(\rightarrow)$$

$$\sum V_i = 8.0 - 17.97 + 9.96 = -0.01 \approx 0$$

排架的弯矩图、柱底剪力图（向左为正）和轴力图，如图 2-96 所示。

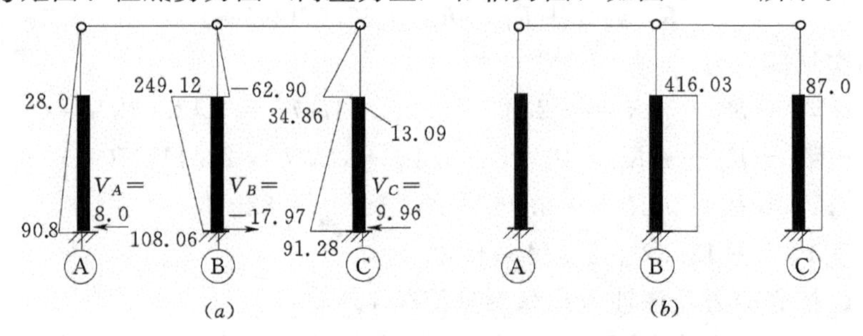

图 2-96 *BC* 跨有吊车，$D_{max,k}$在 *B* 右柱时排架的内力

(*a*) $D_{max,k}$在 *B* 柱右时弯矩（kN·m）和柱底剪力（kN）；(*b*) $D_{max,k}$在 *B* 柱右时的轴力（kN）

各柱弯矩、柱底剪力及柱轴力计算参见情见 1。

(4) BC 跨有吊车荷载，$D_{max,k}$ 作用在 C 柱左，$D_{min,k}$ 作用在 B 柱右时排架内力分析，其计算简图如图 2-97 所示。

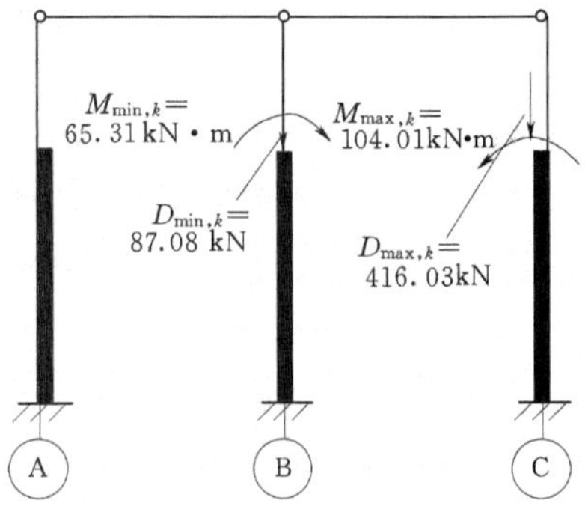

图 2-97 *BC* 跨有吊车，$D_{max,k}$ 作用在 C 柱左时排架计算简图

各柱顶不动铰支座的支座反力：

B 柱： $C_3 = 1.191$

$$R_B = R_2 = \frac{M_{min,k}}{H}C_3$$

$$= -\frac{65.31}{11.35} \times 1.191$$

$$= -6.85\text{kN}(\leftarrow)$$

C 柱： $C_3 = 1.02$

$$R_C = R_2 = \frac{M_{max,k}}{H}C_3 = \frac{104.01}{11.35} \times 1.02 = 9.35\text{kN}(\rightarrow)$$

A 柱：$R_A = 0$

故假设的排架柱顶不动铰支座的支座反力之和为

$$R = R_A + R_B + R_C = 2.50\text{kN}(\rightarrow)$$

各柱顶的实际剪力为

$$V_A = R_A - \eta_A R = -0.26 \times 2.50 = -0.65\text{kN}(\leftarrow)$$

$$V_B = R_B - \eta_B R = -6.85 - 0.48 \times 2.50 = -8.05\text{kN}(\leftarrow)$$

$$V_C = R_C - \eta_C R = 9.35 - 0.264 \times 2.50 = 8.70\text{kN}(\rightarrow)$$

$$\sum V_i = -0.65 - 8.05 + 8.7 = 0$$

排架的弯矩图、柱底剪力图（向左为正）和轴力图，如图 2-98 所示。

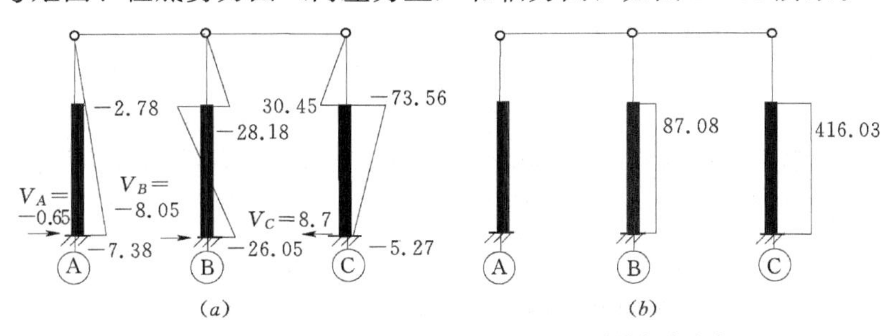

图 2-98 *BC* 跨有吊车，$D_{max,k}$ 在 C 柱左时排架的内力

各柱弯矩、柱底剪力及柱轴力计算参见情况 1。

(五) 吊车水平荷载（标准值）作用下排架内力分析

见［例 2-3］。

(六) 风荷载（标准值）作用下排架内力分析

见［例 2-4］。

(七) A 柱内力组合

1. 柱控制截面

上柱底Ⅰ-Ⅰ、下柱顶Ⅱ-Ⅱ、下柱底Ⅲ-Ⅲ。每一个控制截面均进行基本组合、标准组合及准永久组合。基本组合用于柱配筋计算和基础设计；标准组合用于地基承载力设计；准永久组合用于柱的裂缝宽度验算。

2. 排架柱最不利内力组合

排架柱最不利内力考虑四种情况：①$+M_{max}$及相应的 N、V；②$-M_{max}$及相应的 N、V；③N_{max}及相应的 M、V；④N_{min}及相应的 M、V。

3. 荷载作用效应的基本组合

根据本章第四部分介绍，结构设计使用年限为 50 年：$\gamma_L=1.0$。荷载作用效应的基本组合采用下面两个表达式：

(1) $s = 1.2(\text{或 }1.0)S_{GK} + 1.4S_{Q1K} + 1.4\sum_{i=2}^{n}\Psi_{ci}S_{QiK}$；

(2) $s = 1.35S_{GK} + 1.4\sum_{i=1}^{n}\Psi_{ci}S_{QiK}$；

说明：S_{GK}为永久荷载（恒荷载）作用效应，S_{QK}为可变荷载（风荷载、吊车荷载）作用效应。

第（1）式是可变荷载效应控制的组合，当永久荷载作用效应对结构有利时，其分项系数取 1.0。

第（2）式是永久荷载效应控制的组合，仅考虑竖向荷载。

S_{Q1K}为诸可变荷载效应中起控制作用者；当对 S_{Q1K}无法明显判断时，轮次以各可变荷载效应为 S_{Q1K}，选其中最不利的荷载效应组合。

可变荷载的组合值系数 Ψ_{ci}：风荷载取 0.6，其他荷载取 0.7。

4. 荷载作用效应的标准组合

$$S_d = \sum_{j=1}^{m}S_{GjK} + S_{Q1K} + \sum_{i=2}^{n}\Psi_{ci}S_{QiK}$$

5. 荷载作用效应的准永久组合

$$s = S_{GK} + \sum_{i=1}^{n}\Psi_{qi}S_{QiK}$$

对于本设计，准永久组合中可变荷载作用效应仅考虑雪荷载。各截面雪荷载产生的内力，可按雪荷载占屋面活荷载的比例确定。

6. 吊车荷载作用效应

当一个组合表达式采用 4 台吊车参与组合时，吊车荷载作用效应应乘以转换系数 0.8/0.9。

内力组合结果详见表 2-18。

五、柱截面设计（以 A 柱为例，柱对称配筋，$A_s=A_s'$）

（一）主要参数

混凝土强度等级 C25（$f_c=11.9\text{N/mm}^2$，$f_t=1.27\text{N/mm}^2$）；受力钢筋采用 HRB335 级（$f_y=f'_y=300\text{N/mm}^2$）；$f_{yk}=335\text{N/mm}^2$；$\xi_b=0.55$。

配筋计算时上柱按矩形设计［见图 2-83（a）］，下柱按工字形截面设计，截面的翼缘厚度取平均厚度（见图 2-83）。

混凝土保护层厚度确定：金属装配车间属于室内正常环境，环境类别按一类，由于强

表 2-18 **A 柱内力组合表** 单位：kN、kN·m

柱号及截面正向内力	组合类型	荷载类型	(1)恒荷载			(2)AB 跨屋面活荷载			(3)BC 跨屋面活荷载			(4)AB 跨吊车 D_{max} 在 A 柱			(5)AB 跨吊车 D_{max} 在 B 柱		
		内力	M	N	V	M	N	V	M	N	V	M	N	V	M	N	V
		Ⅰ－Ⅰ	22.58	321.77		0.85	36		2.05	0.0		−38.89	0.00		−44.17	0.00	
		Ⅱ－Ⅱ	−63.00	365.57		−9.95	36		2.05	0.0		89.98	515.48		−13.06	124.43	
		Ⅲ－Ⅲ	22.18	410.82	10.85	−4.02	36	0.76	6.64	0.0	0.59	−2.77	515.48	−11.11	−112.13	124.43	−12.62

组合类型	截面	内力组合 \ 荷载组合	基本组合：组合项目	M	N	V
基本组合及标准组合	Ⅰ—Ⅰ	$+M_{max}$ 及 N	1.2×(1)+1.4×(7)+1.4{[(2)+(3)+(9)]×0.7+(10)×0.6}注 1	102.47	421.40	
		$-M_{max}$ 及 N	1.0×(1)+1.4×(5)×0.8/0.9+1.4{[(8)×0.8/0.9+(9)]×0.7+(11)×0.6}注 2	−75.15	321.77	
		N_{max} 及 M	1.35×(1)+1.4[(2)+(3)+(7)]×0.7 注 3	60.77	469.67	
		N_{min} 及 M	1.0×(1)+1.4×(10)+1.4[(3)+(7)+(9)]×0.7 注 4	98.68	321.77	
	Ⅱ—Ⅱ	$+M_{max}$ 及 N	1.0×(1)+1.4×(4)×0.8/0.9+1.4{[(3)+(7)×0.8/0.9/0.9+(9)]×0.7+(10)×0.6}注 5	108.71	1007.06	
		$-M_{max}$ 及 N	1.2×(1)+1.4×(11)+1.4{(2)+[(5)+(8)]0.8/0.9+(9)}×0.7	−157.49	582.36	
		N_{max} 及 M	1.2×(1)+1.4×(4)+1.4{[(2)+(6)]×0.7+(10)×0.6}注 6	62.17	1195.64	
		N_{min} 及 M	1.0×(1)+1.4×(11)+1.4[(8)+(9)]×0.7	−124.07	365.57	
	Ⅲ—Ⅲ	$+M_{max}$ 及 N、V	1.2×(1)+1.4×(10)+1.4{(3)+[(4)+(7)]0.8/0.9+(6)}×0.7 注 7	496.86	942.02	70.53
		$-M_{max}$ 及 N、V	1.0×(1)+1.4×(11)+1.4[(2)+(5)+(6)]×0.7 注 8	−433.02	568.04	−45.74
		N_{max} 及 M、V	1.2×(1)+1.4×(4)+1.4{[(2)+(3)+(6)]×0.7+(10)×0.6}	302.05	1249.94	40.17
		N_{min} 及 M、V	1.0×(1)+1.4×(10)+1.4[(3)+(7)+(9)]×0.7 注 9	436.72	410.82	68.75
准永久组合	Ⅰ—Ⅰ	M、N	(1)+0.35/0.5×[(2)+(3)]×0.5 注 10	23.60	334.37	
	Ⅱ—Ⅱ	M、N	(1)+0.35/0.5×(2)×0.5	−66.48	378.17	
	Ⅲ—Ⅲ	M、N、V	(1)+0.35/0.5×+(3)×0.5	24.50	410.82	11.06

对内力组合相关组合项目说明：

注 1：以 $+M_{max}$ 为目标，(7)、(9)项选择是考虑“有 T 必有 D”的原则；

注 2：0.8/0.9 为四台吊车的转换系数；

注 3：此项按永久荷载效应控制的组合，仅限于竖向荷载；

注 4：以(10)作为第一可变荷载比(7)作为第一可变荷载求出的作用效应大；

注 5：此项组合中以 $+M_{max}$ 为目标，吊车竖向荷载最多只能取两项(最多考虑 4 台吊车)。吊车水平荷载只能取一项(最多考虑 2 台吊车)。风荷载只取一项进行组合(只能考虑一个风向)；

注 6：此项组合以 N_{max} 为目标，M 尽量取较大值，因此尽管(10)的 N 为零，也要参与组合。风荷载只取一项；因此在(6)吊车水平荷载引起的弯矩也应取正值，同样道理风荷载的选取也只能是取第(10)项。组合中(4)是考虑“有 T 必有 D”的原则；

注 7：此项组合中以 $+M_{max}$ 为目标，因(6)产生的 $+M$ 大，要求与吊车竖向荷载组合，虽然(4)产生 $-M$，也参与组合，这样保证 $+M$ 最大；

注 8：此项组合中以 $-M_{max}$ 为目标，虽然(8)、(9)项也产生 $-M$，但乘以转换系数 0.8/0.9 转换系数后，使总值变小。故不选(8)、(9)项；

注 9：基本组合中，(1)其分项系数取 1.0，是针对永久荷载作用效应对结构有利的情况；

注 10：准永久组合中 0.35/0.5 是根据屋面活荷载内力求雪荷载内力所乘的转换系数，0.5 为活荷载准永久值系数，活荷载项目选择以 M 大为原则。

续表

荷载类型	(6)AB跨吊车 T_{max}(左右)			(7)BC跨吊车 D_{max}在B柱			(8)BC跨吊车 D_{max}在C柱			(9)BC跨吊车 T_{max}左右			(10)左风			(11)右风		
内力	M	N	V	M	N	V	M	N	V	M	N	V	M	N	V	M	N	V
Ⅰ－Ⅰ	∓1.60	0.00		28.00	0.00		−2.78	0.00		∓13.62	0.00		23.79	0.00		−32.14	0.00	
Ⅱ－Ⅱ	∓1.60	0.00		28.00	0.00		−2.78	0.00		∓13.62	0.00		23.79	0.00		−32.14	0.00	
Ⅲ－Ⅲ	∓113.54	0.00	∓14.26	90.80	0.00	8.00	−7.38	0.00	−0.65	∓44.15	0.00	∓3.89	196.99	0.00	32.62	−164.36	0.00	−22.14

组合类型	截面	内力组合 \ 荷载组合	标准组合 组合项目	M	N	V
基本组合及标准组合	Ⅰ—Ⅰ	$+M_{max}$及N	(1)+(7)+[(2)+(3)+(9)]×0.7+(10)×0.6	76.42	346.97	
		$-M_{max}$及N	(1)+(5)×0.8/0.9+{[(8)×0.8/0.9+(9)]×0.7+(11)×0.6}	−47.23	321.77	
		N_{max}及M	(1)+[(2)+(3)]+[(7)+(9)]×0.7+(10)×0.6	68.89	357.77	
		N_{min}及M	1.0×(1)+1.4×(10)+1.4[(3)+(7)+(9)]×0.7	76.94	321.77	
	Ⅱ—Ⅱ	$+M_{max}$及N	1.0×(1)+1.4×(4)×0.8/0.9+1.4{[(3)+(7)×0.8/0.9+(9)]×0.7+(10)×0.6}	59.65	823.77	
		$-M_{max}$及N	(1)+(11)+{(2)+[(5)+(8)]0.8/0.9+(9)}×0.7	−121.50	468.19	
		N_{max}及M	(1)+(4)+[(2)+(6)]×0.7+(10)×0.6	35.41	906.25	
		N_{min}及M	(1)+(11)+[(8)+(9)]×0.7	−106.62	365.57	
	Ⅲ－Ⅲ	$+M_{max}$及N,V	(1)+(10)+{(3)+[(4)+(7)]0.8/0.9+(6)}×0.7	358.07	731.56	51.93
		$-M_{max}$及N,V	(1)+(11)+[(2)+(5)+(6)]×0.7	−302.96	523.12	−29.57
		N_{max}及M,V	(1)+(4)+{[(2)+(3)+(6)]×0.7+(10)×0.6}	218.92	951.50	30.24
		N_{min}及M,V	(1)+(10)+[(3)+(7)+(9)]×0.7	318.28	410.82	52.21
准永久组合	Ⅰ—Ⅰ	M、N				
	Ⅱ Ⅱ	M、N				
	Ⅲ Ⅲ	M、N、V				

柱号及截面正向内力

度等级不大于C25，按《混凝土结构设计规范》（GB 50010—2010）规定，最外层钢筋混凝土最小保护层厚度取30mm，受力钢筋保护层厚度不应小于钢筋直径，考虑采用ϕ8箍筋，因此受力钢筋保护层厚度取35mm。

所选择的受力钢筋估计20mm左右，钢筋暂按一排考虑，因此受力钢筋合力点至混凝土边缘距离取：

$$a_s = a'_s = 35 + \frac{20}{2} = 45\text{mm}。$$

界限破坏时的N_b计算：

上柱：$h_0 = 400 - 45 = 355\text{mm}$

$N_b = \alpha_1 f_c b \xi_b h_0 = 1.0 \times 11.9 \times 400 \times 0.55 \times 355 = 929.39\text{kN}$

下柱：$h_0 = 1000 - 45 = 955\text{mm}$

下柱：$\xi_b h_0 = 0.55 \times 955 = 525.25\text{mm} > h'_f = 160\text{mm}$，故界限破坏是受压区在在腹板范围内。

所以，有

$$\begin{aligned} N_b &= \alpha_1 f_c [(b'_f - b)h'_f + b\xi_b h_0] \\ &= 1.0 \times 11.9 \times [(400 - 120) \times 120 + 120 \times 0.55 \times 955] \\ &= 1283.18\text{kN} \end{aligned}$$

上柱高3.5m，下柱高7.85m，总高11.35m，柱截面几何特征见表2-9，按表2-14确定柱的计算长度。

排架方向：

当考虑吊车荷载时，有

上柱：$l_u = 2.0H_u = 2.0 \times 3.5 = 7.0\text{m}$

下柱：$l_l = 1.0H_l = 7.85\text{m}$

当不考虑吊车荷载时，有

上柱：$l_u = 2.0H_u = 2.0 \times 3.5 = 7.0\text{m}$

下柱：$l_l = 1.25H = 1.25 \times 11.35 = 14.19\text{m}$

垂直于排架方向（按无柱间支撑）：

当考虑吊车荷载时，有

上柱：$l_u = 1.5H_u = 1.5 \times 3.5 = 5.25\text{m}$

下柱：$l_l = 1.0H_l = 7.85\text{m}$

当不考虑吊车荷载时，有

上柱：$l_u = 1.5H_u = 1.5 \times 3.5 = 5.25\text{m}$

下柱：$l_l = 1.2H = 1.2 \times 11.35 = 13.62\text{m}$

（二）控制截面最不利内力选取

本设计采用对称配筋，选取内力时，只考虑弯矩绝对值。柱的纵向钢筋按控制截面上的M、N进行计算，为减少计算工作量，对内力组合确定的不利内力进行取舍。取舍原则：对大偏压，M相等或接近时，取N小者；N相等或接近时，M取大者。对小偏压：M相等或接近时，取N大者；N相等或接近时，M取大者。无论什么情况N相等或接近时，M取大者。

对称配筋大小偏心受压的判断方法：当$e_i>0.3h_0$且$N\leqslant N_b$可判断为大偏心受压，其他情况可判断为小偏心受压。当$e_i<0.3h_0$且$N\leqslant N_b$可判断为小偏心受压，此组内力在偏心受压承载力验算时不起控制作用。初始偏心距$e_i=e_0+e_a$，$e_0=\eta_s M_0/N$，η_s为偏心距增大系数。附加偏心距e_a取20mm与1/130偏心方向截面尺寸的较大值，上柱e_a取20mm，下柱e_a取33.3mm。由于初步判别时偏心距增大系数η_s（$\eta_s\geqslant 1.0$）是未知的，可假设$\eta_s=1.0$。

上柱配筋按Ⅰ—Ⅰ截面不利内力计算。下柱配筋不变，按Ⅱ—Ⅱ、Ⅲ—Ⅲ截面不利内力计算，按上述取舍原则对Ⅱ—Ⅱ、Ⅲ—Ⅲ截面内力比较发现，Ⅱ—Ⅱ截面弯矩较小，因此Ⅱ—Ⅱ内力不起控制作用（这不是绝对的，应根据具体工程情况分析对比才能确定）。因此下柱按Ⅲ—Ⅲ截面内力配筋计算。对基本组合的不利内力取舍见表2-19。

表2-19　A柱配筋计算最不利内力取舍

截面	序号	是否有吊车荷载参与组合	M_0 (kN·m)	N (kN)	N_b (kN)	$e_0=M_0/N$ (mm)	e_a (mm)	$e_i=e_0+e_a$ (mm)	$0.3h_0$ (mm)	初步判别大小偏心	取舍
上柱Ⅰ—Ⅰ	1	是	102.47	421.40	929.39	243.2	20.00	263.2	106.5	大偏心	取
	2	是	−75.15	321.77		233.6		253.6		大偏心	舍
	3	是	60.77	469.67		129.4		149.4		大偏心	舍
	4	是	98.68	321.77		306.7		326.7		大偏心	取
下柱Ⅲ—Ⅲ	1	是	496.86	942.02	1283.18	527.4	33.30	560.7	286.5	大偏心	取
	2	是	−433.02	568.04		762.3		795.6		大偏心	舍
	3	是	302.05	1249.94		241.7		275.0		小偏心	取
	4	是	436.72	410.82		1063.0		1096.3		大偏心	取

注：Ⅰ—Ⅰ截面：大偏心受压第2、4项N相等取M大者；第3项与第1项N相近取M大者。$N<N_b$，按轴心受压验算时选第3项最大轴力。

Ⅲ—Ⅲ截面：大偏压受压第2、4项对比，M接近时，取N小者；按轴心受压验算时选第3项最大轴力。

（三）上柱配筋计算

矩形截面$b\times h=400\text{mm}\times 400\text{mm}$［见图2—83（$a$）］，$N_b=929.39\text{kN}$，$l_{0x}=7.0\text{m}$，$l_{0y}=5.25\text{m}$。

$$a_s=a_s'=45\text{mm},\ h_0=400-45=355\text{mm}$$

1. 按第1组不利内力配筋计算

$$M_0=M=102.47\text{kN}\cdot\text{m},\ N=421.40\text{kN}$$

$$e_0=M_0/N=102.47/421.40=0.243\text{m}=243\text{mm}$$

e_a取$h/30$和20mm中的大值，故取20mm。

$$e_i=e_0+e_a=243+20=263\text{mm}$$

考虑挠度的二阶效应对偏心距的影响，则

$$\zeta_c=\frac{0.5f_cA}{N}=\frac{0.5\times 11.9\times 160\times 10^3}{421.40\times 10^3}=2.26>1$$

取 $\zeta_c=1$。

$$\eta_s=1+\frac{1}{1500\frac{e_i}{h_0}}\left(\frac{l_0}{h}\right)^2\zeta_c=1+\frac{1}{1500\times\frac{263}{355}}\left(\frac{7000}{400}\right)^2\times1.0=1.28$$

$$M=\eta_s M_0=1.28\times102.47=131.16\text{kN}\cdot\text{m}$$

$$e_i=e_0+e_a=\frac{M}{N}+e_a=\frac{131.16\times10^6}{421.40\times10^3}+20=331.25\text{mm}$$

由于 $e_i=e_0+e_a=331.25\text{mm}>0.3h_0=106.5\text{mm}$ 且 $N<N_b$，因此按大偏压计算。

$$e=e_i+\frac{h}{2}-a_s=331.25+\frac{400}{2}-45=486.25\text{mm}$$

$$x=\frac{N}{\alpha_1 f_c b}=\frac{421.40\times10^3}{1.0\times11.9\times400}=88.53\text{mm}$$

由于 $x=88.53\text{mm}<\xi_b h_0=0.55\times355=195.25\text{mm}$ 且 $x<2a_s'=90\text{mm}$，故取 $x=2a_s'$对受压区合力点写力矩，求钢筋面积。

竖向力至受压区合力点距离：

$$e'=e_i-\frac{h}{2}+a_s'=331.25-\frac{400}{2}+45=176.25\text{mm}$$

$$A_s=A_s'=\frac{Ne'}{f_y'(h_0-a_s')}=\frac{421.40\times10^3\times176.25}{300\times(355-45)}=798.62\text{mm}^2$$

2. 按第4组不利内力配筋计算

$M_0=M=98.68\text{kN}\cdot\text{m}$，$N=321.77\text{kN}$

$e_0=M_0/N=98.68/321.77=0.307\text{m}=307\text{mm}$，$e_a$ 取 20mm。

$e_i=e_0+e_a=307+20=327\text{mm}$

考虑挠度的二阶效应对偏心距的影响，则

$$\zeta_c=\frac{0.5f_cA}{N}=\frac{0.5\times11.9\times160\times10^3}{321.77\times10^3}=2.96>1$$

取 $\zeta_c=1$。

$$\eta_s=1+\frac{1}{1500\frac{e_i}{h_0}}\left(\frac{l_0}{h}\right)^2\zeta_c=1+\frac{1}{1500\times\frac{327}{355}}\left(\frac{7000}{400}\right)^2\times1.0=1.22$$

$$M=\eta_s M_0=1.22\times98.68=120.39\text{kN}\cdot\text{m}$$

$$e_i=e_0+e_a=\frac{M}{N}+e_a=\frac{120.39\times10^6}{321.77\times10^3}+20=394.15\text{mm}$$

由于 $e_i=e_0+e_a=394.15\text{mm}>0.3h_0=106.5\text{mm}$ 且 $N<N_b$，因此按大偏压计算。

$x=\dfrac{N}{\alpha_1 f_c b}=\dfrac{321.77\times10^3}{1.0\times11.9\times400}=67.60<\xi_b h_0=0.55\times355=195.25\text{mm}$ 且 $x<2a_s'=90\text{mm}$

故取 $x=2a_s'$对受压区合力点写力矩，求钢筋面积。

竖向力至受压区合力点距离：

$$e'=e_i-\frac{h}{2}+a_s'=394.15-\frac{400}{2}+45=239.15\text{mm}$$

$$A_s=A_s'=\frac{Ne'}{f_y'(h_0-a_s')}=\frac{321.77\times10^3\times239.15}{300\times(355-45)}=827.43\text{mm}^2$$

3. 选择钢筋及配筋率验算

上柱截面选定 A_s、A_s'分别为 3 ⌀ 22，$A_s=A_s'=1140\text{mm}^2$。配筋情况如图 2-99（a）所示。

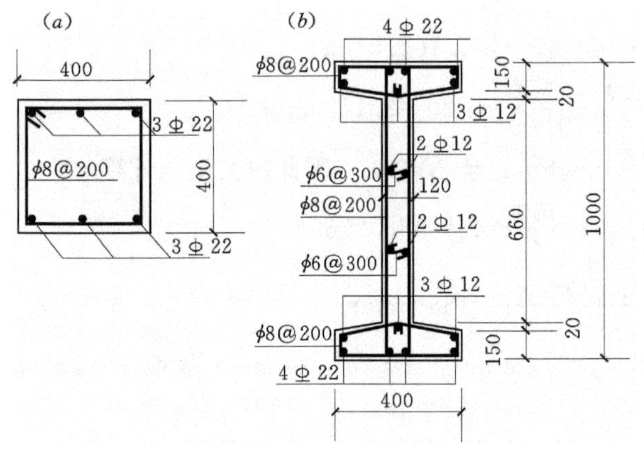

图 2-99　A、C 轴柱的配筋详图

（a）上柱配筋详图；（b）下柱配筋详图

按一侧受力钢筋验算最小配筋率：

$$\frac{A_s}{A}=\frac{1140}{160\times10^3}=0.71\%>0.2\%$$

满足要求。

按全部纵向受力钢筋验算最小配筋率：

$$\frac{\sum A_s}{A}=\frac{1140\times2}{160\times10^3}=1.425\%>0.6\%$$

满足要求。

按全部纵向钢筋验算最大配筋率：

$$\frac{\sum A_s}{A}=1.425\%<5\%$$

满足要求。

4. 垂直于排架方向承载力验算

按Ⅰ-Ⅰ最大轴力 $N_{max}=469.67\text{kN}$ 验算轴心受压承载力。

$l_{0y}/b=5.25/0.4=13.13$，查《混凝土结构设计原理》教材中关于轴心受压稳定系数表，按线性插入法，有

$$\varphi=\frac{0.92-0.95}{14-12}\times(13.13-12)+0.95=0.93$$

$$\begin{aligned}N_u&=0.9\varphi(f_cA_c+f'_yA'_s)\\&=0.9\times0.93\times[11.9\times(160000-1140\times2)+300\times1140\times2]\\&=2143.4\text{kN}>N_{max}=469.67\text{kN}\end{aligned}$$

所以垂直于排架方向的承载力满足要求。

结论：上柱截面选定 A_s、A_s'分别为 3 ⌀ 22 能够满足上柱承载力和构造要求。

(四) 下柱截面的配筋计算

工字形截面 I：$b'_fhh'_f=400\text{mm}\times1000\text{mmm}\times160\text{mm}$［见图 2-83（$c$）］，$N_b=1283.18\text{kN}$，$l_{0x}=l_{0y}=7.85\text{m}$，$a_s=a_s'=45\text{mm}$，$h_0=1000-45=955\text{mm}$。

1. 按第 1 组不利内力配筋计算

$$M_0=M=496.86\text{kN}\cdot\text{m},\ N=942.02\text{kN}$$

$$e_0=M_0/N=496.86/942.02=0.527\text{m}=527\text{mm}$$

e_a 取 $h/30$ 和 20mm 中的大值，故取 $h/30=33.3\text{mm}$。

$$e_i=e_0+e_a=527+33.3=560.3\text{mm}$$

考虑挠度的二阶效应对偏心距的影响，则

$$\zeta_c=\frac{0.5f_cA}{N}=\frac{0.5\times11.9\times209.6\times10^3}{942.02\times10^3}=1.32>1$$

取 $\zeta_c=1$。

$$\eta_s=1+\frac{1}{1500\frac{e_i}{h_0}}\left(\frac{l_0}{h}\right)^2\zeta_c=1+\frac{1}{1500\times\frac{560.3}{955}}\left(\frac{7850}{1000}\right)^2\times1.0=1.07$$

$$M=\eta_s M_0=1.07\times496.86=531.64\text{kN}\cdot\text{m}$$

$$e_i=e_0+e_a=\frac{M}{N}+e_a=\frac{531.64\times10^6}{942.02\times10^3}+33.3=597.66\text{mm}$$

由于 $e_i=e_0+e_a=597.66\text{mm}>0.3h_0=286.5\text{mm}$ 且 $N<N_b=1283.18\text{kN}$，因此按大偏压计算，则有

$$x=\frac{N}{\alpha_1 f_c b'_f}=\frac{942.02\times10^3}{1.0\times11.9\times400}=197.90\text{mm}>h'_f=160\text{mm}$$

此时中和轴在腹板内，重新求 x。

$$x=\frac{N-\alpha_1 f_c h'_f(b'_f-b)}{\alpha_1 f_c b}$$

$$=\frac{942.02\times10^3-1.0\times11.9\times160\times(400-120)}{1.0\times11.9\times120}$$

$$=286.34\text{mm}$$

$$x=286.34\text{mm}<\xi_b h_0=0.55\times955=525.25\text{mm} \text{ 且 } x>2a'_s=90\text{mm}$$

$$e=e_i+\frac{h}{2}-a_s=597.66+\frac{1000}{2}-45=1052.66\text{mm}$$

$$A_s=A'_s=\frac{Ne-\alpha_1 f_c\left[bx(h_0-x/2)+(b'_f-b)h'_f\left(h_0-\frac{h'_f}{2}\right)\right]}{f'_y(h_0-a'_s)}$$

$$=\frac{942.02\times10^3\times1052.66-1.0\times11.9\times\begin{bmatrix}120\times286.34\times(955-286.34/2)\\+(400-120)\times160\times(955-160/2)\end{bmatrix}}{300\times(955-45)}$$

$$=707.67\text{mm}^2$$

2. 按第 3 组不利内力计算

$$M_0=M=302.05\text{kN}\cdot\text{m},\quad N=1249.94\text{kN}$$

$$e_0=M_0/N=302.05/1249.94=0.242\text{m}=242\text{mm}$$

$$e_a=33.3\text{mm}$$

$$e_i=e_0+e_a=242+33.3=275.3\text{mm}$$

考虑挠度的二阶效应对偏心距的影响：

$$\zeta_c=\frac{0.5f_cA}{N}=\frac{0.5\times11.9\times209.6\times10^3}{1249.94\times10^3}=0.998$$

$$\eta_s=1+\frac{1}{1500\frac{e_i}{h_0}}\left(\frac{l_0}{h}\right)^2\zeta_c=1+\frac{1}{1500\times\frac{275.3}{955}}\left(\frac{7850}{1000}\right)^2\times0.998=1.14$$

$$M=\eta_s M_0=1.14\times302.05=344.34\text{kN}\cdot\text{m}$$

$$e_i=e_0+e_a=\frac{M}{N}+e_a=\frac{344.34\times10^6}{1249.94\times10^3}+33.3=308.82\text{mm}$$

由于 $e_i=e_0+e_a=308.82\text{mm}>0.3h_0=286.5\text{mm}$ 且 $N<N_b=1283.18\text{kN}$，因此按大偏压计算。

$$e=e_i+\frac{h}{2}-a_s=66.1+\frac{1000}{2}-45=521.1\text{mm}$$

由于 N 较大，假设受压区在腹板范围。

$$x=\frac{N-\alpha_1 f_c h'_f(b'_f-b)}{\alpha_1 f_c b}$$

$$=\frac{1249.94\times10^3-1.0\times11.9\times160\times(400-120)}{1.0\times11.9\times120}$$

$$=501.97\text{mm}>h'_f=160\text{mm}$$

故计算正确。

$$x=501.97\text{mm}<\xi_b h_0=0.55\times955=525.25\text{mm 且 } x>2a'_s=90\text{mm}$$

$$e=e_i+\frac{h}{2}-a_s=308.82+\frac{1000}{2}-45=763.82\text{mm}$$

$$A_s=A'_s=\frac{Ne-\alpha_1 f_c\left[bx\left(h_0-\frac{x}{2}\right)+(b'_f-b)h'_f\left(h_0-\frac{h'_f}{2}\right)\right]}{f'_y(h_0-a'_s)}$$

$$=\frac{1249.94\times10^3\times763.82-1.0\times11.9\times\begin{bmatrix}120\times501.97\left(955-\frac{501.97}{2}\right)\\+(400-120)\times160\times\left(955-\frac{160}{2}\right)\end{bmatrix}}{300\times(955-45)}<0$$

说明此组内力不起控制作用。

3. 按第 4 组不利内力配筋计算

$$M_0=M=436.72\text{kN}\cdot\text{m},N=410.82\text{kN}$$

$$e_0=M_0/N=436.72/410.82=1.063\text{m}=1063\text{mm}$$

$$e_a=33.3\text{mm},e_i=e_0+e_a=1063+33.3=1096.3\text{mm}$$

考虑挠度的二阶效应对偏心距的影响：

$$\zeta_c=\frac{0.5f_cA}{N}=\frac{0.5\times11.9\times209.6\times10^3}{410.82\times10^3}=3.04>1\text{，取 }\zeta_c=1\text{。}$$

$$\eta_s=1+\frac{1}{1500\frac{e_i}{h_0}}\left(\frac{l_0}{h}\right)^2\zeta_c=1+\frac{1}{1500\times\frac{1096.3}{955}}\left(\frac{7850}{1000}\right)^2\times1.0=1.04$$

$$M=\eta_s M_0=1.04\times436.72=454.19\text{kN}\cdot\text{m}$$

$$e_i=e_0+e_a=\frac{M}{N}+e_a=\frac{454.19\times10^6}{410.82\times10^3}+33.3=1138.87\text{mm}$$

由于 $e_i=e_0+e_a=1138.87\text{mm}>0.3h_0=286.5\text{mm}$ 且 $N<N_b=1283.18\text{kN}$，因此按大偏压计算。

$$x=\frac{N}{\alpha_1 f_c b'_f}=\frac{410.82\times10^3}{1.0\times11.9\times400}=86.3<h'_f=160\text{mm}\text{，此时中和轴在翼缘内。}$$

由于 $x<2a'_s=90\text{mm}$，故取 $x=2a'_s$ 对受压区合力点写力矩，求钢筋面积。

纵向力至受压区合力点距离：

$$e'=e_i-\frac{h}{2}+a'_s=1138.87-\frac{1000}{2}+45=683.87\text{mm}$$

$$A_s=A'_s=\frac{Ne'}{f'_y(h_0-a'_s)}=\frac{410.82\times10^3\times683.87}{300\times(955-45)}=1029.11\text{mm}^2$$

4. 选择钢筋及配筋率验算

经下柱配筋选 4 Φ 22，$A_s=A'_s=1520\text{mm}^2$。满足上述计算要求。配筋情况见图 2－99

(*b*)，构造钢筋共 10 ⌀ 12，面积 $A_1=1131\text{mm}^2$。

按一侧受力钢筋验算最小配筋率：

$$\frac{A_s}{A}=\frac{1520}{209.6\times10^3}=0.725\%>0.2\%$$

满足要求。

按全部纵向受力钢筋验算最小配筋率：

$$\frac{\sum A_s}{A}=\frac{1520\times2}{209.6\times10^3}=1.45\%>0.6\%$$

满足要求。

按全部纵向钢筋验算最大配筋率：

$$\frac{\sum A_s}{A}=\frac{A_s+A_s'+A_1}{A}=\frac{2\times1520+1131}{209.6\times10^3}=1.98\%<5\%$$

满足要求。

5. 垂直于排架方向承载力验算

按Ⅲ-Ⅲ截面最大轴力 $N_{max}=1229.94\text{kN}$ 验算轴心受压承载力：

$$l_{0y}=7.85\text{m},\ i_y=92.8\text{mm},\ \frac{l_{0y}}{i_y}=\frac{7.85\times10^3}{92.8}=84.59$$

查《混凝土结构设计原理》教材中关于轴心受压稳定系数，按线性插入法：

$$\varphi=\frac{0.6-0.65}{90-83}(84.59-83)+0.65=0.64$$

$$N_u=0.9\times0.64\times[11.9\times(209.6\times10^3-1520\times2)+300\times1520\times2]$$

$$=1941.2\text{kN}>N_{max}=1229.94\text{kN}$$

满足要求。

结论：下柱截面选定 A_s、A_s'分别为 4 ⌀ 22 能够满足下柱承载力和构造要求。

（五）柱裂缝宽度验算

《混凝土结构设计规范》(GB 50010—2010) 规范规定，在荷载准永久组合下 $e_0=M_q/N_q\geqslant0.55h_0$，需要进行裂缝宽度验算。上柱，$0.55h_0=195.25\text{mm}$；下柱，$0.55h_0=525.25\text{mm}$。各截面偏心距为（参见表 2-18 中准永久组合）：

Ⅰ-Ⅰ截面：$e_0=\frac{M_q}{N_q}=\frac{23.6\text{kN}\cdot\text{m}}{334.37\text{kN}}=0.071\text{m}=71\text{mm}<195.25\text{mm}$

Ⅱ-Ⅱ截面：$e_0=\frac{M_q}{N_q}=\frac{66.48\text{kN}\cdot\text{m}}{378.17\text{kN}}=0.176\text{m}=176\text{mm}<525.25\text{mm}$

Ⅲ-Ⅲ截面：$e_0=\frac{M_q}{N_q}=\frac{24.50\text{kN}\cdot\text{m}}{410.82\text{KN}}=0.060\text{m}=60\text{mm}<525.25\text{mm}$

因此，各截面均不需进行裂缝宽度验算。

（六）柱箍筋配置

非地震地区单层厂房柱，其箍筋一般由构造要求来控制。根据构造要求，上柱及下柱矩形截面部分箍筋采用 $\phi8$@200 箍筋，下柱工字形截面部分箍筋采用 $\phi8$@250，详见图2-107。

六、牛腿设计

1. 截面尺寸的确定（见图 2-100）

牛腿所受到的竖向力包括吊车对排架柱产生的最大压力，及吊车梁、轨道和零件自重。

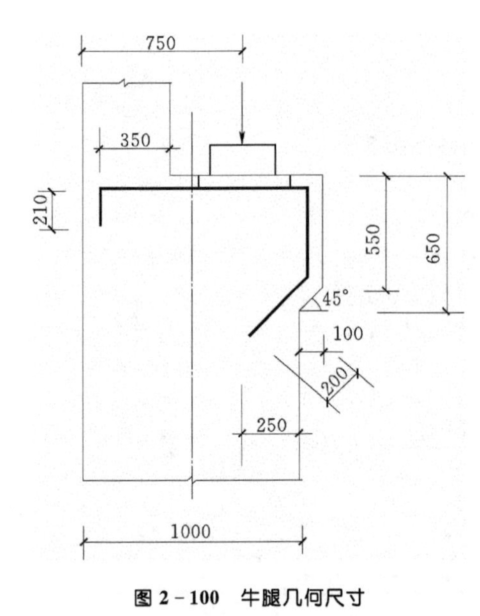

图 2-100 牛腿几何尺寸

$F_{vk}=D_{\max,k}+G_{3,k}=515.48+43.8=559.64\text{kN}$

吊车梁翼缘与上柱连接，吊车水平荷载直接传给上柱，所以 $F_{hk}=0$。

根据牛腿裂缝控制要求：

$$F_{vk}\leqslant\beta\left(1-0.5\frac{F_{hk}}{F_{vk}}\right)\frac{f_{tk}bh_0}{0.5+\dfrac{a}{h_0}}$$

F_{vk}作用点：$a=-250+20=-230\text{mm}$，位于牛腿内取 $a=0$，故

$$F_{vk}\leqslant\beta\frac{f_{tk}bh_0}{0.5}$$

β为裂缝控制系数，支承吊车梁牛腿 $\beta=0.65$。

C25 混凝土 $f_{tk}=1.78\text{N/mm}^2$，则

$$h_0=\frac{0.5F_{vk}}{\beta f_{tk}b}=\frac{0.5\times559.64\times10^3}{0.65\times1.78\times400}=604.6\text{mm}$$

牛腿顶纵筋保护层厚度取 30mm，纵筋合力点距混凝土近边距离 a_s 取 40mm。

$$h=h_0+a_s=604.6+40=644.6\text{mm}$$

取 $h=650\text{mm}$。

2. 牛腿配筋计算

由于 $F_{hs}=0$，F_{vs} 作用点位于牛腿内，故牛腿纵筋按构造配置。最小配筋率 $\rho_{\min}$ 取 0.2%及 $0.45f_t/f_y=0.45\times1.27/300=0.19\%$中的较大值，因此 $\rho_{\min}$取 0.2%。

按最小配筋率计算的纵筋面积：

$$A_s\geqslant\rho_{\min}bh=0.2\%\times400\times650=520\text{mm}$$

取 4ϕ14HRB335 级钢筋，$A_s=615\text{mm}^2$，符合要求。

按最大配筋率计算的纵筋面积：

$$A_s\leqslant\rho_{\max}bh=0.6\%\times400\times650=1560\text{mm}^2$$

符合要求。

纵筋锚固长度

$$l_a=\alpha\frac{f_y}{f_t}d=0.14\times\frac{300}{1.27}\times d=33.07d=463\text{mm}$$

上柱截面宽度为 400mm，故不满足要求，可采用 90°弯折的锚固方式，水平段长度取 $350\text{mm}>0.4l_a=185.2\text{mm}$，弯折长度取 $15d=210\text{mm}$，总锚固长度 $l=350+210=560\text{mm}>l_a=463\text{mm}$。符合要求，如图 2-100 所示。

箍筋选用 ϕ8@100。由于 $a=0$，故不设弯筋。

3. 吊车梁下局部受压验算

垫板取 400mm×400mm，$\delta=10$，吊车梁宽 300mm，根据式（2-32）：

$$\frac{F_{vk}}{A}=\frac{559.64\times10^3}{300\times400}=4.66\text{N/mm}^2<0.75f_c=0.75\times11.9=8.925\text{N/mm}^2$$

满足要求。

4. 吊车梁上翼缘与上柱内侧的连接设计

锚筋选择 4ϕ10 的 HPB300 级钢筋（如图 2－101 所示），$A_s=314\text{mm}^2$，则

$$T_{\max}=18.58\times1.4=26.01\text{kN}$$

根据式（2－33）：

$$\begin{aligned}0.8\alpha_b f_y A_s &= 0.8\times(0.6+0.25\times t/d)\,f_y A_s\\ &=0.8\times(0.6+0.25\times10/10)\times270\times314\\ &=57.65\text{kN}>T_{\max}\end{aligned}$$

锚筋面积满足要求。

锚筋预埋长度的确定：

$$l_a=\alpha\frac{f_y}{f_t}d=0.16\times\frac{270}{1.27}d=34.02d=34.02\times10=340.2\text{mm}$$

取 350mm，锚筋端部做弯钩。

锚板采用 Q345 级钢，锚板厚度应根据受力情况确定，且不小于锚筋直径 60%，受拉和受弯预埋件的锚板厚度尚宜大于 $b/8$，b 为锚筋间距，本设计锚板厚度取 14mm，符合要求。锚筋与锚板采用 T 形焊接，焊缝高度应根据计算确定，取 8mm。

七、柱吊装验算

柱混凝土强度达到设计强度的 100%起吊，采用翻身起吊，帮扎起吊点设在牛腿下部，单点起吊。计算简图如图 2－102 所示。

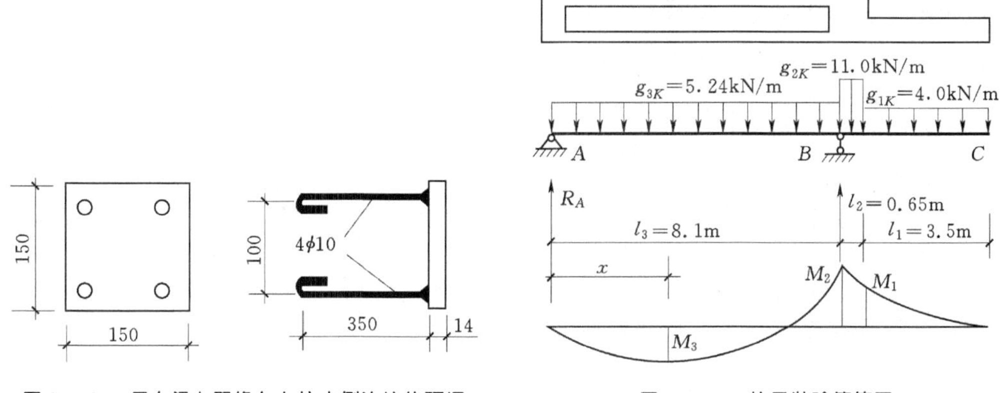

图 2－101　吊车梁上翼缘与上柱内侧连接的预埋　　图 2－102　柱吊装验算简图

1. 柱的长度确定

在确定排架计算简图中，已定出柱从基础顶面至柱顶的长度为 11.35m，现要确定排架柱插入杯口的深度。

柱插入杯口的深度：按表 2－15 取 900mm；按钢筋锚固长度 $l_a=33.07\times22=727.54\text{mm}$；假定柱长 $11.35+0.9=12.25\text{m}$；插入杯口的深度 $h_1\geqslant0.05\times$柱长$=0.05\times12.25=0.613\text{m}$。因此，柱插入杯口的长度取 900mm 满足要求。排架柱的总长度为 12.25m。

柱高±0.00 以上 200mm 至牛腿以下 200mm 范围内做成工字形。

2. 柱吊装验算的荷载

柱吊装验算的荷载为柱自重，荷载标准值如下（见图 2－102）：

上柱：$g_{1K}=4.0\text{kN/m}$

牛腿部分：$g_{2K}=0.4\times1.1\times25=11.0\text{kN/m}$

下柱：$g_{3K}=5.24\text{KN/m}$

本设计考虑动力系数 $\mu=1.5$，荷载分项系数 $\gamma_G=1.35$。当自重对结构分析有利时，动力系数及荷载分项系数均取 1.0。

3. 标准组合内力设计值

各控制截面标准组合内力设计值计算，只考虑动力系数 $\mu=1.5$。

（1）上柱底 M_{1K}、下柱牛腿根部（吊点）M_{2K} 计算。

上柱底：$$M_{1K}=\frac{1}{2}\mu g_{1K}l_1^2=\frac{1}{2}\times1.5\times4.0\times3.5^2=36.75\text{kN}\cdot\text{m}$$

下柱牛腿根部（吊点）：

$$\begin{aligned}M_{2K}&=\frac{1}{2}\mu g_{1K}(l_1+l_2)^2+\frac{1}{2}\mu(g_{2K}-g_{1K})l_2^2\\&=\frac{1}{2}\times1.5\times4.0\times(3.5+0.65)^2+\frac{1}{2}\times1.5\times(11.0-4.0)\times0.65^2\\&=53.89\text{kN}\cdot\text{m}\end{aligned}$$

（2）下柱 M_{3K} 计算。上柱和牛腿部位动力系数 $\mu=1.0$，下柱部位动力系数 $\mu=1.5$。

由 $\sum M_B=R_Al_3+\dfrac{M_{2K}}{\mu}-\dfrac{1}{2}\mu g_{3K}l_3^2=0$，得

$$R_A=\frac{1}{2}\mu g_{3K}l_3-\frac{M_{2K}}{\mu l_3}=\frac{1}{2}\times1.5\times5.24\times8.1-\frac{53.89}{1.5\times8.1}=27.40\text{kN}$$

跨中最大弯矩 M_{3K} 所在位置：

$$x=\frac{R_A}{\mu g_{3K}}=\frac{27.40}{1.5\times5.24}=3.49\text{m}$$

$$M_{3K}=R_Ax-\frac{1}{2}\mu g_{3K}x^2=27.40\times3.49-\frac{1}{2}\times1.5\times5.24\times3.49^2=47.76\text{kN}\cdot\text{m}$$

4. 基本组合内力设计值

结构重要性系数 $\gamma_0=0.9$，动力系数 $\mu=1.5$，荷载分项系数 $\gamma_G=1.35$。

（1）上柱底弯矩设计值：

$$\gamma_0M_1=\gamma_0\gamma_GM_{1K}=0.9\times1.35\times36.75=44.65\text{kN}\cdot\text{m}$$

（2）下柱牛腿根部（吊点）弯矩设计值：

$$\gamma_0M_2=\gamma_0\gamma_GM_{2K}=0.9\times1.35\times53.89=65.48\text{kN}\cdot\text{m}$$

（3）下柱弯矩 M_3。上柱和牛腿部位动力系数 $\mu=1.0$，荷载分项系数 $\gamma_G=1.0$。

下柱部位：动力系数 $\mu=1.5$，荷载分项系数 $\gamma_G=1.35$。

$$g_3=\mu\gamma_Gg_{3K}=1.5\times1.35\times5.24=10.61\text{kN}\cdot\text{m}$$

由 $\sum M_B=R_Al_3+\dfrac{M_{2K}}{\mu}-\dfrac{1}{2}g_3l_3^2=0$，得

$$R_A=\frac{1}{2}g_3l_3-\frac{M_{2K}}{\mu l_3}=\frac{1}{2}\times10.61\times8.1-\frac{53.89}{1.5\times8.1}=38.54\text{kN}$$

跨中最大弯矩 M_3 所在位置：

$$x=\frac{R_A}{g_3}=\frac{38.54}{10.61}=3.63\text{m}$$

$$M_3=R_Ax-\frac{1}{2}g_3x^2=38.54\times3.63-\frac{1}{2}\times10.61\times3.63^2=70.00\text{kN}\cdot\text{m}$$

弯矩设计值：

$$\gamma_0 M_3 = 0.9 \times 70.00 = 63.00\text{kN} \cdot \text{m}$$

5. 柱起吊时受弯承载力验算

（1）上柱受弯承载力验算。上柱配筋为 A_s、A'_s 分别为 3 ⌀ 22，$A_s = A'_s = 1140\text{mm}^2$，按双筋截面计算：

$$M_u = f_y A_s (h_0 - a'_s) = 300 \times 1140 \times (355 - 45) = 106.02\text{kN} \cdot \text{m} > \gamma_0 M_1 = 44.65\text{kN} \cdot \text{m}$$

上柱截面受弯承载力满足要求。

（2）下柱受弯承载力验算。下柱截面配筋 A_s、A'_s 分别为 4 ⌀ 22，$A_s = A'_s = 1520\text{mm}^2$，按双筋截面计算：

$$M_u = f_y A_s (h_0 - a'_s) = 300 \times 1520 \times (955 - 45) = 414.96\text{kN} \cdot \text{m} > \gamma_0 M_2 = 65.48\text{kN} \cdot \text{m}$$

下柱截面受弯承载力满足要求。

6. 柱起吊时裂缝宽度验算

验算公式：$\omega_{\max} = \alpha_{cr} \psi \dfrac{\sigma_{sq}}{E_s} \left(1.9 c_s + 0.08 \dfrac{d_{eq}}{\rho_{te}} \right) \leqslant \omega_{\lim} = 0.2\text{mm}$

荷载准永久组合下弯矩设计值：

上柱底：$M_{1q} = M_{1K} = 36.75\text{kN} \cdot \text{m}$；下柱取牛腿根部：$M_{2q} = M_{2K} = 53.89\text{kN} \cdot \text{m}$

（1）上柱裂缝宽度验算。按准永久组合计算的钢筋应力：

$$\sigma_{sq} = \frac{M_{1q}}{0.87 A_s h_0} = \frac{36.75 \times 10^6}{0.87 \times 1140 \times 355} = 104.38\text{N/mm}^2$$

按有效受拉混凝土截面面积计算的纵向受拉钢筋配筋率：

$$\rho_{te} = \frac{A_s}{0.5bh} = \frac{1140}{0.5 \times 400 \times 400} = 0.014 > 0.01$$

符合要求。

裂缝间纵向受拉钢筋应变不均匀系数：

$$\psi = 1.1 - 0.65 \frac{f_{tk}}{\rho_{te} \sigma_{sk}} = 1.1 - 0.65 \frac{1.78}{0.014 \times 104.38} = 0.308 > 0.2 \text{ 且小于 } 1.0$$

符合要求。

最外层纵向受拉钢筋外边缘至受拉区底边的距离 $c_s = 35\text{mm}$。

受拉区纵向钢筋等效直径：

$$d_{eq} = \frac{\sum n_i d_i^2}{\sum n_i \nu_i d_i} = \frac{3 \times 22^2}{3 \times 1.0 \times 22} = 22\text{mm}$$

钢筋弹性模量：

$$E_s = 2.0 \times 10^5 \text{N/mm}^2$$

$$\begin{aligned}\omega_{\max} &= \alpha_{cr} \psi \frac{\sigma_{sq}}{E_s} \left(1.9 c_s + 0.08 \frac{d_{eq}}{\rho_{te}} \right) \\ &= 1.9 \times 0.308 \times \frac{104.38}{2.0 \times 10^5} \times \left(1.9 \times 35 + 0.08 \times \frac{22}{0.014} \right) \\ &= 0.06\text{mm} < \omega_{\lim} = 0.2\text{mm}\end{aligned}$$

上柱裂缝宽度验算符合要求。

（2）下柱裂缝宽度验算：

$$\sigma_{sq} = \frac{M_{2q}}{0.87 A_s h_0} = \frac{53.89 \times 10^6}{0.87 \times 1520 \times 955} = 42.67\text{N/mm}^2$$

$$\rho_{te}=\frac{A_s}{0.5bh}=\frac{1520}{0.5\times209.6\times10^3}=0.0145>0.01$$

符合要求。

$$\psi=1.1-0.65\frac{f_{tk}}{\rho_{te}\sigma_{sk}}=1.1-0.65\times\frac{1.78}{0.0145\times42.67}<0.2$$

取 0.2。

$c_s=35$mm。

$$d_{eq}=\frac{\sum n_i d_i^2}{\sum n_i \nu_i d_i}=\frac{4\times22^2}{4\times1.0\times22}=22\text{mm}$$

$$E_s=2.0\times10^5\text{N/mm}^2$$

$$\omega_{\max}=\alpha_{cr}\psi\frac{\sigma_{sq}}{E_s}\left(1.9c_s+0.08\frac{d_{eq}}{\rho_{te}}\right)$$

$$=1.9\times0.2\times\frac{42.67}{2.0\times10^5}\times\left(1.9\times35+0.08\times\frac{22}{0.0145}\right)$$

$$=0.015\text{mm}<\omega_{\lim}=0.2\text{mm}$$

下柱裂缝宽度验算符合要求。

结论：柱吊装验算符合要求。

八、柱下基础设计

以 A 柱基础为例，基础形式采用柱下独立杯形基础。

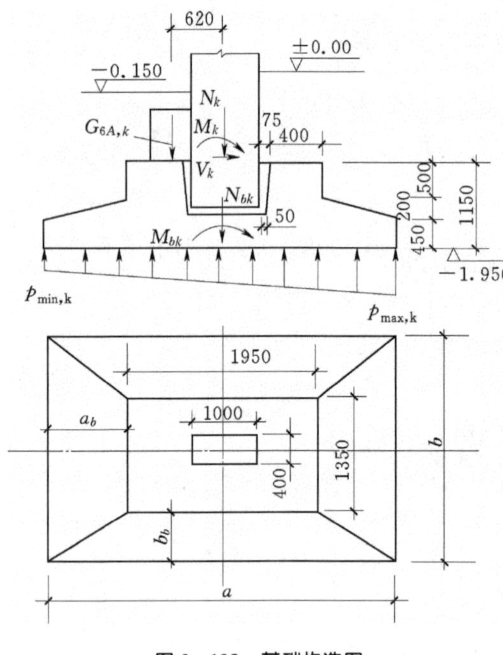

图 2-103 基础构造图

基础设计的内容包括：按地基承载力确定基础底面尺寸，按基础抗冲切和抗剪承载力要求确定基础高度。根据《建筑地基基础设计规范》（GB 50007—2011）的规定，6m 柱距单层多跨排架结构，地基承载力特征值 200kN/m² $\leqslant f_{ak}<$ 300kN/m²、吊车起重量 30～75t、厂房跨度 $l\leqslant$30m、设计等级为丙级时，可不做地基变形验算。因此，本设计不进行地基变形的验算。

基础材料选用：基础混凝土用 C25，钢筋为 HPB300 级，基础下垫层用 C10 混凝土。预制柱和基础之间用 C30 细石混凝土填充。

（一）按构造要求确定基础的高度尺寸

前面确定了预制柱插入基础的深度为 h_1 =900mm，柱底留 50mm 的间隙，柱子与杯口之间的空隙用 C30 细石混凝土填充。根据表 2-16 基础杯底厚度 a_1=200mm，杯壁厚度 t=400mm（满足基础梁支承宽度要求），则基础的高度为

$$h=h_1+a_1+50=900+200+50=1150\text{mm}$$

与前面假定的基础高度 1000mm 略有误差，可以满足计算要求。杯壁高度 h_2 按台阶下面的基础抗冲切条件确定，应尽量使得 h_2 大一些以减少基础混凝土的用量，初步确定

$h_2=500\text{mm}$，$t/h_2=0.8>0.75$，因此杯壁可不配筋。基础底面尺寸按地基承载力条件确定。基础的构造如图 2-103 所示。

（二）确定基础顶面上的荷载

作用于基础顶面上的荷载包括柱底（Ⅲ－Ⅲ截面）传至基础顶面的弯矩 M、轴力 N、剪力 V 及由基础梁传来的荷载。

柱底传至基础顶面 M、N、V 由内力组合表 2-18 中的Ⅲ-Ⅲ截面选取（见表 2-20）。内力标准组合用于确定基础底面尺寸，即地基承载力验算。内力基本组合用于基础首冲切承载力验算和基础底板配筋计算。内力正负号规定如图 2-102 所示。由基础梁传的基础顶面的永久荷载标准值 $G_{6A,k}=276.5\text{kN}$，对基础中心线的偏心距为 $e_6=620\text{mm}$（见图 2-102）。

表 2-20　基础设计时基础顶面不利内力选择

内力种类	荷载效应基本组合				荷载效应标准组合			
	第 1 组	第 2 组	第 3 组	第 4 组	第 1 组	第 2 组	第 3 组	第 4 组
M(kN·m)	496.86	−433.02	302.05	436.72	358.07	−302.96	218.92	318.28
N(kN)	942.02	568.04	1249.94	410.82	731.56	523.12	951.50	410.82
V(kN)	70.53	−45.74	40.17	68.75	51.93	−29.57	30.24	52.21

（三）基础底面尺寸确定

1. 地基承载力特征值的确定

根据设计任务书地基持力层承载力特征值 $f_{ak}=240\text{kN/m}^2$。按地基基础设计规范的要求，需要进行宽度和深度的修正。由于基础宽度较小（一般小于 3m），故仅考虑基础埋深的修正。经修正后的地基承载力特征值为：

$$f_a=f_{ak}+\eta_d\gamma_m(d-0.5)=240+1.6\times17.5\times(1.8-0.5)=276.4\text{kN/m}^2$$

$$1.2f_a=331.68\text{kN/m}^2$$

2. 换算到基础底面的弯矩和轴向力标准值

按荷载效应标准组合并考虑基础梁转来的荷载，各组内力传到基础底面的弯矩标准值 M_{bK} 和轴向力标准值 N_{bk}，如表 2-21 所示。

$$N_{b,k}=N_k+G_{6A,k}$$

$$M_{bk}=M_k+V_kh-G_{6A,k}e_6$$

表 2-21　按荷载效应标准组合传至基础底面的内力标准值

内力种类	第 1 组	第 2 组	第 3 组	第 4 组
M_k(kN·m)	358.07	−302.96	218.92	318.28
N_k(kN)	731.56	523.12	951.5	410.82
V_k(kN)	51.93	−29.57	30.24	52.21
N_{bk}（$=N_k+G_{6A,k}$）(kN)	1008.06	799.62	1228.00	687.32
M_{bk}（$=M_k+V_{kh}-G_{6A,k}e_6$）(kN·m)	246.36	−508.40	82.27	206.89

3. 按地基承载力确定基础底面尺寸

先按第 4 组内力标准值计算基础底面尺寸。

基础的平均埋深：

$$d=1.8+0.15/2=1.875\text{m}$$

按中心受压确定基础底面面积 A：

$$A=\frac{N_{bk}}{f_a-\gamma_G d}=\frac{1202.8}{265.4-20\times 1.875}=5.3\mathrm{m}^2$$

增大 25%，$1.2A=1.25\times 5.3=6.63\mathrm{m}^2$，所以取 $b=2.0\mathrm{m}$，$a=1.7b=3.4\mathrm{m}$。以上是初步估计的基础底面尺寸，还必须进行地基承载力验算。

基础底面面积：

$$A=a\times b=3.4\times 2=6.8\mathrm{m}^2$$

基础底面的抵抗矩：

$$W=\frac{1}{6}\times b\times a^2=\frac{1}{6}\times 2\times 3.4^2=3.85\mathrm{m}^3$$

基础和回填土的平均重力：

$$G_k=\gamma_m dA=20\times 1.875\times 6.8=255\mathrm{kN}$$

地基承载力验算应符合下列要求：

$$p_k=\frac{p_{\max,k}+p_{\min,k}}{2}\leqslant f_a(=276.4\mathrm{kN/m^2})$$

$$p_{\max,k}=\frac{N_{bk}+G_k}{A}+\frac{M_{bk}}{W_k}\leqslant 1.2f_a(=331.68\mathrm{kN/m^2})$$

$$p_{\min,k}\ \frac{N_{bk}+G_k}{A}-\frac{M_{bk}}{W_k}>0$$

在各组内力作用下，地基承载力验算如表 2-22 所示。

表 2-22　　地基承载力验算

内力种类	第1组	第2组	第3组	第4组
N_{bk}(kN)	1008.06	799.62	1228.00	687.32
M_{bk}(kN·m)	246.36	−508.40	82.27	206.89
$p_k=\frac{p_{\max,k}+p_{\min,k}}{A}$(kN·m)	185.74<276.4	155.09<276.4	218.09<276.4	138.58<276.4
$p_{\max,k}=\frac{N_{bk}+G_k}{A}+\frac{M_{bk}}{W_k}$(kN/m²)	249.73<331.68	287.14<331.68	239.46<331.68	192.31<331.68
$p_{\min,k}=\frac{N_{bk}+G_k}{A}-\frac{M_{bk}}{W_k}$(kN/m²)	121.75>0	23.04>0	196.72>0	84.84>0

经验算 2.0m×3.4m 的基础底面尺寸满足地基承载力要求。基础边缘高度取 450mm，大于 200mm，锥形基础斜面高度为 200mm，斜面水平长度 $a_b=725\mathrm{mm}$，坡度为 1∶3.6，小于允许坡度 1∶3。短边方向杯壁至基础边缘水平长度 $b_b=325\mathrm{mm}$，由于长度较小，也可不放坡（见图 2-103）。

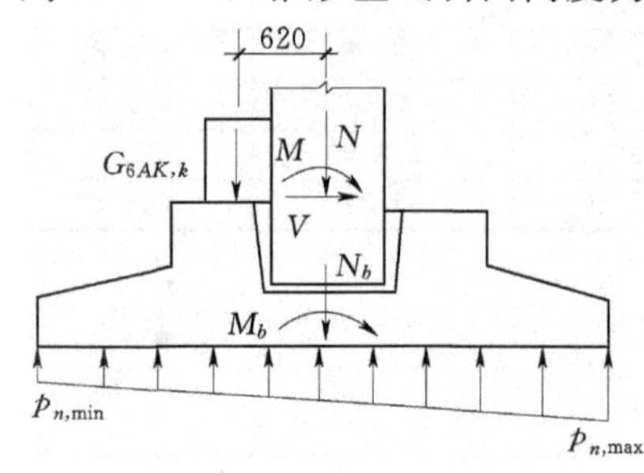

图 2-104　基础设计计算简图

(四) 基础设计

1. 换算到基础底面的弯矩和轴向力设计值

按荷载效应基本组合并考虑基础梁传来的荷载，如图 2-104 所示。各组内力传到基础底面的弯矩设计值 M_b 和轴向力设计值 N_b 如表 2-23 所示，$N_b=$

$N+1.2G_{6A,k}$；$M_b=M+Vh-1.2G_{6A,k}e_6$。

基础设计时采用地基净反力，不考虑基础及回填土自重。各组内力求出的地基净反力 p_n、$p_{n,\max}$及 $p_{n,\min}$如表 2-23 所示。其计算方法如下：

$$p_{n,\max}=\frac{N_b}{A}+\frac{M_b}{W};\quad p_{n,\min}=\frac{N_b}{A}-\frac{M_b}{W};\quad p_n=\frac{p_{n,\max}+p_{n,\min}}{2}$$

由于由于第 2 组内力求出的地基净反力 $p_{n,\min}<0$，$p_{n,\max}$应重新计算（见图 2-105）。

求合力偏心距：

$$e_n=\frac{M_b}{N_b}=\frac{691.36}{899.84}=0.768\text{m}$$

合力到最大压力边的距离：

$$K=0.5a-e_n=0.5\times3.4-0.768=0.932$$

根据力的平衡条件：

$$N_b=\frac{1}{2}p_{n,\max}3Kb$$

得

$$p_{n,\max}=\frac{2N_b}{3Kb}=\frac{2\times899.84}{3\times0.932\times2.0}=321.83\text{kN/m}^2$$

$$p_{n,\min}=0.0$$

$$p_n=\frac{p_{n,\max}+p_{n,\min}}{2}=\frac{321.83+0}{2}=160.92\text{kN/m}^2$$

表 2-23　按荷载效应基本组合传至基础底面的内力设计值及地基净反力

内力种类	第 1 组	第 2 组	第 3 组	第 4 组
M(kN·m)	496.86	−433.02	302.05	436.72
N(kN)	942.02	568.04	1249.94	410.82
V(kN)	70.53	−45.74	40.17	68.75
$N_b=N+1.2G_{6A,k}$(kN)	1273.82	899.84	1581.74	742.62
$M_b=M+Vh-1.2G_{6A,k}e_6$(kN·m)	372.25	−691.34	142.53	310.07
$p_{n,\max}=\frac{N_b}{A}+\frac{M_b}{W}$(kN/m²)	284.02	321.83	269.63	189.75
$p_{n,\min}=\frac{N_b}{A}-\frac{M_b}{W}$(kN/m²)	90.64	0.00	195.59	28.67
$p_n=\frac{p_{n,\max}+p_{n,\min}}{2}$(kN/m²)	187.33	160.92	232.61	109.21

2. 基础抗冲切承载力验算

冲切承载力按第 2 组荷载作用下地基最大净反力验算：$p_{n,\max}=346.12\text{kN/m}^2$。杯壁高度 $h_2=500$mm（见图 8-68）。因壁厚 $t=400$mm 加填充 75mm 共 475mm，小于杯壁高度 $h_2=500$mm，说明上阶底落在冲切破坏锥体以内，故仅需对台阶以下进行冲切承载力验算（见图 2-105）。

基础下设有垫层时，混凝土保护层厚度取 40mm。

冲切破坏锥体的有效高度：

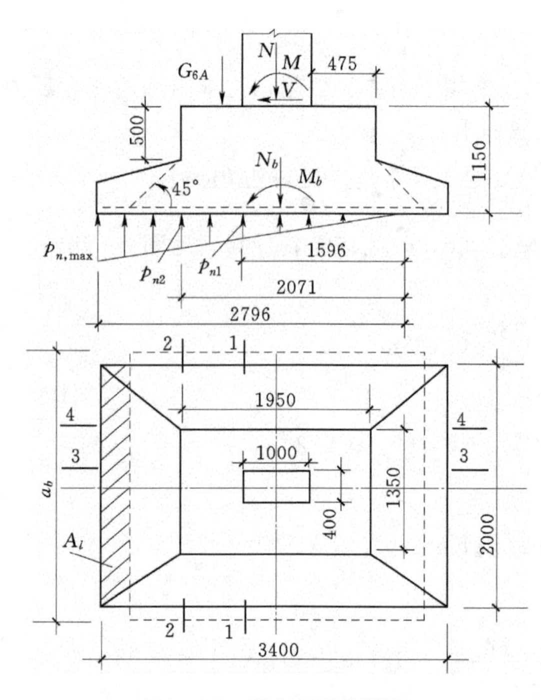

图 2-105 基础冲切计算简图

$h_0 = 1150 - 500 - 45 = 650 - 45 = 605\text{mm}$

冲切破坏锥体的最不利一侧上边长：

$$a_t = 400 + 2 \times 475 = 1350\text{mm}$$

冲切破坏锥体的最不利一侧下边长：

$$a_b = 1350 + 2 \times 605 = 2560\text{mm} > 2000\text{mm}$$

所以取 $a_b = 2000\text{mm}$。

$$a_m = \frac{a_t + a_b}{2} = \frac{1350 + 2000}{2} = 1675\text{mm}$$

考虑冲切荷载时的基础底面积近似为：

$$A_l = 2.0 \times \left(\frac{3.4}{2} - \frac{1.95}{2} - 0.605\right) = 0.24\text{m}^2$$

冲切力：

$$F_l = p_{n,\max} A_l = 321.83 \times 0.24 = 77.24\text{kN}$$

抗冲切力的计算：

$$h = 650\text{mm} < 800\text{mm}，\beta_{hp} = 1.0，f_t = 1.1\text{N/mm}^2$$

$$0.7\beta_{hp} f_t a_m h_0 = 0.7 \times 1.0 \times 1.1 \times 1675 \times 605 = 780.30\text{kN} > 77.24\text{kN}$$

所以抗冲切力满足要求。

3. 基础受剪承载力验算

基础底面宽度 2000mm 小于柱宽加两倍基础有效高度，即 $400 + 2 \times 1105 = 2610\text{mm}$。因此，需要对基础进行受剪承载力验算。验算位置为柱与基础交接处（1—1）、变阶处（2—2）截面，如图 2-105、图 2-106 所示。

第 2 组内力产生的基底净反力见图 2-105，第 1、3、4 组内力产生的基底净反力见图 2-106。

柱边、变阶处地基净反力计算方法：

第 1 组、第 3 组、第 4 组基地净反力：

$$p_{n1} = p_{n,\min} + \frac{2.2}{3.4}(p_{n,\max} - p_{n,\min})$$

$$p_{n2} = p_{n,\min} + \frac{2.575}{3.4}(p_{n,\max} - p_{n,\min})$$

第 2 组基地净反力：

$$p_{n1} = \frac{1.596}{2.796} p_{n,\max}$$

$$p_{n2} = \frac{2.071}{2.796} p_{n,\max}$$

柱边、变阶处地基净反力计算结果见表 2-24。

验算公式：$V_s \leqslant 0.7\beta_{hs} f_t A_0$ [见式 (2-43)]。

表 2-24 柱边及变阶处地基净反力计算

参 数	第 1 组	第 2 组	第 3 组	第 4 组
$p_{n,\max}$(kN/m²)	284.02	321.83	269.63	189.75
$p_{n,\min}$(kN/m²)	90.64	0.00	195.59	28.67
p_{n1}(kN/m²)	215.76	183.71	243.50	132.90
p_{n2}(kN/m²)	237.09	238.38	251.66	150.66
$\frac{p_{n,\max}+p_{n1}}{2}$(kN/m²)	249.89	252.77	256.56	161.32
$\frac{p_{n,\max}+p_{n2}}{2}$(kN/m²)	260.55	280.10	260.65	170.20
$\frac{p_{n,\max}+p_{n,\min}}{2}$(kN/m²)	187.33	160.92	232.61	109.21

1—1 截面受剪承载力验算。

截面有效高度：$h_0=1105\text{mm}$。

柱与基础交接处剪力设计值：

$$V_s = A\frac{p_{n,\max}+p_{n1}}{2} = 2.0\times(1.7-0.5)\times 256.56 = 615.74\text{kN}$$

受剪承载力截面高度影响系数：

$$\beta_{hs} = (800/h_0)^{1/4} = (800/1105)^{1/4} = 0.922$$

C20 混凝土抗拉强度设计值：$f_t = 1.1\text{N/mm}^2$。

截面有效宽度（见附录 C-3）：

$$b_{y0} = \frac{b_{y1}h_{01}+b_{y2}h_{02}}{h_{01}+h_{02}} = \frac{2000\times 605+1350\times 500}{605+500} = 1705.88\text{mm}$$

验算截面处基础的有效截面面积：

$$A_0 = b_{y0}h_0 = 1705.88\times 1105 = 188.5\times 10^4\text{mm}^2$$

受剪承载力验算 [见式 (2-43)]：

$$0.7\beta_{hs}f_tA_0 = 0.7\times 0.922\times 1.1\times 188.5\times 10^4 = 1338.24\text{kN} > V_s = 615.74\text{kN}$$

所以，1—1 截面验算受剪承载力满足要求。

2—2 截面受剪承载力验算。

截面有效高度：$h_0=605\text{mm}$。

变阶处剪力设计值：

$$V_s = A\frac{p_{n,\max}+p_{n2}}{2} = 2.0\times(1.7-0.5\times 1.95)\times 280.10 = 406.15\text{kN}$$

受剪承载力截面高度影响系数：

$$\beta_{hs} = (800/h_0)^{1/4} = (800/800)^{1/4} = 1.0$$

C20 混凝土抗拉强度设计值：$f_t = 1.1\text{N/mm}^2$。

截面有效宽度（见附录 C - 3）：

$$
\begin{aligned}
b_{y0} &= \left[1 - 0.5\frac{h_1}{h_0}\left(1 - \frac{b_{y2}}{b_{y1}}\right)\right]b_{y1} \\
&= \left[1 - 0.5 \times \frac{200}{605} \times \left(1 - \frac{1350}{2000}\right)\right] \times 2000 \\
&= 1892.56\text{mm}
\end{aligned}
$$

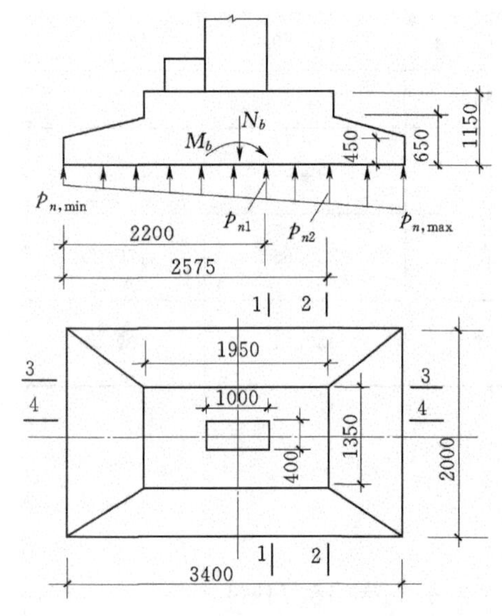

图 2 - 106　基础底板配筋计算简图

验算截面处基础的有效截面面积：

$A_0 = b_{y0}h_0 = 1892.56 \times 605 = 114.5 \times 10^4\text{mm}^2$

受剪承载力验算［见式（2 - 43）］：

$$
\begin{aligned}
0.7\beta_{hs}f_tA_0 &= 0.7 \times 1.0 \times 1.1 \times 114.5 \times 10^4 \\
&= 881.65\text{kN} > V_s = 406.15\text{kN}
\end{aligned}
$$

所以，2—2 截面验算受剪承载力满足要求。

结论：基础受剪承载力满足要求。

4. 基础底板的配筋计算

沿基础长边方向钢筋的计算分别按柱边（1—1 截面），变阶处（2—2 截面）两个截面计算。沿基础短边方向钢筋的计算，分别按柱边（3—3 截面），变阶处（4—4 截面）两个截面计算（见图 2 - 105、图 2 - 106）。

基础弯矩计算所用地基净反力计算，见表 2 - 24。

（1）基础底板沿长边方向钢筋的计算。

$$
\begin{aligned}
M_1 &= \frac{1}{24}\left(\frac{p_{n,\max} + p_{n1}}{2}\right)(a - a_c)^2(2b + b_c) \\
&= \frac{1}{24} \times 256.56 \times (3.4 - 1.0)^2(2 \times 2.0 + 0.4) \\
&= 270.92\text{kN} \cdot \text{m}
\end{aligned}
$$

$$h_{01} = 1150 - 45 = 1105\text{mm}$$

$$A_{s1} = \frac{M_1}{0.9f_yh_{01}} = \frac{270.92 \times 10^6}{0.9 \times 270 \times 1105} = 1008.96\text{mm}^2$$

$$
\begin{aligned}
M_2 &= \frac{1}{24}\left(\frac{p_{n,\max} + p_{n2}}{2}\right)(a - a_1)^2(2b + b_1) \\
&= \frac{1}{24} \times 280.10 \times (3.4 - 1.95)^2(2 \times 2.0 + 1.35) = 131.82\text{kN} \cdot \text{m}
\end{aligned}
$$

$$h_{02} = 650 - 45 = 605\text{mm}$$

$$A_{s2} = \frac{M_1}{0.9f_yh_{02}} = \frac{131.82 \times 10^6}{0.9 \times 270 \times 605} = 896.64\text{mm}^2$$

按最小配筋率 0.15％确定钢筋面积，计算截面详见附录 C - 3。

1—1 截面按最小配筋率 0.15％确定钢筋面积。

$$h_{01} = 650 - 45 = 605\text{mm}；h_{02} = 500\text{mm}$$

截面有效高度：

$$h_0 = h_{01} + h_{02} = 1105\text{mm}$$

截面有效宽度（见附录 C－3）：

$$b_{y0} = \frac{b_{y1}h_{01} + b_{y2}h_{02}}{h_{01} + h_{02}} = 1705.88\text{mm}$$

最小配筋面积：

$$A_{smin} = \rho_{min} b_{y0} h_0 = 0.15\% \times 1705.88 \times 1105 = 2827.5\text{mm}^2$$

2－2 截面按最小配筋率 0.15％确定钢筋面积。

截面有效高度：$h_0 = 605\text{mm}$。

截面有效宽度（见附录 C－3）：

$$b_{y0} = \left[1 - 0.5\frac{h_1}{h_0}\left(1 - \frac{b_{y2}}{b_{y1}}\right)\right]b_{y1} = 1892.56\text{mm}$$

最小配筋面积：

$$A_{smin} = \rho_{min} b_{y0} h_0 = 0.15\% \times 1892.56 \times 605 = 1717.50\text{mm}^2$$

因此，基础底板沿长边方向钢筋面积应按最大值 $A_{smax} = 2827.5\text{mm}^2$ 确定。按地基基础设计规范规定：钢筋直径不小于 $\phi 10$ 钢筋间距不大于 200mm，也不小于 100mm。因此本设计钢筋直径用 $\phi 14$，单根面积 $A_{s1} = 153.9\text{mm}^2$。

所需钢筋根数：

$$n = \frac{A_{smax}}{A_{s1}} = \frac{2827.5}{153.9} = 18.4 \text{ 根}$$

取 19 根。

钢筋间距：

$$s = \frac{2000 - 2 \times 40}{18} = 106.4\text{mm}$$

取 100mm。

基础底板沿长边方向的配筋为：$\phi 14$@100，共 20 根，符合设计要求。由于基础的长边方向大于 2.5m，因此，该方向钢筋长度边长 0.9 倍，即 $0.9 \times 3.4\text{m} = 3.06\text{m} = 3060\text{mm}$，并交错布置，钢筋可用同一编号。

（2）基础底板沿短边方向钢筋的计算。

$$M_3 = \frac{p_n}{24}(b - b_c)^2(2a + a_c) = \frac{232.61}{24}(2.0 - 0.4)^2(2 \times 3.4 + 1.0) = 193.53\text{kN} \cdot \text{m}$$

$$h_{03} = h_{01} - d = 1105 - 14 = 1091\text{mm}$$

$$\therefore \quad A_{s3} = \frac{M_3}{0.9 f_y h_{03}} = \frac{193.53 \times 10^6}{0.9 \times 270 \times 1091} = 730.00\text{mm}^2$$

$$M_4 = \frac{p_n}{24}(b - b_1)^2(2a + a_1) = \frac{232.61}{24}(2.0 - 1.35)^2(2 \times 3.4 + 1.95) = 35.83\text{kN} \cdot \text{m}$$

$$h_{04} = h_{02} - d = 605 - 14 = 591\text{mm}$$

$$\therefore \quad A_{s4} = \frac{M_4}{0.9 f_y h_{04}} = \frac{35.83 \times 10^6}{0.9 \times 270 \times 591} = 249.49\text{mm}^2$$

按最小配筋率 0.15％确定钢筋面积，计算截面详见附录 C－3。

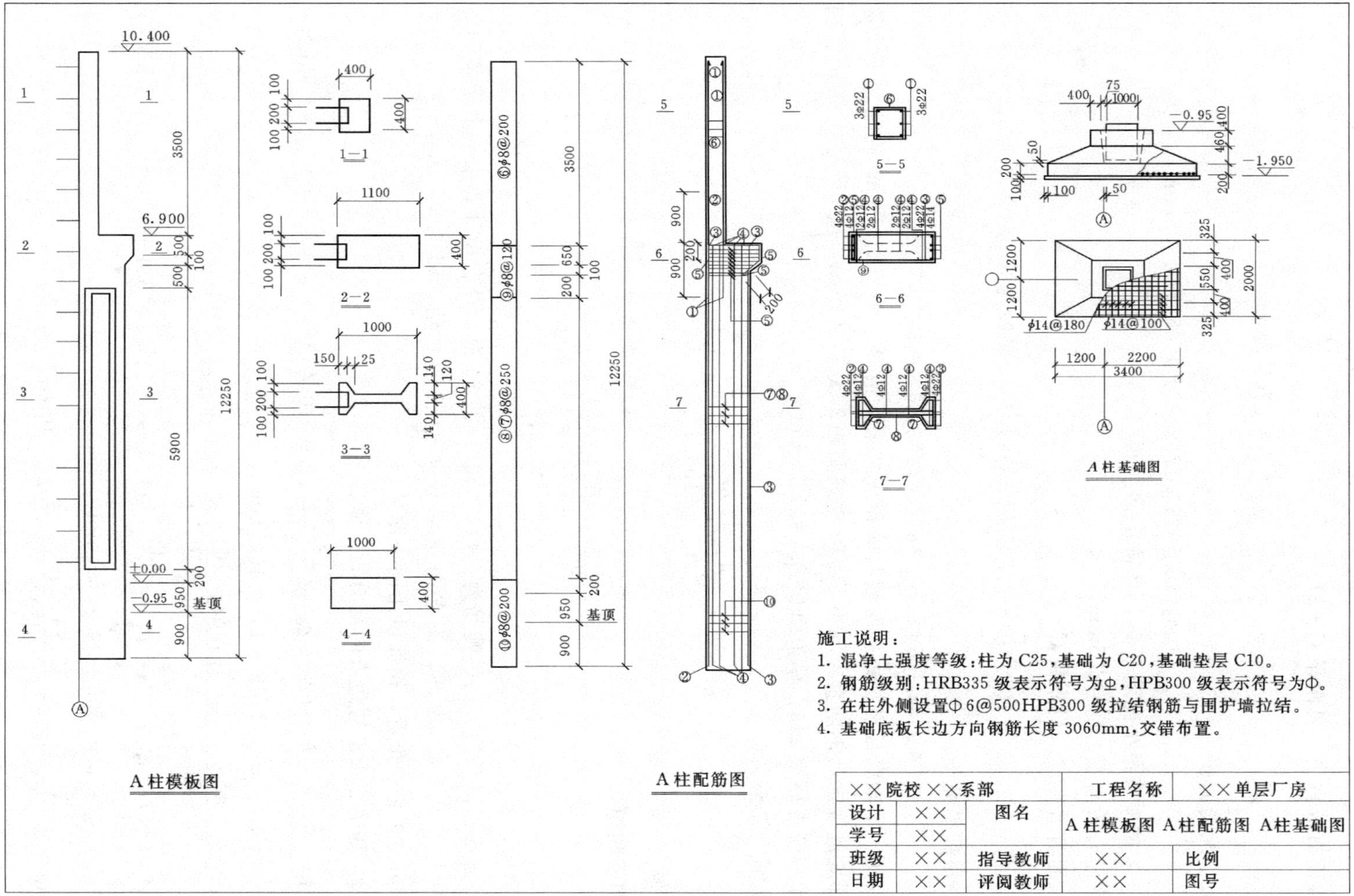

A 柱模板图

A 柱配筋图

A 柱基础图

施工说明：

1. 混凝土强度等级：柱为 C25，基础为 C20，基础垫层 C10。
2. 钢筋级别：HRB335 级表示符号为Φ，HPB300 级表示符号为Φ。
3. 在柱外侧设置Φ6@500HPB300 级拉结钢筋与围护墙拉结。
4. 基础底板长边方向钢筋长度 3060mm，交错布置。

××院校××系部		工程名称		××单层厂房
设计	××	图名	A 柱模板图 A 柱配筋图 A 柱基础图	
学号	××			
班级	××	指导教师	××	比例
日期	××	评阅教师	××	图号

图 2-107 A 柱模板图、A 柱配筋图与 A 柱基础图

3—3 截面按最小配筋率 0.15%确定钢筋面积。

$$h_{01}=650-45=605\text{mm};\quad h_{02}=500\text{mm}$$

截面有效高度：

$$h_0=h_{01}+h_{02}=1105\text{mm}$$

截面有效宽度（见附录 C-3）：

$$b_{x0}=\frac{b_{x1}h_{01}+b_{x2}h_{02}}{h_{01}+h_{02}}=\frac{3400\times605+1850\times500}{605+500}=2743.89\text{mm}$$

最小配筋面积：

$$A_{smin}=\rho_{min}b_{x0}h_0=0.15\%\times2743.89\times1105=2548.0\text{mm}^2$$

4—4 截面按最小配筋率 0.15%确定钢筋面积。

截面有效高度：$h_0=605\text{mm}$。

截面有效宽度（见附录 C-3）：

$$\begin{aligned}b_{x0}&=\left[1-0.5\frac{h_1}{h_0}\left(1-\frac{b_{x2}}{b_{x1}}\right)\right]b_{x1}\\&=\left[1-0.5\times\frac{200}{605}\times\left(1-\frac{1950}{3400}\right)\right]\times3400\\&=3160.33\text{mm}\end{aligned}$$

最小配筋面积：

$$A_{smin}=\rho_{min}b_{x0}h_0=0.15\%\times3160.33\times605=2868.0\text{mm}^2$$

因此，基础底板沿长边方向钢筋面积应按最大值 $A_{smax}=2868.0\text{mm}^2$ 确定。用 $\Phi14$ 钢筋，单根面积：$A_{s1}=153.9\text{mm}^2$。

所需钢筋根数：

$$n=\frac{A_{smax}}{A_{s1}}=\frac{2868.0}{153.9}=18.64\text{ 根}$$

取 19 根。

钢筋间距：

$$s=\frac{3400-2\times40}{18}=184\text{mm}$$

取 180mm。

基础底板沿短边方向的配筋为：$\phi14$@180，共 19 根，符合设计要求。

柱和基础的施工图见图 2-107。

思　考　题

2-1　单层厂房结构设计有哪些内容？

2-2　单层厂房横向承重结构有哪几种结构类型？它们各自的适用范围如何？

2-3　简述横向平面排架承受的竖向荷载和水平荷载的传力途径。

2-4　单层厂房中有哪些支撑？它们的作用是什么？

2-5　根据厂房的空间作用和受荷特点在内力计算时可能遇到哪几种排架计算简图？

分别在什么情况下采用？

2-6　说明单层厂房排架柱内力组合的原则和注意事项。荷载组合中什么是基本组合？什么是标准组合？什么是准永久组合？各适用于什么情况？

2-7　单层厂房排架柱的控制截面有哪些？最不利内力有哪几种？为何这样考虑？

2-8　什么是单层厂房的整体空间作用？哪些荷载作用下厂房的整体空间作用最明显？单层厂房整体空间作用的程度和哪些因素有关？

2-9　排架柱的截面尺寸和配筋是怎样确定的？牛腿的尺寸和配筋如何确定？

2-10　柱下单独基础的底面尺寸、基础高度（包括变阶处的高度）以及基底配筋是根据什么条件确定的？

2-11　为什么在确定基底尺寸时要采用地基土的全部反力？而在确定基础高度和基底配筋时又采用地基土的净反力（不考虑基础及其台阶上回填土自重）？

2-12　什么是等高排架？如何用剪力分配法计算等高排架的内力？

2-13　简述牛腿的破坏形态。牛腿的设计内容有哪些？

2-14　作用在排架上的吊车竖向荷载（D_{max}、D_{min}）和水平荷载（T_{max}）是如何计算的？

2-15　确定单层厂房排架计算简图时作了哪些假定？试分析这些假定的合理性与适用条件。

习　　题

2-1　某双跨单层厂房，跨房 7m，柱距 6m，每跨内有两台 A4 级工作制吊车，吊车的有关参数见下表。试求排架柱受到的吊车竖向荷载 $D_{max,k}$、$D_{min,k}$和水平荷载 $T_{max,k}$。

习题 2-1 表　　吊车的有关参数参数表

吊车位置	起重量 (kN)	桥跨 (m)	小车重 g (kN)	最大轮压 $p_{max,k}$ (kN)	大车轮距 K (m)	大车宽 B (m)	车高 H (m)	吊车总重 (kN)
左跨（AB 跨）吊车	150/50	25.5	674	195	5.25	6.4	2.15	360
右跨（BC 跨）吊车	300/50	25.5	118	310	5.25	6.65	2.6	475

2-2　如图所示的排架，在下柱顶作用有弯矩 $M_A=130.2\text{kN}\cdot\text{m}$，$M_B=160.4\text{kN}\cdot\text{m}$，各柱截面几何特征见习题 2-2 表。试求排架的内力并绘出结构内力图。

习题 2-2 表　　各柱的截面几何特征

柱　号	A ($\times10^3\text{mm}^2$)	I_x ($\times10^6\text{mm}^4$)
A、C 上柱	180.5	2200.6
A、C 下柱	170.4	22000.1
B 上柱	250	7400.2
B 下柱	187.5	35000.3

2－3　如图所示的排架，其柱高度与习题 2－2 相同，各柱截面几何特征如习题 2－2 表所示。试求排架在风荷载标准值作用下的内力并绘出结构内力图。

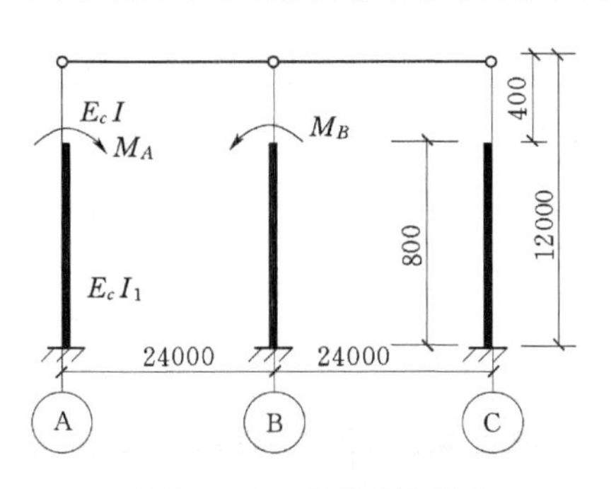

习题 2－2 图　结构计算简图

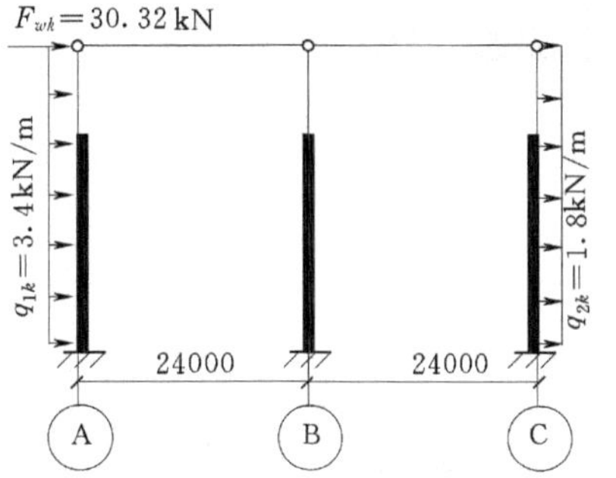

习题 2－3 图　结构计算简图

2－4　某单层厂房现浇柱下独立锥形基础，由柱传到基础顶面的内力，见习题 2－4 表。未经修正的地基，承载力特征值 $f_a=190\text{kN/m}^2$，基础埋深 1.8m，地基土的容重力 16.8kN/m^3，试设计此基础并绘出基础的平面图和剖面图（包括基础的配筋图）。

习题 2－4 表　　基础顶面内力

按荷载效应标准组合				按荷载效应基本组合			
组合 1	$M=380.1\text{kN}\cdot\text{m}$ $N=800.4\text{kN}$ $V=50.4\text{kN}$	组合 2	$M=308.3\text{kN}\cdot\text{m}$ $N=530.44\text{kN}$ $V=25.2\text{kN}$	组合 3	$M=580.3\text{kN}\cdot\text{m}$ $N=1100.4\text{kN}$ $V=60.4\text{kN}$	组合 4	$M=420.8\text{kN}\cdot\text{m}$ $N=670.4\text{kN}$ $V=33.4\text{kN}$

2－5　计算如习题 2－2 所示的排架在吊车水平荷载（在 BC 跨）作用下的内力并绘出结构内力图。已知 $T_{\max,k}=22\text{kN}$，其作用点距牛腿顶面 1m 的位置。

第三章

多层框架结构设计

【本章要点】

- 了解框架结构的分类和特点；掌握框架结构的竖向和水平布置原则。
- 掌握框架结构构件截面尺寸确定方法及框架结构计算简图的确定。
- 掌握框架结构在竖向和水平荷载作用下内力及侧移计算方法；最不利内力组合方法；梁、柱配筋计算及其节点构造要求。

第一节　多层框架的结构布置

我国最新《高层建筑混凝土结构技术规程》(JGJ 3—2010) 规定 10 层及 10 层以上或房屋高度大于 28m 住宅建筑和房屋高度大于 24m 的其他高层民用建筑属于高层建筑。一般认为 9 层及 9 层以下或房屋高度小于 28m 的住宅建筑和房屋高度小于 24m 的其他民用建筑属于多层建筑。

由于钢筋混凝土框架结构具有平面布置灵活，立面容易处理，结构自重较轻，在一定高度范围内结构造价较低，计算理论较成熟，并且能够比较自由地分隔使用空间，可以适应于多种不同房屋造型等众多优点。因此，该种结构目前已得到非常广泛的应用，如住宅、商业、办公等多种民用建筑和服装、食品、冶金和医疗器具等多种工业建筑都选用该种结构。但是，钢筋混凝土框架结构多用于多层建筑，在高层建筑中应用较少，其主要原因是框架结构的抗侧刚度较小。因为当建筑超过一定高度时，水平荷载就成为建筑的主要荷载之一，在水平荷载作用下框架结构的侧移较大。因此，采用框架结构时应控制结构的高度。从受力合理和控制造价的角度，现浇钢筋混凝土框架高度一般不超过 60m；当设防烈度为 7 度、8 度 (0.20g) 和 8 度 (0.30g) 时，其高度一般不超过 50m、40m 和 35m。

一、框架结构的组成与分类

（一）框架结构的组成

竖向承重结构全由框架所组成的房屋结构体系称为框架体系。框架结构是由梁、柱、节点及基础组成的空间承重结构体系。框架与框架之间由连系梁和楼面结构联成整体。框架结构的梁柱一般为刚性连接，有时也可以将部分节点做成铰节点或半铰节点。框架柱支座通常设计成固定支座，必要时也可设计成铰支座。有时由于屋面排水或其他方面的要求，将房屋梁和板做成斜梁和斜板。在多层房屋中，横梁和立柱组成多层多跨框架结构，有时因使用功能或建筑造型上的要求，框架结构也可以做成抽梁、抽柱、外挑和内收等，具体如图 3－1 所示。框架结构房屋的墙体一般不承重，而只起围护、分隔等作用，通常采用较轻质的墙体材料，以减轻房屋的自重，减小地震作用。同时，墙体与框架梁、柱应有可靠的连接，以增强结构的侧移刚度。

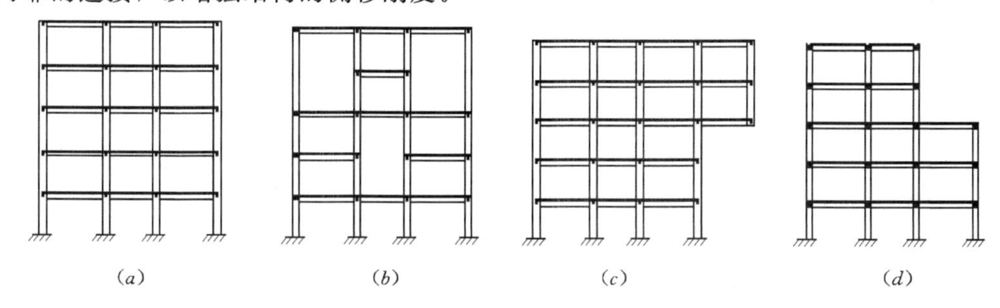

图 3－1　框架类型

（*a*）一般框架结构；（*b*）抽梁；（*c*）外挑；（*d*）内收

（二）框架结构的分类

框架结构因分类标准的不同而被分成不同的类型。

1．按承重结构的不同分类

按承重结构的不同，框架结构可划分为全框架和内框架两种类型。

（1）全框架。全框架是指房屋的楼（屋）面荷载全部由框架承担，墙体仅起围护和分隔作用。

（2）内框架。内框架是指房屋内部由梁、柱组成框架承重，外围由砖墙承重，楼（屋）面荷载由框架与砖墙共同承担的框架。由于钢筋混凝土与砖两种材料弹性模量不同，两者刚度不协调，所以房屋整体性和总体刚度都比较差，故内框架在地震区不宜采用。

2．按施工方法的不同分类

根据施工方法的不同，框架结构还可划分为全现浇式、装配式和装配整体式三种结构形式。

（1）全现浇框架。全现浇框架又称为整体式框架或现浇整体式框架，它是指框架的梁、柱、楼盖均为现场浇筑的钢筋混凝土框架结构。这种框架一般是逐层施工，每层柱与其上部的梁、板同时支模和绑扎钢筋，然后一次浇捣混凝土，自基础顶面逐层向上施工。板中的钢筋应伸入梁内锚固，梁的纵筋应伸入柱内锚固。因此，它的整体性和抗震性能好，构件尺寸不受标准构件的限制，对房屋各种使用功能的实用性大。但现浇施工的工作量大，工期长，而且需大量的模板。近年来，由于泵送混凝土和组合式模板的应用，改变了现场搅拌、费工费时的缺点，使整体式框架得到了更加广泛应用。

（2）装配整体式框架。装配整体式框架是指梁、柱、楼板均为预制，通过焊接拼装连接而成的整体框架结构，由于所有构件均为预制，可实现标准化、工厂化、机械化生产。因此，其施工速度快、效率高。但焊接节点处必须预埋连接件，不仅增加了用钢量，而且节点构造难处理。装配式框架结构整体性较差，抗震能力弱，地震区不宜采用。

装配整体式框架是指梁、柱、楼板均为预制，在吊装就位后，焊接或绑扎节点钢筋，然后浇捣混凝土，形成刚性节点，把梁、柱和板连接成整体框架。它兼有现浇框架与装配式框架的优点，而且可省去连接构件，用钢量少。但节点现浇施工复杂，要求高。

装配式和装配整体式框架接头位置的选择十分重要。一方面，它直接影响到整个结构在施工阶段和使用阶段的受力状态和受力性能（结构的承载力、刚度和延性）；另一方面，它还将决定预制构件的大小、形式和数量以及构件的生产、运输和吊装的难易程度。

二、框架结构的平面布置

多层框架结构房屋结构布置的任务是设计和选择建筑物的平面、剖面、总体型、基础类型以及变形缝的设置等。在结构平面布置时，既要满足建筑功能的要求，又要做到结构布置合理，因此，需要考虑以下几点。

（一）平面布置的总要求

框架结构平面布置的总要求是尽量减少结构的复杂受力和扭转受力，即框架结构的平面形状宜简单、规则、对称，减少偏心；平面的长宽比不宜过大，突出部分长度宜减小，凹角处宜采取加强措施。

（二）柱网的布置和层高的选用

框架结构基本尺寸主要是柱网的布置和层高的选用。平面布置首先是确定柱网，所谓柱网，就是柱在平面图上的位置，也即承重框架的跨度及其间距（柱距或房屋开间）。柱网尺寸主要是根据生产工艺和建筑平面布置的要求确定的，又要使结构受力合理，施工方便。

民用建筑的柱网和层高布置是根据建筑使用功能确定。因为民用建筑种类繁多，其功能要求各有不同，柱网尺寸难以统一，所以民用建筑的柱网通常按300mm进级。目前，住宅、宾馆和办公楼等的柱网又可划分为小柱网和大柱网。小柱网指一个开间为一个柱距，大柱网指两个开间为一个柱距。常用的柱距有3.3m、3.6m、4.0m、6.0m、6.6m和7.2m等；同时，多层民用建筑框架结构的层高一般为3.0m、3.3m、3.6m、4.2m和4.5m等。

工业建筑的柱网和层高根据生产工艺要求确定。根据生产工艺要求的不同，柱网布置可分为内廊式、等跨式和不等跨式三种组合形式。

（1）内廊式柱网。内廊式柱网常采用对称三跨，其边跨跨度一般为6～8m，中间跨为2～4m；在这种柱网布置形式中，常用隔墙将生产区和交通区隔开，从而使该建筑具有良好的防干扰能力。这种建筑结构在仪表、电子等精密制造工业厂房中常用到。

（2）等跨式柱网。等跨式柱网布置的跨度一般为6～12m，柱距一般为6～7.5m，层高为3.6～5.4m。这种柱网布置形式比较适用于要求大空间的厂房，如化工、纺织、机械、食品等工业厂房。

（3）不等跨柱网。不等跨式柱网布置一般为对称式布置，它适用于建筑平面宽度要求较大的厂房，其跨度一般为 6～12m。

此外，柱网布置要使结构受力合理，如内力分布尽可能均匀、合理，各种材料强度尽可能充分利用，结构受力明确、传力简捷，纵横框架尽可能对齐贯通等。

柱网布置应有利于施工，如尽可能统一柱网和层高，重复使用标准层，尽量减少构件的类型、规格。对预制构件还要考虑其最大长度和重量，使其能满足运输、吊装设备的限制条件等。

(三) 承重框架的布置方案

柱网布置好后，用梁把相应的各柱连接起来即形成空间框架结构体系。在这个体系中，沿结构平面长边方向的框架称为纵向框架，沿短边方向的框架称为横向框架。为使计算简便，假定，纵向框架和横向框架分别承受各自方向上的水平荷载作用；楼面等竖向荷载则按楼盖的布置，以不同的方式传递，常采用的是单向板楼盖传递方式，即楼面等竖向荷载主要传递到纵、横向框架之一；同时，根据结构布置实际情况，也采用双向板楼盖传递方式，即也会发生荷载主要传递到纵向或横向框架的情形。其中承受主要楼（屋）面等竖向荷载的框架称为承重框架。因此，承重框架的布置方案可按竖向荷载传递方式的不同分为横向框架承重、纵向框架承重和纵、横向框架混合承重等几种类型，如图 3－2 所示。

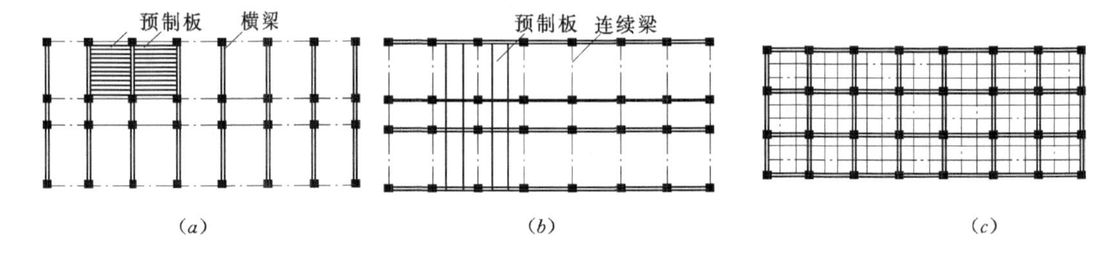

图 3－2　框架体系的布置

(a) 横向承重；(b) 纵向承重；(c) 纵横向承重

1. 横向框架承重方案

承重框架沿横向布置，即在横向布置主梁、在纵向布置次梁或连系梁。因为横向主梁是直接承受楼面等竖向荷载，因此，一般情况下横向主梁截面较高。一般房屋横向长度小于纵向长度，同时横向框架往往跨数少，因此，在水平风荷载作用下，由于房屋端部横墙的受载面积小，且纵向框架跨数较多，故纵向框架的内力很小，也即房屋纵向刚度容易保证。在相同条件下，横向刚度则显得较弱。因此，主梁沿房屋横向布置，可以提高房屋的横向抗侧刚度，使结构合理。同时，在建筑上也有利于室内的采光、通风等。

2. 纵向框架承重方案

承重框架沿纵向布置，即在纵向布置主梁、在横向布置次梁或连系梁。因为楼面荷载由纵向梁传至柱子，所以横向梁的高度较小，有利于设备管线的穿行。当在房屋纵向需要较大空间时，纵向框架承重方案可获得较高的室内净高。另外，主梁纵向布置有利于加强房屋的纵向刚度，以调整房屋纵向地基的不均匀沉降。纵向框架承重方案的缺点是房屋的横向刚度较小，并且进深尺寸受预制板长度的限制，一般只用于层数不多的无抗震要求的某些工业厂房，民用建筑一般较少采用。

3. 纵横向框架混合承重方案

在纵、横两个方向均需布置框架主梁以承受楼面传来的竖向荷载就构成纵横向框架混合承重方案。当楼面上作用有较大荷载、房屋开间较大、楼面有较大开洞、房屋平面为正方形或接近正方形时，当房屋有抗震设防要求时，房屋纵横两个方向受力相差较小、两个方向的框架都应具有足够的强度与刚度时，应采用纵横两个方向布置承重框架，楼盖常采用现浇双向板或井字梁楼盖。纵横向框架混合承重的布置使结构具有较好的整体工作性能，这种框架为空间受力体系，因此也称为空间框架。

（四）变形缝

变形缝有伸缩缝、沉降缝和防震缝三种。变形缝的设置应遵循“力争不设，尽量少设，必要时一定要设，并应做到一缝多用”的原则。平面面积较大的框架结构或形状不规则的结构，应根据有关规定适当设缝。但对于多层结构，则应尽量少设缝或不设缝，这可简化构造、方便施工、降低造价，以及增强结构的整体性和空间刚度。在建筑设计时，应通过调整平面形状、尺寸和体型等措施，在结构设计时，应通过选择节点连接方式、配置构造钢筋、设置刚性层等措施，在施工方面，应通过分阶段施工、设置后浇带、做好保温隔热等措施，来防止由于温度变化、不均匀沉降和地震作用等因素引起的结构或非结构的损坏。

规范规定钢筋混凝土框架结构伸缩缝的最大间距为75m（装配式）或55m（现浇式），当采取以下的构造措施和施工措施减少温度和收缩应力时，可增大伸缩缝的间距，具体包括：在顶层、底层和山墙等温度变化较大的部位提高配筋率；顶层加强保温隔热措施或采用架空屋面；顶部楼层改用刚度较小的结构形式或顶部设局部温度缝，将结构划分为长度较短的区段；每30～40m间距留出施工后浇带等。

沉降缝是为了避免地基不均匀沉降在房屋构件中引起裂缝而设置的，当房屋因上部荷载不同或因地基存在差异而有可能产生过大的不均匀沉降时，应设沉降缝将建筑物从基础至屋顶全部分开，使得各部分能够自由沉降，不致在结构中引起过大内力，避免混凝土构件出现裂缝。沉降缝可利用挑梁或搁置预制板、预制梁的办法做成。有抗震设防要求时，不宜采用搁板式沉降缝。

钢筋混凝土房屋应通过合理的建筑和结构方案尽量避免设置防震缝，减少立面处理和构造困难。当房屋平面复杂、立面高差悬殊、各部分质量和刚度截然不同时，在地震作用下会产生扭转加重房屋的破坏，或在薄弱部位产生应力集中导致过大变形。为避免上述现象发生，必须设置防震缝，把复杂不规则结构变为若干简单规则结构。防震缝应有足够的宽度，以免地震作用下相邻房屋发生碰撞。

三、框架结构的竖向布置

框架结构的竖向布置是指确定框架结构沿竖向的变化情况。常见的框架结构沿竖向的变化情况有：沿竖向基本不变化，这是常用的且受力合理的形式；底层大空间，如底层为商场等；顶层大空间，如顶层为观光室、会议室和餐饮场所等；其他结构，如上部（逐层）收进、上部（逐层）挑出等。

在满足建筑功能要求的同时，建筑的竖向布置应力求规则，结构的侧向刚度均匀变化，避免刚度突变；框架柱宜上下对中，梁柱轴线宜在同一竖向平面内；竖向构件截面和材料强度等级自下而上逐渐减小，宜避免侧向承载力的突变。设计中一般是沿竖向分段改变构件截面尺寸和混凝土强度等级，每次改变，柱截面尺寸宜减小 100～150mm，混凝土强度等级降低一级为宜。柱截面尺寸减小和混凝土等级降低宜错开楼层，避免同层同时改变。

四、框架结构的截面尺寸

多层钢筋混凝土框架结构是高次超静定结构。框架梁、柱截面尺寸应由承载力、刚度等要求确定。设计时，通常由经验或估算先选定截面尺寸，再进行承载力和变形验算，检查所选尺寸是否合适。

（一）梁、柱截面形状

对于主要承受竖向荷载的框架主梁，在现浇框架及楼盖中，因为楼板和梁整浇在一起，自然形成 T 形截面；在装配式框架中，框架主梁可做成矩形、十字形、梯形和花篮形，如图 3-3 所示；在装配整体式框架中，框架主梁一般为花篮形。花篮形框架主梁由于设置了挑檐，在要求增大房屋室内净空时应用较多，其挑檐宽度一般为 100～150mm，并应保证预制楼板的搁置长度不小于 80mm。

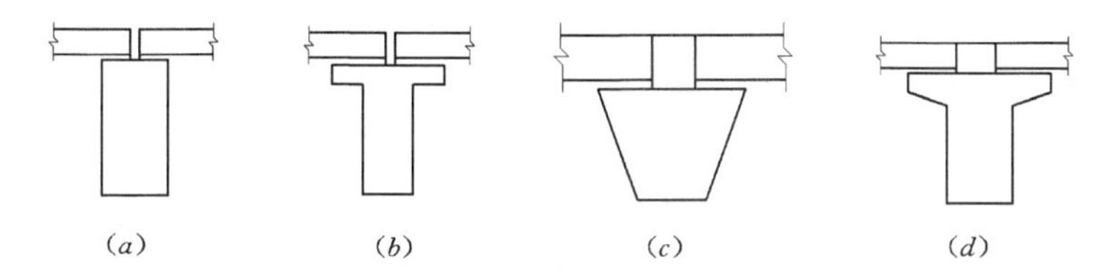

图 3-3 梁的截面形式

(*a*) 矩形；(*b*) 十字形；(*c*) 梯形；(*d*) 花篮形

对于不承受楼面竖向荷载的连系梁，其截面常用 T 形、矩形等，采用带挑出翼缘的连系梁有利于节点处楼面预制板的排列和竖向管道的穿过，倒 L 形截面还可兼作屋面排水用。

在框架节点主次梁交接处，由于负弯矩钢筋均在上部，彼此垂直交叉，为了避免相互干扰，通常取主次梁顶部齐平，底部留有高差。

框架柱的截面一般为矩形或正方形。

为了尽可能减少构件的类型，对于层数较少的框架，各层梁柱截面形状和尺寸往往不变而只改变截面的配筋。

（二）梁截面尺寸

框架主梁的截面高度可由梁的跨度、支承条件和荷载大小确定，按$h_b=(1/15\sim1/8)\ l_b$估算，其中 l_b 为主梁的计算跨度。当框架梁为单跨或荷载较大时取大值，当框架梁为多跨或荷载较小时取小值。为了防止梁受剪脆性破坏，h_b 不宜大于 1/4 净跨；为了增大梁的刚度，可取 $h_b=(1/10\sim1/7)\ l_b$；要求降低楼层高度或便于管道铺设而设计成宽度较大的扁梁时，可取 $h_b=(1/25\sim1/18)\ l_b$；当采用叠合梁时，后浇部分截面高度不宜小于 120mm；当楼面上安置机床或其他机械设备时，取 $h_b=(1/10\sim1/7)\ l_b$；当采用预应力混凝土梁时，其截面高度可以乘以 0.8 的系数。

梁截面宽度可取 $b_b=(1/3\sim1/2)\ h_b$，不应小于 200mm。为了使端部节点传力可靠，梁宽 b_b 不宜小于柱宽的 1/2，且不应小于 250mm；当为扁平梁时，可取 $b_b=(1\sim3)\ h_b$；框架梁柱的轴线宜重合在同一平面内，当梁柱轴线不设在一个平面内时，最大偏心距不应大于柱截面在该方向边长的1/4。在初步确定截面尺寸后，还可按全部荷载的0.6～0.8作用在框架梁上，按简支梁受弯承载力和受剪承载力进行核算。

(三) 柱截面尺寸

框架柱一般采用矩形或正方形截面，其截面尺寸可参考同类建筑确定或由柱所承受的轴力估算，也可近似取柱截面高度 $h_c=(1/20\sim1/15)H_i$，其中 H_i 为层高，柱截面宽度 $b_c=(2/3\sim1)h_c$。

当采用柱轴力设计值 N 估算柱截面时，对于非抗震设计，有

$$N=(1.1\sim1.2)N_v \tag{3-1a}$$

$$A_c\geqslant N/f_c \tag{3-1b}$$

式中：N_v 为根据支承的楼层面积计算由竖向荷载产生的轴力值，可近似将楼面板沿柱轴线之间的中线划分，恒载和活荷载的分项系数均取1.25，或近似取12～14kN/m^{2}进行计算；A_c 为柱截面面积；f_c 为混凝土轴心抗压强度设计值。

通常，矩形框架柱的截面高度不宜小于400mm，截面宽度不宜小于250mm，且截面高宽比不宜大于3；圆柱的截面直径不宜小于350mm；为避免发生剪切破坏，柱净高与截面长边之比宜大于4。

为减少构件类型，多层框架中柱截面沿房屋高度不宜改变，当柱截面沿房屋高度变化时，边柱和角柱宜使截面外边线重合，中间柱宜使上下柱轴线重合。

五、框架结构的计算简图

(一) 平面计算单元

框架结构房屋是一个由横向框架和纵向框架组成的空间结构。为了简化计算，忽略它们之间的空间作用，将空间结构简化为若干个横向或纵向的平面框架进行内力和位移计算，每榀框架为一个计算单元且计算单元荷载取相邻两框架柱距的一半，如图3-4所示。

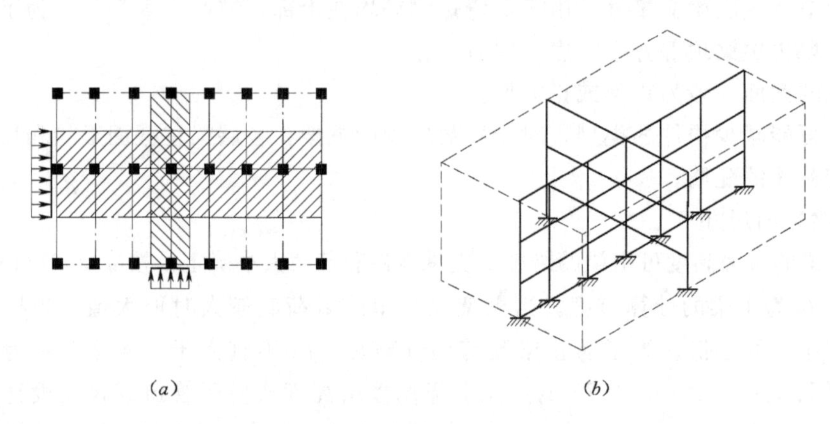

图3-4 框架的计算单元

在竖向荷载作用下，当采用横向承重方案时，截取横向框架作为计算单元，认为全部竖向荷载由横向框架承担；当采用纵向承重方案时，截取纵向框架作为计算单元，认为全部竖向荷载全部由纵向框架承担；当采用纵横双向承重方案时，应根据竖向荷载实际传递路径，按纵横向框架共同承担进行计算。

在水平荷载作用下，整个框架体系可视为若干个平面框架，共同抵抗与平面框架平行

的水平荷载，与该方向垂直的框架不参与工作，即横向水平力由横向框架承担，纵向水平力由纵向框架承担。当水平荷载为风荷载时，每榀平面框架所抵抗的水平荷载可取计算单元范围内的风荷载；当水平荷载为水平地震作用时，每榀平面框架所抵抗的水平荷载可按各平面框架的侧向刚度比例来分配水平地震作用。

（二）计算简图

将空间结构简化为平面框架之后，应进一步将平面框架转化为力学模型，即计算简图。在平面框架计算简图中，梁、柱用其轴线表示，梁与柱之间的连接用节点表示，梁或柱的长度用节点间的距离表示。框架的计算跨度可取框架柱轴线间的距离；框架柱的计算高度（除底层外）应为相应横梁形心轴线间的距离，也即框架柱的计算高度取各层的层高，底层柱一般取至基础顶面，当设有整体刚度很大的地下室时，可取至地下室结构的顶部，如图 3－5 所示。当框架各层柱截面尺寸不同且形心线不重合时，可近似地将顶层柱的形心线作为柱的轴线。对斜梁或折线形横梁，当倾斜度不超过 1/8 时，在计算简图中可取为水平轴线。框架各跨跨度相差不超过 10％时，可当作等跨框架进行内力计算；屋面斜梁或折形横梁，当倾斜度不超过 1/8 时，可当作水平横梁进行内力计算。

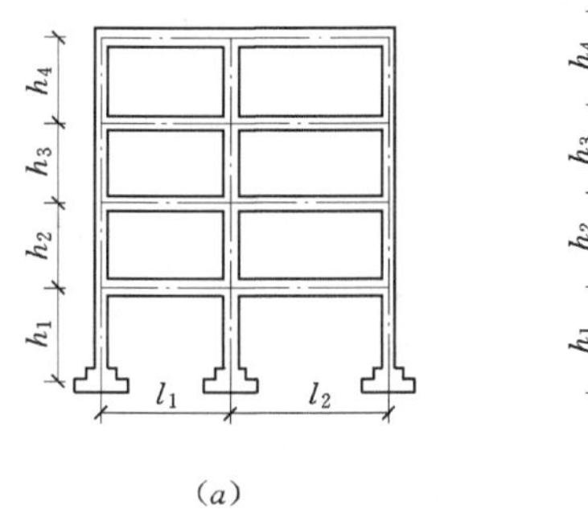

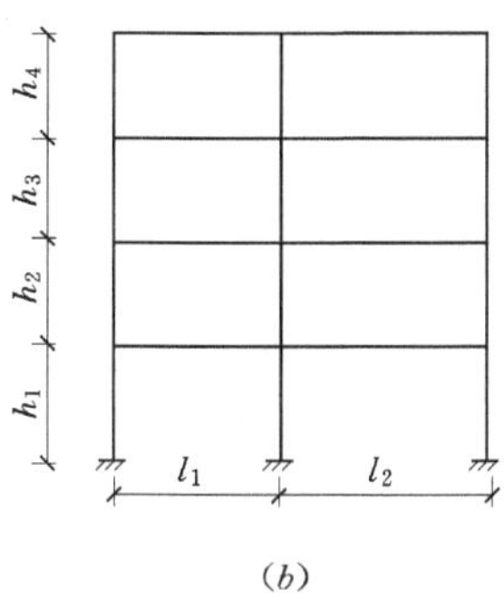

图 3－5　框架结构的计算简图

第二节　竖向荷载作用下框架内力计算

在竖向荷载作用下，多层框架结构的内力分析可用力法或位移法等结构力学计算方法进行精确计算。工程设计中，如采用手算，一般采用近似计算方法。本节主要介绍分层法和弯矩二次分配法两种近似方法。由于这两种近似计算方法采用了不同的假定，因此其计算结果的近似程度也有差别。但在一般情况下，这两种结果均能满足工程设计的要求。

一、分层法

（一）计算假定

在竖向荷载作用下，梁的线刚度大于柱的线刚度且结构基本对称的多层框架，用力法或位移法等结构力学的精确方法的计算结果表明：框架侧移值很小，而且作用在某层横梁上的荷载对本层横梁及与之相连的柱的弯矩影响较大，而对其他各层横梁以及不与该梁相连的柱的弯矩和剪力影响很小。为了简化计算，可作如下假定：

（1）在竖向荷载作用下，不考虑框架侧移对内力的影响，即框架的侧移忽略不计。

（2）每层梁上的荷载仅对本层梁及与之相连的柱的内力产生影响，而对其他层梁、柱弯矩和剪力的影响忽略不计。

根据上述假定，计算时可将各层梁及其与之相连的柱所组成的独立框架分层进行单独计算，其计算简图如图 3－6 所示，这种独立分层计算方法称为分层法。

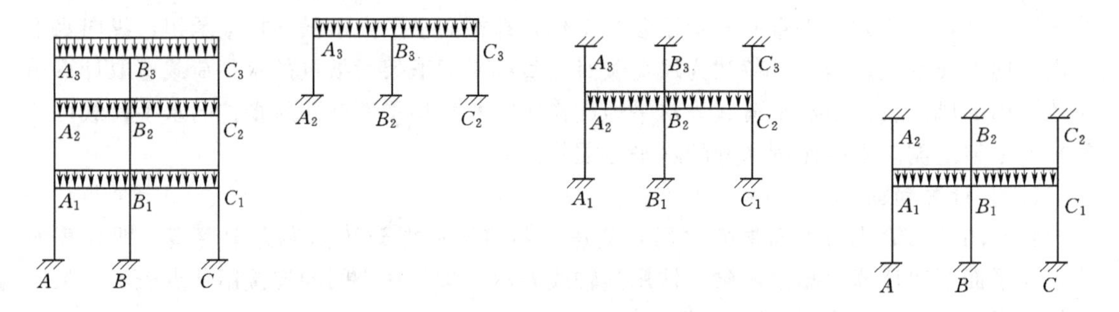

图 3-6 分层法的计算单元

(二) 计算要点及步骤

分层法的计算要点及步骤具体如下：

(1) 按照上述假定，将多层框架沿高度分成若干无侧移的敞口框架。梁上作用的荷载、各层柱高、梁跨与原结构相同。计算时，将各层梁及其上、下柱所组成的敞口框架作为一个独立计算单元。

(2) 在分层法计算简图中，假定柱的远端为完全嵌固支座。但实际上除底层柱在基础处为嵌固外，其余各层柱端都有一定转角产生，而按完全嵌固，梁柱变形将减小，亦即增大了结构实际刚度，为了减小计算简图与实际情况不符所产生的误差，必须要进行修正，除底层柱外，其他各层柱的线刚度均需乘以折减系数 0.9。

(3) 用弯矩分配法分层计算各榀敞口框架的杆端弯矩，由此所得的梁端弯矩即为其最后的弯矩；因每一柱属于上、下两层，所以每一柱端的最终弯矩需将上、下层计算所得的弯矩值相加。在上、下层柱端弯矩相加后，将引起新的节点不平衡弯矩，若节点不平衡弯矩较大，可对这些不平衡弯矩再作一次弯矩分配。

由结构力学知，当远端固定时，等截面直杆的弯矩传递系数为 0.5；当远端为铰接时，传递系数为 0。因实际节点为弹性嵌固，所以实际传递系数为 0～0.5，因此，规范规定底层柱和各层梁的传递系数均取 1/2，其他各柱的传递系数改用 1/3。同时，各杆件的弯矩分配系数应按修正后的柱线刚度计算。

(4) 在杆端弯矩求出后，由静力平衡条件计算梁跨中弯矩、梁端剪力及柱的轴力。

二、弯矩二次分配法

用无侧移框架的弯矩分配法计算竖向荷载作用下框架结构的杆端弯矩时，由于要考虑任一节点的不平衡弯矩对框架结构所有杆件的影响，因而计算相当繁杂。由分层法可知，框架中某节点的不平衡弯矩只对与该节点相交的各杆件的远端有影响，而对较远节点影响较小，为了简化计算，对较远节点的影响就忽略不计。计算时，先对各节点不平衡弯矩进行第一次分配，并向远端传递，再将因传递弯矩而产生的新的不平衡弯矩进行第二次分配，整个弯矩分配和传递过程即告结束，此即弯矩二次分配法。其具体步骤如下：

(1) 根据各杆件的线刚度计算各节点杆端弯矩分配系数，并计算竖向荷载作用下各跨梁的固端弯矩。

(2) 计算框架各节点的不平衡弯矩，并对全部节点的不平衡弯矩同时进行第一次分配。

(3) 将所有杆端的分配弯矩同时向远端传递。

（4）将各节点因传递弯矩而产生的新的不平衡弯矩进行第二次分配，使各节点处于平衡状态。

（5）将各杆端的固端弯矩、分配弯矩和传递弯矩叠加，即得各杆端弯矩。

三、例题

【例 3－1】 如图 3－7 所示为两层两跨的框架，试用分层法计算该框架的弯矩图。其中括号内的数字表示梁柱各构件的相对线刚度 i 值（即 $i=EI/l$）。

解： 1. 求解步骤

用分层法计算竖向荷载下框架内力步骤如下：

（1）画出框架计算简图。

（2）计算梁、柱线刚度及相对线刚度；除底层柱外，其他各层柱的线刚度（或相对线刚度）均乘以 0.9；计算各节点处的弯矩分配系数。

（3）用弯矩分配法从上到下分层计算各计算单元的杆端弯矩（一般每节点分配 1～2 次即可）。

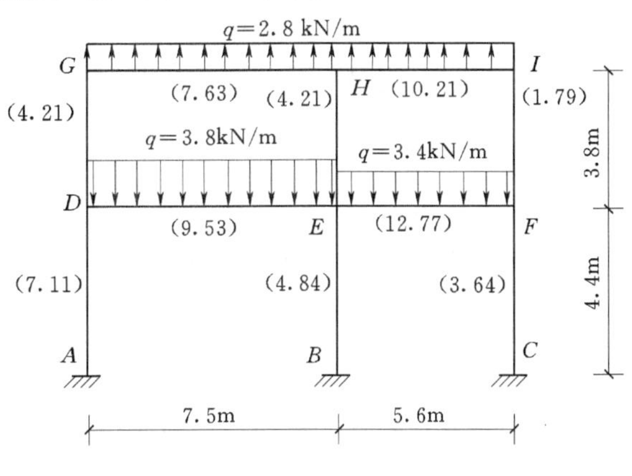

图 3－7　框架计算图

（4）叠加有关各杆端弯矩，得出框架的最后弯矩图（如节点弯矩不平衡值较大，可在节点重新分配一次，但不进行传递）。

2. 具体求解

（1）用分层法求解本框架的计算简图如图 3－8 所示。

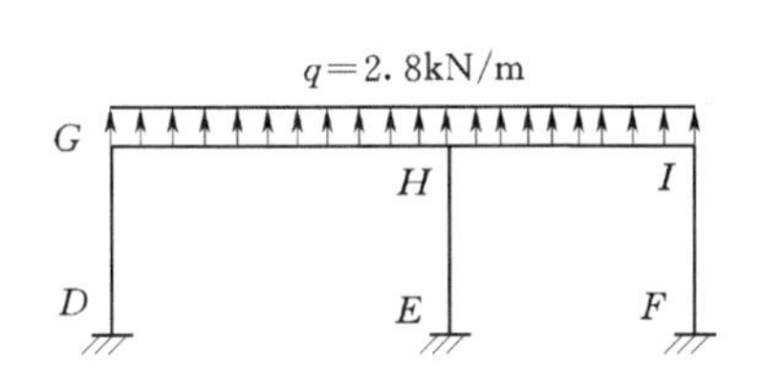

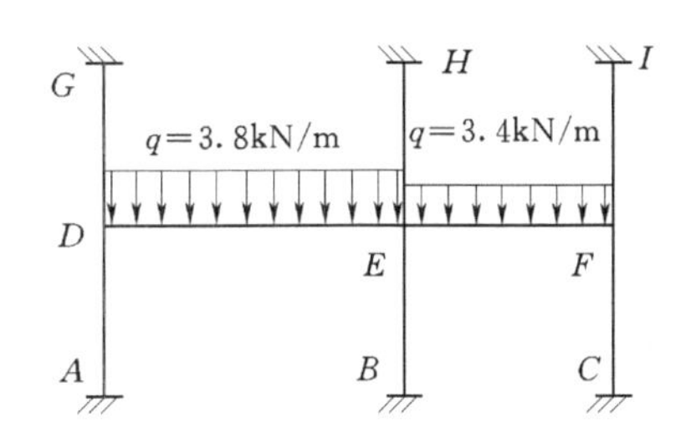

图 3－8　计算简图

（2）计算各节点处梁、柱的弯矩分配系数。

因在已知条件中，已给出了各梁柱的相对线刚度，因此只需将二、三层柱的线刚度乘以 0.9 的折减系数，然后再计算与相应梁的节点处弯矩分配系数。

节点处弯矩分配系数为：$\mu=i/\sum i$，具体计算如下：

节点 G：　$\mu_{右梁}=\dfrac{7.63}{7.63+0.9\times4.21}=0.668$

$\mu_{下柱}=\dfrac{0.9\times4.21}{7.63+0.9\times4.21}=0.332$

节点 H：　$\mu_{右梁}=\dfrac{10.21}{7.63+0.9\times4.21+10.21}=0.472$

$$\mu_{下柱}=\frac{0.9\times4.21}{7.63+0.9\times4.21+10.21}=0.175$$

$$\mu_{左梁}=\frac{7.63}{7.63+0.9\times4.21+10.21}=0.353$$

节点 I： $$\mu_{下柱}=\frac{0.9\times1.79}{0.9\times1.79+10.21}=0.136$$

$$\mu_{左梁}=\frac{10.21}{0.9\times1.79+10.21}=0.864$$

同理，可得其他各节点处的弯矩分配系数。

节点 D： $\mu_{右梁}=0.466$，$\mu_{下柱}=0.348$，$\mu_{上柱}=0.186$

节点 E： $\mu_{右梁}=0.413$，$\mu_{左梁}=0.308$，$\mu_{下柱}=0.156$，$\mu_{上柱}=0.123$

节点 F： $\mu_{左梁}=0.709$，$\mu_{下柱}=0.202$，$\mu_{上柱}=0.089$

(3) 用弯矩分配法从上到下分层计算各计算单元的杆端弯矩：在弯矩分配与传递计算时，先从不平衡弯矩较大节点开始，一般每个节点分配两次即可。另外，底层柱和所有的梁的传递系数为1/2，其他柱的传递系数为1/3。各计算单元构件的具体弯矩分配如图3-9所示。

(4) 叠加以上有关各杆端弯矩，得出框架的最后弯矩图如图3-10所示。

将各计算单元相同的杆端弯矩相叠加后的弯矩即为该杆端的最终弯矩。

【例3-2】 试用弯矩二次分配法计算［例3-1］所示的框架，并绘出弯矩图。

解：1. 用弯矩二次分配法计算竖向荷载下框架内力步骤

(1) 计算各梁、柱线刚度及相对线刚度；计算各节点处的弯矩分配系数。

(2) 计算竖向荷载作用下各跨梁的固端弯矩，并将各节点不平衡弯矩进行第一次分配。

(3) 将所有杆端的分配弯矩向远端传递，传递系数均取1/2。

(4) 将各节点因传递弯矩而产生的新的不平衡弯矩进行第二次分配，使各节点处于平衡状态。

(5) 将各杆端的固端弯矩、分配弯矩和传递弯矩相加，即得各杆端弯矩。

2. 具体求解过程

(1) 计算各节点处的弯矩分配系数：

直接利用已给出的各梁、柱的相对线刚度计算各节点处梁、柱的弯矩分配系数。节点处弯矩分配系数为 $\mu=i/\sum i$，具体计算如下：

节点 G： $$\mu_{右梁}=\frac{7.63}{7.63+4.21}=0.644$$

$$\mu_{下柱}=\frac{0.9\times4.21}{7.63+4.21}=0.356$$

节点 H： $$\mu_{右梁}=\frac{10.21}{7.63+4.21+10.21}=0.463$$

$$\mu_{下柱}=\frac{4.21}{7.63+4.21+10.21}=0.191$$

$$\mu_{左梁}=\frac{7.63}{7.63+4.21+10.21}=0.346$$

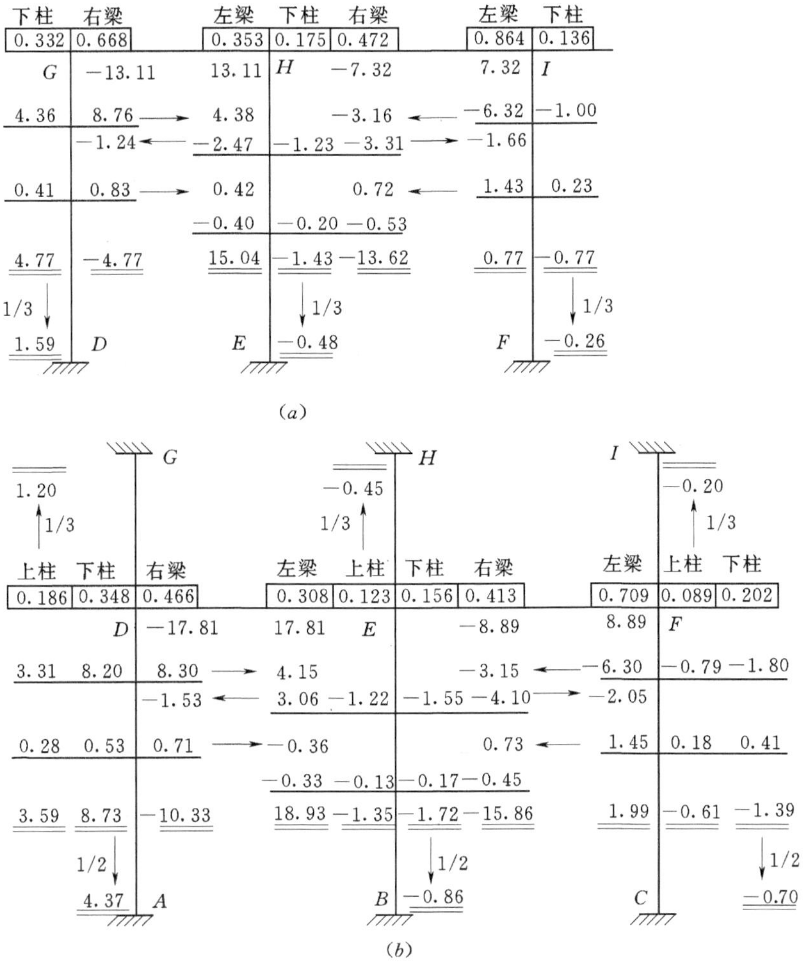

(a)

(b)

图 3-9　弯矩分配图

节点 I：　$\mu_{下柱}=\dfrac{1.79}{1.79+10.21}=0.149$

$\mu_{左梁}=\dfrac{10.21}{1.79+10.21}=0.851$

同理，可得其他各节点处的弯矩分配系数。

节点 D：　$\mu_{右梁}=0.457$，$\mu_{下柱}=0.341$，$\mu_{上柱}=0.202$

节点 E：　$\mu_{右梁}=0.407$，$\mu_{左梁}=0.304$，$\mu_{下柱}=0.155$，$\mu_{上柱}=0.134$

节点 F：　$\mu_{左梁}=0.702$，$\mu_{下柱}=0.2$，　$\mu_{上柱}=0.098$

(2) 计算竖向荷载作用下各跨梁的固端弯矩，并进行第一次分配。

(3) 将分配弯矩向远端传递，传递系数均取 1/2。

(4) 进行第二次分配。

（5）将各杆端的固端弯矩、分配弯矩和传递弯矩相加，即得各杆端弯矩。具体计算如图 3-11 所示。

（6）画弯矩图如图 3-12 所示。

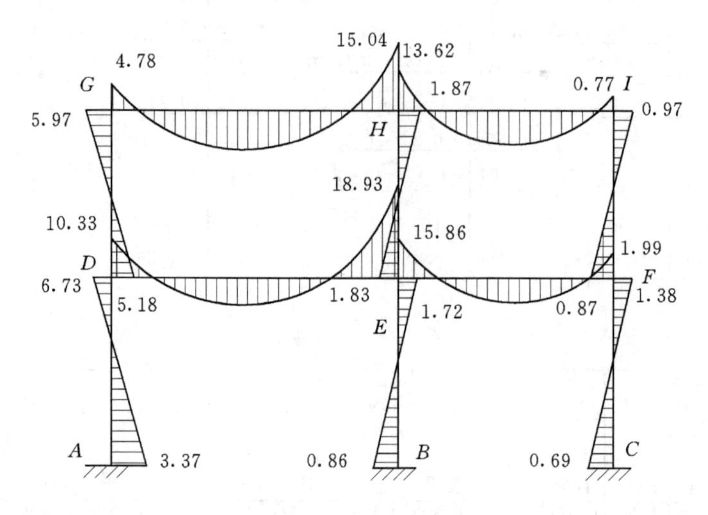

图 3-10 弯矩图

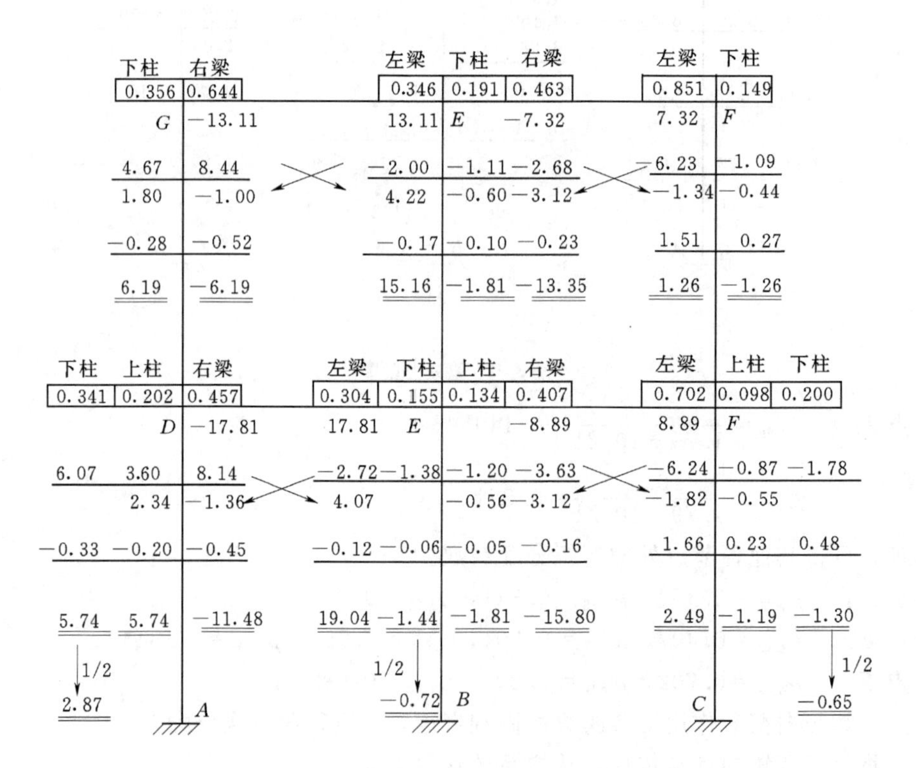

图 3-11 弯矩二次分配

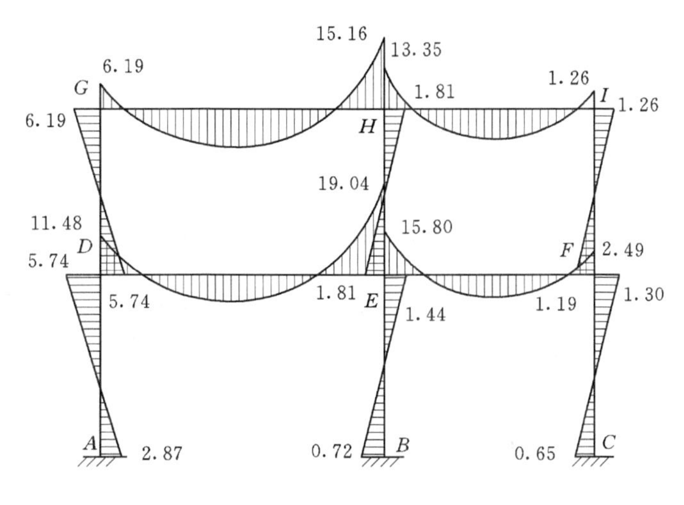

图 3-12　弯矩图

第三节　水平荷载作用下的内力计算近似法

作用于整个框架结构上的水平荷载（风荷载和水平地震力），可以简化为作用于框架节点上的水平集中力。在简化后的水平集中力作用下的框架结构，其主要变形是框架的侧移。由精确法得出的一般框架在水平集中力作用下的弯矩图及变形图如图 3-13 所示。由图可见，因无节间荷载，各梁、柱的弯矩图都是直线，且每根杆件有一个反弯点（$M=0$，$V\neq0$），即该点的弯矩为零，剪力不为零。显然，只要能确定各柱的剪力和反弯点的位置，就可以很方便地算出柱端弯矩，进而由节点平衡条件求得梁端弯矩及整个框架的其他内力，这种方法称为反弯点法。为了使结果更好地满足实际，对反弯点法的某些地方进行修正，这种修正后的反弯点法称为 D 值法。

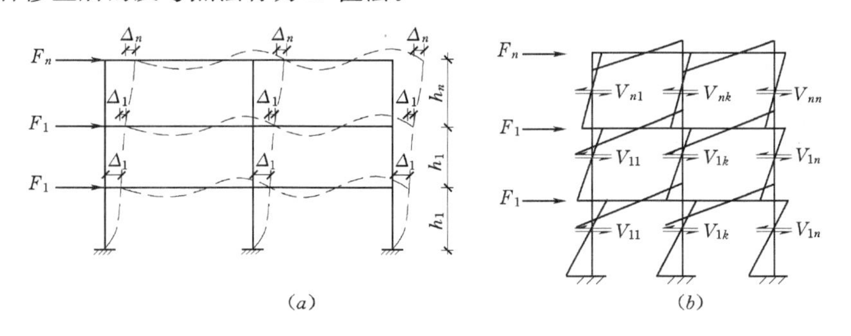

图 3-13　水平集中荷载作用下框架变形图和弯矩图

(a) 变形图；(b) 弯矩图

一、反弯点法

反弯点法适用于结构比较均匀，层数不多的多层框架。由于这种框架柱的轴力较小、柱截面尺寸也相应较小、楼（屋）面荷载相比较大、梁的截面相应较大，因此，当梁的线刚度 i_b 比柱的线刚度 i_c 大得多时（即 $i_b/i_c>3$），上部各节点的转角就很小，上部相邻节点的转角就可近似认为相等。若采用反弯点法计算内力，就可以获得良好的近似结果。

(一) 基本假定

为了方便地利用反弯点法求得各柱的柱间剪力和反弯点位置，根据框架结构的变形特点，作如下假定：

(1) 确定各柱间的剪力分配时，认为梁的线刚度与柱的线刚度之比为无限大，各柱上下两端均不发生角位移。

(2) 确定各柱的反弯点位置时，认为除底层以外的其余各层柱，受力后上、下两端的转角相同。

(3) 不考虑框架梁的轴向变形，同一层各节点水平位移相同。

(4) 梁端弯矩可由节点平衡条件求出，并按节点左、右梁的线刚度进行分配。

(二) 层间剪力确定

现以一个 n 层，每层有 m 个柱的框架为例说明第 j 层剪力的分配，如图 3-13 (b) 所示。现将框架沿第 j 层各柱的反弯点切开。令 V_i 为框架第 i 层的层间总剪力，V_{ik} 为第 i 层第 k 根柱分配到的剪力。V_i 等于第 i 层以上所有水平力的和。由第 j 层水平力平衡条件得

$$V_i = \sum_{k=1}^{m} V_{ik} \tag{3-2}$$

由基本假定 (1) 可知，在水平荷载作用下，同一层各节点的侧移是相同的且柱端转角为零，即同一层内的各柱具有相同的层间位移。同时，根据基本假定 (1) 还可确定柱的侧移刚度，即柱上、下两端发生单位水平位移时柱中产生的剪力。令第 i 层第 k 根柱的抗侧刚度为 d_{ik}，则

$$d_{ik} = \frac{12 i_c}{h^2} \tag{3-3}$$

式中：i_c 为柱的线刚度；h 为层高。

由基本假定 (2) 可确定柱的反弯点高度。令柱的反弯点高度为反弯点至柱下端的距离，其值为 yh，其中 y 为反弯点高度与柱高的比值，h 为柱高。对于上部各层柱，因各柱上、下端转角相同，这时柱上、下两端弯矩相等，因此反弯点位于柱的中心处，即 $y=1/2$；对于底层柱，因柱的下端嵌固，转角为零，柱的上端有一定的转角，因此底柱的上端弯矩比下端小，反弯点偏离中点向上，可取 $y=2/3$。

由基本假定 (3) 可知，同层各柱柱端水平位移相等，令第 i 层各柱柱端相对侧移均为 Δ_i，根据抗侧刚度的定义，有

$$V_{ik} = d_{ik} \Delta_i \tag{3-4}$$

将式 (3-4) 代入式 (3-2) 得

$$\sum_{k=1}^{m} d_{ik} \Delta_i = V_i$$

整理即为

$$\Delta_i = \frac{1}{\sum_{k=1}^{m} d_{ik}} V_i \tag{3-5}$$

将式 (3-5) 代入式 (3-4) 得

$$V_{ik}=\frac{d_{ik}}{\sum_{k=1}^{m}d_{ik}}V_i \tag{3-6}$$

所以，各层的层间总剪力 V_i，按各柱抗侧刚度 d_{ik} 在该层总抗侧刚度所占比例分配到各柱。

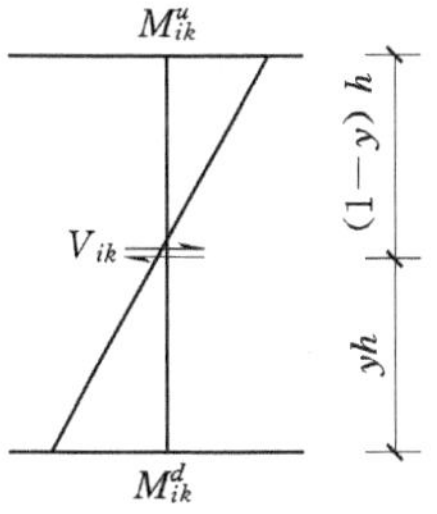

（三）柱端弯矩确定

在求得柱反弯点高度 yh 和各柱的剪力后，由图 3－14 可知，按下式计算柱端弯矩：

$$M_{ik}^{d}=V_{ik}yh \tag{3-7}$$

$$M_{ik}^{u}=V_{ik}(1-y)h \tag{3-8}$$

图 3－14　柱端弯矩计算

式中：M_{ik}^{d} 为第 i 层第 k 根柱下端弯矩；M_{ik}^{u} 为第 i 层第 k 根柱上端弯矩。

（四）梁端弯矩和剪力确定

根据基本假定（4）可知，由于节点的所有弯矩平衡，所以梁端弯矩之和等于柱端弯矩之和。同时，节点左右梁端弯矩大小按其线刚度比例分配，由图 3－15 可得：

$$M_b^l=(M_c^u+M_c^d)\frac{i_b^l}{i_b^l+l_b^r} \tag{3-9}$$

$$M_b^r=(M_c^u+M_c^d)\frac{i_b^r}{i_b^l+l_b^r} \tag{3-10}$$

式中：M_c^u、M_c^d 分别为节点上、下两端柱的弯矩，由式（3－7）、式（3－8）确定；M_b^l、M_b^r 分别为节点左、右两端梁的弯矩；i_b^l、i_b^r 分别为节点左、右梁的线刚度。

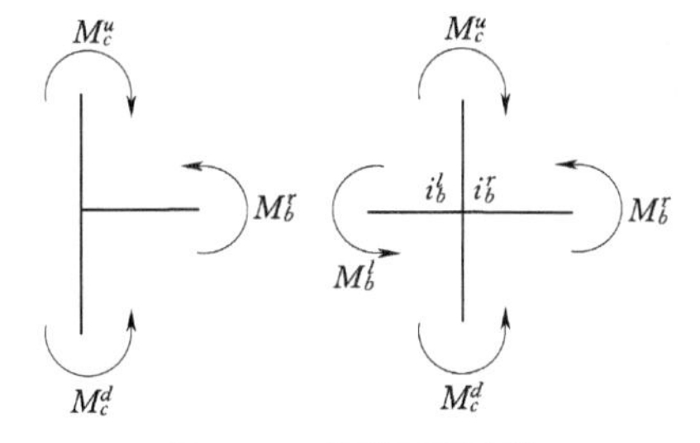

图 3－15　梁端弯矩计算

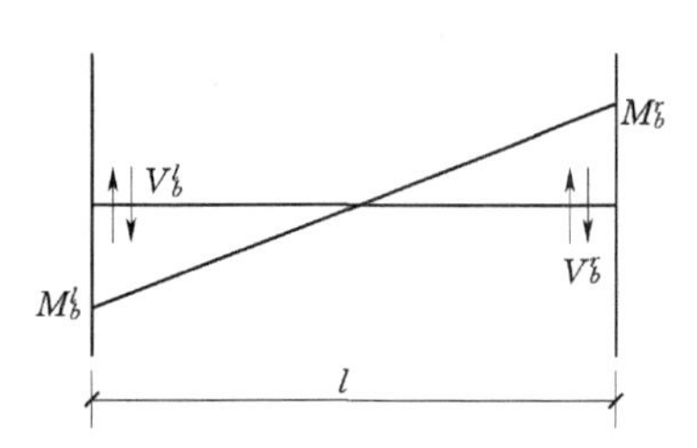

图 3－16　梁端剪力计算

此外，根据梁的平衡条件，如图 3－16 所示。可求出水平力作用下梁端剪力为

$$V_b^l=V_b^r=\frac{(M_b^l+M_b^r)}{l} \tag{3-11}$$

式中：V_b^l、V_b^r 分别为梁左、右两端剪力；l 为梁的跨度。

（五）例题

【例 3－3】　试用反弯点法计算如图 3－17 所示框架的弯矩，并绘出弯矩图。图中括号内的数字为各杆件的相对线刚度。

解： 1. 反弯点法基本步骤

（1）确定层间剪力：$V_i=\sum_{k=1}^{m}V_{ik}$。

（2）确定各层中各柱分配到的剪力：$V_{ik}=\frac{d_{ik}}{\sum_{k=1}^{m}d_{ik}}V_i$。

(3) 确定柱的反弯点高度 yh（即柱的反弯点至柱下端的距离）。

(4) 确定柱端弯矩：$M_{ik}^{d}=V_{ik}yh$，$M_{ik}^{u}=V_{ik}(1-y)h$。

(5) 确定梁端弯矩：$M_{b}^{l}=(M_{c}^{u}+M_{c}^{d})\times\frac{i_{b}^{l}}{i_{b}^{l}+i_{b}^{r}}$，$M_{b}^{r}=(M_{c}^{u}+M_{c}^{d})\frac{i_{b}^{r}}{i_{b}^{l}+i_{b}^{r}}$。

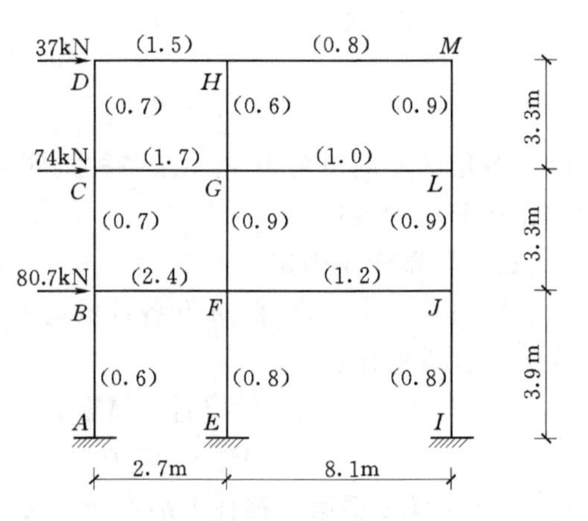

图 3-17 框架计算图

2. 具体计算

(1) 确定层间剪力 V_i：

由图 3-17 所示框架受力图可知该框架的三个层间剪力 V_1、V_2 和 V_3 分别为

第一层层间剪力：$V_1=37+74+80.7=191.7\text{kN}$

第二层层间剪力：$V_2=37+74=111\text{kN}$

第三层层间剪力：$V_3=37\text{kN}$

(2) 确定各层中各柱分配到的剪力 V_{ik}：

第一层各柱分配到的剪力分别为

$$V_{AB}=\frac{0.6}{0.6+0.8+0.8}\times 191.7=52.28\text{kN}$$

$$V_{EF}=\frac{0.8}{0.6+0.8+0.8}\times 191.7=69.71\text{kN}$$

$$V_{IJ}=\frac{0.8}{0.6+0.8+0.8}\times 191.7=69.71\text{kN}$$

第二层各柱分配到的剪力分别为

$$V_{BC}=\frac{0.7}{0.7+0.9+0.9}\times 111=31.08\text{kN}$$

$$V_{FG}=\frac{0.9}{0.7+0.9+0.9}\times 111=39.96\text{kN}$$

$$V_{JL}=\frac{0.9}{0.7+0.9+0.9}\times 111=39.96\text{kN}$$

第三层各柱分配到的剪力分别为

$$V_{CD}=\frac{0.7}{0.7+0.6+0.9}\times 37=11.77\text{kN}$$

$$V_{GH}=\frac{0.6}{0.7+0.6+0.9}\times 37=10.09\text{kN}$$

$$V_{LM}=\frac{0.9}{0.7+0.6+0.9}\times 37=15.14\text{kN}$$

(3) 确定柱的反弯点高度 yh（即柱的反弯点至柱下端的距离）：对于上部各层柱，反弯点位于柱的中心处，即 $y=1/2$；对于底层柱，反弯点偏离中点向上，可取 $y=2/3$。

(4) 确定柱端弯矩：

第一层各柱端弯矩分别为

$$M_{AB} = \frac{2}{3} \times 3.9 \times 52.28 = 135.9\text{kN} \cdot \text{m}，\quad M_{BA} = \frac{1}{3} \times 3.9 \times 52.28 = 67.96\text{kN} \cdot \text{m}$$

$$M_{EF} = \frac{2}{3} \times 3.9 \times 69.71 = 181.2\text{kN} \cdot \text{m}，\quad M_{FE} = \frac{1}{3} \times 3.9 \times 69.71 = 90.62\text{kN} \cdot \text{m}$$

$$M_{IJ} = \frac{2}{3} \times 3.9 \times 69.71 = 181.2\text{kN} \cdot \text{m}，\quad M_{JI} = \frac{1}{3} \times 3.9 \times 69.71 = 90.62\text{kN} \cdot \text{m}$$

第二层各柱端弯矩分别为

$$M_{BC} = M_{CB} = \frac{1}{2} \times 3.3 \times 31.08 = 51.28\text{kN} \cdot \text{m}$$

$$M_{FG} = M_{GF} = \frac{1}{2} \times 3.3 \times 39.96 = 65.93\text{kN} \cdot \text{m}$$

$$M_{JL} = M_{LJ} = \frac{1}{2} \times 3.3 \times 39.96 = 65.93\text{kN} \cdot \text{m}$$

第三层各柱端弯矩分别为

$$M_{CD} = M_{DC} = \frac{1}{2} \times 3.3 \times 11.77 = 19.42\text{kN} \cdot \text{m}$$

$$M_{GH} = M_{HG} = \frac{1}{2} \times 3.3 \times 10.09 = 16.65\text{kN} \cdot \text{m}$$

$$M_{LM} = M_{ML} = \frac{1}{2} \times 3.3 \times 15.14 = 24.98\text{kN} \cdot \text{m}$$

(5) 确定梁端弯矩：

第一层各梁端弯矩分别为

$$M_{BF} = M_{BC} + M_{BA} = 51.28 + 67.96 = 119.2\text{kN} \cdot \text{m}$$

$$M_{FB} = \frac{2.4}{2.4 + 1.2} \times (65.93 + 90.62) = 104.4\text{kN} \cdot \text{m}$$

$$M_{FJ} = \frac{1.2}{2.4 + 1.2} \times (65.93 + 90.62) = 52.18\text{kN} \cdot \text{m}$$

$$M_{JF} = M_{JL} + M_{JI} = 65.9 + 90.6 = 156.5\text{kN} \cdot \text{m}$$

第二层各梁端弯矩分别为

$$M_{CG} = M_{CD} + M_{CB} = 19.42 + 51.28 = 70.70\text{kN} \cdot \text{m}$$

$$M_{GC} = \frac{1.7}{1.0 + 1.7} \times (65.93 + 16.65) = 51.99\text{kN} \cdot \text{m}$$

$$M_{GL} = \frac{1.0}{1.0 + 1.7} \times (65.93 + 16.65) = 30.59\text{kN} \cdot \text{m}$$

$$M_{LG} = M_{LM} + M_{LJ} = 24.98 + 65.93 = 90.91\text{kN} \cdot \text{m}$$

第三层各梁端弯矩分别为

$$M_{DH} = 19.42\text{kN} \cdot \text{m}$$

$$M_{DC} = 19.42\text{kN} \cdot \text{m}$$

$$M_{HD} = \frac{1.5}{1.5 + 0.8} \times 16.65 = 10.86\text{kN} \cdot \text{m}$$

$$M_{MH}=M_{ML}=24.98\text{kN}\cdot\text{m}$$

$$M_{HD}=\frac{0.8}{1.5+0.8}\times 16.65=5.79\text{kN}\cdot\text{m}$$

(6) 绘制各梁柱的弯矩图如图 3－18 所示。

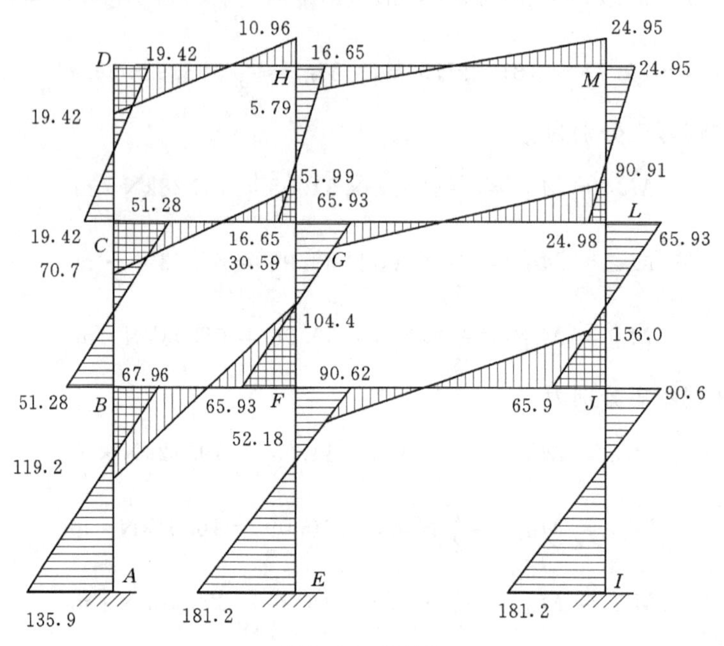

图 3－18 弯矩图

二、D 值法

反弯点法在考虑柱的侧移刚度 d 时，假定梁柱线刚度比为无穷大、节点转角为零、框架柱的反弯点高度为一定值、框架各柱中的剪力仅与各柱间的线刚度比有关等，从而使框架结构在水平荷载作用下的内力计算大为简化。但上述假定与实际工程往往存在一定差距。这是因为对于多层框架结构，当层数较多时，柱的轴力增大，梁的线刚度可能接近或小于柱的线刚度，柱的抗侧刚度有所降低，尤其是在按抗震设计要求“强柱弱梁”的情况下。此时柱的抗侧刚度除了与柱本身的线刚度和层高有关外，还与柱两端的梁的线刚度有关。同时，框架各层节点转角将不可能相等。另外，由于影响柱反弯点高度的主要因素包括：柱与梁的线刚度比、柱所在楼层的位置、上下层梁的线刚度比、上下层层高以及框架的总层数等，因此，柱的反弯点高度也不是定值。这样，若再按反弯点法的假定来计算框架结构在水平荷载作用下的内力，误差就较大。

1963 年日本武滕清教授在分析了上述影响因素的基础上，改进了反弯点法，提出了修正框架柱的抗侧刚度和调整框架柱的反弯点高度。这种改进要点是柱的侧移刚度不仅与柱本身线刚度和层高有关，而且还与梁的线刚度等有关；柱的反弯点高度不是定值，它随梁柱线刚度比、该柱所在层位置、上下层梁间的线刚度比、上下层层高以及房屋总层数的不同而不同。修正后的柱的抗侧刚度用 D 表示，故此法又称为“D 值法”。

（一）基本假定

D 值法假定框架的节点均有转角，且降低后的柱的抗侧刚度表示为

$$D = \alpha_c \frac{12i_c}{h^2} \tag{3-12}$$

式（3-12）中 D 反映了框架柱产生单位相对侧移所需的剪力。α_c 为柱抗侧刚度修正系数，它反映了因节点转动而降低的柱的抗侧移能力。节点转动的大小则取决于梁对节点转动的约束程度。梁线刚度越大，对节点的约束能力越强，节点转角越小，α_c 就越接近于1。现以一般框架来推导 α_c 的求法，如图3-19所示。以柱 AB 以及与之相连梁柱为脱离体为分析对象。$A'B'$ 为发生侧移后的 AB 柱的位置。AB 柱的相对侧移，为了简化计算，作如下假定：

（1）AB 柱以及与之相邻的各杆件杆端转角相等均为 θ。

（2）AB 柱以及与之相邻的上下层柱的旋转角相等均为 φ。

（3）AB 柱以及与之相邻的上下层柱的线刚度相等均为 i。

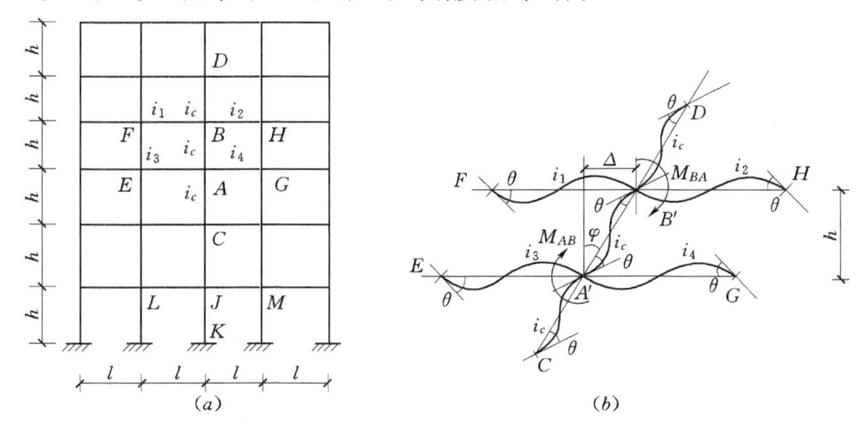

图3-19　框架抗侧刚度计算简图

（二）D 值的确定

当求得各柱的侧移刚度以后，将计算单元范围内同层所有柱的 D 值相加，即为该层框架的总侧移刚度 $\sum D_i$。由结构力学可知与节点 A 和节点 B 相邻各杆件的杆端弯矩如下：

$$M_{AB} = M_{BA} = M_{AC} = M_{BD} = 4i_c\theta + 2i_c\theta - 6i_c\frac{\Delta}{h} = 6i_c(\theta - \varphi) \tag{3-13a}$$

$$M_{AE} = 4i_3\theta + 2i_3\theta = 6i_3\theta \tag{3-13b}$$

$$M_{AG} = 6i_4\theta \tag{3-13c}$$

$$M_{BF} = 6i_1\theta \tag{3-13d}$$

$$M_{BH} = 6i_2\theta \tag{3-13e}$$

由力矩平衡条件可得

$\sum M_A = 0$，则有

$$6(i_3 + i_4 + 2i_c)\theta - 12i_c\varphi = 0$$

$\sum M_B = 0$，则有

$$6(i_1 + i_2 + 2i_c)\theta - 12i_c\varphi = 0$$

将上两式相加，整理可得

$$\theta = \frac{2}{2 + \frac{\sum i}{2i_c}}\varphi = \frac{2}{2 + \overline{K}}\varphi \tag{3-14}$$

其中
$$\sum i = i_1 + i_2 + i_3 + i_4$$
$$\overline{K} = \frac{\sum i}{2i_c}$$

式中：$\overline{K}$ 为梁柱线刚度比。

AB 柱所受到的剪力为

$$V_{AB} = -\frac{M_{AB} + M_{BA}}{h} = -\frac{2[6i_c(\theta - \varphi)]}{h} = \frac{12i_c}{h}(\varphi - \theta)$$

将式（3－14）代入上式可得

$$V_{AB} = \frac{\overline{K}}{2+\overline{K}}\frac{12i_c}{h}\varphi = \frac{\overline{K}}{2+\overline{K}}\frac{12i_c}{h^2}\Delta$$

由此可得柱的抗侧刚度 D 为

$$D = \frac{V_{AB}}{\Delta} = \frac{\overline{K}}{2+\overline{K}}\frac{12i_c}{h^2} \tag{3-15}$$

由 $D=\alpha_c\frac{12i_c}{h^2}$ 比较得

$$\alpha_c = \frac{\overline{K}}{2+\overline{K}}$$

故节点转动的大小取决于梁对节点的转动约束程度，梁刚度越大，对柱转动的约束能力越大，节点转角越小，α_c 就越接近于 1。

在实际工程中，由于底层柱的下端一般为固定支座，有时也可能为铰接，因而底层柱的 D 值与一般层不同，下面讨论底层柱的 D 值计算。

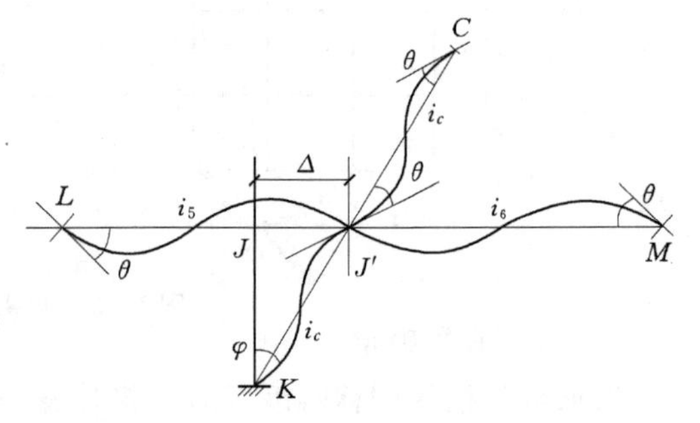

图 3－20　底层柱 D 值的计算简图

以 JK 柱以及与之相连的上柱和左、右梁为分析对象，如图 3－20 所示。由结构力学可得

$$M_{JL} = 6i_5\theta, M_{JM} = 6i_6\theta, M_{JK} = 4i_c\theta - 6i_c\varphi, M_{KJ} = 2i_c\theta - 6i_c\varphi$$

柱 JK 所受到的剪力为

$$V_{JK} = -\frac{M_{JK} + M_{KJ}}{h} = -\frac{6i_c\theta - 12i_c\varphi}{h} = \frac{12i_c}{h}\left(1 - \frac{1}{2}\frac{\theta}{\varphi}\right)\Delta$$

柱 JK 的侧移刚度为

$$D = \frac{V_{JK}}{\Delta} = \left(1 - \frac{1}{2}\frac{\theta}{\varphi}\right)\frac{12i_c}{h^2}$$

由 $D=\alpha_c\frac{12i_c}{h^2}$ 比较得

$$\alpha_c = \left(1 - \frac{1}{2}\frac{\theta}{\varphi}\right) \tag{3-16}$$

设 γ 为柱所受的弯矩与左、右梁弯矩之和的比值，即 $\gamma = \frac{M_{JK}}{M_{JL} + M_{JM}} = \frac{4i_c\theta - 6i_c\varphi}{6(i_5 + i_6)\theta}$

再取 $\overline{K}=\dfrac{i_5+i_6}{i_c}$ 代入上式，可得：$\gamma=\dfrac{2\theta-3\varphi}{3\theta\overline{K}}$

进而可得

$$\frac{\theta}{\varphi}=\frac{3}{2-3\gamma\overline{K}} \tag{3-17}$$

将式（3－17）代入式（3－16）有

$$\alpha_c=\frac{0.5-0.3\gamma\overline{K}}{2-3\gamma\overline{K}}$$

实际工程中，$\overline{K}$ 通常在 0.3～5.0 之间变化，而 γ 在 -0.14～-5.0 之间变化，相应的 α_c 变化范围为 0.30～0.84。为了简化计算，若统一取 $\gamma=-1/3$ 时，相应的 α_c 变化范围为 0.35～0.79，对 D 值产生的误差不大。当取 $\gamma=-1/3$ 时，α_c 的表达式可简化为

$$\alpha_c=\frac{0.5+\overline{K}}{2+\overline{K}} \tag{3-18}$$

同理，当底层柱的柱底为铰接时，可推得

$$\alpha_c=\frac{0.5\overline{K}}{1+2\overline{K}} \tag{3-19}$$

各种情况下的柱侧移刚度修正系数 α_c 的计算如表 3－1 所示。

表 3－1　柱抗侧刚度修正系数 α_c

位置		边柱		中柱		α_c
一般层		i_2, i_c, i_4	$\overline{K}=\dfrac{i_2+i_4}{2i_c}$	i_1, i_2, i_c, i_3, i_4	$\overline{K}=\dfrac{i_1+i_2+i_3+i_4}{2i_c}$	$\alpha_c=\dfrac{\overline{K}}{2+\overline{K}}$
底层	固接	i_2, i_c	$\overline{K}=\dfrac{i_2}{i_c}$	i_1, i_2, i_c	$\overline{K}=\dfrac{i_1+i_2}{i_c}$	$\alpha_c=\dfrac{0.5+\overline{K}}{2+\overline{K}}$
	铰接	i_2, i_c	$\overline{K}=\dfrac{i_2}{i_c}$	i_1, i_2, i_c	$\overline{K}=\dfrac{i_1+i_2}{i_c}$	$\alpha_c=\dfrac{0.5\overline{K}}{1+2\overline{K}}$

（三）反弯点高度确定

1. 标准反弯点高度比 y_0

规则框架在节点水平力的作用下，可假定同层各节点转角相等，这时各层横梁的反弯点位于跨中且该点无竖向位移。因此，图 13－21（a）所示框架就可简化为图 3－21（b），并可叠合成图 3－21（c）所示的合成框架。合成框架中，柱的线刚度等于原框架同层各柱线刚度之和，梁的线刚度等于原框架同层各梁线刚度之和再乘以 4。这是因为半梁的线刚度等于原梁线刚度的 2 倍，线刚度应乘以 2；梁的数量增加 1 倍，线刚度又应乘以 2。

用力法求解图 3－21（c）合成框架内力，以各柱下端截面弯矩 M_n 作为基本未知量，取基本体系如图 3－21（d）所示。因各层剪力 V_n 可通过平衡条件求出，用力法解出 M_n 就可确定各层柱的标准反弯点高度比 y_0，其表达式如下：

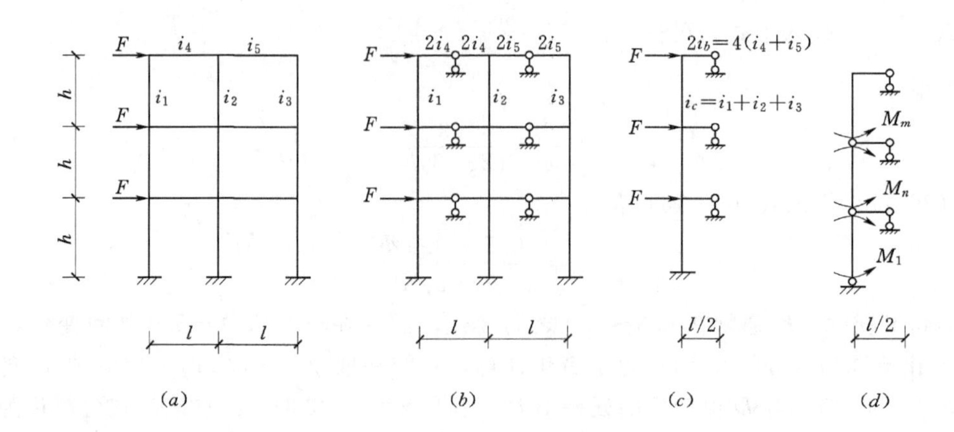

图 3－21　标准反弯点位置确定

$$y_0=\frac{M_n}{V_n h} \tag{3-20}$$

分析表明，框架柱的反弯点高度比 y_0 主要与梁柱线刚度比 $\overline{K}$、结构总层数 m 以及该柱所在层 n 有关。为了便于应用，对于均布水平力作用下以及三角形分布水平力作用下的 y_0 已制成表格（见表 3－2 和表 3－3）计算时可直接查用。

表 3－2　　均布水平力作用时标准反弯点的高度比 y_0 值

m	n \ $\overline{K}$	0.1	0.2	0.3	0.4	0.5	0.6	0.7	0.8	0.9	1.0	2.0	3.0	4.0	5.0
1	1	0.80	0.75	0.70	0.65	0.65	0.60	0.60	0.60	0.60	0.55	0.55	0.55	0.55	0.55
2	2	0.45	0.40	0.35	0.35	0.35	0.35	0.40	0.40	0.40	0.40	0.45	0.45	0.45	0.45
	1	0.95	0.80	0.75	0.70	0.65	0.65	0.65	0.60	0.60	0.60	0.55	0.55	0.55	0.50
3	3	0.15	0.20	0.20	0.25	0.30	0.30	0.30	0.35	0.35	0.35	0.40	0.45	0.45	0.45
	2	0.55	0.50	0.45	0.45	0.45	0.45	0.45	0.45	0.45	0.45	0.45	0.50	0.50	0.50
	1	1.00	0.85	0.80	0.75	0.70	0.70	0.65	0.65	0.65	0.60	0.55	0.55	0.55	0.55
4	4	−0.05	0.05	0.15	0.20	0.25	0.30	0.30	0.35	0.35	0.35	0.40	0.45	0.45	0.45
	3	0.25	0.30	0.30	0.35	0.35	0.40	0.40	0.40	0.40	0.45	0.45	0.50	0.50	0.50
	2	0.65	0.55	0.50	0.50	0.45	0.45	0.45	0.45	0.45	0.45	0.45	0.50	0.50	0.50
	1	1.10	0.90	0.80	0.75	0.70	0.70	0.65	0.65	0.65	0.55	0.55	0.55	0.55	0.55
5	5	−0.20	0.00	0.15	0.20	0.25	0.30	0.30	0.30	0.35	0.35	0.40	0.45	0.45	0.45
	4	0.10	0.20	0.25	0.30	0.35	0.35	0.40	0.40	0.40	0.40	0.45	0.45	0.50	0.50
	3	0.40	0.40	0.40	0.40	0.40	0.45	0.45	0.45	0.45	0.45	0.50	0.50	0.50	0.50
	2	0.65	0.55	0.50	0.50	0.50	0.50	0.50	0.50	0.50	0.50	0.50	0.50	0.50	0.50
	1	1.20	0.95	0.80	0.75	0.75	0.70	0.70	0.65	0.65	0.65	0.55	0.55	0.55	0.55
6	6	−0.30	0.00	0.10	0.20	0.25	0.25	0.30	0.30	0.35	0.35	0.40	0.45	0.45	0.45
	5	0.00	0.20	0.25	0.30	0.35	0.35	0.40	0.40	0.40	0.40	0.45	0.45	0.50	0.50
	4	0.20	0.30	0.35	0.35	0.40	0.40	0.40	0.45	0.45	0.45	0.45	0.50	0.50	0.50
	3	0.40	0.40	0.40	0.45	0.45	0.45	0.45	0.45	0.45	0.45	0.50	0.50	0.50	0.50
	2	0.70	0.60	0.55	0.50	0.50	0.50	0.50	0.50	0.50	0.50	0.50	0.50	0.50	0.50
	1	1.20	0.95	0.85	0.80	0.75	0.70	0.70	0.65	0.65	0.65	0.55	0.55	0.55	0.55

续表

m	n \ $\overline{K}$	0.1	0.2	0.3	0.4	0.5	0.6	0.7	0.8	0.9	1.0	2.0	3.0	4.0	5.0
7	7	-0.35	-0.05	0.10	0.20	0.20	0.25	0.30	0.30	0.35	0.35	0.40	0.45	0.45	0.45
	6	-0.10	0.15	0.25	0.30	0.35	0.35	0.35	0.40	0.40	0.40	0.45	0.45	0.50	0.50
	5	0.10	0.25	0.30	0.35	0.40	0.40	0.40	0.45	0.45	0.45	0.45	0.55	0.55	0.55
	4	0.30	0.35	0.40	0.40	0.40	0.45	0.45	0.45	0.45	0.45	0.50	0.50	0.50	0.50
	3	0.50	0.45	0.45	0.45	0.45	0.45	0.45	0.45	0.45	0.45	0.45	0.50	0.50	0.50
	2	0.75	0.60	0.55	0.50	0.50	0.50	0.50	0.50	0.50	0.50	0.50	0.50	0.50	0.50
	1	1.20	0.95	0.85	0.80	0.75	0.70	0.70	0.65	0.65	0.65	0.55	0.55	0.55	0.55
8	8	-0.35	-0.15	0.10	0.15	0.25	0.25	0.30	0.30	0.35	0.35	0.40	0.45	0.45	0.45
	7	-0.10	0.15	0.25	0.30	0.35	0.35	0.40	0.40	0.40	0.40	0.45	0.50	0.50	0.50
	6	0.05	0.25	0.30	0.35	0.40	0.40	0.40	0.45	0.45	0.45	0.45	0.50	0.50	0.50
	5	0.20	0.35	0.35	0.40	0.40	0.45	0.45	0.45	0.45	0.45	0.50	0.50	0.50	0.50
	4	0.35	0.40	0.40	0.45	0.45	0.45	0.45	0.45	0.45	0.45	0.50	0.50	0.50	0.50
	3	0.50	0.45	0.45	0.45	0.45	0.45	0.45	0.45	0.50	0.50	0.50	0.50	0.50	0.50
	2	0.75	0.60	0.55	0.55	0.50	0.50	0.50	0.50	0.50	0.50	0.50	0.50	0.50	0.50
	1	1.20	1.00	0.85	0.80	0.75	0.70	0.70	0.65	0.65	0.65	0.55	0.55	0.55	0.55
9	9	-0.40	0.05	0.10	0.20	0.25	0.25	0.30	0.30	0.35	0.35	0.45	0.45	0.45	0.45
	8	-0.15	0.15	0.20	0.30	0.35	0.35	0.35	0.40	0.40	0.40	0.45	0.45	0.50	0.50
	7	0.05	0.25	0.30	0.35	0.40	0.40	0.40	0.45	0.45	0.45	0.45	0.50	0.50	0.50
	6	0.10	0.30	0.35	0.40	0.40	0.45	0.45	0.45	0.45	0.45	0.50	0.50	0.50	0.50
	5	0.25	0.35	0.40	0.40	0.45	0.45	0.45	0.45	0.45	0.45	0.50	0.50	0.50	0.50
	4	0.40	0.40	0.40	0.45	0.45	0.45	0.45	0.45	0.45	0.45	0.50	0.50	0.50	0.50
	3	0.50	0.45	0.45	0.45	0.45	0.45	0.45	0.45	0.50	0.50	0.50	0.50	0.50	0.50
	2	0.80	0.65	0.55	0.55	0.50	0.50	0.50	0.50	0.50	0.50	0.50	0.50	0.50	0.50
	1	1.20	1.00	0.85	0.80	0.75	0.70	0.70	0.65	0.65	0.65	0.55	0.55	0.55	0.55
10	10	-0.40	-0.05	0.10	0.20	0.25	0.30	0.30	0.30	0.35	0.35	0.40	0.45	0.45	0.45
	9	-0.15	0.15	0.25	0.30	0.35	0.35	0.40	0.40	0.40	0.40	0.45	0.45	0.50	0.50
	8	0.00	0.25	0.30	0.35	0.40	0.40	0.40	0.45	0.45	0.45	0.45	0.50	0.50	0.50
	7	0.10	0.30	0.35	0.40	0.40	0.45	0.45	0.45	0.45	0.45	0.50	0.50	0.50	0.50
	6	0.20	0.35	0.40	0.40	0.45	0.45	0.45	0.45	0.45	0.45	0.50	0.50	0.50	0.50
	5	0.30	0.40	0.40	0.45	0.45	0.45	0.45	0.45	0.45	0.50	0.50	0.50	0.50	0.50
	4	0.40	0.40	0.45	0.45	0.45	0.45	0.45	0.45	0.45	0.50	0.50	0.50	0.50	0.50
	3	0.55	0.50	0.45	0.45	0.45	0.50	0.50	0.50	0.50	0.50	0.50	0.50	0.50	0.50
	2	0.80	0.65	0.55	0.55	0.55	0.50	0.50	0.50	0.50	0.50	0.50	0.50	0.50	0.50
	1	1.30	1.00	0.85	0.80	0.75	0.70	0.70	0.65	0.65	0.65	0.60	0.55	0.55	0.55
11	11	-0.40	0.05	0.10	0.20	0.25	0.30	0.30	0.30	0.35	0.35	0.40	0.45	0.45	0.45
	10	-0.15	0.15	0.25	0.30	0.35	0.35	0.40	0.40	0.40	0.40	0.45	0.45	0.50	0.50
	9	0.00	0.25	0.30	0.35	0.40	0.40	0.40	0.45	0.45	0.45	0.45	0.50	0.50	0.50
	8	0.10	0.30	0.35	0.40	0.40	0.45	0.45	0.45	0.45	0.45	0.45	0.50	0.50	0.50
	7	0.20	0.35	0.40	0.45	0.45	0.45	0.45	0.45	0.45	0.45	0.50	0.50	0.50	0.50
	6	0.25	0.35	0.40	0.45	0.45	0.45	0.45	0.45	0.45	0.45	0.50	0.50	0.50	0.50
	5	0.35	0.40	0.40	0.45	0.45	0.45	0.45	0.45	0.45	0.50	0.50	0.50	0.50	0.50
	4	0.40	0.45	0.45	0.45	0.45	0.45	0.45	0.50	0.50	0.50	0.50	0.50	0.50	0.50
	3	0.55	0.50	0.50	0.50	0.50	0.50	0.50	0.50	0.50	0.50	0.50	0.50	0.50	0.50
	2	0.80	0.65	0.60	0.55	0.55	0.50	0.50	0.50	0.50	0.50	0.50	0.50	0.50	0.50
	1	1.30	1.00	0.85	0.80	0.75	0.70	0.70	0.65	0.65	0.65	0.60	0.55	0.55	0.55

续表

m	n \ $\overline{K}$	0.1	0.2	0.3	0.4	0.5	0.6	0.7	0.8	0.9	1.0	2.0	3.0	4.0	5.0
12	1	−0.40	0.00	0.10	0.20	0.25	0.30	0.30	0.30	0.35	0.35	0.40	0.45	0.45	0.45
	2	−0.15	0.15	0.25	0.30	0.35	0.35	0.40	0.40	0.40	0.40	0.45	0.45	0.50	0.50
	3	0.00	0.25	0.30	0.35	0.40	0.40	0.40	0.45	0.45	0.45	0.50	0.50	0.50	0.50
	4	0.10	0.30	0.35	0.40	0.40	0.45	0.45	0.45	0.45	0.45	0.50	0.50	0.50	0.50
	5	0.20	0.35	0.40	0.40	0.45	0.45	0.45	0.45	0.45	0.45	0.50	0.50	0.50	0.50
	6	0.25	0.35	0.40	0.45	0.45	0.45	0.45	0.45	0.45	0.45	0.50	0.50	0.50	0.50
	7	0.30	0.40	0.40	0.45	0.45	0.45	0.45	0.45	0.50	0.50	0.50	0.50	0.50	0.50
	8	0.35	0.40	0.45	0.45	0.45	0.45	0.45	0.50	0.50	0.50	0.50	0.50	0.50	0.50
	中间	0.40	0.40	0.45	0.45	0.45	0.45	0.50	0.50	0.50	0.50	0.50	0.50	0.50	0.50
	4	0.45	0.45	0.45	0.45	0.50	0.50	0.50	0.50	0.50	0.50	0.50	0.50	0.50	0.50
	3	0.60	0.50	0.50	0.50	0.50	0.50	0.50	0.50	0.50	0.50	0.50	0.50	0.50	0.50
	2	0.80	0.65	0.60	0.55	0.55	0.50	0.50	0.50	0.50	0.50	0.50	0.50	0.50	0.50
	1	1.30	1.00	0.85	0.80	0.76	0.70	0.70	0.65	0.65	0.65	0.55	0.55	0.55	0.55

注 $\overline{K}=\dfrac{i_1+i_2+i_3+i_4}{2i_c}$。

i_1	i_2
i_3 i_c	i_4

表 3-3　　倒三角形分布水平力作用时标准反弯点的高度比 y_0 值

m	n \ $\overline{K}$	0.1	0.2	0.3	0.4	0.5	0.6	0.7	0.8	0.9	1.0	2.0	3.0	4.0	5.0
1	1	0.80	0.75	0.70	0.65	0.65	0.60	0.60	0.60	0.60	0.55	0.55	0.55	0.55	0.55
2	2	0.50	0.45	0.40	0.40	0.40	0.40	0.40	0.40	0.40	0.40	0.45	0.45	0.45	0.50
	1	1.00	0.85	0.75	0.70	0.70	0.65	0.65	0.65	0.60	0.60	0.55	0.55	0.55	0.55
3	3	0.25	0.25	0.25	0.30	0.30	0.35	0.35	0.35	0.40	0.40	0.45	0.45	0.45	0.50
	2	0.60	0.50	0.50	0.50	0.50	0.45	0.45	0.45	0.45	0.45	0.50	0.50	0.50	0.50
	1	1.15	0.90	0.80	0.75	0.75	0.70	0.70	0.65	0.65	0.65	0.60	0.55	0.55	0.55
4	4	0.10	0.15	0.20	0.25	0.30	0.30	0.35	0.35	0.35	0.40	0.45	0.45	0.45	0.45
	3	0.35	0.35	0.35	0.40	0.40	0.40	0.40	0.45	0.45	0.45	0.45	0.50	0.50	0.50
	2	0.70	0.60	0.55	0.50	0.50	0.50	0.50	0.50	0.50	0.50	0.50	0.50	0.50	0.50
	1	1.20	0.95	0.85	0.80	0.75	0.70	0.70	0.70	0.65	0.65	0.55	0.55	0.55	0.55
5	5	−0.05	0.10	0.20	0.25	0.35	0.30	0.35	0.35	0.35	0.35	0.40	0.45	0.45	0.45
	4	0.20	0.25	0.35	0.35	0.40	0.40	0.40	0.40	0.40	0.45	0.45	0.50	0.50	0.50
	3	0.45	0.40	0.45	0.45	0.45	0.45	0.45	0.45	0.45	0.45	0.50	0.50	0.50	0.50
	2	0.75	0.60	0.55	0.55	0.50	0.50	0.50	0.50	0.50	0.50	0.50	0.50	0.50	0.50
	1	1.30	1.00	0.85	0.80	0.75	0.70	0.70	0.65	0.65	0.65	0.65	0.55	0.55	0.55
6	6	−0.15	0.05	0.15	0.20	0.25	0.30	0.30	0.35	0.35	0.35	0.40	0.45	0.45	0.45
	5	0.10	0.25	0.30	0.35	0.35	0.40	0.40	0.40	0.45	0.45	0.45	0.50	0.50	0.50
	4	0.30	0.35	0.40	0.40	0.45	0.45	0.45	0.45	0.45	0.45	0.50	0.50	0.50	0.50
	3	0.50	0.45	0.45	0.45	0.45	0.45	0.45	0.45	0.45	0.50	0.50	0.50	0.50	0.50
	2	0.80	0.65	0.55	0.55	0.55	0.55	0.50	0.50	0.50	0.50	0.50	0.50	0.50	0.50
	1	1.30	1.00	0.85	0.80	0.75	0.70	0.70	0.65	0.65	0.65	0.60	0.55	0.55	0.55
7	7	−0.20	0.05	0.15	0.20	0.25	0.30	0.30	0.35	0.35	0.35	0.45	0.45	0.45	0.45
	6	0.05	0.20	0.30	0.35	0.35	0.40	0.40	0.40	0.40	0.45	0.45	0.50	0.50	0.50
	5	0.20	0.30	0.35	0.40	0.40	0.45	0.45	0.45	0.45	0.45	0.50	0.50	0.50	0.50
	4	0.35	0.40	0.40	0.45	0.45	0.45	0.45	0.45	0.45	0.45	0.50	0.50	0.50	0.50
	3	0.55	0.50	0.50	0.50	0.50	0.50	0.50	0.50	0.50	0.50	0.50	0.50	0.50	0.50
	2	0.80	0.65	0.60	0.55	0.55	0.50	0.50	0.50	0.50	0.50	0.50	0.50	0.50	0.50
	1	1.30	1.00	0.90	0.80	0.75	0.70	0.70	0.70	0.65	0.65	0.60	0.55	0.55	0.55

续表

m	n \ $\overline{K}$	0.1	0.2	0.3	0.4	0.5	0.6	0.7	0.8	0.9	1.0	2.0	3.0	4.0	5.0
8	8	−0.20	0.05	0.15	0.20	0.25	0.30	0.30	0.35	0.35	0.35	0.45	0.45	0.45	0.45
	7	0.00	0.20	0.30	0.35	0.35	0.40	0.40	0.40	0.40	0.45	0.45	0.50	0.50	0.50
	6	0.15	0.30	0.35	0.40	0.40	0.45	0.45	0.45	0.45	0.45	0.50	0.50	0.50	0.50
	5	0.30	0.40	0.40	0.45	0.45	0.45	0.45	0.45	0.45	0.45	0.50	0.50	0.50	0.50
	4	0.40	0.45	0.45	0.45	0.45	0.45	0.45	0.50	0.50	0.50	0.50	0.50	0.50	0.50
	3	0.60	0.50	0.50	0.50	0.50	0.50	0.50	0.50	0.50	0.50	0.50	0.50	0.50	0.50
	2	0.85	0.65	0.60	0.55	0.55	0.55	0.50	0.50	0.50	0.50	0.50	0.50	0.50	0.50
	1	1.30	1.00	0.90	0.80	0.75	0.70	0.70	0.70	0.65	0.65	0.60	0.55	0.55	0.55
9	9	−0.25	0.00	0.15	0.20	0.25	0.30	0.30	0.35	0.35	0.40	0.45	0.45	0.45	0.45
	8	0.00	0.20	0.30	0.35	0.35	0.40	0.40	0.40	0.40	0.45	0.45	0.50	0.50	0.50
	7	0.15	0.30	0.35	0.40	0.40	0.45	0.45	0.45	0.45	0.45	0.50	0.50	0.50	0.50
	6	0.25	0.35	0.40	0.40	0.45	0.45	0.45	0.45	0.45	0.50	0.50	0.50	0.50	0.50
	5	0.35	0.40	0.45	0.45	0.45	0.45	0.45	0.45	0.50	0.50	0.50	0.50	0.50	0.50
	4	0.45	0.45	0.45	0.45	0.45	0.50	0.50	0.50	0.50	0.50	0.50	0.50	0.50	0.50
	3	0.60	0.50	0.50	0.50	0.50	0.50	0.50	0.50	0.50	0.50	0.50	0.50	0.50	0.50
	2	0.85	0.65	0.60	0.55	0.55	0.55	0.55	0.50	0.50	0.50	0.50	0.50	0.50	0.50
	1	1.35	1.00	0.90	0.80	0.75	0.75	0.70	0.70	0.65	0.65	0.60	0.55	0.55	0.55
10	10	−0.25	0.00	0.15	0.20	0.25	0.30	0.30	0.35	0.35	0.40	0.45	0.45	0.45	0.45
	9	−0.10	0.20	0.30	0.35	0.35	0.40	0.40	0.40	0.40	0.45	0.45	0.50	0.50	0.50
	8	0.10	0.30	0.35	0.40	0.40	0.40	0.45	0.45	0.45	0.45	0.50	0.50	0.50	0.50
	7	0.20	0.35	0.40	0.40	0.45	0.45	0.45	0.45	0.45	0.50	0.50	0.50	0.50	0.50
	6	0.30	0.40	0.40	0.45	0.45	0.45	0.45	0.45	0.45	0.50	0.50	0.50	0.50	0.50
	5	0.40	0.45	0.45	0.45	0.45	0.45	0.45	0.50	0.50	0.50	0.50	0.50	0.50	0.50
	4	0.50	0.45	0.45	0.45	0.50	0.50	0.50	0.50	0.50	0.50	0.50	0.50	0.50	0.50
	3	0.60	0.55	0.50	0.50	0.50	0.50	0.50	0.50	0.50	0.50	0.50	0.50	0.50	0.50
	2	0.85	0.65	0.60	0.55	0.55	0.55	0.55	0.50	0.50	0.50	0.50	0.50	0.50	0.50
	1	1.35	1.00	0.90	0.80	0.75	0.75	0.70	0.70	0.65	0.65	0.60	0.55	0.55	0.55
11	11	−0.25	0.00	0.15	0.20	0.25	0.30	0.30	0.30	0.35	0.35	0.45	0.45	0.45	0.45
	10	−0.05	0.20	0.25	0.30	0.35	0.40	0.40	0.40	0.40	0.45	0.45	0.50	0.50	0.50
	9	0.10	0.30	0.35	0.40	0.40	0.40	0.45	0.45	0.45	0.45	0.50	0.50	0.50	0.50
	8	0.20	0.35	0.40	0.40	0.45	0.45	0.45	0.45	0.45	0.50	0.50	0.50	0.50	0.50
	7	0.25	0.40	0.40	0.45	0.45	0.45	0.45	0.45	0.45	0.50	0.50	0.50	0.50	0.50
	6	0.35	0.40	0.40	0.45	0.45	0.45	0.45	0.50	0.50	0.50	0.50	0.50	0.50	0.50
	5	0.40	0.45	0.45	0.45	0.45	0.50	0.50	0.50	0.50	0.50	0.50	0.50	0.50	0.50
	4	0.50	0.50	0.50	0.50	0.50	0.50	0.50	0.50	0.50	0.50	0.50	0.50	0.50	0.50
	3	0.65	0.60	0.60	0.50	0.50	0.50	0.50	0.50	0.50	0.50	0.50	0.50	0.50	0.50
	2	0.85	0.65	0.60	0.55	0.55	0.55	0.55	0.50	0.50	0.50	0.50	0.50	0.50	0.50
	1	1.35	1.05	0.90	0.80	0.75	0.75	0.70	0.70	0.65	0.65	0.60	0.55	0.55	0.55

续表

m	n \ $\overline{K}$	0.1	0.2	0.3	0.4	0.5	0.6	0.7	0.8	0.9	1.0	2.0	3.0	4.0	5.0
12	1	−0.30	0.00	0.15	0.20	0.25	0.30	0.30	0.30	0.35	0.35	0.40	0.45	0.45	0.45
	2	−0.10	0.20	0.25	0.30	0.35	0.40	0.40	0.40	0.40	0.40	0.45	0.45	0.45	0.50
	3	0.05	0.25	0.35	0.40	0.40	0.40	0.45	0.45	0.45	0.45	0.45	0.50	0.50	0.50
	4	0.15	0.30	0.40	0.40	0.45	0.45	0.45	0.45	0.45	0.45	0.45	0.50	0.50	0.50
	5	0.25	0.35	0.40	0.45	0.45	0.45	0.45	0.45	0.45	0.45	0.50	0.50	0.50	0.50
	6	0.30	0.40	0.40	0.45	0.45	0.45	0.45	0.45	0.45	0.50	0.50	0.50	0.50	0.50
	7	0.35	0.40	0.45	0.45	0.45	0.45	0.50	0.50	0.50	0.50	0.50	0.50	0.50	0.50
	8	0.35	0.45	0.45	0.45	0.50	0.50	0.50	0.50	0.50	0.50	0.50	0.50	0.50	0.50
	中间	0.45	0.45	0.45	0.45	0.50	0.50	0.50	0.50	0.50	0.50	0.50	0.50	0.50	0.50
	4	0.55	0.50	0.50	0.50	0.50	0.50	0.50	0.50	0.50	0.50	0.50	0.50	0.50	0.50
	3	0.65	0.55	0.50	0.50	0.50	0.50	0.50	0.50	0.50	0.50	0.50	0.50	0.50	0.50
	2	0.70	0.70	0.60	0.55	0.55	0.55	0.55	0.50	0.50	0.50	0.50	0.50	0.50	0.50
	1	1.35	1.05	0.90	0.80	0.75	0.70	0.70	0.70	0.65	0.65	0.60	0.55	0.55	0.55

2. 上下层梁线刚度变化时反弯点高度比修正值 y_1

若某层柱上、下梁线刚度不同，则该层柱的反弯点位置就大于标准反弯点位置，必须加以修正，修正值为 y_1。y_1 的分析方法与 y_0 类似，计算时也可直接查表 3-4 确定。

表 3-4　　上下层横梁线刚度比对 y_0 的修正值 y_1

α_1 \ $\overline{K}$	0.1	0.2	0.3	0.4	0.5	0.6	0.7	0.8	0.9	1.0	2.0	3.0	4.0	5.0
0.4	0.55	0.40	0.30	0.25	0.20	0.20	0.20	0.15	0.15	0.15	0.05	0.05	0.05	0.05
0.5	0.45	0.30	0.20	0.20	0.15	0.15	0.15	0.10	0.10	0.10	0.05	0.05	0.05	0.05
0.6	0.30	0.20	0.15	0.15	0.10	0.10	0.10	0.10	0.05	0.05	0.05	0.05	0.0	0.0
0.7	0.20	0.15	0.10	0.10	0.10	0.10	0.05	0.05	0.05	0.05	0.05	0.0	0.0	0.0
0.8	0.15	0.10	0.05	0.05	0.05	0.05	0.05	0.05	0.05	0.0	0.0	0.0	0.0	0.0
0.9	0.05	0.05	0.05	0.05	0.0	0.0	0.0	0.0	0.0	0.0	0.0	0.0	0.0	0.0

注　1. $\alpha_1=\frac{i_1+i_2}{i_3+i_4}$，当 $i_1+i_2>i_3+i_4$ 时，则 α_1 取倒数，且 y_1 值取"−"。

　　2. $\overline{K}=\frac{i_1+i_2+i_3+i_4}{2i_c}$。

i_1　i_2
i_c
i_3　i_4

查表时，对于图 3-22 (a)、(b) 所示分析对象，当 $i_1+i_2<i_3+i_4$ 时，取 $\alpha_1=\frac{i_1+i_2}{i_3+i_4}$，$y_1$ 取正值，反弯点向上移动 y_1h；当 $i_1+i_2>i_3+i_4$ 时，α_1 取倒数，y_1 取负值，反弯点向下移动 y_1h。对于框架底层柱不考虑 y_1 的修正。

3. 上下层层高变化时反弯点高度比修正

若某柱的上下层层高改变时，反弯点位置也有变化，仍要加以修正，修正值为 y_2、y_3。y_2、y_3 的分析方法同上，计算时可查表 3-5 确定。

表 3-5　　上下层高度变化比对 y_0 的修正值 y_2 和 y_3

α_2	K / α_3	0.1	0.2	0.3	0.4	0.5	0.6	0.7	0.8	0.9	1.0	2.0	3.0	4.0	5.0
2.0		0.25	0.15	0.15	0.10	0.10	0.10	0.10	0.10	0.05	0.05	0.05	0.05	0.0	0.0
1.8		0.20	0.15	0.10	0.10	0.10	0.05	0.05	0.05	0.05	0.05	0.05	0.0	0.0	0.0
1.6	0.4	0.15	0.10	0.10	0.05	0.05	0.05	0.05	0.05	0.05	0.05	0.0	0.0	0.0	0.0
1.4	0.6	0.10	0.05	0.05	0.05	0.05	0.05	0.05	0.05	0.05	0.0	0.0	0.0	0.0	0.0
1.2	0.8	0.05	0.05	0.05	0.0	0.0	0.0	0.0	0.0	0.0	0.0	0.0	0.0	0.0	0.0
1.0	1.0	0.00	0.00	0.0	0.0	0.0	0.0	0.0	0.0	0.0	0.0	0.0	0.0	0.0	0.0
0.8	1.2	−0.05	−0.05	−0.05	0.0	0.0	0.0	0.0	0.0	0.0	0.0	0.0	0.0	0.0	0.0
0.6	1.4	−0.10	−0.05	−0.05	−0.05	−0.05	−0.05	−0.05	−0.05	−0.05	0.0	0.0	0.0	0.0	0.0
0.4	1.6	−0.15	−0.10	−0.10	−0.05	−0.05	−0.05	−0.05	−0.05	−0.05	−0.05	0.0	0.0	0.0	0.0
	1.8	−0.20	−0.15	−0.10	−0.10	−0.10	−0.05	−0.05	−0.05	−0.05	−0.05	−0.05	0.0	0.0	0.0
	2.0	−0.25	−0.15	−0.15	−0.10	−0.10	−0.10	−0.10	−0.10	−0.05	−0.05	−0.05	−0.05	0.0	0.0

注　y_2 为按照 $\bar{K}$ 及 α_2 求得，上层较高时为正值；y_3 为按照 $\bar{K}$ 及 α_3 求得。

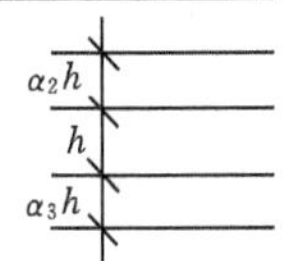

查表时，对于图 3-22（c）、（d）所示脱离体，当该层的上层较高时，取 $\alpha_2=h_u/h$，若 $\alpha_2>1.0$，y_2 为正值，反弯点向上移动 y_2h；若 $\alpha_2<1.0$，y_2 为负值，反弯点向下移动 y_2h。当该层的下层较高时，取 $\alpha_3=h_1/h$，若 $\alpha_3>1.0$，y_3 为负值，反弯点向下移动 y_3h；若 $\alpha_3<1.0$，y_3 为正值，反弯点向上移动 y_3h。对于顶层柱不考虑 y_2 的修正，对于底层柱不考虑 y_3 的修正。

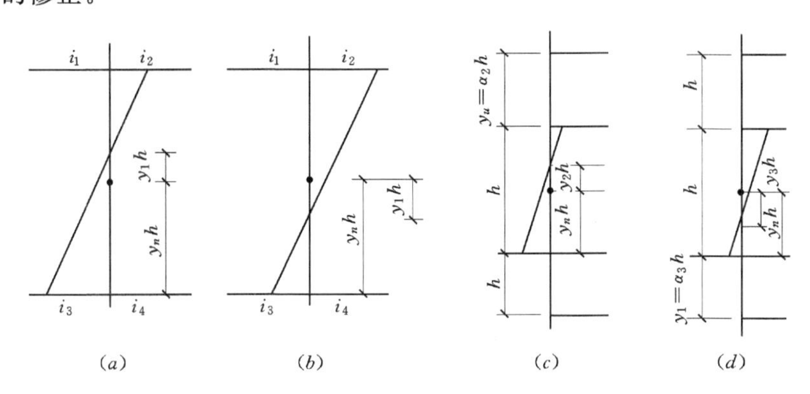

图 3-22　梁刚度和层高变化对反弯点的影响

根据上述分析，反弯点总是向刚度弱的一端移动，框架各层柱的反弯点高度 yh 可由下式求出：

$$yh=(y_0+y_1+y_2+y_3)h \tag{3-21}$$

式中：y 为各层柱的反弯点高度比；y_0 为标准反弯点高度比；y_1 为上下梁线刚度变化时反弯点高度比的修正值；y_2、y_3 分别为上、下层层高变化时反弯点高度比的修正值。

当各层框架柱的抗侧刚度 D 和各层柱反弯点的位置 yh 确定，与反弯点法一样，就可确定各柱在反弯点处的剪力值和柱端弯矩，再由节点平衡条件，进而求出梁柱内力。

（四）例题

【例 3-4】　试用 D 值法计算例 3-3 所示的框架，并绘出弯矩图。

解： 1. D 值法基本步骤

（1）确定修正后的各柱的抗侧刚度 D。

（2）确定修正后柱的反弯点高度比 y。

（3）确定层间剪力：$V_i=\sum_{k=1}^{m}V_{ik}$。

（4）确定各层中各柱分配到的剪力：$V_{ik}=\dfrac{D_{ik}}{\sum_{k=1}^{m}D_{ik}}V_i$。

（5）确定柱端弯矩：$M_{ik}^{d}=V_{ik}yh$，$M_{ik}^{u}=V_{ik}(1-y)h$。

（6）确定梁端弯矩。

2. 具体计算

（1）确定修正后的各柱的抗侧刚度 D。

1）确定各柱的梁柱线刚度比 $\overline{K}$ 值。

第一层各柱：

$$\overline{K}_{AB}=\frac{2.4}{0.6}=4，\overline{K}_{EF}=\frac{2.4+1.2}{0.8}=4.5，\overline{K}_{JK}=\frac{1.2}{0.8}=1.5$$

第二层各柱：

$$\overline{K}_{BC}=\frac{2.4+1.7}{2\times0.7}=2.929，\overline{K}_{FG}=\frac{2.4+1.2+1.7+1}{2\times0.9}=3.5，\overline{K}_{KL}=\frac{1.2+1}{2\times0.9}=1.222$$

第三层各柱：

$$\overline{K}_{CD}=\frac{1.5+1.7}{2\times0.7}=2.286，\overline{K}_{GH}=\frac{1.5+0.8+1.7+1}{2\times0.6}=4.166，\overline{K}_{LM}=\frac{0.8+1}{2\times0.9}=1$$

2）根据 $\overline{K}$ 值和表 3-1，确定各柱的抗侧刚度修正系数 α_c 值。

第一层各柱：$\alpha_c=\dfrac{0.5+\overline{K}}{2+\overline{K}}$，则有

AB 柱：　$\alpha_c=\dfrac{0.5+4}{2+4}=0.75$

EF 柱：　$\alpha_c=\dfrac{0.5+4.5}{2+4.5}=0.7692$

JK 柱：　$\alpha_c=\dfrac{0.5+1.5}{2+1.5}=0.5714$

第二层各柱：$\alpha_c=\dfrac{\overline{K}}{2+\overline{K}}$，则有

BC 柱：　$\alpha_c=\dfrac{2.929}{2+2.929}=0.5942$

FG 柱：　$\alpha_c=\dfrac{3.5}{2+3.5}=0.6364$

KL 柱：　$\alpha_c=\dfrac{1.222}{2+1.222}=0.3793$

第三层各柱：$\alpha_c=\dfrac{\overline{K}}{2+\overline{K}}$，则有

CD 柱：　$\alpha_c=\dfrac{2.286}{2+2.286}=0.5334$

GH 柱：　$\alpha_c=\dfrac{4.166}{2+4.166}=0.6756$

LM 柱：　$\alpha_c=\dfrac{1}{2+1}=0.3333$

3）计算各柱的抗侧刚度 $D=\alpha_c\dfrac{12i_c}{h^2}$及每层总抗侧刚度$\sum D$。

第一层各柱：

$D_{AB}=0.75\times\dfrac{12\times0.6}{3.9^2}=0.45\times\dfrac{12}{3.9^2}$，　$D_{EF}=0.7692\times\dfrac{12\times0.8}{3.9^2}=0.6154\times\dfrac{12}{3.9^2}$

$D_{JK}=0.5714\times\dfrac{12\times0.8}{3.9^2}=0.457\times\dfrac{12}{3.9^2}$，$\sum D=1.5225\times\dfrac{12}{3.9^2}$

第二层各柱：

$D_{BC}=0.5942\times\dfrac{12\times0.7}{3.3^2}=0.416\times\dfrac{12}{3.3^2}$，　$D_{FG}=0.6364\times\dfrac{12\times0.9}{3.3^2}=0.573\times\dfrac{12}{3.3^2}$

$D_{KL}=0.3793\times\dfrac{12\times0.9}{3.3^2}=0.3414\times\dfrac{12}{3.3^2}$，$\sum D=1.33\times\dfrac{12}{3.3^2}$

第三层各柱：

$D_{CD}=0.5334\times\dfrac{12\times0.7}{3.3^2}=0.373\times\dfrac{12}{3.3^2}$，$D_{GH}=0.6756\times\dfrac{12\times0.6}{3.3^2}=0.405\times\dfrac{12}{3.3^2}$

$D_{LM}=0.333\times\dfrac{12\times0.9}{3.3^2}=0.30\times\dfrac{12}{3.3^2}$，　$\sum D=1.079\times\dfrac{12}{3.3^2}$

（2）确定修正后柱的反弯点高度比 y。

第一层各柱：$m=3$，$n=1$

AB 柱：　$\overline{K}=4.0$，$\alpha_2=\dfrac{3.3}{3.9}=0.85$，$y_0=0.55$，$y_2=0$，$y=0.55+0=0.55$

EF 柱：　$\overline{K}=4.5$，$\alpha_2=0.85$，$y_0=0.55$，$y_2=0$，$y=0.55+0=0.55$

IJ 柱：　$\overline{K}=1.5$，$\alpha_2=0.85$，$y_0=0.575$，$y_2=0$，$y=0.55+0=0.55$

第二层各柱：$m=3$，$n=2$

BC 柱：　$\overline{K}=2.929$，$\alpha_1=\dfrac{1.7}{2.4}=0.71$，$\alpha_2=\dfrac{3.3}{3.3}=1$，$\alpha_2=\dfrac{3.9}{3.3}=1.2$

$y_0=0.5$，$y_1=0$，$y_2=0$，$y_3=0$，$y=0.5+0+0+0=0.5$

FG 柱：　$\overline{K}=3.5$，$\alpha_1=\dfrac{1.7+1}{2.4+1}=0.8$，$\alpha_2=\dfrac{3.3}{3.3}=1$，$\alpha_2=\dfrac{3.9}{3.3}=1.2$

$y_0=0.5$，$y_1=0$，$y_2=0$，$y_3=0$，$y=0.5+0+0+0=0.5$

JL 柱：　$\overline{K}=1.222$，$\alpha_1=\dfrac{1}{1.2}=0.83$，$\alpha_2=\dfrac{3.3}{3.3}=1$，$\alpha_2=\dfrac{3.9}{3.3}=1.2$

$y_0=0.45$，$y_1=0$，$y_2=0$，$y_3=0$，$y=0.45+0+0+0=0.45$

第三层各柱：$m=3$，$n=3$

CD 柱：　$\overline{K}=2.286$，$\alpha_1=\dfrac{1.5}{1.7}=0.88$，$\alpha_3=\dfrac{3.3}{3.3}=1$

$y_0=0.41$，$y_1=0$，$y_3=0$，$y=0.41+0+0=0.41$

GH 柱：$\overline{K}=4.166$，$\alpha_1=\dfrac{1.5+0.8}{1.7+1}=0.85$，$\alpha_3=\dfrac{3.3}{3.3}=1$

$y_0=0.45$，$y_1=0$，$y_3=0$，$y=0.45+0+0=0.45$

LM 柱：$\overline{K}=1$，$\alpha_1=\dfrac{0.8}{1}=0.8$，$\alpha_3=\dfrac{3.3}{3.3}=1$

$y_0=0.35$，$y_1=0$，$y_3=0$，$y=0.35+0+0=0.35$

(3) 确定层间剪力 V_i。

第一层层间剪力 V_1：$V_1=37+74+80.7=191.7\text{kN}$

第二层层间剪力 V_2：$V_2=37+74=111\text{kN}$

第三层层间剪力 V_3：$V_3=37\text{kN}$

(4) 确定各层中各柱分配到的剪力 V_{ik}。

第一层柱：

$V_{AB}=\dfrac{0.45}{1.5225}\times191.7=56.68\text{kN}$，$V_{EF}=\dfrac{0.6154}{1.5225}\times191.7=77.51\text{kN}$

$V_{IJ}=\dfrac{0.457}{1.5225}\times191.7=77.51\text{kN}$。

第二层柱：

$V_{BC}=\dfrac{0.416}{1.33}\times111=34.7\text{kN}$，$V_{FG}=\dfrac{0.573}{1.33}\times111=47.8\text{kN}$

$V_{JL}=\dfrac{0.3414}{1.33}\times111=28.48\text{kN}$。

第三层柱：

$V_{CD}=\dfrac{0.373}{1.079}\times37=12.8\text{kN}$，$V_{GH}=\dfrac{0.405}{1.079}\times37=13.9\text{kN}$

$V_{LM}=\dfrac{0.3}{1.079}\times37=10.29\text{kN}$。

(5) 确定柱端弯矩（单位：kN·m）。

第一层柱：

$M_{AB}=56.68\times0.55\times3.9=121.6$，$M_{BA}=56.68\times0.45\times3.9=99.47$

$M_{EF}=77.51\times0.55\times3.9=166.3$，$M_{FE}=77.51\times0.45\times3.9=136$

$M_{IJ}=57.56\times0.575\times3.9=129.1$，$M_{JI}=57.56\times0.425\times3.9=95.41$

第二层柱：

$M_{BC}=34.72\times0.5\times3.3=57.29$，$M_{CB}=34.72\times0.5\times3.3=57.29$

$M_{FG}=47.8\times0.5\times3.3=78.87$，$M_{FG}=47.8\times0.5\times3.3=78.87$

$M_{JL}=28.48\times0.45\times3.3=42.29$，$M_{LJ}=28.48\times0.55\times3.3=51.69$

第三层柱：

$M_{CD}=12.8\times0.41\times3.3=17.32$，$M_{DC}=12.8\times0.59\times3.3=24.92$

$M_{GH}=13.9\times0.45\times3.3=20.64$，$M_{GH}=13.9\times0.55\times3.3=25.23$

$M_{LM}=10.29\times0.35\times3.3=11.88$，$M_{ML}=10.29\times0.65\times3.3=22.07$

(6) 确定梁端弯矩（单位：kN·m）。

第一层梁：

$$M_{BF}=57.29+99.47=156.8，M_{FB}=\frac{2.4}{2.4+1.2}\times(78.87+136)=143.2$$

$$M_{JF}=42.29+95.41=137.7，M_{FJ}=\frac{1.2}{2.4+1.2}\times(78.87+136)=71.62$$

第二层梁：

$$M_{CG}=17.32+57.29=74.61，M_{FB}=\frac{1.7}{1.7+1}\times(20.64+78.87)=62.65$$

$$M_{LG}=11.88+51.69=63.57，M_{GL}=\frac{1}{1.7+1}\times(20.64+78.87)=36.86$$

第三层梁：

$$M_{DH}=M_{DC}=24.92，M_{HD}=\frac{1.5}{1.5+0.8}\times25.23=16.45$$

$$M_{MH}=M_{ML}=22.07，M_{HM}=\frac{0.8}{1.5+0.8}\times25.23=8.776$$

(7) 绘制各梁柱的弯矩图如图 3-23 所示（单位：kN·m）。

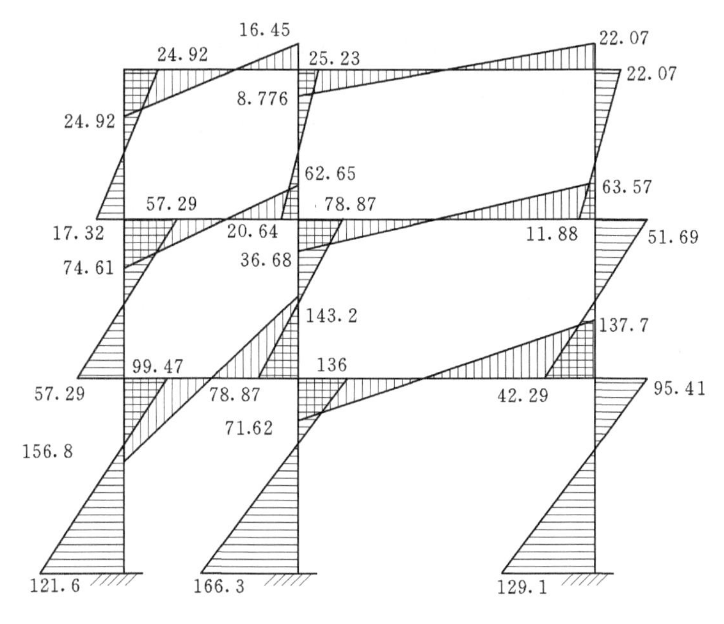

图 3-23　弯矩图

第四节　框架侧移近似计算及限值

框架结构设计时，不仅要进行承载力的计算，而且要进行结构的刚度计算即控制框架的侧移。控制框架的侧移包括两部分内容：一是控制框架顶部的最大侧移，二是控制层间相对侧移。因为顶部侧移过大，将影响建筑物的使用；层间相对侧移过大，则会使填充墙出现裂缝，破坏内部装修。在水平荷载的作用下，框架结构的变形由总体剪切变形和总体弯曲变形两部分组成，如图 3－24 所示。总体剪切变形是由梁柱弯曲变形引起，具有越靠下越大的特点，其侧移曲线与悬臂梁的剪切变形曲线相似，故称为“剪切型”变形。对于层数不多的框架，柱轴向变形引起的侧移很小，可以忽略不计。当框架层数较多时，柱轴力较大，柱轴力变形引起的侧移不能忽略。由轴力引起框架的变形具有越靠上越大的特点，变形后的侧移曲线形状与悬臂柱的弯曲变形曲线相似，故称为“弯曲型”变形。实际工程中，这两种侧移均可采用近似算法进行计算。对于一般多层框架，其侧移曲线是以总体剪切变形为主。

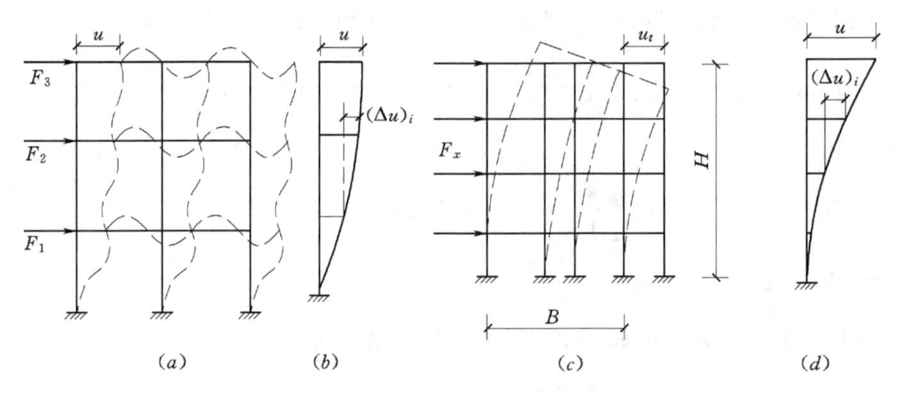

图 3－24 框架结构的侧向变形

一、由框架梁、柱弯曲变形引起的侧移

由梁柱弯曲变形引起的框架侧移曲线，与等截面剪切悬臂柱的剪切变形曲线相似，层间相对侧移是下大上小，故这种变形称为框架的总体剪切型变形。由于剪切型变形主要表现为层间构件的错动，楼盖仅产生平移，因此通常可用采用 D 值法进行计算。根据抗侧刚度 D 的物理意义即表示层间产生单位侧移时所需施加的层间剪力，当已知框架第 i 层的总抗侧刚度 D_i 和总剪力 V_i，就可以近似计算框架层间层移 $(\Delta u)_i$，进而计算出结构顶点总位移 u，具体计算如下：

$$V_i = \sum_{k=i}^{n} F_k \tag{3-22}$$

$$D_i = \sum_{j=1}^{m} D_{ij} \tag{3-23}$$

$$(\Delta u)_i = V_i / D_i \tag{3-24}$$

$$u = \sum_{k=1}^{n} (\Delta u)_k \tag{3-25}$$

式中：F_k 为作用在 k 层楼面处的水平荷载；D_{ij} 为第 i 层第 j 根柱的抗侧刚度。

二、由轴向变形引起的侧移

在水平荷载作用下，框架柱不仅产生弯矩和剪力，还产生轴力。轴力使框架一侧的柱伸长，另一侧的柱缩短，从而引起侧移，其层间相对侧移下小上大，与等截面弯曲悬臂柱的弯曲变形曲线相似，故称为框架的总体弯曲型变形。对常见的旅馆、办公楼和住宅楼等框架，其常见的布置一般是中间为走道，两侧为房间。内柱接近房屋中部，受力较小。为简化计算可假定中柱的轴力为零，只考虑边柱轴向变形产生的侧移。因此，外柱的轴力

N 可近似表示为

$$N = \pm \frac{M}{B}$$

式中：M 为上部水平荷载在所考虑的高度处引起的弯矩；B 为外柱轴线间的距离。

当房屋层数较多时，可把水平荷载、边柱轴向变形和水平位移连续化，用单位荷载法计算框架顶点的水平位移 Δ：

$$\Delta = \sum \int_0^H \frac{\overline{N}N}{EA} \mathrm{d}z \tag{3-26}$$

式中：$\overline{N}$ 为单位水平力作用于框架顶点时在边柱中引起的轴力；N 为外荷载在边柱中引起的轴力；E 和 A 分别为边柱的弹性模量和截面面积。

三、弹性侧移的限值

为防止顶部侧移或层间相对侧移过大而影响建筑物的使用，或使填充墙出现裂缝、破坏内部装修和外墙饰面，顶点总侧移 u 和层间侧移 Δu 应分别满足以下要求：

顶点侧移：　$u/H \leqslant [u/H]$

层间侧移：　$\Delta u/h \leqslant [\Delta u/h]$

式中：H 为房屋总高；h 为层高；$[u/H]$和$[\Delta u/h]$为最大顶点位移和最大层间位移的限值，其具体取值可查相关规范。

若不满足上式要求，则应加大框架构件尺寸或提高混凝土的强度等级，其中最有效的方法是加大构件截面的高度。

第五节　内　力　组　合

框架结构在竖向恒载、竖向可变荷载、水平风载作用下的内力确定以后，要对各构件进行内力组合，以便求出构件控制截面的最不利内力，并以此作为梁、柱配筋的依据。

一、控制截面

构件内力一般沿构件长度变化。为便于施工，构件通常为分段配筋。因此设计时应根据构件内力分布特点和截面尺寸变化情况，选取内力较大截面或尺寸改变处作为控制截面，并按控制截面的内力进行配筋计算。

框架梁的内力主要是弯矩和剪力，其控制截面通常是梁两端支座以及跨中这三个截面。在竖向荷载作用下，支座截面可能产生最大负弯矩和最大剪力；在水平荷载作用下，支座截面还会出现正弯矩。跨中截面一般产生最大正弯矩，有时也可能出现负弯矩。

框架柱的弯矩在两端最大，剪力和轴力在同一层柱内通常无变化或变化很小。因此，柱的控制截面为柱上下端截面。考虑到框架柱一般采用对称配筋，所以只需选择绝对值最大的弯矩即可。

二、荷载效应组合

由于框架结构的位移（主要是结构的侧移）主要由水平荷载引起，竖向荷载对结构位移的贡献很小，所以，通常不考虑竖向荷载对位移的影响，仅在产生内力过程中考虑竖向荷载。因此，框架结构在各种荷载作用下产生的内力和位移即荷载作用效应实际上是内力组合。而内力组合的目的就是要找出框架结构梁、柱控制截面的最不利内力。因此，多层框架结构荷载效应组合实质是控制截面最不利内力组合，并以此作为梁、柱截面具体设计的依据。

三、最不利内力组合

根据一般多层框架梁、柱的控制截面可知，梁的控制截面为支座两端及跨中三个截面，柱的控制截面为柱的上、下端截面。

（一）梁控制截面的最不利内力组合

竖向荷载作用下梁支座截面是最大负弯矩和最大剪力作用的截面，水平荷载作用下还可能出现正弯矩，因此，梁支座处截面的最不利内力有最大负弯矩（$-M_{max}$）、最大正弯矩（$+M_{max}$）以及最大剪力（V_{max}）。梁跨中截面的最不利内力一般是最大正弯矩（$+M_{max}$），有时可能出现最大负弯矩（$-M_{max}$）。所以框架梁的控制截面最不利内力组合有以下两种：

（1）端支座截面$-M_{max}$、$+M_{max}$和V_{max}。

（2）梁跨中截面$+M_{max}$、$-M_{max}$。

（二）柱控制截面的最不利内力组合

一般框架柱是偏压构件，既可能出现大偏压破坏，又可能出现小偏压破坏。对于大偏压破坏，当$e_0=M/N$越大，截面需要的配筋越多，因此，e_0最大的内力组合即为最不利内力组合。对于小偏压构件，有时N并不是最大，但相应的M比较大，截面配筋反而增多，成为最不利内力。另外，为计算框架柱的斜截面最大受剪承载力，要求找出剪力最大处以便确定最大箍筋数量。所以，框架柱的控制截面最不利内力组合有以下几种：

（1）$|M_{max}|$及相应的N、V。

（2）N_{max}及相应的M、V。

（3）N_{min}及相应的M、V。

（4）$|M|$比较大（不是绝对最大），但N比较小或比较大（不是绝对最小或绝对最大）。

（5）$|V_{max}|$及相应的N。

由结构受力分析所得内力是构件轴线处内力，而梁支座截面的最不利位置是柱边缘处，柱上下端截面的危险截面是弯矩作用平面内的梁顶处及梁底处柱端截面。因此，内力组合前应将各种荷载作用下柱轴线处梁的弯矩值换算到柱边缘处的弯矩值，将梁轴线处柱的弯矩值换算到梁上下边缘处的弯矩值，然后进行内力组合。

四、竖向活荷载的最不利布置

框架上的竖向荷载包括永久荷载（即恒荷载）和可变荷载（即活荷载）。永久荷载是长期作用于结构上的竖向荷载；可变荷载是随机作用于结构上的竖向荷载。永久荷载一旦作用在结构上将不再发生变化，它只有一种布置方式，设计时按恒荷载实际分布和全部作用的情况计算其荷载效应。可变荷载可以单独作用在某跨或某些跨，也可以同时作用在整个框架上，设计时应考虑可变荷载最不利布置组合荷载效应。可变荷载的最不利位置需要根据截面的位置及最不利内力种类分别确定。确定活荷载的最不利布置，常见的分布方法有以下四种。

（一）分跨计算组合法

分跨计算组合法是将可变荷载逐层逐跨单独作用在结构上，分别计算出结构的内力，然后针对各控制截面，按照不利与可能的原则进行挑选与叠加，得到控制截面的最不利内力。这种方法虽然计算过程较为简单、有规律且任意截面上的最大内力都可以求得，但其计算工作量很大，适用于电算法求解。

（二）最不利荷载位置法

最不利荷载位置法类似于连续梁计算中所采用的一种方法——“棋盘式”布置法。它是对某一指定截面，按内力组合的要求，根据影响线原理确定产生最不利内力的荷载位置，然后计算内力。所求得的内力即为该截面的最不利内力。如求某跨跨中产生最大正弯矩，则应在该跨布置活荷载，然后沿横向隔跨、沿竖向隔层的各跨各层“棋盘式”布置活荷载；如求某梁端最大负弯矩时，应在该支座相邻跨及上下层布置活荷载，其他各跨各层按“棋盘式”布置；如求某柱最大轴力时，应在该柱一侧及以上各层与该柱相邻两跨布置活荷载，其他各跨各层按“棋盘式”布置。

虽然最不利荷载位置法可直接求得控制截面最不利内力，但内力分析次数却很多，计算工作量也很大，故设计中仅当校核某个截面时用此法。

（三）分层组合法

根据力法或位移法等结构力学的精确计算方法可知，在竖向荷载作用下，远离某一截面的荷载对该截面内力影响较小，在实际应用中常忽略不计，这就是分层法计算的基本假定。分层组合法是以分层法为依据，对竖向活荷载最不利布置进行简化，其计算较分跨计算组合法和最不利荷载位置法简单得多。其竖向活荷载的最不利布置有以下几种形式：

(1) 当框架梁用分层组合法计算时，只需考虑本层荷载的影响，即梁活荷载布置与连续梁活荷载最不利布置方式相同。

(2) 当求某框架柱两端最大弯矩时，只需考虑该柱上、下相邻两层活荷载的最不利布置。

(3) 当求某框架柱两端最大轴力时，只需考虑该层柱一侧及以上所有层中与该柱相邻两跨活荷载的影响。不与该柱相邻的上层活荷载不作弯矩分析，只需将轴力传给该柱。

(4) 当求某框架柱两端最小轴力时，只需考虑该柱上下两层活荷载的影响。不与该柱相邻的上层活荷载同样只将轴力传给该柱，不作弯矩分析。

（四）满布荷载法

上述三种方法都考虑了活荷载最不利布置，它们的计算工作量都很大。根据设计经验，在多层民用建筑中，由于楼面活荷载一般相对较小（1.5～2.5kN/m^2），它所产生的内力与恒荷载及水平荷载产生的内力相比所占比例较小。因此，为了进一步简化计算，在实际工作中可不考虑活荷载的不利布置，而按活荷载满布各层各跨梁的情况来计算内力。这样求得的框架内力除跨中弯矩偏小外，在支座处与按活荷载最不利布置所得结果非常接近。为使跨中弯矩与实际值相接近，在实际工程设计中，将按满布荷载法计算的跨中弯矩再乘以1.1～1.2的放大系数。但对楼面活荷载较大的工业与民用多层框架结构，仍应考虑活荷载的不利布置。

五、关于梁端弯矩调幅

在竖向荷载作用下，框架结构按弹性理论求得的梁端负弯矩通常较大，这样梁支座处负弯矩钢筋往往较多。为了避免梁支座处配筋拥挤和增加结构的延性，通常考虑梁端塑性内力重分布，对竖向荷载作用下的梁端负弯矩进行调幅。这样不仅可以减少梁端配筋量，方便施工，而且在抗震结构中还可以提高柱的安全储备，以满足强柱弱梁的设计要求。具体调幅是将其梁端弯矩乘以调幅系数 β 予以降低。其中对于现浇框架，$\beta=0.8\sim0.9$；对于装配整体式框架，$\beta=0.7\sim0.8$。

梁端弯矩降低后，经过塑性内力重分布，跨中弯矩将会增大，如图 3-25 所示。调幅后的跨中弯矩应按平衡条件计算。为了保证梁的安全，梁跨中钢筋不能过少，跨中弯矩必须满足以下要求：

$$\frac{1}{2}(M'_1+M'_2)+M'_0\geqslant M \tag{3-27a}$$

$$M'_0\geqslant\frac{1}{2}M \tag{3-27b}$$

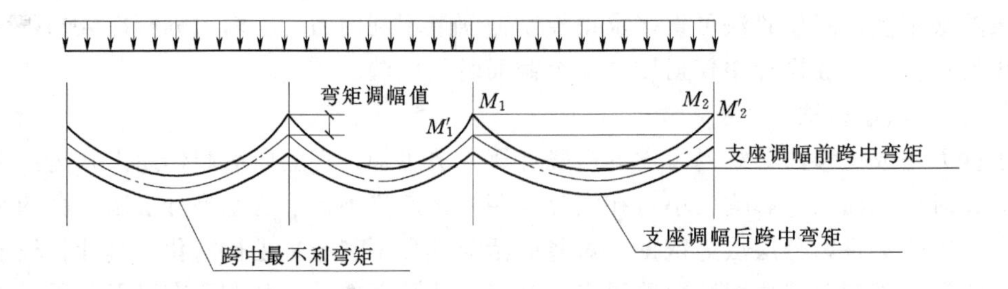

图 3-25 弯矩调幅示意图

式中：M'_1、M'_2分别为梁两端调幅后的弯矩；M'_0为梁跨中调幅后的弯矩；M 为按简支梁计算该梁跨中弯矩。

竖向荷载作用下的梁端弯矩应先进行调幅，再与水平荷载作用下的弯矩进行组合。框架梁进行调幅后，各计算截面的剪力设计值，仍按弹性方法计算确定。

需要指出的是，水平荷载作用下的梁端弯矩不容许调幅，因此，弯矩调幅应在内力组合前进行。

第六节　框架梁、柱的截面设计

一、框架结构非抗震设计的一般设计步骤

多层框架结构构件的设计一般有非抗震设计和抗震设计两种情况。图 3-26 所示为框架结构非抗震设计的一般设计步骤。

二、框架梁

根据框架结构设计步骤，在框架内力组合并确定梁、柱控制截面的最不利内力后，就要对梁、柱进行截面设计。框架梁属于梁的一种，是受弯构件。因此其截面设计与一般受弯梁的设计基本相同，也是按受弯构件正截面受弯承载力计算所需要的纵筋数量，按斜截面受剪承载力计算所需要的箍筋数量，并采取相应的构造措施。下面仅对框架梁设计的一些特殊的地方作一些说明：

（1）为了满足“强柱弱梁”的设计准则和梁端配筋不太拥挤，通常在内力组合前要考虑对竖向荷载作用下的梁端负弯矩进行调幅。

(2) 梁端截面的配筋应按柱边缘梁截面的内力计算，其值是将梁轴线处的组合内力设计值换算成柱边缘梁截面的内力。

(3) 验算梁的截面尺寸时，要求取控制截面的最不利内力为最大内力，若不满足下面不等式则应改变截面尺寸或提高材料强度后，再进行配筋计算，如下所示：

$$|M_{max}| \leqslant \alpha_{max} f_{cm} b h_1^2 \qquad (3-28)$$

$$V_{max} \leqslant 0.25 f_c b h_0 \qquad (3-29)$$

(4) 梁的截面配筋后，还要验算其纵向受拉钢筋 A_s 是否满足纵筋最大、最小配筋率的要求，即 $A_s \leqslant \rho_{max} b h_0$、$A_s \geqslant \rho_{min} b h_0$，以及裂缝宽度的要求。

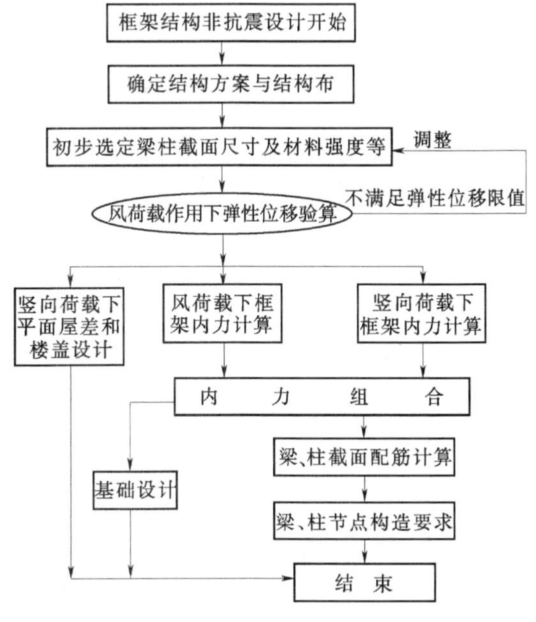

图 3-26　设计流程图

三、框架柱

框架柱属于偏心受压构件，一般情况下，由于柱端有正负弯矩的作用，因此一般框架柱都对称配筋。柱中纵筋数量应按正截面受压承载力计算。一根柱上下两端的组合内力通常有很多组，应从中挑选取出一组最不利的进行配筋计算，具体计算按轴心受压构件正截面受压承载力计算和偏心受压构件正截面受压承载力计算，但在框架平面外还要按轴心受压构件进行验算。在偏心受压柱的配筋计算中，需确定柱的计算长度 l_0。对于一般多层房屋的钢筋混凝土框架柱，其计算长度可结合工程实践经验，按以下规定取用：

(1) 当为现浇楼盖时，对于底层柱段：$l_0=1.0H$；其余各层柱段：$l_0=1.25H$。

(2) 当为装配式楼盖时，对于底层柱段：$l_0=1.25H$；其余各层柱段：$l_0=1.5H$。

框架柱的箍筋数量按偏压构件的斜截面受剪承载力计算。在具体计算中，轴向压力应取用与 V_{max} 相应的值。

第七节　现浇框架的一般构造要求

一、一般要求

(一) 框架结构的混凝土强度等级

对现浇框架结构，当按一级抗震等级设计时，混凝土强度等级不应低于 C30；按二、三、四级抗震等级和非抗震设计时，混凝土强度等级不应低于 C20；对装配整体框架，混凝土强度等级还不宜低于 C30。

为了保证梁柱节点的承载力和延性，要求节点的混凝土强度与柱的混凝土强度相同或接近。但由于施工过程中，节点区的混凝土与梁是同时浇筑的，因此要求梁柱混凝土强度等级相差不宜大于 5MPa。对装配整体式框架，为了加强节点处的连接，其节点区混凝土强度等级还宜比柱的提高 5MPa。

（二）框架梁

1．梁纵向钢筋的构造要求

非抗震设计时，梁纵向受拉钢筋除应满足受弯承载力的要求外，还必须考虑温度、收缩应力的作用，以控制裂缝宽度和防止发生脆性破坏。因此，沿梁全长顶面和底面应至少各配置 2 根纵向钢筋，直径不应小于 12mm；纵向受拉钢筋的最小配筋率不应小于 0.2% 和 $0.45f_t/f_y$ 中的较大值。

2．梁箍筋的构造要求

（1）梁的箍筋沿梁的全长范围内设置，且第一排箍筋距离节点边缘不应大于 50mm。

（2）截面高度大于 800mm 时，其箍筋直径不宜小于 8mm，其余截面高度的梁其箍筋直径不应小于 6mm。当梁中配有计算需要的纵向受压纲筋时，箍筋直径尚不应小于受压钢筋最大直径的 0.25 倍。

（3）当梁中配有计算需要的纵向受压钢筋时，箍筋间距不应大于纵向钢筋最小直径的 15 倍，且不应大于 400mm；当一层内的纵向受压钢筋多于 5 根且直径大于 18mm 时，箍筋间距不应大于纵向受压钢筋较小直径的 10 倍。

（4）当梁的剪力设计值大于 $0.7f_tbh_0$ 时，梁的配箍率不应小于 $0.24f_t/f_{yv}$。

（三）框架柱

1．柱中纵向钢筋

一般情况下，由于框架可能承受正、负弯矩，故柱的纵向钢筋宜采用对称配筋。其构造要求如下：

（1）框架柱纵向钢筋的最小直径不宜小于 12mm。

（2）全部纵向钢筋的最大配筋率 ρ_{max} 不宜大于 5%。

（3）为了保证纵向钢筋有较好的粘结能力，纵向钢筋的净距不应小于 50mm；为了对柱截面核心混凝土形成良好的约束，减小箍筋自由长度，纵向钢筋的净距不宜大于 300mm。

（4）柱中的纵向钢筋不应与箍筋、拉筋及预埋件等焊接。

（5）偏心受压柱的截面高度不小于 600mm 时，在柱的侧面上应设置直径不小于 10mm 的纵向构造钢筋，同时在垂直于弯矩作用平面的侧面上的纵向受力钢筋以及轴心受压柱中各边的纵向受力钢筋，其中距不宜大于 300mm。

（6）框架顶层柱的纵向钢筋应锚固在柱顶或梁内。当采用柱边直线锚固时，其锚固长度不应小于 l_a。

2．柱中箍筋

（1）箍筋应为封闭式。

（2）箍筋间距不应大于 400mm，且不应大于柱短边尺寸；同时，在绑扎骨架中，不应大于 $15d$（d 为纵向钢筋的最小直径）。

（3）箍筋直径不应小于 $d/4$（d 为纵向钢筋的最大直径），且不应小于 6mm；当柱中全部纵向受力钢筋的配筋率超过 3%，箍筋直径不应小于 8mm，间距不应大于 $10d$（d 为纵向钢筋的最小直径），且不应大于 200mm；箍筋一般有 135°弯钩，弯钩端头直段长度不应小于 $5d$（d 为箍筋直径）。

（4）当柱的短边大于 400mm 且各边纵向钢筋多于 3 根时，或当柱的短边不大于 400mm 且各边纵向钢筋多于 3 根时，或当柱的短边不大于 400mm 且纵向钢筋多于 4 根时，可不设置复合箍筋。

（四）框架节点

1. 现浇框架节点

框架节点处于剪压复合受力状态，为保证节点具有良好的延性和足够的抗剪承载力，防止节点产生剪切脆性破坏，必须在节点内配置足够的箍筋。非抗震设计时，节点内的箍筋直径和间距均与柱端的相同。柱中纵向钢筋不宜在节点范围内切断；框架节点内的箍筋应采用封闭式，箍筋端部应用 135°弯钩，弯钩端头直段长度不小于 $5d$（d 为箍筋直径）。

2. 装配式及装配整体式框架节点

装配式及装配整体式框架节点是结构的薄弱部位，因此节点设计是这种结构设计中的关键环节。在设计中应采取有效措施保证梁、柱在节点形成刚结，使得框架结构能够整体受力；在保证结构整体受力性能的前提下，应力求传力简单、明确、直接，方便安装，易于调整；常用的节点连接方法有钢筋混凝土明牛腿或暗牛腿刚性连接、齿槽式刚性连接、预制梁现浇柱整体式刚性连接，根据实际情况选择适当的节点连接方法。

二、连接构造

（1）梁跨中截面的上部，至少应配置 $2\phi12$ 钢筋与梁支座的负钢筋搭接，搭接长度为 $1.2l_a$。

（2）框架屋面主梁端点处的负钢筋应伸入边柱的总长度不应小于 $1.2l_a$，且其中至少 50%的钢筋的锚固长度从梁底算起。

（3）框架标准层的主梁端点处负钢筋应伸入边柱，伸入柱内总长度不应小于 l_a，并应伸过节点中线；当上部纵向钢筋在端节点内水平锚固长度不足时，应伸至柱边后再向下弯折，弯折前的水平锚固长度不应小于 $0.4l_a$，弯折后的垂直长度不应小于 $15d$（d 为纵向钢筋直径）。

（4）框架梁的下部纵向钢筋，至少应有两根伸入柱中，伸入边柱的总长度不应小于 l_a，如需向上弯时，钢筋自柱边到上弯点的水平长度不应小于 $10d$（d 为纵向钢筋直径）；伸入中柱的长度不应小于 l_a。

（5）梁支座截面的负弯矩钢筋，自柱边缘算起的延伸长度，不应小于 $l_n/4$（l_n 为该跨主梁净跨）。

思　考　题

3-1　框架结构平面布置的原则是什么？有哪几种布置形式？各有何优缺点？

3-2　分层法在计算中采用了哪些假定？其计算步骤是什么？

3-3　分层法和弯矩二次分配法的计算要点及步骤。

3-4　反弯点法中 D 值与 D 值法中 D 值的物理意义是什么？它们有何区别？

3-5　反弯点法或 D 值法求得框架柱柱端弯矩之后，如何求框架梁两端弯矩？

3-6　水平荷载作用下框架柱的反弯点位置与哪些因素有关？如果与某层柱相邻的上

层柱的混凝土弹性模量降低了，该层柱的反弯点位置会如何移动？

3-7 水平荷载作用下框架的侧移有哪两部分组成？各有何特点？

3-8 框架梁端弯矩在什么情况下可以调幅？调幅的幅度有无限制？

习　　题

3-1 试用分层法作出图 3-27 所示框架的弯矩图。其中括号内的数字表示梁柱各构件的相对线刚度 i 值（即 $i=EI/l$）。

3-2 试用弯矩二次分配法作出图 3-27 所示框架的弯矩图。

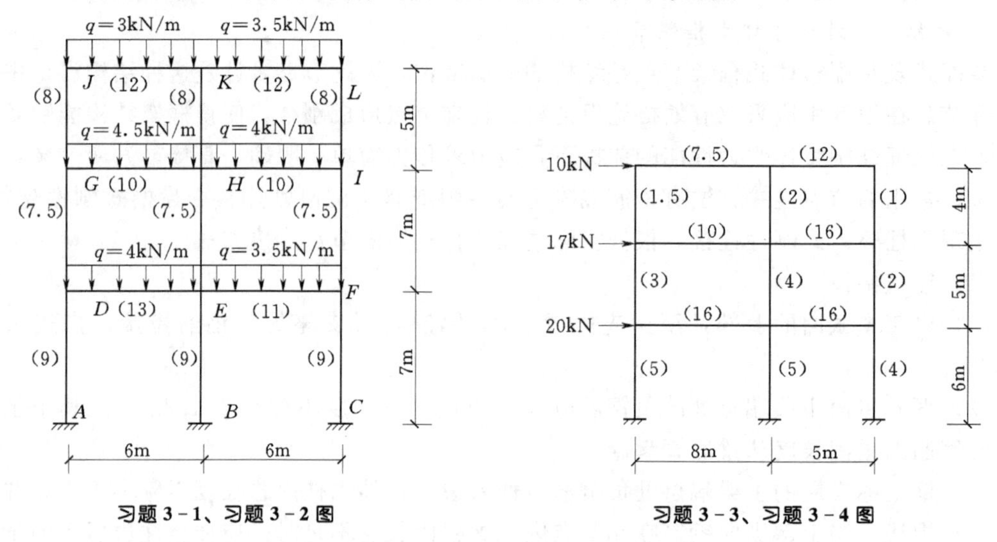

习题 3-1、习题 3-2 图　　　　习题 3-3、习题 3-4 图

3-3 试用反弯点法作出图 3-28 所示框架的弯矩图。其中括号中数字为各杆的相对线刚度。

3-4 试用 D 值法作出图 3-28 所示框架的弯矩图。

第四章

砌体结构

【本章要点】

- 了解砌体结构材料的规格及特点。
- 掌握砌体结构的种类及力学性能，特别是受压砌体受力特性；了解各种砌体强度计算指标。
- 熟悉砌体结构设计原则；掌握无筋砌体和配筋砌体结构构件承载力计算方法。
- 熟悉混合结构房屋墙体设计方法步骤；砌体结构高厚比验算方法；掌握刚性方案、弹性方案、刚弹性方案墙体设计的内容和方法；熟悉关于墙体的构造要求。
- 掌握过梁、圈梁和悬挑构件计算方法；了解墙梁的受力特点及计算内容。

第一节 砌体结构综述

一、砌体结构发展简史

由砖、石或各种砌块用砂浆砌筑而成的结构，称为砌体结构。早在原始时代，人们就用天然石建造藏身之所，人们生产和使用烧结砖也有3000年以上的历史。

古代的砌体结构主要用于陵墓、城墙、拱桥、寺院和佛塔等。例如，在尼罗河三角洲的古埃及（约公元前2723年～前2563年间）建成的三座大金字塔，均为精确的正方锥体，其中最大的胡夫金字塔，高146.6m，底边长230.6m，约用230万块单位重量2.5t的石块砌成。随着石材加工业的不断发展，石结构的建造艺术和水平不断提高。如约公元70～82年建成的罗马大斗兽场，采用块石结构，平面为椭圆形，长轴189m、短轴156.4m。建筑总高48.5m，共4层，可容纳观众5万～8万人。

又如，我国的万里长城，据记载始建于公元前7世纪春秋时期的楚国，在秦代用乱石和土将秦、赵、燕北面的城墙连接起来，并增筑新的长城，长达10000余里。明代又大规模地修筑了大部分长城，西起甘肃嘉峪关，东到鸭绿江，其中有部分用精致的大块砖重修，长12700余里，盘山越岭，气势磅礴。隋朝李春建造的河北赵县安济桥，净跨约

37m，高7m多，宽约9m。距今约有1400年的历史，为世界上最早的一座空腹式石拱桥。无论是材料使用、结构受力、还是艺术造型及经济性上，都达到了很高的水平。1991年安济桥被美国土木工程师学会（ASEC）选为第12个国际历史上土木工程里程碑。北魏（公元386～534年）孝文帝建于河南登封的嵩岳寺塔，是一座平面为12边形的密檐式砖塔，15层，总高43.5m，单筒体结构，是我国保存最古的砖塔，在世界上也是独一无二。

砌块的生产和应用时间很短，只有100多年的历史。其中，混凝土砌块生产最早，与水泥的出现密切相关。1824年英国建筑工人阿斯普丁发明波特兰水泥，最早的混凝土砌块于1882年问世。

就世界范围来看，前苏联是最早完整建立砌体结构理论和设计方法的国家。1939年就颁布了《砖石结构设计标准及技术规范》，20世纪50年代提出了按极限状态的设计方法。自60年代以来，欧美及世界许多国家加强了对砌体的研究，在结构理论、试验方法、材料性能，以及应用上取得了许多成果。研究生产了许多性能好、质量高的砌体材料，推动了砌体结构的迅速发展。例如，瑞士空心砖的产量占砖总产量的97%，法国、比利时和澳大利亚等国砖的抗压强度一般可达60MPa，美国最高可达230MPa。

国外采用砂浆的抗压强度也较高，例如，德国采用的水泥石灰混合砂浆抗压强度为13.7～41.1MPa。砖和砂浆的性能改善，也使砌体的抗压强度大大提高，现在美国砖砌体的抗压强度为17.2～44.8MPa。国外砌块的发展也相当迅速，20世纪70年代，一些国家的砌块产量就接近普通砖的产量。近30年，对预制砖墙板和配筋砌体的研究相当重视，建造了许多用砌体作承重墙的高层房屋，推动了砌体材料和结构的发展。

在我国，20世纪上半叶砌体结构发展缓慢。新中国成立以后，砌体结构得到迅速发展，取得了显著的成就。20世纪50年代，我国主要学习前苏联在砖石结构方面的设计和施工经验，采用了一些新材料、新结构和新技术。例如，采用了泡沫硅酸盐砌块、混凝土空心砌块及各种承重和非承重的空心砖；研究和建造各种形式的砖薄壳；采用振动砖墙板及各种配筋砖砌体、预应力空心楼板等。1958年，我国建成采用混凝土空心砌块墙体承重的房屋。

自20世纪60年代以来，我国多孔砖、空心砖的生产和应用有较大的发展。60～70年代，我国开展了有关砌体结构的大规模理论和试验研究，制定了我国第一部《砖石结构设计规范》（GBJ 3—73）。70～80年代，我国对砌体结构进行了第二次大规模的试验研究，总结了一套符合我国实际，比较先进的砌体结构设计理论、计算方法和应用经验，制定了《砌体结构设计规范》（GBJ 3—88）。该规范采用以概率理论为基础的极限状态设计方法，在砌体结构的设计方法、多层房屋的空间工作性能、墙梁的共同工作等方面达到世界先进水平。90年代，我国对砌体结构的研究又有了新的发展，2002年颁布的《砌体结构设计规范》（GB 50003—2001）增加了砌体材料种类，扩充了配筋砌体结构的类型及规范适用范围，建立了较为完整的砌体结构设计的理论体系和应用体系。我国最新颁布的《砌体结构设计规范》[（GB 50003—2011）（以下简称《砌体结构设计规范》]，吸收了我国最新的科研成果和丰富的工程实践经验，增加了结构领域成熟的新材料，简化砌体结构设计计算方法，补充砌体结构的裂缝控制措施和耐久性要求，结合汶川、玉树大地震震害情况，修改了砌体结构构件抗震设计。近几十年来，采用混凝土、轻集料混凝土或加气混凝土，以及利用各种工业废渣、粉煤灰、煤矸石等制成的无熟料水泥煤渣混凝土砌块、粉煤灰硅酸盐砌块和混凝土砖等新型环保节能材料在我国有较大的发展。

砌体结构是一项在世界上受重视和发展的建筑结构体系。国际标准化组织砌体结构技术委员会（ISO/TC197）于1981年成立，下设无筋砌体（SC1）、配筋砌体（SC2）和试验方法（SC3）三个分技术委员会。我国在砌体结构方面的研究成果和发展，受到国际上的重视，1981年我国被推选担任ISO/TC197/SC2的秘书国。近年来，我国在该学科上与国际的交流和合作越来越多。

二、砌体结构优缺点

1. 砌体结构的优点

砌体结构被广泛地应用，它具有以下主要优点：

（1）砌体结构材料来源广泛，易于就地取材。石材、粘土、砂等天然材料分布广、价格低廉。将煤矸石、粉煤灰、页岩等工业废料，用来生产砌块不仅可以降低造价，还有利于保护环境。

（2）砌体结构有很好的耐火性和较好的耐久性，使用年限较长。

（3）砌体结构特别是砖砌体的保温、隔热性能好，节能效果明显。

（4）砌体砌筑时，不需要模板和特殊的施工设备，可以节约木材。新砌筑的砌体上即可承受一定荷载，并可以连续施工。

（5）采用大型砌块或板材作墙体时，可以加快施工进度，进行工业化生产和施工。

2. 砌体结构的缺点

砌体结构有以下主要缺点：

（1）与钢和混凝土相比，砌体的强度较低，因而构件的截面尺寸较大，材料用量多，自重大。

（2）砌体的砌筑基本上是手工方式，施工劳动量大。

（3）砌体的抗压强度和抗剪强度都很低，抗震性能差，使用上受限制；砖、石的抗压强度也不能充分发挥。

（4）黏土砖需用大量黏土，在某些地区过多地占用农田，影响农业生产。

三、砌体结构的应用范围及发展趋势

（一）砌体结构的应用范围

基于砌体结构具有上述优点，应用范围很广泛。但也由于砌体结构存在的缺点，限制了它在某些场合的应用。

砌体结构抗压承载力较高，因此主要用于承受压力的构件，如混合结构房屋中的墙、柱及基础等。无筋砌体房屋一般可建5～7层。目前，5层以内的办公楼、教学楼、实验楼，7层以内的住宅、旅馆采用砌体作为竖向承重结构已普遍。配筋砌块剪力墙结构可建8～18层。在中、小型工业厂房和农村居住建筑中，砌体也可作为围护或承重结构。

砌体结构的抗弯、抗拉性能较差，一般不宜作为受拉或受弯构件。当弯矩、剪力或拉力较小时，或者采用配筋砌体，则承载力较高，可跨越较大的空间。

在工业建筑中，砌体往往被用作围护墙，工业企业中的一些特殊结构，如小型管道支架、料仓、高度在60m以内的烟囱、小型水池等也用砌体建造。农村建筑如仓库、跨度不大的加工厂房也多用砌体结构。在交通土建方面，如拱桥、隧道、地下渠道、涵洞和挡土墙；在水利建设方面，如小型水坝、堰和渡槽支架等，也常用砌体结构建造。

砌体结构由于承载力低，整体性差、抗震性差，在地震区应用时，应采取必要的抗震措施。除进行抗震计算外，还要遵守《砌体结构设计规范》的构造措施要求。

(二) 砌体结构的发展趋势

砌体结构作为一种应用量大面广的传统结构形式，在我国势必将继续发展、完善。砌体结构的今后发展，主要在于如何进一步发挥其优点并克服其缺点，结合我国国情，扩大砌体结构的应用范围，使其性能更好。

1. 砌体结构要适应可持续发展的要求

传统的小块黏土砖以其耗能大、毁田多、运输量大的缺点，越来越不适应可持续发展和环境保护的要求，对其进行革新势在必行。充分利用工业废料和地方性材料，是发展趋势之一。例如，用粉煤灰、炉渣和矿渣等废料制成砖或板材，用湖泥、河泥或海泥制砖，则可疏通淤积的水道，变废为宝一举两得。

2. 发展高强、轻质和高性能材料

高强、轻质的空心砌块，能使墙体自重减轻，生产效率提高，保温隔热性能良好，且受力更加合理，抗震性能也得到提高。发展高强、高粘结力的砂浆能有效地提高砌体的强度和抗震性能。

3. 采用新技术、新的结构体系和新的设计理论

国外的经验和我国的研究结果及试点工程都已表明，在中高层建筑中，采用配筋砌体结构尤其是配筋砌块剪力墙结构，不仅可节约钢筋和木材，而且施工速度快、经济效益显著，且结构的抗震性及抗裂性能良好。采用工业化生产、机械化施工的板材和大型砌块等也可减轻劳动强度、缩短工程建设周期。同时，还应注意对砌体结构施工质量控制体系和质量检测技术的研究，进一步提高砌体结构的施工质量。

相对于其他的结构形式，砌体结构的理论发展得较晚，还有不少问题有待进一步研究。我们需要更加深入地研究砌体结构的结构布置、受力性能和破坏机理，研究房屋整体受力的机理，使砌体结构在现代化建设中发挥更大的作用。

第二节 砌体结构的材料

一、块体材料

砌体结构中常用的块材有砖、砌块和石材三类。

(一) 砖

在我国，主要采用烧结普通砖、烧结多孔砖和非烧结硅酸盐砖。

烧结普通砖是以黏土、页岩、煤矸石、粉煤灰为主要原料，制坯干燥后焙烧而成。它的生产工艺简单，便于手工砌筑，保温隔热及耐火性能良好，用于承重墙体。烧结普通砖具有全国同一规格，尺寸为240mm×115mm×53mm。

烧结多孔砖是以黏土、页岩、煤矸石、粉煤灰为主要原料，经焙烧而成的砖。孔的尺寸小而数量多，当孔洞率不大于35%时，主要用于承重部位。多孔砖自重较小，保温隔热性能进一步改善。主要规格有：KP1型240mm×115mm×90mm，KP2型240mm×180mm×115mm，KM1型240mm×190mm×90mm。

我国的非烧结硅酸盐砖的主要产品有蒸压灰砂普通砖、蒸压粉煤灰普通砖和混凝土砖。以石灰和砂为主要原料，经坯料制备、压制成型、蒸压养护而成的实心砖为蒸压灰砂普通砖，简称为灰砂砖。以粉煤灰、石灰为主要原料，掺加适量石灰和骨料，经坯料制备、压制成型、蒸压养护而成的实心砖为蒸压粉煤灰普通砖，简称为粉煤灰砖。其主规格尺寸为240mm×115mm×53mm。以水泥为胶结材料，以砂、石为主要集料，加水搅拌、成型、养护制作成的一种多孔的混凝土半盲孔砖或实心砖，简称为混凝土砖。分为混凝土普通砖、混凝土多孔砖。混凝土普通砖的主规格尺寸为240mm×115mm×53mm 、240mm×115mm×90mm 等；混凝土多孔砖主规格尺寸为240mm×115mm×90mm、240mm×190mm×90mm、190mm×190mm×90mm等。

《砌体结构设计规范》规定承重结构块体的强度等级，应按下列规定取用：

（1）烧结普通砖、烧结多孔砖的强度等级为MU30、MU25、MU20、MU15和MU10。

（2）蒸压灰砂普通砖、蒸压粉煤灰多孔砖的强度等级有MU25、MU20、MU15和MU10。

（3）混凝土普通砖，混凝土多孔砖的强度等级有MU30、MU25、MU20和MU15。

《砌体结构设计规范》规定自承重墙的空心砖强度等级为MU10、MU7.5、MU5和MU3.5。

（二）砌块

砌块有以普通混凝土和以轻集料为主要原料生产的、空心率25%～50%的空心砌块。其主规格尺寸为390mm×190mm×90mm。承重结构砌块的强度等级为MU20、MU15、MU10、MU7.5和MU5自承重墙的轻集料混凝土砌块强度等级为MU10、MU7.5、MU5和MU3.5。

（三）石材

石材主要指天然岩石。按其容重大小分为重质岩石（容重大于18kN/m^3）和轻质岩石（容重小于18kN/m^3）。重质岩石抗压强度高、质地致密、抗冻性能好，但导热性较高，如花岗石、石灰石和砂石等。轻质岩石抗压强度较低，抗冻、抗水性能差，导热性能低，易于开采和加工，如凝灰岩、贝壳灰岩等。

按加工程度，石材分为毛料石和毛石。强度等级有MU100、MU80、MU60、MU50、MU40、MU30和MU20。

二、砂浆

砂浆是由胶黏材料（水泥、石灰）和细骨料（砂）加水搅拌而成的混合材料。其作用是将单块的砖、石或砌块胶结为砌体，提高砌体的强度和稳定性；抹平砖石表面，使砌体应力分布趋于均匀；填充块体之间的缝隙，减小砌体的透风性，提高砌体的保温、隔热、隔音、防潮和防冻等性能。

砂浆按其配合成分可分为水泥砂浆、混合砂浆和非水泥砂浆三种。砂浆的强度等级分为M15、M10、M7.5、M5和M2.5。

砌筑用砂浆不仅应具有足够的强度，而且还应该具有良好的流动性（可塑性）和保水性，砂浆中掺入适量的掺合物，可提高砂浆的流动性和保水性，既能节约水泥，又可提高砌筑质量。

此外，为了适应砌块建筑应用的需要，提高砌块砌体的砌筑质量，《砌体结构设计规范》引入了混凝土砌筑专用砂浆，即根据需要掺入掺加料和外加剂使砂浆具有更好的和易性和粘结力。蒸压灰砂普通砖和蒸压粉煤灰普通砖砌体采用的专用砌筑砂浆强度等级为Ms15、Ms10、Ms7.5、Ms5.0；混凝土普通砖、混凝土多孔砖、混凝土砌块砌体采用的砂浆强度等级为Mb20、Mb15、Mb10、Mb7.5和Mb5。

三、混凝土砌块灌注用混凝土

由水泥、骨料、水及根据需要掺入的掺合料和外加剂等组分，按一定比例，采用机械搅拌后，用于浇筑混凝土砌块砌体芯柱或其他需要填实部位孔洞的混凝土简称灌孔混凝土，其强度等级以符号Cb表示，强度等级分为Cb40、Cb35、Cb30、Cb25和Cb20。灌孔混凝土应具有较大的流动性，其坍落度应控制在200～250mm左右。

四、关于砌体材料的选择

耐久性是指建筑结构在正常维护下，材料性能随时间变化，仍应能满足预定的功能要求。当块体材料耐久性严重不足时，在使用期间，会因风化、冻融等造成表面剥蚀。有时这种剥蚀相当严重，会直接影响到建筑物的强度和稳定性。

在选用块体材料和砂浆时应因地制宜、就地取材、充分利用工业废料，按建筑物对耐久性的要求、房屋的使用年限、砌体受力特点、工作环境和施工条件等各方面因素综合考虑。对地面以下或防潮层以下的砌体所用材料，尚应符合最低强度等级要求。《砌体结构设计规范》规定如表4-1所示。

表4-1　地面以下或防潮层以下的砌体、潮湿房间墙所用材料的最低强度等级

基土的潮湿程度	烧结普通砖	混凝土普通砖、蒸压普通砖	混凝土砌块	石　材	水泥砂浆
稍潮湿的	MU15	MU20	MU7.5	MU30	M5
很潮湿的	MU20	MU20	MU10	MU30	M7.5
含水饱和的	MU20	MU25	MU15	MU40	M10

第三节　砌体种类及力学性能

一、砌体种类

砌体按其材料的不同可分为砖砌体、石砌体和砌块砌体；按其砌筑形式可分为实心砌体和空心砌体；按其作用不同可分为承重砌体和非承重砌体；按配筋程度可分为无筋砌体、约束砌体和配筋砌体。

砌体能成为整体承受荷载，不仅要靠砂浆使块体连接，还需要块材在砌体中合理排列。上下皮块体必须互相搭砌，避免出现过长的竖向通缝。

（一）砖砌体

砖砌体通常用作内外承重墙、隔墙或围护墙。承重墙厚度是根据承载力和稳定性要求来确定的。对于外墙尚需考虑保温和隔热的要求。

砖砌体按照砖的搭砌方式，常用的有一顺一丁、梅花丁和三顺一丁砌法。实心标准砖墙的厚度一般为 240mm、370mm、490mm、620mm 和 740mm 等。

黏土砖还可以砌成空心砌体。我国应用的轻型砌体有空斗墙、空气夹层墙、填充墙和多层墙等类型。

用多孔砖砌筑的砌体称为多孔砖砌体。多孔砖砌体与实心砖砌体比较，具有节约材料，造价较低，保温、隔热性能好等优点。

（二）砌块砌体

采用砌块建筑，是墙体改革中的一项重要措施。目前我国已经应用的砌块砌体有混凝土小型空心砌块砌体、混凝土中型空心砌块砌体和粉煤灰中型实心砌块砌体。砌筑上也应分皮错缝搭砌。小型砌块上下皮搭砌长度不得小于 90mm。

混凝土小型砌块由于块小，便于手工操作，在使用上比较灵活。《砌体结构设计规范》根据目前应用情况和国家大力推广应用混凝土小型空心砌块的要求，已取消了中型砌块。

（三）石砌体

石砌体按石材加工后的外形规则程度和胶结材料不同分为：料石砌体、毛石砌体和毛石混凝土砌体。在石材产地充分利用这一天然资源比较经济，应用也较为广泛。石砌体可用作一般民用房屋的承重墙、柱和基础。料石砌体还用于建造拱桥、坝和涵洞等构筑物。

（四）配筋砌体

为了提高砌体强度，减小构件的截面尺寸，常需要在砌体内部配置钢筋，这样构成的砌体称为配筋砌体。配筋砌体又分为网状配筋砌体和组合砌体。前者在砌体的水平灰缝内配置钢筋网，后者在砌体外侧预留的竖向凹槽内配置纵向钢筋，浇灌混凝土而制成组合砖砌体。

利用普通混凝土小型空心砌块的竖向孔洞配以竖向和水平钢筋，浇灌注芯混凝土形成的配筋砌块剪力墙，建造中、高层房屋，这是配筋砌体的又一种形式。

二、砌体抗压强度

砌体的抗压强度高，而抗拉、抗弯、抗剪强度很低。为了充分发挥材料的作用，砌体通常被用作受压构件。

（一）砌体轴心受压时的破坏特征

从砖柱受压试验可知，砌体轴心受压破坏大致经历三个阶段（见图 4－1）：

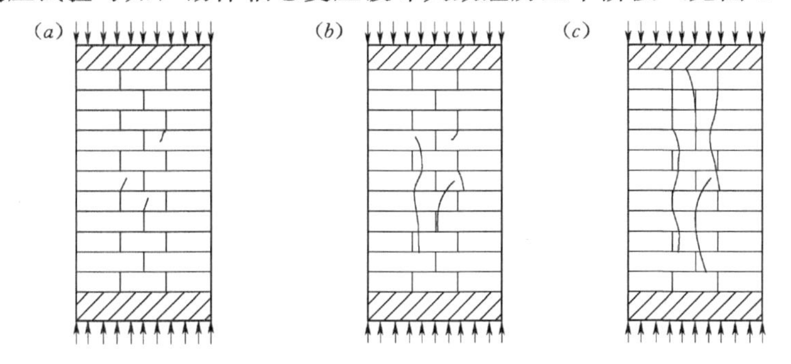

图 4－1 砖砌体轴心受压时的破坏特征

(*a*) 第一阶段；(*b*) 第二阶段；(*c*) 第三阶段

(1) 第一阶段：砖柱从开始加荷到个别砖出现第一批裂缝，此时压力为破坏荷载的 50%～

70%。其特征是裂缝在单块砖内出现，且荷载不增加时，裂缝不会继续发展［见图 4-1 (*a*)］。

(2) 第二阶段：荷载继续增加，单块砖内的裂缝向上下延伸，不断扩展，贯通若干皮砖，形成一段段连续裂缝。当荷载达到破坏荷载的 80%～90%时，即使荷载不增加，裂缝仍将继续发展［见图 4-1 (*b*)］。

(3) 第三阶段：荷载稍增加，砌体内裂缝急剧扩展，加长加宽，连成几条贯通的裂缝，最终将砌体分成几个小立柱。最终因小立柱丧失稳定或个别砖被压碎而破坏［见图 4-1 (*c*)］。

试验结果表明，砖砌体在受压时不但单块砖先裂，且砌体的抗压强度远低于它所用砖的抗压强度。这一现象可用砌体内的单块砖所受的复杂应力作用加以说明。

由于单块砖的外形不可能十分规整，所铺砂浆的厚度和成分也不可能非常均匀，水平灰缝饱满度不足，使得单块砖在砌体内不能均匀受压，而是处于压、拉、弯、剪、扭和局部受压等复合应力状态。因为砖的脆性，使砖的抗拉、抗弯、抗剪强度大大低于其抗压强度，所以当单块砖的抗压强度还未充分发挥时，砌体就因拉、弯、剪的作用而开裂了，最终使砖砌体的强度远低于砖的强度。

(二) 影响砖砌体抗压强度的主要因素

影响砖砌体抗压强度的主要因素有以下几方面。

1. 砖和砂浆的强度

砖和砌体的强度指标是确定砌体强度最主要的因素。砖和砂浆的强度高，砌体的抗压强度也高。试验证明，提高砖的强度等级比提高砂浆强度等级对增大砌体抗压强度的效果好。在可能的条件下，应尽可能采用强度等级较高的砖。

2. 砂浆的性能

砂浆具有较明显的弹塑性性质，在砌体内采用变形率大的砂浆，单块砖内受到的弯、剪应力和横向拉应力增大，对砌体抗压强度产生不利影响。砂浆的流动性大，砌筑时能使灰缝均匀密实，可改善块体内的应力状态，使砌体强度提高。但砂浆的流动性也不能太大，否则，硬化后变形率增大，砌体强度反而有所降低。

3. 砌筑质量

砌体砌筑时水平灰缝的饱满度，水平灰缝的厚度及砖的含水率等关系着砌体质量的优劣。试验表明，当砂浆的饱满度为 73%时，砌体强度即可达到规定的强度。因此，砌体施工及验收规范中，要求水平灰缝砂浆饱满度大于 80%。水平灰缝愈厚，砂浆横向变形愈大，砌体内复杂应力状态随之加剧，砌体的抗压强度亦降低，通常要求水平灰缝厚度为 8～12mm。干砖会因过多吸收灰缝中砂浆的水分，使砂浆失水而达不到结硬后应有的强度。为此，一般控制砖的含水率为 10%～15%。

此外，砖的外形规整程度、试件的龄期、竖向灰缝饱满度、砂浆和砖的黏结力以及搭砌方式等都会对砌体的抗压强度有影响。

(三) 各类砌体抗压强度平均值

各类砌体根据较为广泛的系统试验，可以得出各自的抗压强度平均值的计算公式，原 88 规范提出了如下适用于各类砌体抗压平均强度的表达式：

$$f_m = k_1 f_1^{\alpha}(1 + 0.07 f_2) k_2 \tag{4-1}$$

式中：f_m 为砌体的抗压强度平均值，N/mm^2；f_1 和 f_2 分别为块体（砖、石、砌块）和砂浆的抗压强度平均值，N/mm^2；k_1 为与块体类别和砌筑方法有关的参数；a 为与块材高度有关的参数；k_2 为低强度等级砂浆砌筑的砌体强度修正系数。

式（4－1）中各系数如表 4－2 所示。

表 4－2　　轴心抗压强度平均值　　单位：MPa

砌体种类	$f_m=k_1 f_1^a(1+0.07f_2)k_2$		
	k_1	a	k_2
烧结普通砖、烧结多孔砖、蒸压灰砂普通砖、蒸压粉煤灰普通砖、混凝土普通砖、混凝土多孔砖	0.78	0.5	当 $f_2<1$ 时，$k_2=0.6+0.4f_2$
混凝土砌砖、轻集料混凝土砌块	0.46	0.9	当 $f_2=0$ 时，$k_2=0.8$
毛料石	0.79	0.5	当 $f_2<1$ 时，$k_2=0.6+0.4f_2$
毛石	0.22	0.5	当 $f_2<2.5$ 时，$k_2=0.4+0.24f_2$

三、砌体抗拉、抗弯和抗剪性能

砌体结构常用于受压构件，在工程中有时也能用于受拉、受弯和受剪的情况。例如，圆形砖水池池壁环向受拉；挡土墙在土侧压力作用下像悬臂柱一样受弯等。

砌体的受拉、受弯和受剪破坏一般发生在砂浆和块体的连接面上，因而其强度主要取决于灰缝强度，即灰缝中砂浆和块体的粘结强度。

砌体在受拉、受弯、受剪时可能发生沿齿缝截面（灰缝）的破坏、沿块体和竖向灰缝的破坏以及沿通缝（灰缝）的破坏。如图 4－2 所示为受拉构件的三种可能破坏形式。《砌体结构设计规范》提高了块体的强度等级，防止了沿块材和竖向灰缝的破坏形式。

砌体构件受拉，当拉力为水平方向作用时，砌体可能沿齿缝破坏，也可能沿块材和竖向灰缝破坏。砌体受弯时的抗弯能力将由其弯曲抗拉强度确定。砌体在竖向弯曲时，应采用沿通缝截面的弯曲抗拉强度。砌体在水平方向弯曲时，沿齿缝截面破坏。

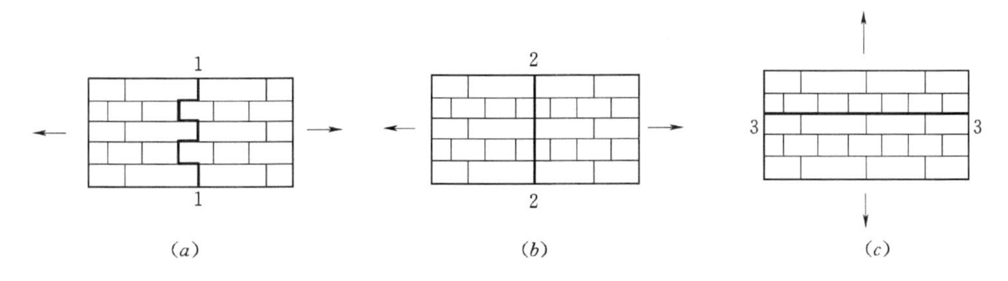

图 4－2　受拉构件的三种破坏形态

(a) 沿齿缝截面破坏；(b) 沿块体和竖向灰缝截面破坏；(c) 沿通缝截面破坏

《砌体结构设计规范》对于各种砌体的拉、弯、剪强度平均值采用统一的计算模式：

$$f_{t,m}, f_{tm,m}, f_{v,m} = k\sqrt{f_2} \tag{4-2}$$

其中，系数 k 按砌体种类及受力状态不同，按表 4－3 取用。

混凝土砌块砌体的拉、弯、剪的强度平均值，《砌体结构设计规范》规定是以沿水平灰缝抗剪强度试验资料为准，对拉、弯强度按下列比例确定：

(1) 对砌体沿齿缝截面轴心抗拉强度可取与通缝抗剪强度相等的值。

(2) 对砌体沿齿缝截面弯曲抗拉强度可取抗剪强度的 1.2 倍。

表 4-3　　轴心抗拉强度平均值 $f_{t,m}$、弯曲抗拉强度平均值 $f_{tm,m}$和抗剪强度平均值 $f_{v,m}$中各种系数　　单位：MPa

砌体种类	$f_{t,m}=k_3\sqrt{f_2}$	$f_{tm,m}=k_4\sqrt{f_2}$		$f_{v,m}=k_5\sqrt{f_2}$
	k_3	k_4		k_5
		沿齿缝	沿通缝	
烧结普通砖、烧结多孔砖、混凝土普通砖、混凝土多孔砖	0.141	0.250	0.125	0.125
蒸压灰砂普通砖、蒸压粉煤灰普通砖	0.09	0.18	0.09	0.09
混凝土砌块	0.069	0.081	0.056	0.069
毛料石	0.075	0.113	—	0.188

(3) 对砌体沿通缝截面弯曲抗拉强度可取抗剪强度的 0.8 倍左右。

四、砌体的弹性模量、摩擦系数、线膨胀系数和收缩率

砌体是弹塑性材料，从加荷开始，其应力-应变关系就不是线性变化。试验表明，其应力-应变（$\sigma-\varepsilon$）关系可用下列公式表示：

$$\varepsilon=-\frac{1}{\xi}\ln\left(1-\frac{\sigma}{f_m}\right) \tag{4-3}$$

其中

$$\sigma=0.43f_m$$

式中：ξ 为弹性特征值。

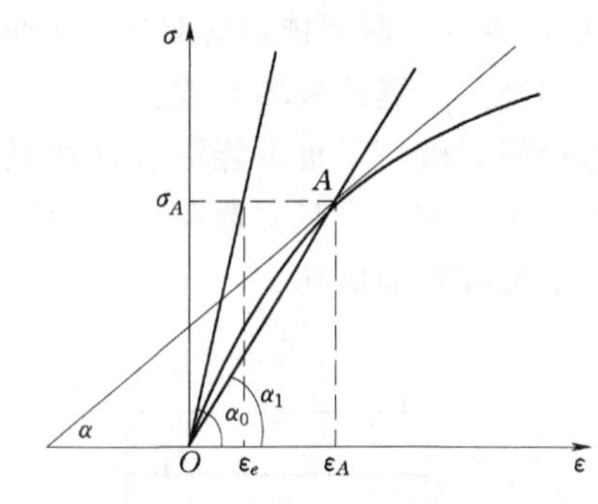

图 4-3　砌体受压弹性模量的表示方法

与混凝土类似，砌体的受压弹性模量有三种表示方法（见图 4-3）：砌体受压应力-应变曲线上原点切线的斜率称为初始弹性模量；曲线上任意点与坐标原点连成的割线的正切值称为割线模量；曲线上任意点切线的斜率称为切线模量（见图 4-3）。工程应用上，通常取 $\sigma=0.43f_m$ 时的割线模量作为设计中取用的砌体弹性模量，这样比较符合砌体在使用阶段受力状态下的工作性能。

各类砌体的受压弹性模量、线膨胀系数和收缩率、摩擦系数分别如表 4-4、表 4-5 和表 4-6 所示。

表 4-4　　砌体的弹性模量　　单位：MPa

砌体种类	砂浆强度等级			
	≥M10	M7.5	M5	M2.5
烧结普通砖、烧结多孔砖砌体	$1600f$	$1600f$	$1600f$	$1390f$
混凝土普通砖、混凝土多孔砖砌体	$1600f$	$1600f$	$1600f$	—
蒸压灰砂普通砖砖、蒸压粉煤灰普通砖砖砌体	$1060f$	$1060f$	$1060f$	—
冲灌孔混凝土砌块砌体	$1700f$	$1600f$	$1500f$	—
粗料石、毛料石、毛石砌体	—	5650	4000	2250
细料石砌体	—	17000	12000	6750

表 4-5　砌体的线膨胀系数和收缩率

砌　体　类　别	线膨胀系数（10^{-6}/℃）	收缩率（mm/m）
烧结普通砖、烧结多孔砖砌体	5	−0.1
蒸压灰砂普通砖、蒸压粉煤灰普通砖砌体	8	−0.2
混凝土普通砖、混凝土多孔砖、混凝土砌块砌体	10	−0.2
轻集料混凝土砌块砌体	10	−0.3
料石和毛石砌体	8	—

表 4-6　砌体的摩擦系数

材　料　类　别	摩　擦　面　情　况	
	干燥的	潮湿的
砌体沿砌体或混凝土滑动	0.70	0.60
砌体沿木材滑动	0.60	0.50
砌体沿钢滑动	0.45	0.35
砌体沿砂或卵石滑动	0.60	0.50
砌体沿砂质粉土滑动	0.55	0.40
砌体沿黏性土滑动	0.50	0.30

第四节　砌体结构的强度计算指标

《砌体结构设计规范》采用以概率理论为基础的极限状态设计方法，用可靠指标度量结构的可靠度，用分项系数设计表达式进行设计。

一、砌体的可靠度指标

按承载力极限状态设计时，其基本组合的分项系数设计表达式可以写成如下简化形式：

（1）由可变荷载效应控制的组合：

$$\gamma_0(1.2S_{Gk}+1.4\gamma_L S_{Q1k}+\gamma_L\sum_{i=2}^{n}\gamma_{Qi}\Psi_{ci}S_{Qik}\leqslant R(f,a_k\cdots) \qquad (4-4)$$

（2）由永久荷载效应控制的组合：

$$\gamma_0(1.35S_{Gk}+1.4\gamma_L\sum_{i=1}^{n}\gamma_{Qi}\Psi_{ci}S_{Qik}\leqslant R(f,a_k\cdots) \qquad (4-4a)$$

式中：γ_0 为结构重要性系数（对安全等级为一级或设计使用年限为 50 年以上结构构件，不应小于 1.1；对安全等级为二级或设计使用年限为 50 年的结构构件，不应小于 1.0；对安全等级为三级或设计使用年限为 1～5 年的结构构件，不应小于 0.9）；S_G 为永久荷载标准值的效应；S_{Qlk} 为在基本组合中起控制作用的一个可变荷载标准值的效应；S_{Qik} 为第 i 个可变荷载标准值的效应；γ_{Qi} 为第 i 个可变荷载的分项系数；Ψ_{ci} 为第 i 个可变荷载的组合值系数。一般情况下应取 0.7；对书库、档案库、储藏室或通风机房、电梯机房应取 0.9。

一般情况下，采用两种荷载效应组合模式后，提高了以自重为主的砌体结构可靠度。设 ρ 为可变荷载效应与永久荷载效应之比，当荷载效应比值 $\rho\leqslant 0.376$ 时，组合由永久荷载控制；当 $\rho>0.376$ 时，组合由可变荷载控制。

当砌体为轴压短柱时，可用 $R_k/\gamma_R=R(f,A)$ 来表达，其中 $R(f,A)$ 表示结构构件承载力函数，f 为砌体抗压强度设计值，$f=f_k/\gamma_f$；f_k 为砌体抗压强度标准值，取砌体抗压强度平均值 f_m 的概率密度分布函数 0.05 的分位值，即具有 95%保证率时的砌体强度值；A 为构件截面的几何系数。

按照《建筑结构可靠度设计统一标准》(GB 50068) 的要求，对砌体结构一般认为属于脆性破坏，因而当其安全等级为二级时，相应的允许可靠指标 $[\beta]$ 应为 3.7。而由式 (4-4)、式 (4-4a) 可知，结构构件的实际所具有的可靠度，是由各个分项系数来反映的，在《建筑结构可靠度设计统一标准》中已将分项系数作了规定，所以构件的可靠度直接取决于抗力分项系数 γ_f 的取值。《砌体结构设计规范》规定砌体结构的材料分项系数 γ_f 统一取 1.6。

当确定荷载和材料分项系数之后，并由实测的荷载和材料的变异系数，按《建筑结构可靠度设计统一标准》的方法，可求出砌体构件所具有的实际可靠指标。对砌体轴压构件和沿通缝破坏时的受剪构件，进行实际具有的可靠指标分析，经对比可知，实际可靠指标均大于 3.7，说明对材料分项系数 γ_f 统一取 1.6 是可靠的。

应该指出的是，《砌体结构设计规范》确定的砌体结构的材料分项系数 γ_f 取为 1.6，是按施工质量控制等级为 B 级考虑的；当等级为 C 级时规定 γ_f 取为 1.8；当等级为 A 级时规定 γ_f 取为 1.5。这是《砌体结构设计规范》引入施工质量控制等级的概念，具体等级要求可按《砌体工程施工所质量验收规范》(GB 50203—2002) 进行施工质量控制。

二、砌体的抗压强度设计值

砌体抗压强度标准值取砌体抗压强度平均值 f_m 的概率密度分布函数 0.05 的分位值，即

$$f_k = f_m(1-1.645\delta_f) \tag{4-5}$$

式中：δ_f 为砌体受压强度的变异系数。

对于除毛石砌体外的各类砌体的抗压强度，δ_f 可取 0.17，则有

$$f_k = f_m(1-1.645\times 0.17) = 0.72f_m \tag{4-5a}$$

砌体抗压强度设计值是强度标准值除以材料分项系数 γ_f，即

$$f = f_k/\gamma_f \tag{4-6}$$

因为 $\gamma_f = 1.6$，所以有

$$f = 0.45f_m \tag{4-6a}$$

由式 (4-6a) 可得各类砌体轴心抗压强度设计值，见附录 D 中表 D-1～表 D-7。

在下列情况下，根据《砌体结构设计规范》对各类砌体的强度设计值需乘以调整系数 γ_a：

(1) 对无筋砌体构件，其截面面积 $A<0.3\text{m}^2$ 时，$\gamma_A=0.7+A$；对配筋砌体，当其截面面积 $A<0.2\text{m}^2$ 时，$\gamma_A=0.8+A$，A 以 m^2 计。这是考虑局部碰损或缺陷对较小截面强度影响较大而采用的调整系数。

(2) 当砌体用强度等级小于 M5.0 的水泥砂浆砌筑时，对附表 D-1～附表 D-7 各表中的数值，γ_a 为 0.9；对附表 D-8 中的数值，γ_a 为 0.8。

(3) 当验算施工中房屋的构件时，γ_a 为 1.1。

三、砌体的轴心受拉、弯曲抗拉及抗剪强度设计值

当施工质量控制等级为B级时，龄期为28d的以毛面积计算的各类砌体的轴心抗拉强度设计值、弯曲抗拉强度设计值和抗剪强度设计值，见附表D-8。

单排孔混凝土砌块对孔砌筑时，灌孔砌体的抗剪强度设计值 f_{vg} 按下式计算：

$$f_{vg}=0.2f_g^{0.55} \tag{4-7}$$

式中：f_g 为灌孔砌体的抗压强度设计值，N/mm^2。

第五节　无筋砌体构件的承载力计算

一、无筋砌体受压构件

本章第三节已经分析了砌体（短柱）在轴心受压时的破坏特征。对于长柱，在轴心受压时，往往因侧向变形大而产生纵向弯曲破坏；在偏心荷载作用下，具有与短柱在偏心受压时的破坏特征，不同的是因纵向弯曲的影响加剧了构件的破坏。混合结构房屋的窗间墙和砖柱承受上部传来的竖向荷载和自重，一般都属于无筋砌体受压构件，其承载力与柱的高厚比 β 有关。

（一）受压构件的高厚比

受压构件的高厚比是指构件的计算高度 H_0 与截面在偏心方向的高度 h 的比值，即

$$\beta=\frac{H_0}{h} \tag{4-8}$$

各类常用受压构件的计算高度 H_0 可按表4-7采用。其中，H 为构件高度，指房屋中楼板或其他水平支点间的距离。在单层房屋或多层房屋的底层，构件下端的支点，一般可取基础顶面，若基础埋置较深且有刚性地坪时，可取室外地坪下500mm；山墙的 H 值，可取层高加山墙端尖高度的1/2；山墙壁柱的 H 值可取壁柱处的山墙高度。

表4-7　　受压构件的计算高度 H_0

房屋类别			柱		带壁柱墙或周边拉结的墙		
			排架方向	垂直排架方向	$s>2H$	$2H\geq s\geq H$	$s\leq H$
有吊车的单层房屋	变截面柱上段	弹性方案	$2.5H_u$	$1.25H_u$	$2.5H_u$		
		刚性、刚弹性方案	$2.0H_u$	$1.25H_u$	$2.0H_u$		
	变截面柱下段		$1.0H_l$	$0.8H_l$	$1.0H_l$		
无吊车的单层和多层房屋	单　跨	弹性方案	$1.5H$	$1.0H$	$1.5H$		
		刚弹性方案	$1.2H$	$1.0H$	$1.2H$		
	多　跨	弹性方案	$1.25H$	$1.0H$	$1.25H$		
		刚弹性方案	$1.10H$	$1.0H$	$1.1H$		
	刚性方案		$1.0H$	$1.0H$	$1.0H$	$0.4s+0.2H$	$0.6s$

（二）受压构件承载力计算

1. 受压短柱

当柱的高厚比 $\beta\leq3$ 时，可以不考虑构件的纵向弯曲对构件承载力的影响，该柱称为受压短柱。

此时，当柱承受轴心压力时，砌体截面的应力分布均匀，破坏时截面所能承受的最大压应力达到砌体的抗压强度。当柱承受偏心压力时，截面中应力分布不均匀，由于砌体的弹塑性性能，使应力呈曲线分布。随着偏心距的增大，在远离轴向力一侧的截面中将出现拉应力。当受拉边缘的应力达到砌体沿通缝截面的弯曲抗拉强度时，砌体将产生水平裂缝，裂缝不断向轴向力偏心方向延伸，致使截面的受压面积随之减小，承载力下降。纵向力偏心距愈大，承载力降低愈多。偏压短柱的承载力设计值可表达为

$$N \leqslant \varphi_1 A f \tag{4-9}$$

式中：φ_1 为偏心受压构件与轴心受压构件承载力的比值，称为偏心影响系数。

对于常见的矩形截面柱，偏心影响系数 φ_1 采用以下公式：

$$\varphi_1 = \frac{1}{1+12(e/h)^2} \tag{4-10}$$

当截面为 T 形或其他形状时，h 可用折算厚度 $h_T \approx 3.5i$ 代替。

2. 受压长柱

当柱的高厚比 $\beta > 3$ 时，构件的纵向弯曲的影响已不可忽略，需考虑其对承载力的影响，该柱称为受压长柱。偏压长柱的承载力设计值可表达为

$$N \leqslant \varphi A f \tag{4-11}$$

式中：φ 为高厚比 β 和轴向力的偏心距 e 对受压构件承载力的影响系数，可按式（4-12）计算或按附表 D-9 查用：

$$\varphi = \frac{1}{1+12\left[\frac{e}{h}+\sqrt{\frac{1}{12}\left(\frac{1}{\varphi_0}-1\right)}\right]^2} \tag{4-12}$$

式中：φ_0 为轴心受压构件的稳定系数，可按式（4-12a）计算，或查用附表 D-9，取 $e/h=0$ 的情况

$$\varphi_0 = \frac{1}{1+\alpha\beta^2} \tag{4-12a}$$

式中：α 为与砂浆强度等级有关的系数，当砂浆强度等级大于或等于 M5 时，$\alpha=0.0015$；当砂浆强度等级等于 M2.5 时，$\alpha=0.002$；当砂浆强度等级等于 0 时，$\alpha=0.009$。

为了反映不同砌体类型受压性能的差异，《砌体结构设计规范》规定计算影响系数 φ 时，应先对构件高厚比 β 乘以修正系数 γ_β。烧结普通砖、烧结多孔砖砌体，$\gamma_\beta=1.0$；混凝土普通砖、混凝土多孔砖、混凝土及轻集料混凝土砌块砌体，$\gamma_\beta=1.1$；蒸压灰砂普通砖、蒸压粉煤灰普通砖、细料石和半细料石砌体，$\gamma_\beta=1.2$；粗料石和毛石砌体，$\gamma_\beta=1.5$。

偏心受压构件的偏心距过大，构件的承载力明显下降。从经济性与合理性的角度看，都不宜采用。此外偏心距过大可能使截面受拉边出现过大的水平裂缝。因此，《砌体结构设计规范》还规定，按内力设计值计算的轴向力偏心距不应超过 $0.6y$，即 $e \leqslant 0.6y$。y 为截面重心到轴向力所在偏心方向截面边缘的距离。

必须指出，对矩形截面构件，当轴向力偏心方向的截面边长大于另一方向的边长时，除按偏心受压计算外，还应对较小边长方向按轴心受压进行验算。此时，应按短边边长计算 β，并取 $e=0$，$\varphi=\varphi_0$。

【例 4-1】 截面为 490mm×490mm 的砖柱，采用强度等级为 MU10 的烧结普通砖

和 M5 的混合砂浆砌筑。柱的计算高度 $H_0 = 4.2\text{m}$，柱顶承受轴心压力设计值 $N = 250\text{kN}$。试验算该柱的承载力。

解： 该柱的控制截面在柱底。用砂浆砌筑的机制砖的重力密度为 19kN/m^3。显然，对于柱自重，荷载效应比值 $\rho < 0.376$，荷载组合由永久荷载控制。

柱底截面承受轴向压力设计值：

$$N = 250 + 1.35 \times 19 \times 0.49 \times 0.49 \times 4.2 = 276\text{kN}$$

$$\beta = \gamma_\beta \frac{H_0}{h} = 1.0 \times \frac{4.2}{0.49} = 8.57 > 3$$

当 $e=0$ 时，由式（4－12）、式（4－12a）得

$$\varphi = \varphi_0 = \frac{1}{1 + \alpha\beta^2}$$

当砂浆强度等级等于 M5 时，$\alpha = 0.0015$，则

$$\varphi = \varphi_0 = \frac{1}{1 + 0.0015 \times 8.57^2} = 0.900$$

由附表 D－1 可得：$f = 1.50\text{N/mm}^2$

$$A = 0.49 \times 0.49 = 0.24\text{m}^2 < 0.3\text{m}^2$$

故 f 应乘以调整系数 γ_a：

$$\gamma_a = 0.7 + A = 0.7 + 0.24 = 0.94$$

$$N_u = \varphi A f = 0.900 \times 1.5 \times 0.94 \times 0.24 \times 10^6 = 304560\text{N} > N = 276000\text{N}$$

故该柱承载力满足要求。

【例 4－2】 某带壁柱的窗间墙，截面尺寸如图 4－4 所示，壁柱高 5.4m，计算高度为 6.48m，采用强度等级为 MU10 的烧结普通砖和 M2.5 的混合砂浆砌筑。承受竖向力设计值 $N = 320\text{kN}$，弯矩设计值 $M = 41\text{kN}\cdot\text{m}$（弯矩方向是墙体外侧受压，壁柱受拉）。试验算该墙体的承载力。

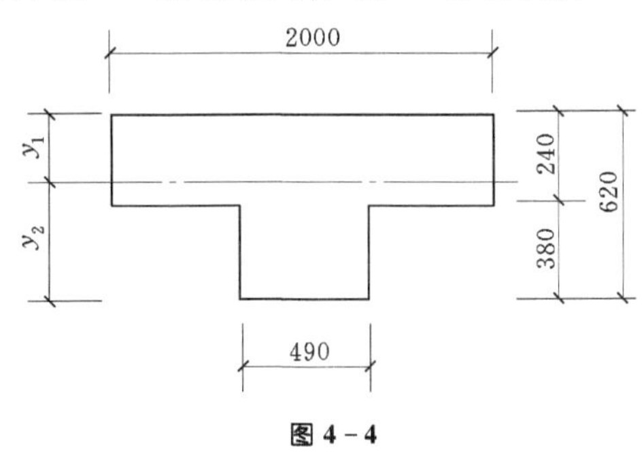

图 4－4

解： 1. 截面几何特征

截面面积：　　$A = 2000 \times 240 + 380 \times 490 = 666200\text{mm}^2$

截面重心位置：$y_1 = \dfrac{2000 \times 240 \times 120 + 490 \times 380(240 + 190)}{666200} = 207\text{mm}$

$$y_2 = 620 - 207 = 413\text{mm}$$

截面惯性矩：　　$I = 174.4 \times 10^8 \text{mm}^4$

回转半径：　　$i = \sqrt{\dfrac{I}{A}} = \sqrt{\dfrac{174.4 \times 10^8}{66.62 \times 10^4}} = 162\text{mm}$

截面折算厚度：$h_T = 3.5i = 3.5 \times 162 = 567\text{mm}$

2. 内力计算

荷载偏心距：$e = \dfrac{M}{N} = \dfrac{41000}{320} = 128\text{mm}$

3. 承载力验算

$$\frac{e}{h_T}=\frac{128}{567}=0.226$$

$$\beta=\gamma_\beta\frac{H_0}{h_T}=1.0\times\frac{6.48}{0.567}=11.4$$

$$\varphi=0.385$$

以 MU10 烧结普通砖和 M2.5 的混合砂浆查附表 D－1 得：$f=1.30\text{N/mm}^2$，则

$$\varphi Af=0.385\times666200\times1.30=330.87\text{kN}>320\text{kN}$$

故该窗间墙是安全的。

二、砌体局部受压计算

压力仅作用在砌体部分面积上的受力状态称为局部受压（以下有时简称为局压）。根据局部受压面积上应力分布状况的不同，局部受压计算分为局部均匀受压和梁端支承处砌体局部受压两种情况。

（一）局部均匀受压承载力计算

当局部压力均匀传递给砌体时，砌体局部均匀受压，承载力按下式计算：

$$N_l\leqslant\gamma fA_l \tag{4-13}$$

$$\gamma=1+0.35\sqrt{\frac{A_0}{A_l}-1} \tag{4-14}$$

式中：N_l 为受压面积上荷载产生的轴向压力设计值；A_l 为局部受压面积；γ 为局部抗压强度提高系数；A_0 为影响局部抗压强度的计算面积，可按图 4－5 确定。

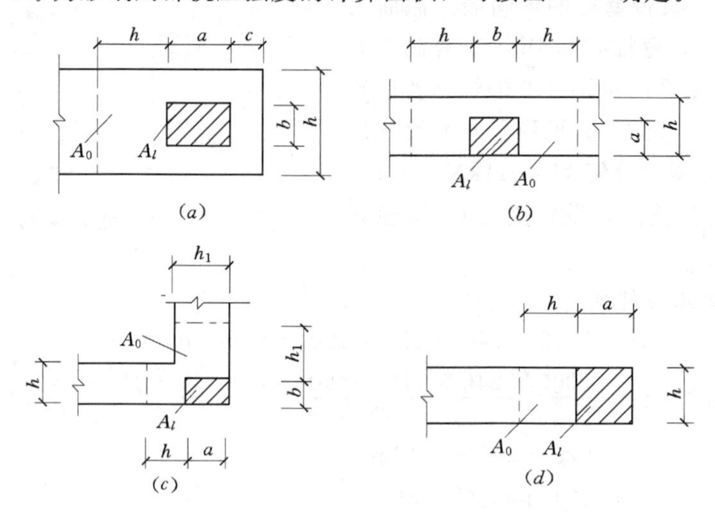

图 4－5 影响局部抗压强度的计算面积 A_0

在图 4－5（a）所示情况下，$A_0=(a+c+h)h$；在图 4－5（b）所示情况下，$A_0=(b+2h)h$；在图 4－5（c）所示情况下，$A_0=(a+h)h+(b+h_1-h)h_1$；在图 4－5（d）所示情况下，$A_0=(a+h)h$。

为避免 A_0/A_l 超过某一限值时会出现危险的劈裂破坏，《砌体结构设计规范》对 γ 值作如下限制：在图 4－5（a）中，$\gamma\leqslant2.5$；在图 4－5（b）中，$\gamma\leqslant2.0$；在图 4－5（c）

中，$\gamma \leqslant 1.5$；在图4－5（d）中，$\gamma \leqslant 1.25$；对空心砖砌体，尚应符合$\gamma \leqslant 1.5$；对于未灌实的混凝土砌块，$\gamma = 1.0$。

（二）梁端支承处砌体的局部受压承载力计算

当梁直接支承在砌体上时，由于梁的弯曲，使梁的末端有托开砌体的趋势（见图4－6）。将梁端底面没有离开砌体的长度称为有效支承长度a_0。梁端局部受压面积A_l由a_0与b相乘而得。a_0的取值直接影响砌体局部受压承载力。

根据试验结果分析，对直接支承在砌体上的梁端有效支承长度a_0可按下列近似公式计算：

$$a_0 = 10\sqrt{\frac{h_c}{f}} \tag{4-15}$$

式中：h_c为梁的截面高度；f为砌体抗压强度设计值。

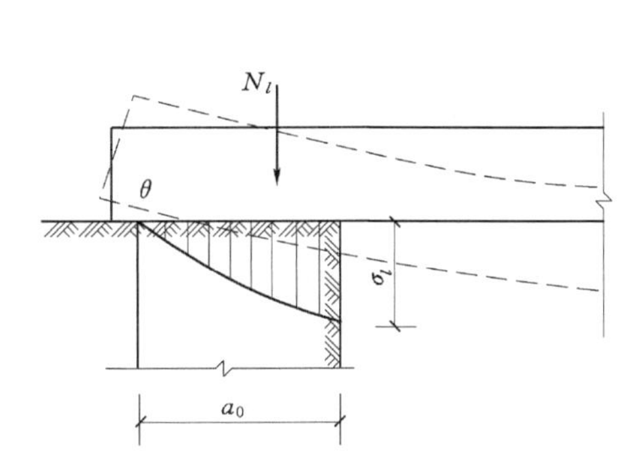

图4－6　梁端支承情况

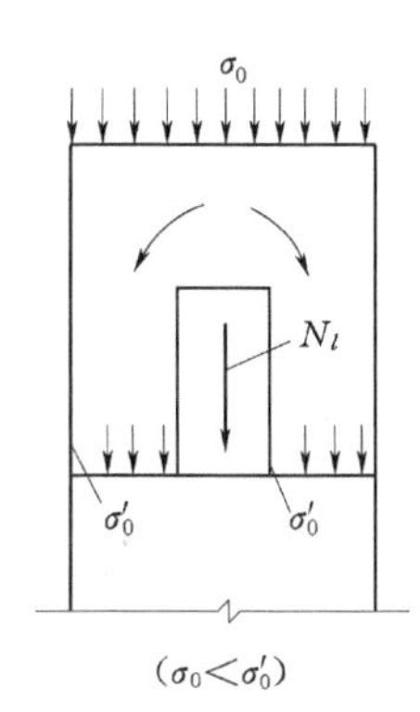

图4－7　内拱卸荷

当有上部荷载时，如多层砖房楼盖梁支承处，梁端底面处不但有梁端传来的局压荷载N_l产生的局压应力，而且还有上部墙体传来的竖向压应力。但试验表明，砌体局压破坏时这两种应力并不是简单的叠加。当梁上荷载增加时，由于梁端底部砌体局部变形增大，砌体内部产生应力重分布，使梁端顶面附近砌体由于上部荷载产生的应力逐渐减小，墙体逐渐以内拱作用传递荷载。

经试验分析可知，在一定范围内，上部平均压应力设计值σ_0的存在和扩散可以增强砌体横向抗拉能力（见图4－7），从而提高局压承载力。随着σ_0的增加，内拱作用逐渐削弱，这种有利的效应也就逐渐减小。在一定局压面积比A_0/A_l情况下，梁端墙体的内拱卸载作用是明显的。梁端支承长度较少时，墙体的内拱效应相对大些；支承长度较大时，约束作用加大，但在σ_0作用下a_0增大提高了承载力，其综合效果可以不考虑上部荷载的影响。所以，《砌体结构设计规范》规定梁端局压可以按下列公式计算：

$$\psi N_0 + N_l \leqslant \eta \gamma A_l f \tag{4-16}$$

$$\psi = 1.5 - 0.5\frac{A_0}{A_l} \tag{4-17}$$

其中

$$A_l = a_0 b$$

式中：ψ为上部荷载的折减系数，当$A_0/A_l \geqslant 3$时，取$\psi = 0$；N_l为梁端支承压力设计值，作用点距墙内表面可取$0.4a_0$；N_0为局压面积内上部轴向力设计值，$N_0 = \sigma_0 A_l$；η为梁端底面压应力图形完整系数，可取0.7，对于过梁和墙梁可取1.0；a_0为梁端有效支承长度，当 $a_0>a$ 时，应取 $a_0=a$；b 为梁截面宽度。

（三）梁端垫块下砌体局部受压承载力计算

梁端支承处砌体局部受压承载力不足时，其支承面下的砌体上应设置混凝土或钢筋混凝土垫块以增加局压面积。垫块可以预制，也可与梁端整浇。

1. 梁端设刚性垫块

试验表明，采用刚性垫块时，垫块以外的砌体仍能提供有利影响，但考虑到垫块底面压应力的不均匀性，对垫块下的砌体局压强度提高系数 γ_l 予以折减，偏安全地取 $\gamma_l=0.8\gamma$。于是，梁端刚性垫块下砌体局部受压承载力可按下式计算：

$$N_0+N_l\leqslant\varphi\gamma_l A_b f \tag{4-18}$$

其中

$$N_0=\sigma_0 A_b,\quad A_b=a_b b_b$$

式中：N_0 为垫块面积 A_b 内上部轴向力设计值；φ 为垫块上 N_0 及 N_l 合力的影响系数，采用附表 D-9 中 $\beta\leqslant3$ 时的值 φ；A_b 为垫块面积；a_b 为垫块深入墙内方向的长度；b_b 为垫块宽度。

刚性垫块的构造应符合下列规定：垫块高度不宜小于 180mm，自梁边算起的垫块挑出长度不宜大于垫块高度；在带壁柱墙的壁柱内设置刚性垫块时（见图 4-8），考虑翼墙多位于压应力较小处，参加工作程度有限，因此计算 A_0 时，只取壁柱面积不计翼墙部分，同时壁柱上垫块伸入翼墙的长度不应小于 120mm；当现浇垫块与梁端浇成整体时，垫块可在梁高范围内设置。

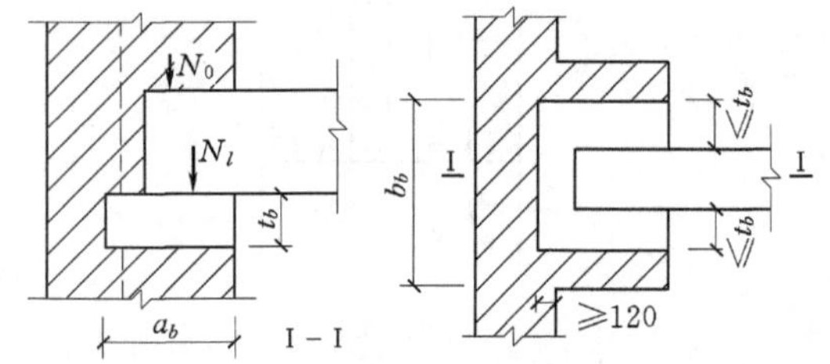

图 4-8　壁柱上设有垫块时梁端局部受压

梁端设有刚性垫块时，梁端有效支承长度 a_0 按下列公式计算：

$$a_0=\delta_1\sqrt{\frac{h}{f}} \tag{4-19}$$

式中：δ_1 为刚性垫块影响系数，按表 4-8 采用。

表 4-8　系　数　δ_1

σ_0/f	0	0.2	0.4	0.6	0.8
δ_1	5.4	5.7	6.0	6.9	7.8

垫块上 N_l 合力点可取 $0.4a_0$ 处。

2. 梁端设柔性垫梁

当支承在墙上的梁端下部有钢筋混凝土圈梁或其他具有一定长度的钢筋混凝土梁（垫梁高度为 h_b，长度大于 πh_0，h_0 为垫梁折算高度）通过时，梁端部的集中荷载 N_l 将通过这类垫梁传递到下面一定宽度的墙体上。而上部墙体传来作用在垫梁上的荷载 N_0，则通过垫梁均匀地传递到下面的墙体上。根据试验结果，当垫梁长度大于 πh_0 时，垫梁下砌体的局部受压承载力可以按照下列公式计算：

$$N_0+N_l\leqslant2.4\delta_2 f b_b h_0 \tag{4-20}$$

其中

$$N_0=\pi b_b h_0\sigma_0/2$$

$$h_0=2\sqrt[3]{\frac{E_b I_b}{Eh}}$$

式中：N_0 为垫梁上部轴向力设计值；b_b 为垫梁在墙厚方向的宽度；δ_2 为当荷载沿墙厚方向均匀分布时，$\delta_2=1.0$，不均匀分布时，$\delta_2=0.8$；h_0 为垫梁折算高度；E_b 和 I_b 分别为垫梁的混凝土弹性模量和截面惯性矩；E 为砌体的弹性模量；h 为墙厚。

【例 4-3】 试验算外墙上端砌体局部受压承载力。如图 4-9 所示，已知梁 $b \times h = 200\text{mm} \times 400\text{mm}$，梁支承长度为 240mm，荷载设计值产生的支座反力 $N_l = 60\text{kN}$，墙体的上部荷载 $N_u = 260\text{kN}$，窗间墙截面 1200mm×370mm，采用 MU10 的烧结普通砖和 M2.5 的混合砂浆砌筑。试验算外墙上端砌体局部受压承载力。

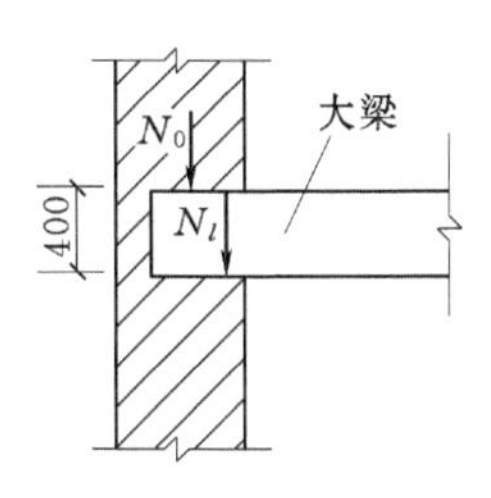

图 4-9

解： $f = 1.30\text{N/mm}^2$

$$a_0 = 10\sqrt{\frac{h_c}{f}} = 10\sqrt{\frac{400}{1.3}} = 176\text{mm}$$

$$A_l = a_0 b = 176 \times 200 = 35200\text{mm}^2$$

$$A_0 = h\ (2h + b)\ = 347800\text{mm}^2$$

$$\gamma = 1 + 0.35\sqrt{\frac{A_0}{A_l} - 1} = 2.04 > 2\text{，取 } \gamma = 2$$

由于上部荷载 N_u 作用在整个窗间墙上，则

$$\sigma_0 = \frac{260000}{370 \times 1200} = 0.58\text{N/mm}^2$$

$$N_0 = \sigma_0 A_l = 0.58 \times 35200 = 20.42\text{kN}$$

由于 $A_0/A_l = 9.8 > 3$，所以 $\psi = 0$

$$\eta\gamma A_l f = 0.7 \times 2.0 \times 35200 \times 1.30 = 64064\text{N}$$

$$\psi N_0 + N_l = N_l = 60000\text{N} < \eta\gamma A_l f = 64064\text{N}$$

故结构安全。

【例 4-4】 已知条件同［例 4-3］，若 $N_l = 80\text{kN}$，其他条件不变，试验算局部受压承载力。

解： 显而易见，梁端不设垫块，梁下砌体的局部受压强度是不能满足的。可在梁底设刚性垫块，尺寸为 $b_b = 240\text{mm}$、$a_b = 500\text{mm}$、$t_b = 180\text{mm}$，则

$$A_b = 240 \times 500 = 120000\text{mm}^2$$

$$N_0 = \sigma_0 A_b = 0.58 \times 120000 = 69600\text{N}$$

垫块下局压计算利用式（4-18）：

$$N_0 + N_l \leqslant \varphi\gamma_l A_b f \qquad \frac{\sigma_0}{f} = \frac{0.58}{1.30} = 0.45$$

查表 4-8 得，$\delta_1 = 6.2$，则

$$a_0 = \delta_1\sqrt{\frac{h}{f}} = 6.2\sqrt{\frac{400}{1.3}} = 109\text{mm}$$

N_l 作用点距墙内表面为 $0.4a_0$，则

$$e = \frac{N_l\left(\frac{b_b}{2} - 0.4a_0\right)}{N_l + N_0} = \frac{80\left(\frac{240}{2} - 0.4 \times 109\right)}{80 + 69.6} = 40.9\text{mm}$$

$$\frac{e}{b_b}=\frac{40.9}{240}=0.17$$

查附表 D-9，按 $\beta<3$ 的情况，得：$\varphi=0.74$。

求 γ 时，以 A_b 代替 A_l。

因为 $370\times2+500=1240\text{mm}>1200\text{mm}$，所以取窗间墙的实际宽度，即

$$A_0=370\times1200=44400\text{mm}^2$$

$$\gamma=1+0.35\sqrt{\frac{A_0}{A_l}-1}=1.59<2$$

$$\gamma_l=0.8\gamma=1.27$$

$$\varphi\gamma_l A_b f=0.74\times1.27\times120000\times1.3=145480\text{N}\approx N_0+N_l=149600\text{N}$$

故结构安全。

第六节　砌体受拉、受弯、受剪承载力计算

一、轴心受拉构件

轴心受拉构件承载力应按下式计算：

$$N_l\leqslant f_t A \tag{4-21}$$

式中：N_l 为轴心拉力设计值；f_t 为砌体的轴心抗拉强度设计值，按表 4-7 中的值采用。

二、受弯构件

受弯构件的承载力按下式进行计算：

$$M\leqslant f_{tm}W \tag{4-22}$$

式中：M 为弯矩设计值；f_{tm} 为砌体的弯曲抗拉强度设计值，按表 4-7 中的值采用；W 为截面抵抗矩。

受弯构件的受剪承载力，应按下式计算：

$$V\leqslant f_v bZ \tag{4-23}$$

$$Z=I/S \tag{4-24}$$

式中：V 为剪力设计值；f_v 为砌体的抗剪强度设计值；b 为截面宽度；Z 为内力臂，当截面为矩形时取 $Z=2h/3$；I 为截面惯性矩；S 为截面面积矩；h 为截面高度。

三、受剪构件

砌体沿通缝截面或沿阶梯形灰缝截面受剪破坏时，其受剪承载力取决于砌体沿灰缝的受剪承载力和作用在截面上的压力所产生的摩擦力的总和。

沿通缝或沿阶梯形灰缝截面破坏时受剪构件的承载力按下式计算：

$$V\leqslant(f_v+\alpha\mu\sigma_0)A \tag{4-25}$$

当 $\gamma_G=1.2$ 时，有

$$\mu=0.26-0.082\sigma_0/f \tag{4-25a}$$

当 $\gamma_G=1.35$ 时，有

$$\mu=0.23-0.065\sigma_0/f \tag{4-25b}$$

式中：V 为截面剪力设计值；A 为水平截面面积，当墙体有孔洞时，取净截面面积；f_v

为砌体的抗剪强度设计值，对灌孔的混凝土砌块砌体取 f_{vg}；σ_0 为永久荷载设计值产生的水平截面平均压应力；f 为砌体抗压强度设计值；σ_0/f 为轴压比，不大于 0.8；α 为修正系数，当 $\gamma_G=1.2$ 时，对砖砌体取 0.60，对混凝土砌块砌体取 0.64，当 $\gamma_G=1.35$ 时，对砖砌体取 0.64，对混凝土砌块砌体取 0.66；μ 为剪压复合受力影响系数。

第七节　配筋砌体结构构件承载力计算

一、网状配筋砖砌体计算

（一）计算公式

网状配筋砖砌体是在砌体水平灰缝内配置钢筋网片的砌体（见图 4－10）。在荷载作用下，砌体纵向受压的同时，将产生横向变形，由于钢筋的弹性模量比砌体大，变形很小，它将阻止砌体横向变形的发展，使砌体处于三向受力状态，间接地提高了砌体的抗压强度。网状配筋砖砌体受压构件的承载力按下列公式计算：

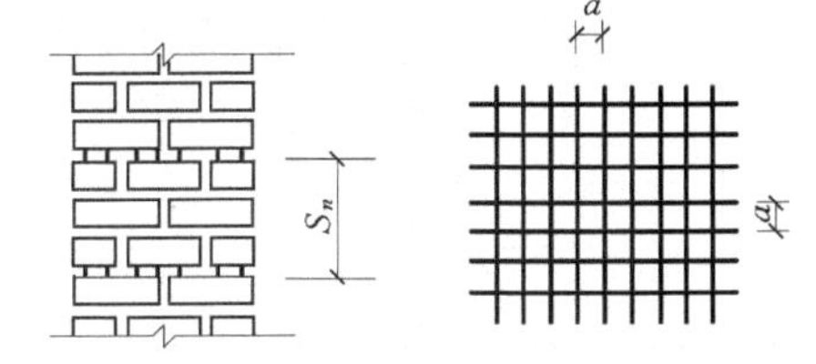

图 4－10　网状配筋砖砌体

$$N \leqslant \varphi_n f_n A \qquad (4-26)$$

式中：N 为轴向力设计值；φ_n 为高厚比、配筋率和轴向力的偏心距对网状配筋砖砌体受压构件承载力的影响系数，按表 4－9 选用；f_n 为网状配筋砖砌体的抗压强度设计值；A 为截面面积。

网状配筋砖砌体抗压强度设计值 f_n 按下式计算：

$$f_n = f + 2\left(1-\frac{2e}{y}\right)\frac{\rho}{100}f_y \qquad (4-27)$$

其中

$$\rho = \frac{V_s}{V}\times 100$$

$$\rho = \frac{2A_s}{as_n}\times 100$$

式中：e 为纵向力的偏心距；y 为截面形心到偏心一侧截面边缘的距离；f_y 为钢筋的抗拉强度设计值，当 $f_y > 320\text{N/mm}^2$ 时，按 $f_y = 320\text{N/mm}^2$ 采用；ρ 为钢筋网配筋率；a 为网格尺寸；s_n 为钢筋网间距；V_s 和 V 分别为钢筋和砌体的体积。

表 4－9　影响系数 φ_n

ρ	β \ e/h	0	0.05	0.10	0.15	0.17
0.1	4	0.97	0.89	0.78	0.67	0.63
	6	0.93	0.84	0.73	0.62	0.58
	8	0.89	0.78	0.67	0.57	0.53
	10	0.84	0.72	0.62	0.52	0.48
	12	0.78	0.67	0.56	0.48	0.44
	14	0.72	0.61	0.52	0.44	0.41
	16	0.67	0.56	0.47	0.40	0.37

续表

ρ	β \ e/h	0	0.05	0.10	0.15	0.17
0.3	4	0.96	0.87	0.76	0.65	0.61
	6	0.91	0.80	0.69	0.59	0.55
	8	0.84	0.74	0.62	0.53	0.49
	10	0.78	0.67	0.56	0.47	0.44
	12	0.71	0.60	0.51	0.43	0.40
	14	0.64	0.54	0.46	0.38	0.36
	16	0.58	0.49	0.41	0.35	0.32
0.5	4	0.94	0.85	0.71	0.63	0.59
	6	0.88	0.77	0.66	0.56	0.52
	8	0.81	0.69	0.59	0.50	0.46
	10	0.73	0.61	0.52	0.44	0.41
	12	0.65	0.55	0.46	0.39	0.36
	14	0.58	0.49	0.41	0.35	0.32
	16	0.51	0.43	0.36	0.31	0.29
0.7	4	0.93	0.83	0.72	0.61	0.57
	6	0.86	0.75	0.63	0.53	0.50
	8	0.77	0.66	0.56	0.47	0.43
	10	0.68	0.58	0.49	0.41	0.38
	12	0.60	0.50	0.42	0.36	0.33
	14	0.52	0.44	0.37	0.31	0.30
	16	0.46	0.38	0.33	0.28	0.26
0.9	4	0.91	0.82	0.71	0.60	0.56
	6	0.83	0.72	0.61	0.52	0.48
	8	0.73	0.63	0.53	0.45	0.42
	10	0.64	0.54	0.46	0.38	0.36
	12	0.55	0.47	0.39	0.33	0.31
	14	0.48	0.40	0.34	0.29	0.27
	16	0.41	0.35	0.30	0.25	0.24
1.0	4	0.91	0.81	0.70	0.59	0.55
	6	0.82	0.71	0.60	0.51	0.47
	8	0.72	0.61	0.52	0.43	0.41
	10	0.62	0.53	0.44	0.37	0.35
	12	0.54	0.45	0.38	0.32	0.30
	14	0.46	0.39	0.33	0.28	0.26
	16	0.39	0.34	0.28	0.24	0.23

(二) 适用条件

当砖砌体受压构件的截面尺寸受到限制，而提高砖和砂浆的强度等级又不适宜时，可采用网状配筋砌体。《砌体结构设计规范》规定，网状配筋砌体构件应符合下列要求：偏心距超过截面核心范围，对于矩形截面当 $e/h>0.17$ 时，或偏心距虽未超过截面核心范围但构件高厚比 $\beta>16$ 时，不宜采用网状配筋砌体构件。

对于矩形截面构件，当轴向力偏心方向的截面长边大于另一方向的边长时，除按偏心受压计算外，还应对较小边长方向按轴心受压进行计算。当网状配筋砖砌体构件下端与无筋砌体交接时，尚应验算无筋砌体的局部受压承载力。

(三) 构造要求

网状配筋砖砌体构件应符合下列构造要求：

(1) 网状配筋砖砌体的配筋率 ρ 不应小于 0.1%，并不应大于 1%。钢筋网的竖向间距不应大于 5 皮砖和 400mm。因为配筋率过小，砌体强度提高有限；配筋率过大，钢筋的强度不能充分利用。

(2) 由于钢筋网砌筑在灰缝砂浆内，易于锈蚀，因此设置较粗钢筋比较有利。但钢筋直径大，又将使灰缝加厚，对砌体受力不利。故网状钢筋的直径宜采用 3～4mm。

(3) 钢筋网中的网格间距不应大于 120mm，并不应小于 30mm。因网格间距过小时，灰缝中的砂浆不宜密实，如过大时，钢筋网的横向约束效应亦低。

(4) 网状配筋砌体中，砂浆强度等级不应低于 M7.5。采用高强砂浆，砂浆与钢筋有较大的黏结力，对钢筋的保护也有利。

(5) 施工时水平灰缝的厚度亦应控制在 8～12mm，并应保证在钢筋上下至少各有 2mm 厚的砂浆层。为便于检查钢筋网是否错设或漏放，可在钢筋网中留出标记，如将钢筋网中一根钢筋的末端伸出砌体表面 5mm。

二、组合砖砌体构件计算

(一) 砖砌体和钢筋混凝土面层或砂浆面层的组合砌体构件

当荷载偏心距较大超过截面核心范围，无筋砖砌体承载力不足而截面尺寸又受到限值时，可采用砖砌体和钢筋混凝土面层组成的组合砖砌体构件（见图 4-11）。

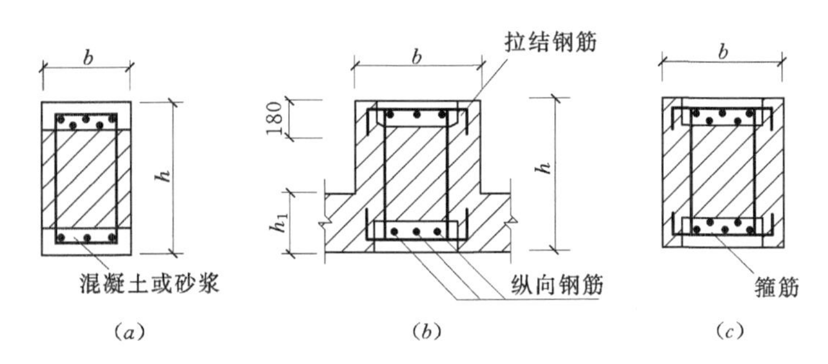

图 4-11 组合砖砌体构件截面

1. 受压承载力计算

对于砖墙与组合砌体一同砌筑的 T 形截面构件，可按矩形截面组合砌体构件计算。

(1) 轴心受压构件的承载力计算。组合砖砌体轴心受压构件承载力按下列公式计算：

$$N \leqslant \varphi_{com}(fA + f_cA_c + \eta_s f'_y A'_s) \tag{4-28}$$

式中：φ_{com} 为组合砖砌体构件的稳定系数，可按表 4-10 采用；f_c 为混凝土或面层水泥砂浆的轴心抗压强度设计值，砂浆的轴心抗压强度设计值可取为同强度等级混凝土轴心抗压强度设计值的 70%，当砂浆为 M15 时，取 5.2MPa，当砂浆为 M10 时，取 3.5MPa，当砂浆为 M7.5 时，取 2.6MPa；A_c 为混凝土或砂浆面层的截面面积；η_s 为受压钢筋的强度系数，当为混凝土面层时，可取 1.0，当为砂浆面层时，可取 0.9；f'_y 为钢筋的抗压强度设计值；A'_s 为受压钢筋的截面面积。

表 4-10　　组合砖砌体构件的稳定系数 φ_{com}

高厚比 β	配筋率 ρ（%）					
	0	0.2	0.4	0.6	0.8	≥1.0
8	0.91	0.93	0.95	0.97	0.99	1.00
10	0.87	0.90	0.92	0.94	0.96	0.98
12	0.82	0.85	0.88	0.91	0.93	0.95
14	0.77	0.80	0.83	0.86	0.89	0.92
16	0.72	0.75	0.78	0.81	0.84	0.87
18	0.67	0.70	0.73	0.76	0.79	0.81
20	0.62	0.65	0.68	0.71	0.73	0.75
22	0.58	0.61	0.64	0.66	0.68	0.70
24	0.54	0.57	0.59	0.61	0.63	0.65
26	0.50	0.52	0.54	0.56	0.58	0.60
28	0.46	0.48	0.50	0.52	0.54	0.56

（2）偏心受压构件的承载力计算。

1）基本计算公式。组合砖砌体偏心受压构件的承载力按下列公式进行计算：

$$N \leqslant fA' + f_cA'_c + \eta_s f'_y A'_s - \sigma_s A_s \tag{4-29}$$

或

$$Ne_N \leqslant fS_s + f_cS_{c,s} + \eta_s f'_y A'_s (h_0 - a'_s) \tag{4-29a}$$

此时受压区高度可按下列公式确定：

$$fS_N + f_cS_{c,N} + \eta_s f'_y A'_s e'_N - \sigma_s A_s e_N = 0 \tag{4-30}$$

$$e_N = e + e_a + (h/2 - a_s) \tag{4-31}$$

$$e'_N = e + e_a - (h/2 - a_s) \tag{4-32}$$

$$e_a = \frac{\beta^2 h}{2200}(1 - 0.022\beta) \tag{4-33}$$

式中：σ_s 为钢筋 A_s 的应力；A_s 为离轴向力 N 较远侧钢筋的截面面积；A'_s为受压钢筋的截面面积；A'为砖砌体受压部分的截面面积；A'_c为混凝土或砂浆面层受压部分的截面面积；S_s、S_N 分别为砖砌体受压部分的截面面积对钢筋重心、对 N 作用点的面积矩；$S_{c,s}$、$S_{c,N}$ 分别为混凝土或砂浆面层受压部分的截面面积对钢筋重心、对 N 作用点的面积矩；e_N、e'_N分别为钢筋 A_s、A'_s重心至 N 作用点的距离（见图 4-12）；e 为轴向力的初始偏心距，按荷载设计值计算，当 $e<0.05h$ 时，应取 $e=0.05h$；e_a 为组合砖砌体构件在轴向力作用下的附加偏心距；h_0 为组合砖砌体构件截面的有效高度，取 $h_0 = h - a_s$；a_s、a'_s分别为钢筋 A_s、A'_s重心至截面较近边的距离。

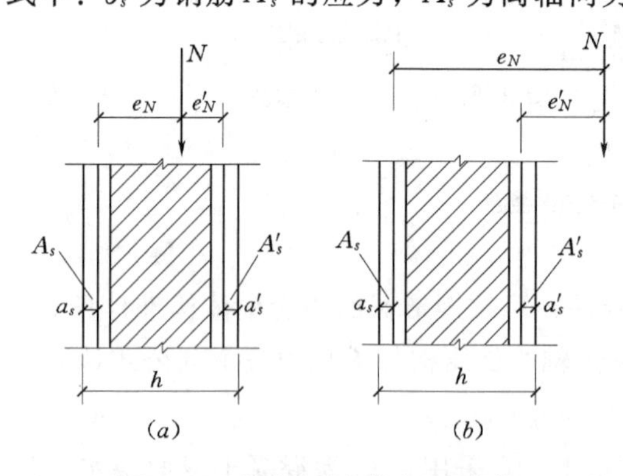

图 4-12　组合砖砌体偏心受压构件
（a）小偏心受压；（b）大偏心受压

2）破坏形态的判别和钢筋应力的计算。组合砖砌体构件，在大、小偏心受压时，距轴向力 N 较近侧钢筋的应力均可达到屈服，距轴向力 N 较远侧钢筋的应力仅当大偏心受压时，才能达到屈服强度，当小偏心受压时，该侧钢筋的应力则随受压区的不同而变化，需按下式计算：

$$\sigma_s = 650 - 800\xi \tag{4-34}$$

式中：ξ 为受压区折算高度 x 与截面有效高度 h_0 的比值。

组合砖砌体构件受压区高度的界限值 ξ_b，对于 HRB400 级钢筋，应取 0.36，对于 HPB300 级钢筋，应取 0.47。

（二）构造要求

面层混凝土强度等级宜采用 C20，面层水泥砂浆强度等级不得低于 M10。砌筑砂浆不得低于 M7.5。砂浆面层的厚度可采用 30～45mm，当面层厚度大于 45mm 时，其面层宜采用混凝土。

受力钢筋一般采用 HPB300 级钢筋，对于混凝土面层亦可采用 HRB335 级钢筋。受压钢筋一侧的配筋率对砂浆面层，不宜小于 0.1%，对混凝土面层，不宜小于 0.2%。受拉钢筋的配筋率不应小于 0.1%。受力钢筋直径不应小于 8mm，钢筋净距不应小于 30mm。

箍筋的直径不宜小于 4mm 及 0.2 倍的受压钢筋直径，并不宜大于 6mm。钢筋间距不应大于 20 倍受压钢筋直径及 500mm，并不应小于 120mm。当组合砖砌体构件一侧的受力钢筋多于 4 根时，应设置附加箍筋或拉结钢筋。

对于截面长短边相差较大的构件如墙体等，应采用穿透墙体的拉结钢筋作为箍筋，同时设置水平分布钢筋。水平分布钢筋的竖向间距及拉结钢筋的水平间距均不应大于 500mm（见图 4－13）。

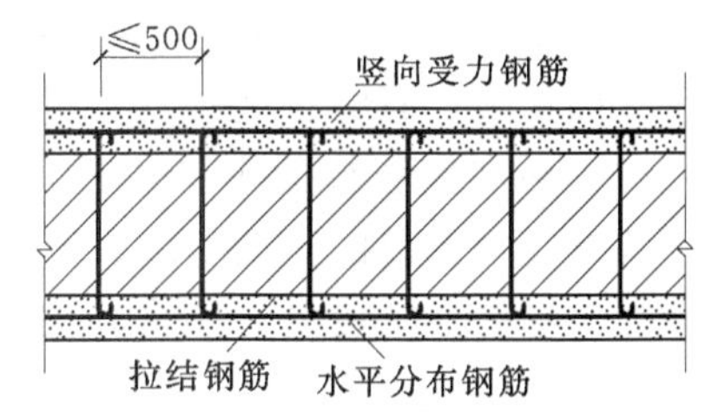

图 4－13　组合砖砌体墙的配筋

组合砖砌体构件的顶部、底部以及牛腿部位，必须设置钢筋混凝土垫块，受力钢筋伸入垫块的长度，必须满足锚固要求。

（三）砖砌体和钢筋混凝土构造柱组合墙

1. 受压承载力计算

砖砌体和钢筋混凝土构造柱组成的组合墙（见图 4－14）的轴心受压承载力按下列公式计算：

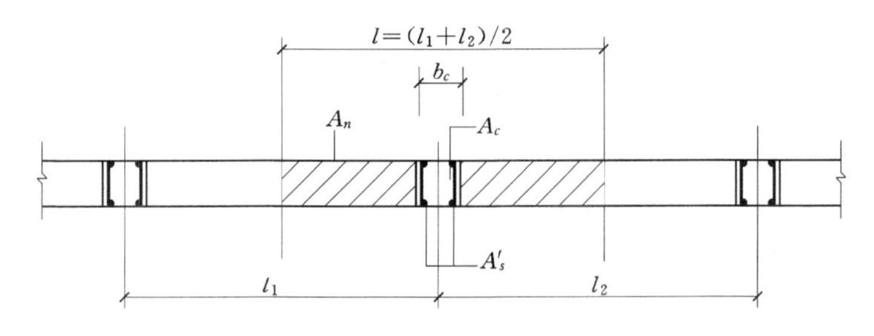

图 4－14　砖砌体和构造柱组合墙截面

$$N \leqslant \varphi_{com}[fA_n + \eta(f_cA_c + f'_yA'_s)] \tag{4-35}$$

$$\eta=\left(\frac{1}{l/b_c-3}\right)^{1/4} \tag{4-36}$$

式中：φ_{com}为组合砖墙的稳定系数，可按表4-10采用；η为强度系数，当$l/b_c<4$时，取$l/b_c=4$；l为沿墙长方向构造柱的间距；b_c为沿墙长方向构造柱的宽度；A_n为砖砌体的净截面面积；A_c为构造柱的截面面积。

2. 构造要求

组合墙的材料和构造应符合下列规定要求：

砂浆的强度等级不应低于M5，构造柱的混凝土等级不宜低于C20。构造柱的截面尺寸不宜小于240mm×240mm，其厚度不应小于墙厚。由于边构造柱处于偏心受压状态，设计时宜适当加大边柱、角柱的截面宽度及增大配筋。柱内竖向受力钢筋，对于中柱，不宜少于4根，直径不宜小于12mm；对于边柱、角柱，钢筋数量不宜少于4根、直径不宜小于14mm。构造柱的竖向受力钢筋的直径也不宜大于16mm。其箍筋一般部位宜采用直径6mm、间距200mm，楼层上下500mm范围内宜采用直径6mm、间距100mm。构造柱的竖向受力钢筋还应在基础梁和楼层圈梁中锚固，并应符合受拉钢筋的锚固要求。

组合砖墙砌体结构房屋，应在纵横墙交接处、墙端部和较大的洞边设置构造柱，其间距不宜大于4m。各层洞口宜设置在相应位置，并宜上下对齐。组合砖墙砌体结构房屋，应在基础顶面、有组合墙的楼层处设置现浇钢筋混凝土圈梁。圈梁的截面高度不宜小于240mm；纵向钢筋数量不宜少于4根、直径不宜小于12mm，纵向钢筋应伸入构造柱内，并应符合受拉钢筋的锚固要求；圈梁的箍筋直径宜采用6mm、间距200mm。砖砌体与构造柱的连接处应砌成马牙槎，并应沿墙高每隔500mm设2根直径6mm拉结钢筋，且每边伸入墙内不宜小于600mm。组合砖墙的施工顺序，应为先砌墙后浇混凝土构造柱。

三、配筋砌块砌体构件计算

利用混凝土小型空心砌块的竖向孔洞，配置竖向钢筋和水平钢筋，再灌注芯柱混凝土形成配筋砌块剪力墙，修建中高层及高层砌块房屋在国内已经建成试点楼。配筋砌块砌体剪力墙，宜采用全部灌芯砌体。

配筋砌块剪力墙结构具有良好的抗震性能，造价较低，采用复合墙型式还能节能。

和现浇混凝土剪力墙相比，砌块剪力墙只能在中部配一排纵横向钢筋，其配筋率也小得多。这是因为混凝土砌块是在工厂预先生产的，还有规定的停放期，砌块上墙时，混凝土的收缩量已经完成40%，因而不需要像现浇混凝土剪力墙那样为防止收缩裂缝而配置双排构造钢筋，这就是它之所以减少配筋和降低造价的关键所在。根据国内的试验研究，参考国外应用经验，《砌体结构设计规范》编制了一整套配筋砌块剪力墙结构的设计计算方法。

（一）配筋砌块砌体构件正截面承载力计算

试验表明，配筋砌块剪力墙的受力性能和破坏形态与钢筋混凝土剪力墙相似，计算模式因此也基本一致。

大、小偏心受压界限如下：

当$x\leqslant\xi_b h_0$时，为大偏心受压；

当$x>\xi_b h_0$时，为小偏心受压。

式中：ξ_b 为界限相对受压区高度，对 HPB300 级钢筋，取 $\xi_b=0.57$，对 HRB335 级钢筋取 $\xi_b=0.55$，对 HRB400 级钢筋取 $\xi_b=0.52$；x 为截面受压区高度；b 为截面宽度；h_0 为截面有效高度。

1. 大偏心受压

矩形截面大偏心受压时，按下列公式计算（见图 4－15）：

$$N \leqslant f_g bx + f'_y A'_s - f_y A_s - \sum f_{si} A_{si} \tag{4-37}$$

$$Ne_N \leqslant f_g bx\left(h_0 - \frac{x}{2}\right) + f'_y A'_s (h_0 - a'_s) - \sum f_{si} S_{si} \tag{4-38}$$

式中：N 为轴向力设计值；f_g 为灌孔砌体的抗压强度设计值；f_y、f'_y、f_{si} 分别为竖向受压、受拉主筋的强度设计值、竖向分布钢筋的抗拉强度设计值；A_s、A'_s、A_{si} 分别为竖向受拉、受压主筋的截面面积、单根竖向分布钢筋的截面面积；S_{si} 为第 i 根竖向分布钢筋对竖向受拉主筋的面积矩；e_N 为轴向力作用点到竖向受拉主筋合力点之间的距离，可按式（4－31）计算。

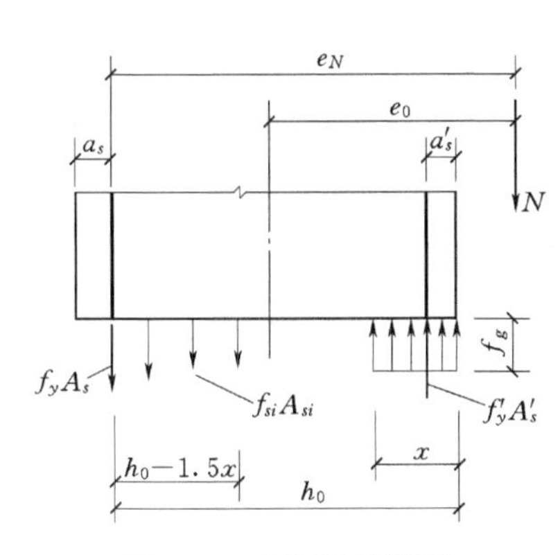

图 4－15 大偏压计算简图

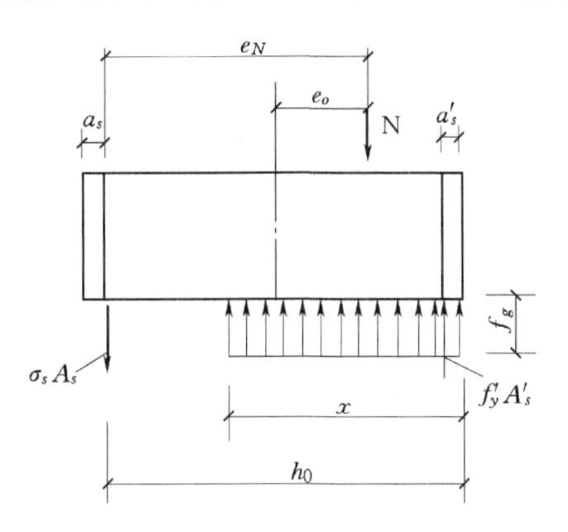

图 4－16 小偏压计算简图

2. 小偏心受压

矩形截面小偏心受压时，按下列公式计算（见图4－16）：

$$N \leqslant f_g bx + f'_y A'_s - \sigma_y A_s \tag{4-39}$$

$$Ne_N \leqslant f_g bx\left(h_0 - \frac{x}{2}\right) + f'_y A'_s (h_0 - a'_s) \tag{4-40}$$

$$\sigma_s = \frac{f_y}{\xi_b - 0.8}\left(\frac{x}{h_0} - 0.8\right) \tag{4-41}$$

此外，《砌体结构设计规范》对于轴心受压配筋砌块砌体剪力墙，当配有箍筋或水平分布钢筋时，其正截面受压承载力按下列公式计算：

$$N \leqslant \varphi_0 (f_g A + 0.8 f'_y A'_s) \tag{4-42}$$

其中

$$\varphi_0 = \frac{1}{1 + 0.001\beta^2}$$

式中：A 为构件的毛截面面积；φ_0 为轴心受压构件的稳定系数。

（二）配筋砌块剪力墙斜截面承载力计算

（1）剪力墙的截面限值条件如下：

$$V \leqslant 0.25 f_c bh \tag{4-43}$$

式中：V 为剪力墙的剪力设计值；b、h 分别为剪力墙截面的宽度和高度。

（2）矩形截面剪力墙在偏压时的斜截面受剪承载力计算如下：

$$V \leqslant \frac{1}{\lambda - 0.5}(0.6 f_{vg} b h_0 + 0.12N) + 0.9 f_{yh} \frac{A_{sh}}{s} h_0 \tag{4-44}$$

$$\lambda = \frac{M}{V h_0} \tag{4-45}$$

式中：M、N、V 分别为计算截面的弯矩、轴向力、剪力设计值，当 $N > 0.25 f_c b h_0$ 时，取 $N = 0.25 f_c b h_0$；A 为剪力墙的截面面积；λ 为计算截面的剪跨比，当 $\lambda < 1.5$ 时取 1.5，当 $\lambda \geqslant 2.2$ 时取 2.2；A_{sb} 为配置在同一截面内的水平分布钢筋的全部截面面积；s 为水平分布钢筋的竖向间距；f_{yh} 为水平钢筋的抗拉强度设计值。

（三）矩形截面剪力墙在偏心受拉时的斜截面受剪承载力计算

$$V \leqslant \frac{1}{\lambda - 0.5}(0.6 f_{vg} b h_0 - 0.22N) + 0.9 f_{yh} \frac{A_{sh}}{s} h_0 \tag{4-46}$$

【例 4-5】 一网状配筋砖柱，截面尺寸为 370mm×490mm，计算高度为 4m，用 MU10 普通烧结黏土砖和 M10 混合砂浆砌筑，承受轴向力设计值 $N = 180\text{kN}$，沿长边方向弯矩设计值 $M = 14\text{kN}\cdot\text{m}$。网状配筋采用 $\phi^b 4$ 冷拔低碳钢丝焊接方格网（$A_s = 12.6\text{mm}^2$），钢丝间距 $a = 50\text{mm}$，钢丝网竖向间距 $s_n = 250\text{mm}$，$f_y = 430\text{N/mm}^2$，试验算该柱的承载能力。

解：1. 沿截面长边方向验算

$f_y = 430\text{N/mm}^2 > 320\text{N/mm}^2$，取 $f_y = 320\text{N/mm}^2$。

查附表 D-1 得：$f = 1.89\text{N/mm}^2$，$\rho = \frac{2A_s}{a s_n} \times 100 = \frac{2 \times 12.6}{50 \times 250} \times 100 = 0.2 > 0.1$

$e = \frac{M}{N} = \frac{14 \times 10^3}{180} = 78\text{mm}$，$\frac{e}{h} = \frac{78}{490} = 0.159 < 0.17$，$\frac{e}{y} = 2 \times 0.159 < 0.318$

$f_n = f + 2\left(1 - \frac{2e}{y}\right)\frac{\rho}{100} f_y = 1.89 + 2 \times (1 - 2 \times 0.318) \times \frac{0.2}{100} \times 320 = 2.36\text{N/mm}^2$

$A = 370 \times 490 = 181300\text{mm}^2 = 0.1813\text{m}^2 < 0.2\text{m}^2$，$\gamma_a = 0.8 + A = 0.8 + 0.1813 = 0.9813$

乘以强度调整系数后得

$f_n = 0.9813 \times 2.36 = 2.32\text{N/mm}^2$

$\beta = \gamma_\beta \frac{H_0}{h} = 1.0 \times \frac{4000}{490} = 8.16 < 16$，查表 4-9 得：$\varphi = 0.528$，则

$\varphi_n f_n A = 0.528 \times 2.32 \times 181300 = 222.1 \times 10^3\text{N} = 222.1\text{kN} > 180\text{kN}$

故满足要求。

2. 沿短边方向按轴心受压验算

$\beta = \gamma_\beta \frac{H_0}{b} = 1.0 \times \frac{4000}{370} = 10.81$，查表 4-9 得：$\varphi = 0.784$，则

$\varphi_n f_n A = 0.784 \times 2.32 \times 181300 = 329.8\text{N} \times 10^3 = 329.8\text{kN} > 180\text{kN}$

故满足要求。

第八节　混合结构房屋墙体设计

一、混合结构房屋的组成及结构布置方案

房屋的主要承重构件，如楼盖、墙、柱或基础等由不同材料所组成，称为混合结构房屋。混合结构房屋中墙体既是主要的承重结构，也是围护结构。因此墙体设计是混合结构房屋结构设计的重要环节。在进行墙体结构布置、材料选择和确定墙厚时，必须同时考虑建筑和结构两方面的要求。

混合结构房屋的墙体的结构布置方案按其竖向荷载传递路线的不同，大致可分为以下几种类型。

(一) 横墙承重方案

将预制楼板（及屋面构件）沿房屋纵向搁置在横墙上，而外纵墙只起围护作用。楼面荷载经由横墙传到基础，这种承重体系称为横墙承重体系。其特点有以下几方面：

(1) 横墙是主要承重构件，纵墙主要起围护、隔断和将横墙连成整体的作用。这样，外纵墙立面处理比较方便，可以开设较大的门、窗洞口。

(2) 由于横墙间距很小，又有纵墙在纵向拉结，因此房屋的空间刚度很大，整体性很好。

(3) 在承重横墙上布置短向板对楼板（屋盖）结构来说比较经济合理。

这种方案的缺点是：横墙太多房间布置受到限制，而且北方寒冷地区外纵墙由于保温要求不能太薄，只作为围护结构，其强度不能充分利用。此外，砌体材料用量相对较多。

横墙承重方案由于横墙间距密，房间大小固定，适用于宿舍、住宅等居住建筑。

(二) 纵墙承重方案

采用纵墙承重时，预制楼板的布置有两种方式：一种是楼板沿横向布置，直接搁置在纵向承重墙上；另一种是楼板沿纵向布置铺设在大梁或屋架上，而大梁或屋架则搁置在纵向承重墙上。横墙、山墙只承受墙身两侧的一小部分荷载，荷载从板、梁经由纵墙传至基础，因此，称之为纵墙承重方案。其特点有以下几方面：

(1) 纵墙是主要承重墙，横墙主要起分割房间的作用，有利于使用上灵活布置。

(2) 纵墙承受的荷载较大，因此，在纵墙上所开窗的大小和位置都受到一定限制。

(3) 纵墙承重体系的横墙很少，与横墙承重体系相比，房屋的空间刚度稍差。

纵墙承重体系的房屋适用于使用上要求有较大空间的房屋，如民用建筑中的教学楼、办公楼、实验楼，以及单层工业厂房的车间、仓库等。

(三) 纵横墙混合承重方案

对一些房间大小变化较大，平面布置灵活的房间，很难采用较单一的横墙承重或纵墙承重，而是需要纵横墙混合承重。荷载由楼（屋）面传至横墙或由大梁传至纵墙，再传至各自的基础。纵横墙承重方案兼有纵墙承重方案和横墙承重方案的优点，既有利于房间的灵活布置，且抗震性能又比纵墙承重方案好。这种方案在多层民用建筑，如综合办公楼中采用较多。

(四) 内框架承重方案

民用房屋有时由于使用要求，往往采用钢筋混凝土柱代替内承重墙，以取得较大的空间。这时，梁板的荷载一部分经由内外纵墙传给墙基础，一部分经由柱子传给柱基础。这种结构既不是全框架承重（全由柱子承重），也不是全由砖墙承重，称为内框架承重方案。其中，柱和墙都是主要的承重构件。以柱代替内承重墙可以取得较大的空间。但由于横墙较少，房屋的空间刚度较差，且由于柱和墙的材料及施工方法不同，给施工带来一定的复杂性。这种方案一般用于旅馆和商店等建筑。

实际工程设计中，应根据各方面的具体条件综合考虑而确定采用何种承重方案，有时还应进行几种方案比较。在比较复杂的混合结构中，还可以在不同区段采用不同的承重方案。

二、砌体房屋静力计算方案

混合结构房屋由屋盖、楼盖、墙、柱和基础等主要承重构件组成空间受力体系，共同承担各种竖向荷载、水平风荷载和地震作用。下面分析水平荷载作用下房屋的受力情况。

设有一单层单跨房屋，外纵墙承重，屋面是由大梁和预制板组成的钢筋混凝土平屋顶，两端无山墙。

假定作用在房屋上的水平风荷载是均匀分布的，外纵墙窗口也是有规律均匀排列。可以从两个窗口中线截取一个单元，代表整个房屋的受力状态。在进行结构计算时，这个单元范围内的荷载都是通过此单元本身结构传到地基上去的。梁端无山墙的房屋在水平风荷载作用下的静力分析就可以按平面受力体系来计算。

如果当房屋两端有山墙时（见图 4-17），由于山墙的约束，风荷载的传递途径发生了变化。受力分析时，应把计算单元的纵墙看作竖立着的柱子，一段嵌固于基础上，另一端支承于屋面结构上；屋面看作水平方向的梁，房屋长度即为其跨度，梁端支承于山墙；而山墙看作竖立的悬臂梁。这样，风荷载通过外纵墙，一部分传给“屋面水平梁”，一部分传给墙基础。水平梁受力后在水平方向发生弯曲，又把荷载传给山墙，最后通过山墙在其自身平面内的变形，把这部分风荷载传递给山墙基础。这种风荷载的传力体系不是平面受力体系而是空间受力体系。从变形上看，传给屋面的风荷载引起的屋面水平梁在跨中产生的水平位移为 v，其大小取决于屋盖本身的水平刚度及山墙的间距；引起山墙顶端的水平位移为 Δ，其大小取决于山墙的刚度和高度，则房屋中部屋面处的总水平位移为 $\Delta+v$（见图 4-17）。

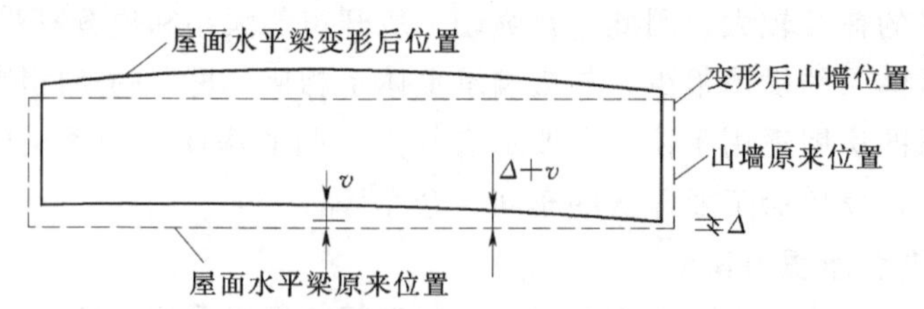

图 4-17　有山墙单跨房屋在水平力作用下的变形情况

因此，房屋中是否设置横墙（山墙）以及横墙（山墙）的间距，屋盖、楼盖的水平刚度，都对房屋的空间刚度及结构的内力产生影响。根据房屋空间刚度的大小，可分为以下三种方案。

（一）刚性方案房屋

当山墙（横墙）的间距很小时，屋面水平梁跨度小，水平刚度大，水平位移很小。房屋的空间工作性能好，空间刚度大，抵抗变形的能力也大。在这种情况下，可认为屋盖受风荷载后没有水平位移，山墙作为悬臂梁，在平面内弯曲时的刚度也很大。所以可认为 $v\approx0$、$\Delta\approx0$，将屋盖结构视为外纵墙的不动铰支座，房屋结构各单元的计算简图如图 4-18 所示，这类房屋称为刚性方案房屋。

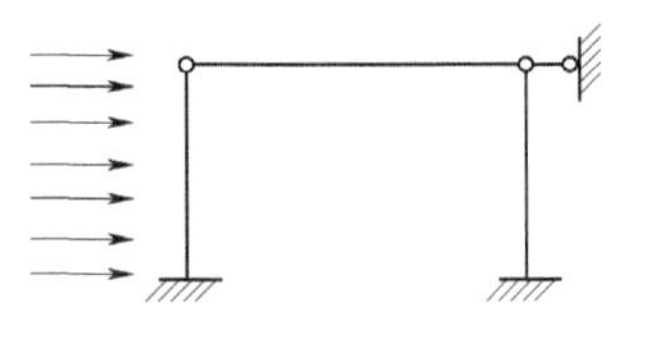

图 4-18 刚性方案

（二）弹性方案房屋

当山墙（横墙）的间距很大时，屋面水平梁的水平刚度比较小，v 值可能比较大。山墙作为悬臂梁，在平面内弯曲时的刚度很大，所以 Δ 总是非常小的。这时，$\Delta+v$ 值和无山墙时屋面水平位移 $\overline{y}$ 值很接近。房屋的空间工作性能较差，可略去房屋各部分的空间联系作用，房屋中部附近各计算单元计算简图就和平面排架相同。为简化计算，房屋各单元均可按平面排架进行分析，这类房屋称为弹性方案房屋。

（三）刚弹性方案房屋

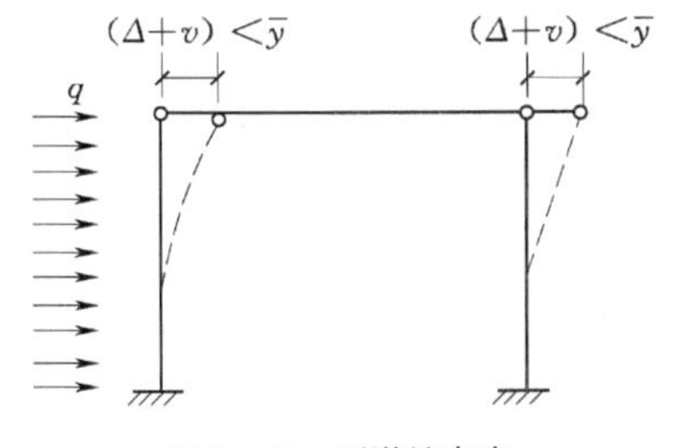

图 4-19 刚弹性方案

当房屋的山墙间距介于上述两种情况之间时，屋盖的水平位移比不考虑空间工作的平面排架的水平位移要小，但又不能忽略不计。这时，屋盖受风荷载作用后的水平位移 $\Delta+v$ 值小于无山墙时屋面水平位移 $\overline{y}$ 值（见图4-19）。亦即屋面水平位移由于房屋的空间工作而减小，取其值 $\Delta+v$ 与 $\overline{y}$ 之比的 η 值进行折减，η 称为空间性能影响系数。这类房屋称为刚弹性方案房屋。刚弹性方案房屋可以按照考虑空间工作的侧移折减之后的平面排架进行计算。

经分析表明，对 η 值产生显著影响的因素是屋盖类型和横墙（山墙）间距。《砌体结构设计规范》规定，刚度混合结构房屋的静力计算方案应按表 4-11 划分。

表 4-11 房屋的静力计算方案

房盖或楼盖类别		刚性方案	刚弹性方案	弹性方案
1	整体式，装配整体和装配式无檩体系钢筋混凝土屋盖或钢筋混凝土楼盖	$s<32$	$32\leqslant s\leqslant72$	$s>72$
2	装配式有檩体系钢筋混凝土屋盖，轻钢屋盖和有密铺望板的木屋盖或木楼盖	$s<20$	$20\leqslant s\leqslant48$	$s>48$
3	瓦材屋面的木屋盖和石棉水泥瓦轻钢屋盖	$s<16$	$16\leqslant s\leqslant36$	$s>36$

注 1. 表中 s 为房屋横墙间距，其长度单位为 m。
2. 当屋盖、楼盖类别不同或横墙间距不同时，可按《砌体结构设计规范》第 4.2.7 条的规定确定房屋的静力计算方案。
3. 对无山墙或伸缩缝处无横墙的房屋，应按弹性方案考虑。

对装配式无檩体系钢筋混凝土屋盖或楼盖，当屋面板未与屋架或大梁焊接时，应按表中第 2 类考虑，楼板采用空心板时，则可按表中第 1 类考虑。对无山墙或伸缩缝处无横墙的房屋，应按弹性方案考虑。

在刚性和刚弹性方案房屋中，横墙应具有足够的刚度，以保证房屋的空间作用，故应符合下列要求：

（1）横墙的厚度，不宜小于 180mm。

（2）横墙中开有洞口时，洞口的水平截面面积不应超过横墙截面面积的 50%。

（3）单层房屋的横墙长度不宜小于其高度，多层房屋的横墙长度不宜小于横墙总高度的 1/2。

当横墙不能同时符合上述要求时，应对横墙的刚度进行验算。若其最大水平位移不超过 $H/4000$（其中 H 为横墙总高），仍可视为刚性和刚弹性方案房屋的横墙。

三、砌体房屋墙体设计计算

（一）刚性方案房屋

1. 刚性方案房屋承重纵墙的计算

（1）多层刚性方案房屋承重纵墙的计算

1）计算单元。多层房屋一般取相邻两侧各 1/2 开间，即 $B=(s_1+s_2)/2$ 宽的墙带（s_1、s_2 分别为有代表性的相邻开间的宽度）作为计算单元（见图 4－20），其纵向剖面如图 4－21（a）所示。计算截面面积为 A，当有门窗洞口时，取窗间墙的截面面积；无门窗洞口时，则取计算单元墙体的截面面积。对于带壁柱的墙的计算单元宽度 B，有门窗洞口时，可取窗间墙宽度，无门窗洞口时，取 $B=b+2H/3\leqslant(s_1+s_2)/2$，其中 H 为楼层高度。多层刚性方案房屋承受的荷载有竖向荷载和水平荷载。

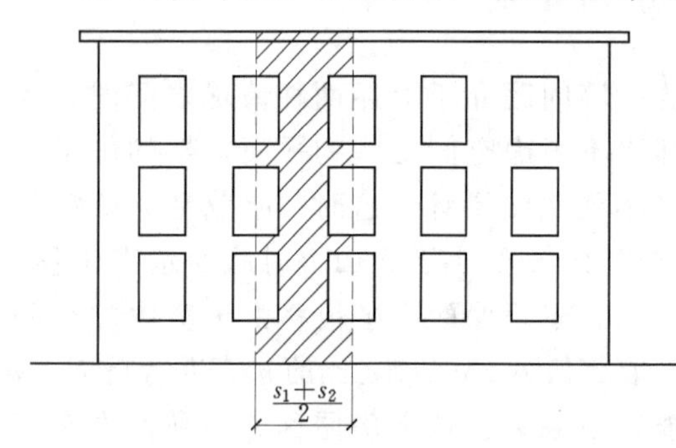

图 4－20　多层房屋承重纵墙的计算单元

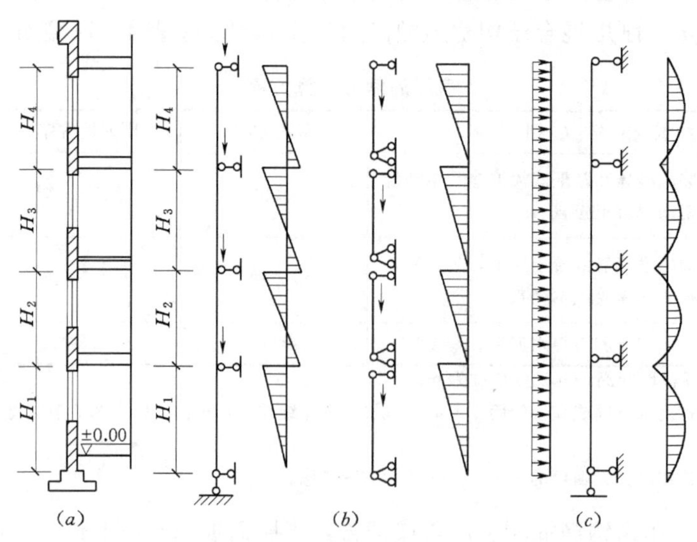

图 4－21　外纵墙计算图形

在竖向荷载作用下，墙体在屋盖和楼盖处的截面所能传递的弯矩很小，为简化计算，假定为铰接。同时假定基础顶面也为铰接（因为对多层房屋，基础顶面轴力为主，弯矩相对较小）。因此，竖向荷载作用下，墙在每层高度范围内，可视作两端铰支的竖向构件。上层传来的竖向荷载 N_u，不考虑其弯矩影响，而为作用于上一层墙、柱的截面重心处，每层偏心荷载引起的弯矩如图 4－21（b）所示。计算单元的墙段所承受的竖向荷载有墙体自重、屋盖、楼盖传来的永久荷载及可变荷载，其作用位置如图 4－22 所示，楼盖传来的永久荷载及可变荷载，即楼盖大梁支座处压力，其合力 N_l 至墙内边的距离取为 $0.40a_0$。由上部墙体传来的荷载可视为作用于上一楼层墙、柱的截面重心处。

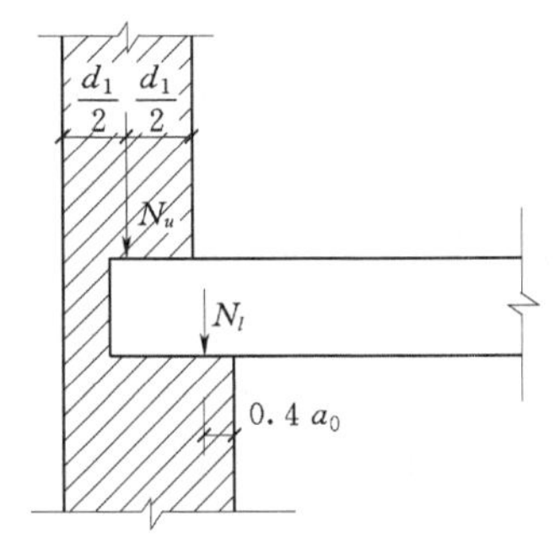

图 4－22　纵墙荷载作用位置

2）截面承载力计算。每层墙墙体取两个控制截面，上截面可取墙体顶部位于大梁（或板）底的砌体截面，该截面承受弯矩和轴力，需要进行偏心受压承载力和梁下局部受压承载力验算。下截面可取墙体下部位于大梁（或板）底稍上的砌体截面，底层墙则取基础顶面，该截面轴力最大，仅考虑竖向荷载时弯矩为零按轴向受压计算。实际可取以下几个截面：楼盖大梁底面、窗口上端、窗台以及下层楼盖大梁底面。《砌体结构设计规范》规定上述几处的截面面积均以窗间墙计算。

假设本层墙厚 h，本层传来的竖向荷载 N_l 的偏心距为

$$e_l=\frac{h}{2}-0.4a \tag{4-47}$$

作用在每层墙上端的竖向荷载 N 和弯矩 M 分别为

$$\left.\begin{aligned}N&=N_u+N_l\\M&=N_le_l\\e&=\frac{M}{N}=\frac{N_le_l}{N_u+N_l}\end{aligned}\right\} \tag{4-48}$$

式中：e 为 N_u 和 N_l 合力对墙重心的偏心距。

每层墙、柱的弯矩图为三角形，上端 $M=N_le_l$，下端 M＝0；而轴向力上端为 $N=N_u+N_l$，下端为 $N=N_u+N_l+N_G$（N_G 为本层墙、柱自重）。式中 e 为 N_u 和 N_i 合力对墙重心的偏心距。

刚性方案房屋外纵墙在水平风荷载作用下，同样应将计算单元的竖向墙带看作一个竖向连续梁，墙带跨中及支座弯矩可近似取为［见图 4－21（c）］。

$$M=\frac{1}{12}qH^2 \tag{4-49}$$

式中：H 为楼层高度；q 为计算单元每米高墙体上的风荷载设计值。

计算时应考虑两种风向，而所采用的风向（迎风面和背风面）应使竖向荷载算得弯矩在该截面组合后的代数和增加。

对于刚性方案多层房屋的外墙，当洞口水平截面面积不超过全截面的 2/3，房屋的层高和总高不超过表 4－12 的规定，且屋面的自重不小于 0.8kN/m² 时，可不考虑风荷载的影响，仅按竖向荷载进行计算。

表 4-12 外墙不考虑风荷载影响时的最大高度

基本风压值（kN/m^2）	层高（m）	总高（m）
0.4	4.0	28
0.5	4.0	24
0.6	4.0	18
0.7	3.5	18

注 对于多层砌块房屋 190mm 厚的外墙，当层高不大于 2.8m，总高不大于 19.6m，基本风压不大于 $0.7kN/m^2$ 时可不考虑风荷载的影响。

3）有关梁端约束的补充规定。当楼面梁支承于墙上时，梁端上下的墙体对梁端转动有一定的约束作用，因而梁端也有一定的约束弯矩。当梁的跨度较小时，约束弯矩可以忽略；但当梁的跨度较大时，约束弯矩不可忽略，约束弯矩将在梁端上下墙体内产生弯矩，使墙体偏心距增大。对于梁跨度大于 9m 的墙承重的多层房屋，除按上述方法计算墙体承载力外，宜再按梁两端固接计算梁端弯矩，再将其乘以修正系数 γ 后，按墙体线性刚度分到上层墙底部和下层墙顶部。修正系数 γ 为

$$\gamma = 0.2\sqrt{\frac{a}{h}}$$

式中：a 为梁端实际支承长度；h 为支承墙体的墙厚，当上下墙厚不同时，取下部墙厚，有壁柱时取 h_T。

（2）单层刚性方案房屋承重纵墙的计算。对于刚性方案的单层房屋，同样可以认为屋盖结构是纵墙的不动铰支座。单层房屋纵墙底端处和多层房屋相比轴向力小得多，而弯矩比较大，因此纵墙下端可认为嵌固于基础，为固接。在水平风荷载及纵向偏心力作用下分别计算内力，两者叠加就是墙体的最终内力图。

2. 刚性方案房屋承重横墙的计算

横墙承重的刚性方案房屋中横墙的间距都比较小，预制板可直接安放在横墙上，因而横墙承受的荷载可化为均布线荷载（单层和多层均如此）。横墙上很少开设洞口，可取 1.0m 宽的横墙作为计算单元。在竖向荷载作用下，每层高度范围内视作两端铰支的竖向构件。中间层和底层构件的高度 H 同纵墙的取法，但对顶层，若为坡屋顶时，应取层高加山尖的平均高度［见图 4-23（a）］。

内横墙承受两边楼（屋）盖传来的轴向力，当两边楼盖的构造及开间相同，活荷载又不太大时，可以忽略由于活荷载只在一边作用所产生的偏心影响，墙底截面按轴压验算承载力即可。如果不符合上述情况，则还应对墙体上部截面进行承载力验算。若横墙上支承着梁时，还需对梁支承处的墙体进行局部受压承载力验算。

当横墙上有洞时，应考虑洞口削弱的影响。

山墙承受的是偏心压力，当考虑风荷载时，它还要受到水平荷载的作用，其计算简图及内力计算的方法与承重纵墙相同。

（二）弹性方案房屋

单层弹性方案混合结构房屋可按铰接排架进行内力分析，此时砌体墙柱即为排架柱。如果中柱为钢筋混凝土柱，则应将砌体边柱按弹性模量比值折算成混凝土柱，然后进行排架内力分析。其分析方法和钢筋混凝土单层厂房一样。

（三）刚弹性方案房屋

当房屋的横墙间距小于弹性方案而大于刚性方案所规定的间距时，在水平荷载作用

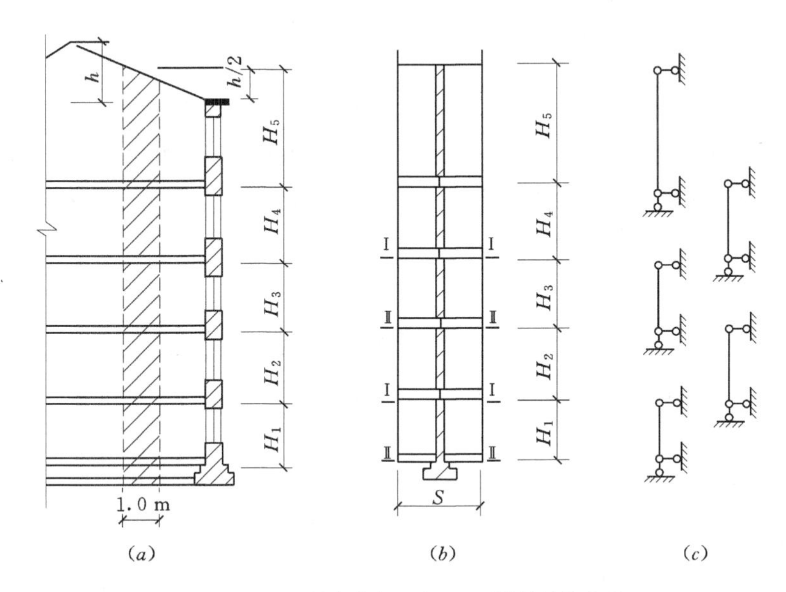

图 4－23　刚性方案多层房屋承重横墙计算简图

下，两横墙之间中部屋面结构的水平位移较弹性方案为小，但又不能忽略。这类单层刚弹性方案房屋，随着两横墙间距的减小，横墙间中部在水平荷载作用下的水平位移也在减小，这是由于房屋的空间刚度增大的缘故。

刚弹性方案房屋的计算简图和弹性方案一样，为了考虑排架的空间工作，计算时引入一个小于 1 的空间性能影响系数 η，η 的大小与横墙间距及屋面结构的水平刚度有关，如表 4－13 所示。

表 4－13　　房屋各层的空间性能影响系数 η_i

屋盖或楼盖类别	横墙间距 s (m)														
	16	20	24	28	32	36	40	44	48	52	56	60	64	68	72
1	—	—	—	—	0.33	0.39	0.45	0.50	0.55	0.60	0.64	0.68	0.71	0.74	0.77
2	—	0.35	0.45	0.54	0.61	0.68	0.73	0.78	0.82	—	—	—	—	—	—
3	0.37	0.49	0.60	0.68	0.75	0.81	—	—	—	—	—	—	—	—	—

注　$i=1\sim n$，n 为房屋的层数。

刚弹性方案房屋墙柱内力分析可按下列两个步骤进行，然后将两步所算内力叠加，即得最后内力：

(1) 在排架横梁与柱结点处加水平铰支杆，计算其在水平荷载（风载）作用下无侧移时的内力与支杆反力。

(2) 考虑房屋的空间作用，将支杆反力 R 乘以由表 4－13 查得的相应空间性能影响系数 η，并反向施加于该结点上，再计算排架内力。

多层房屋的空间工作性能比单层房屋复杂，多层房屋除了在纵向各开间之间相互制约以外，层与层之间也存在相互联系和制约的空间作用。多层刚弹性方案房屋可按屋架和大梁与墙、柱为铰接的考虑空间工作的框架计算。

四、砌体房屋墙体构造措施

(一) 墙、柱允许高厚比

混合结构中的墙、柱均是受压构件，除了满足承载力要求外，还必须保证其稳定性。墙、柱的高度和其厚度（或截面高度）的比值称为高厚比。若高厚比太大，则有可能在施工中产生倾斜等现象，还会因振动等原因产生其他危险。因此，墙、柱设计时必须限制其高厚比，《砌体结构设计规范》从构造要求上规定了墙、柱的允许高厚比限值 $[\beta]$，如表4-14所示。

表4-14　　墙、柱的允许高厚比 $[\beta]$ 值

砌体类型	砂浆强度等级	墙	柱
无筋砌	M2.5	22	15
	M5.0或Mb5.0、Ms5.0	24	16
	≥M7.5或Mb7.5、Ms7.5	26	17
配筋砌体块砌体	—	30	21

注　1. 毛石墙、柱的允许高厚比应按表中数值降低20%。
2. 带有混凝土或砂浆面层的组合砖砌体构件的允许高厚比，可按表中数值提高20%，但不得大于28。
3. 验算施工阶段砂浆尚未硬化的新砌砌体高厚比时，允许高厚比对墙取14，对柱取11。

1. 允许高厚比及其影响因素

允许高厚比限值 $[\beta]$，主要取决于一定时期内材料的质量和施工水平，其取值是根据实践经验确定的，其影响因素有以下几个方面：

(1) 砂浆强度等级。砂浆强度等级直接影响砌体的弹性模量，而砌体弹性模量的大小又直接影响砌体的刚度。所以砂浆强度是影响允许高厚比的重要因素，砂浆强度愈高，允许高厚比相应增大。

(2) 砌体截面刚度。截面惯性矩越大，稳定性则越好。当墙上门窗洞口削弱很多时，允许高厚比值降低，可通过修正系数考虑。

(3) 砌体类型。毛石墙比一般砌体墙刚度差，允许高厚比要降低，而组合砌体由于钢筋混凝土的刚度好，允许高厚比可提高。

(4) 构件重要性和房屋使用情况。对次要构件，如自承重墙允许高厚比可以增大，可通过修正系数考虑；对于使用时有振动的房屋，则应酌情降低。

(5) 构造柱间距及截面。构造柱间距愈小，截面愈大，对墙体的约束愈大，因此墙体稳定性愈好，允许高厚比可提高。亦通过修正系数考虑。

(6) 横墙间距。横墙间距愈小，墙体稳定性和刚度愈好。验算时用改变墙体的计算高度来考虑这一因素。

(7) 支承条件。刚性方案房屋的墙、柱在屋盖和楼盖支承处假定为不动铰支座，刚性较好，而弹性的刚弹性方案的墙、柱在屋（楼）盖处侧移较大，稳定性差。验算时改变其计算高度来考虑。

2. 高厚比验算

(1) 一般墙、柱高厚比验算。墙、柱高厚比按下式进行验算：

$$\beta = H_0/h \leqslant \mu_1\mu_2[\beta] \quad (4-50)$$

式中：H_0 为墙、柱的计算高度，按表 4－7 采用；h 为墙厚或矩形柱与 H_0 相对应的边长；$[\beta]$ 为墙、柱的允许高厚比，按表 4－14 采用；μ_1 为自承重墙允许高厚比的修正系数；μ_2 为有门窗洞口的墙允许高厚比的修正系数。

当自承重墙厚度 $h \leqslant 240\text{mm}$ 时，允许高厚比修正系数 μ_1 应按下列规定采用：

当 $h=240\text{mm}$ 时，$\mu_1=1.2$；当 $h=90\text{mm}$ 时，$\mu_1=1.5$；当 $240\text{mm}>h>90\text{mm}$ 时，μ_1 按插入法取值；对上端为自由端墙的允许高厚比，除按上述规定提高外，尚可提高 30％；对厚度小于 90mm 的墙，当双面用不低于 M10 的水泥砂浆抹面，包括抹面层的墙厚不小于 90mm 时，可按墙厚等于 90mm 验算高厚比。

有门窗洞口墙的允许高厚比的修正系数 μ_2 应按下式进行计算：

$$\mu_2 = 1 - 0.4 b_s / s \tag{4-51}$$

式中：b_s 为在宽度 s 范围内的门窗洞口宽度；s 为相邻窗间墙或壁柱之间的距离。

当计算得 $\mu_2<0.7$ 时，取 0.7；当洞口高度小于或等于墙高的 1/5 时，可取 $\mu_2=1$。

此外，进行高厚比验算时，应注意以下两点：

1）当与墙连接的相邻两横墙间的距离 $s \leqslant \mu_1 \mu_2 [\beta] h$ 时，墙的高度可不受式（4－50）的限值。

2）变截面柱的高厚比可按上、下截面分别验算，验算上柱的高厚比时，墙、柱的允许高厚比可按表 4－14 的数值乘以 1.3 后采用。

（2）带壁柱墙和带构造柱墙的高厚比验算

1）整片墙高厚比验算，如下所示：

$$\beta = H_0 / h_T \leqslant \mu_1 \mu_2 [\beta] \tag{4-52}$$

其中

$$h_T = 3.5 i$$

$$i = \sqrt{I/A}$$

式中：h_T 为带壁柱墙截面的折算厚度，$h_T=3.5i$；i 为带壁柱墙截面的回转半径，或矩形柱与 H_0 相对应的边长；I 和 A 分别为带壁柱墙截面的惯性矩和截面面积。

带壁柱墙，当计算 H_0 时，s 取相邻横墙间距。在确定截面回转半径时，带壁柱墙的计算截面翼缘宽度 b_f 可按下列规定采用：对于多层房屋，当有门窗洞口时，可取窗间墙宽度；当无门窗洞口时，每侧翼墙宽度可取壁柱高度的 1/3。对于单层房屋，可取壁柱宽加 2/3 墙高，但不大于窗间墙宽度和相邻壁柱间距离。计算带壁柱墙的条形基础时，可取相邻壁柱间的距离。

带构造柱墙，当构造柱截面宽度不小于墙厚时，可按式（4－49）验算带构造柱墙的高厚比，此时公式中 h 取墙厚，当确定墙的计算高度时，s 应取相邻横墙间距；墙的允许高厚比 $[\beta]$ 可乘以提高系数 μ_c。

$$\mu_c = 1 + \gamma b_c / l \tag{4-53}$$

式中：γ 为系数，对细料石、半细料石砌体，$\gamma=0$，对混凝土砌块、粗料石、毛料石及毛石砌体，$\gamma=1.0$，对其他砌体，$\gamma=1.5$；b_c 为构造柱沿墙长方向的宽度；l 为构造柱的间距。

当 $b_c/l>0.25$ 时，取 $b_c/l=0.25$；当 $b_c/l<0.05$ 时，取 $b_c/l>0$。同时必须注意，考虑构造柱有利作用的高厚比验算不适用于施工阶段。

2）壁柱间墙和构造柱间墙的高厚比验算。按式（4－50）验算壁柱间墙或构造柱间墙的高厚比时，s 应取相邻壁柱间或相邻构造柱间距离。设有钢筋混凝土圈梁的带壁柱墙或带构造柱墙，当 $b/s \geqslant 1/30$ 时（b 为圈梁宽度），圈梁可视作壁柱间墙的不动铰支座。若不允许增加圈梁宽度，可按墙平面外等刚度原则增加圈梁高度，以满足壁柱间墙或构造柱间墙不动铰支座的要求。

【例 4－6】 某仓库外墙 240mm 厚，用普通烧结黏土砖和 M5 混合砂浆砌筑，墙高为 5.4m，每 4m 长设有 1.2m 宽的窗洞，同时墙长每 4m 设有钢筋混凝土构造柱（240mm×240mm），横墙间距为 24m（见图 4－24）。试验算该墙体的高厚比。

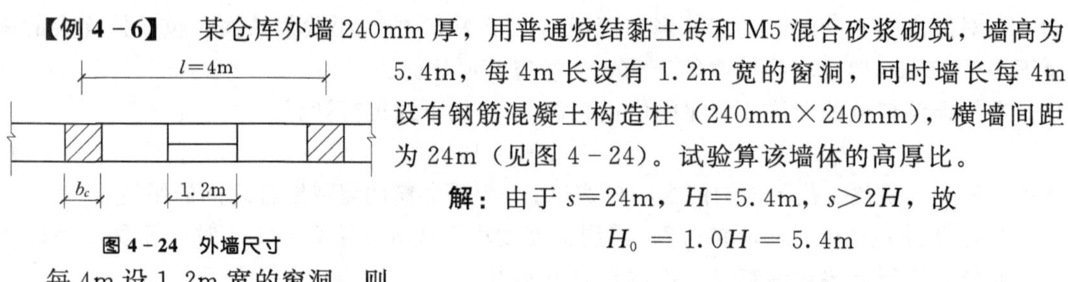

图 4－24 外墙尺寸

解：由于 $s=24\text{m}$，$H=5.4\text{m}$，$s>2H$，故

$$H_0 = 1.0H = 5.4\text{m}$$

每 4m 设 1.2m 宽的窗洞，则

$$\mu_2 = 1 - 0.4b_s/s = 1 - 0.4 \times 1.2/4 = 0.88$$

砂浆采用 M5 查表得：$[\beta]=24$，则

$$\beta = H_0/h = 5400/240 = 22.5 > \mu_1\mu_2[\beta] = 0.88 \times 24 = 21.1$$

故不设构造柱时不满足要求。

由于每 4m 设构造柱，$b_c = 240\text{mm}, l = 4\text{m}$，则

$$\mu_c = 1 + 1.5b_c/l = 1 + 1.5 \times 240/4000 = 1.09$$

$$\mu_c\mu_1\mu_2[\beta] = 1.09 \times 0.88 \times 24 = 23 > \beta = 22.5$$

故满足要求。

（二）防止或减轻墙体开裂的主要措施

砌体结构房屋墙体常常因为房屋的构造处理不当而产生裂缝。墙身裂缝一般发生在下列部位：房屋的高度、重量和刚度有较大变化处；地质条件剧变处；基础底面或埋深变化处；房屋平面形状复杂的转角处；整体式或装配整体式屋盖房屋顶层的墙体，其中以纵墙的两端和楼梯间更为突出；房屋底层两端部的纵墙；旧房屋中邻近于新建房屋的墙体等。

房屋的不均匀沉降是引起墙体开裂的主要原因之一。不均匀沉降主要发生在以下三种情况中：第一种是不均匀地基，即房屋范围内地基性质不同；第二种是不均匀荷载，房屋的某些部位荷载差别很大；第三种是高压缩性地基（软土地基），即使是均匀荷载也会引起不均匀沉降。一般说来，计算房屋的沉降工作量很大，往往不容易准确，所以常常根据荷载和地基情况采用不同的措施。

温度影响、湿度变化和墙体的干缩等，会引起墙体的变形，也会引起墙体与墙体间的变形差，以及墙体与其交接和支承的构件的变形差。这些因素都会引起墙体的开裂。《砌体结构设计规范》提供了防止这些裂缝的构造措施。

1. 防止或减轻房屋由温差和砌体干缩变形引起的墙体竖向裂缝的措施

为防止或减轻房屋在正常使用条件下，由温差和砌体干缩变形引起的墙体竖向裂缝，应在墙体中设置伸缩缝。伸缩缝应设在因温度和收缩变形可能引起应力集中、砌体产生裂缝可能性最大的地方。伸缩缝处只需将墙体断开，而不必将基础断开。伸缩缝的间距可按表 4-15 采用。

表 4-15　　砌体房屋温度伸缩缝的间距　　单位：m

屋盖或楼盖类别		间距
整体式或装配整体式钢筋混凝土结构	有保温层或隔热层的屋盖、楼盖	50
	无保温层或隔热层的屋盖	40
装配式无檩体系钢筋混凝土结构	有保温层或隔热层的屋盖、楼盖	60
	无保温层或隔热层的屋盖	50
装配式有檩体系钢筋混凝土结构	有保温层或隔热层的屋盖	75
	无保温层或隔热层的屋盖	60
黏土瓦或石棉水泥瓦屋盖、木屋盖或楼盖、砖石屋盖或楼盖		100

注　1. 对烧结普通砖、多孔砖、配筋砌块砌体，取表中数值；对石砌体、蒸压灰砂砖、蒸压粉煤灰砖和混凝土砌块房屋取表中数值乘以 0.8。
2. 层高大于 5m 的混合结构单层房屋，温度伸缩缝间距可按表中数值乘以 1.3 后采用，但当墙体采用蒸压灰砂砖或混凝土砌块砌筑时，不得大于 75m。
3. 严寒地区不采暖房屋及构筑物和温差较大且变化频繁地区，墙体的温度伸缩缝间距应按表中数值予以适当减小后取用。
4. 墙体的伸缩缝应与其他结构的变形缝相重合。
5. 当有实践经验和可靠根据时，可不按本表的规定。

2. 防止或减轻房屋顶层墙体的裂缝的措施

为防止或减轻房屋顶层墙体的裂缝，可根据具体情况采取相应措施：

（1）屋面应设置有效的保温隔热层。

（2）屋面保温（隔热）层或屋面刚性面层及砂浆找平层应设置分割缝，分割缝间距不宜大于 6m，并应与女儿墙隔开，其缝宽不小于 30mm。

（3）采用装配式有檩体系钢筋混凝土屋盖或瓦材屋盖。

（4）顶层屋面板下设置现浇钢筋混凝土圈梁，并沿内外墙拉通，房屋两端圈梁下的墙体内应适当增设水平筋。

（5）顶层墙体的门窗洞口处，在过梁上的水平灰缝内设置 2～3 道焊接钢筋网片（纵向钢筋不宜小于 2 根直径 4mm 钢筋，横向钢筋间距不宜大于 200mm）或 2 根直径 6mm 钢筋，并应伸入过梁两端墙内不小于 600mm。

（6）顶层墙体及女儿墙砂浆强度等级不低于 M7.5（Mb7.5 、Ms7.5）。

（7）房屋顶层端部墙体内增设构造柱。女儿墙应设构造柱，构造柱间距不大于 4m，构造柱应伸至女儿墙顶并与现浇钢筋混凝土压顶整浇在一起。

（8）对顶层墙体施加竖向预应力。

3. 防止或减轻房屋底层墙体的裂缝的措施

为防止或减轻房屋底层墙体的裂缝，可根据具体情况采取相应措施：

（1）屋面的长高比不宜过大，当房屋建造在软弱地基上时，对于三层和三层以上的房屋，其长高比宜小于或等于 2.5。当房屋的长高比为 $2.5 < l/H < 3$ 时，应做到纵墙不转

折或少转折，内横墙间距不宜过大，必要时适当增强基础的刚度和强度。

（2）在房屋建筑平面的转折部位，高度差异或荷载差异处，地基土的压缩性有显著差异处，建筑结构（或基础）类型不同处，分期建造房屋的交界处宜设置沉降缝。

（3）设置钢筋混凝土圈梁是增强房屋整体刚度的有效措施，特别是基础圈梁和屋顶檐口部位的圈梁对抵抗不均匀沉降作用最为有效。

（4）采用钢筋混凝土窗台板，窗台板嵌入窗间墙内不小于600mm。

（5）在房屋底层的窗台下墙体灰缝内设置3道焊接钢筋网片或2根直径6mm的钢筋，并伸入两边窗间墙内不小于600mm。

4. 为防止或减轻其他层墙体的裂缝的措施：

（1）在各层门、窗过梁上方的水平灰缝内及窗台下第一和第二道水平灰缝内设置焊接钢筋网片或2ϕ6钢筋，并应伸入两边墙体内不小于600mm。

（2）当墙长大于5m时，宜在每层墙高度中部设置2～3道焊接钢筋网片或3根直径6mm的通长水平钢筋，竖向间距为500mm。

（3）房屋两端和底层第一、二开间窗洞口两侧墙体的水平灰缝中，设置长度不小于900m，竖向间距为400mm的2根直径4mm焊接钢筋网片；在顶层和底层设置通长钢筋混凝土窗台梁，窗台梁高宜为块材高度的模数，梁内纵筋不少于4根，直径不小于10mm，箍筋直径不小于6mm，间距不大于200mm，混凝土强度等级不低于C20。

（4）混凝土砌块房屋可在门、窗洞口两侧的第一个孔洞中设置不小于1根直径12mm的钢筋，钢筋应在楼层圈梁或基础锚固，并用不低于C20混凝土灌实。

5. 填充墙砌体与梁、柱或混凝土墙体结合的界面处理

填充墙砌体与梁、柱或混凝土墙体结合的界面处（包括内、外墙），宜在粉刷前设置钢丝网片，网片宽度可取400mm，并沿界面缝两侧各延伸200mm，或采取其他有效的防裂、盖缝措施。

（三）墙体一般构造措施

设计砌体房屋时，除进行承载力计算和高厚比验算外，还需满足墙、柱的一般构造要求，使房屋中的墙、柱和楼盖屋盖之间互相拉结可靠，以保证房屋的整体性和空间刚度，其一般构造要求如下：

（1）承重的独立砖柱的截面尺寸不应小于240mm×370mm。毛石墙的厚度不宜小于350mm，毛料石柱截面的较小边长不宜小于400mm。当有振动荷载时，墙柱不宜采用毛石砌体。

（2）跨度大于6m的屋架和跨度大于下列数值的梁，应在支承处的砌体上设置混凝土或钢筋混凝土垫块，当墙中没有圈梁时，垫块与圈梁宜浇成整体。对砖砌体为4.8m；对砌块和料石砌体为4.2m；对毛石砌体为3.9m。

（3）当梁跨度大于或等于下列数值时，其支承处宜加设壁柱，或采取其他加强措施：对240mm厚的砖墙为6m；对180mm厚的砖墙为4.8m；对砌块和料石墙为4.8m。

（4）支承在墙、柱上的吊车梁、屋架及跨度大于或等于下列数值的预制梁的端部，应采用锚固件与墙、柱上的垫块锚固：对砖砌体为9m；对砌块和料石砌体为7.2m。

（5）预制钢筋混凝土板的支承长度，在墙上不宜小于100mm，在钢筋混凝土圈梁上不宜小于80mm。当板端伸出钢筋拉结和混凝土灌缝时，其支承长度可为40mm，灌缝混

凝土不宜低于C20。

(6) 填充墙、隔墙应分别采取措施与周边构件可靠连接。

(7) 山墙处的壁柱宜砌至山墙顶部，屋面构件应与山墙可靠拉结。

(8) 砌块砌体应分皮错缝搭砌，上下皮搭砌长度不得小于90mm。当搭砌长度不满足上述要求时，应在水平灰缝内设置不少于2根直径4mm的钢筋网片（横向钢筋的间距不宜大于200mm），网片每端均应超过该垂直缝，其长度不得小于300mm。

(9) 混凝土小型空心砌块房屋，宜在外墙转角处、楼梯间四角的纵横墙交接处，距墙中心线每边不小于300mm范围内的孔洞，采用不低于砌块材料强度等级的混凝土灌实，灌实高度应为全部墙身高度。砌块墙与后砌隔墙交接处，应沿墙高每400mm在水平灰缝内设置不少于2根直径4mm、横筋间距不大于200mm的焊接钢筋网片。

(10) 混凝土小型空心砌块墙体的下列部位，如未设圈梁或混凝土垫块，应采用不低于砌块材料强度等级的灌孔混凝土将孔洞灌实：搁栅、檩条和钢筋混凝土楼板的支承面下，高度不小于200mm的砌体；屋架、大梁的支承面下，高度不小于600mm，长度不小于600mm的砌体；挑梁支承面下，纵横墙交接处，距墙中心线每边不应小于300mm，高度不应小于600mm的砌体。

第九节　过梁、圈梁、墙梁及悬挑构件设计

一、过梁设计

(一) 过梁的种类及构造

混合结构房屋墙体上开设洞口时，必须在洞口上设置过梁，来承受洞口上部墙体及梁、板的重量。常用的过梁有砖砌过梁和钢筋混凝土过梁两类。砖过梁按其构造不同又分为砖砌平拱和钢筋砖过梁（见图4－25）。

砖砌过梁对振动荷载和地基不均匀沉降较为敏感，跨度不宜过大。钢筋砖过梁不宜超过1.5m；砖砌平拱不宜超过1.2m。砖砌过梁的构造应符合下列要求：砖砌过梁截面计算高度内的砂浆不宜低于M5；砖砌平拱用竖砖砌筑部分的高度不应小于240mm；钢筋砖过梁底面砂浆处的钢筋，其直径不应小于5mm，间距不宜大于120mm，钢筋伸入支座砌体内的长度不宜小于240mm，砂浆层的厚度不宜小于30mm。

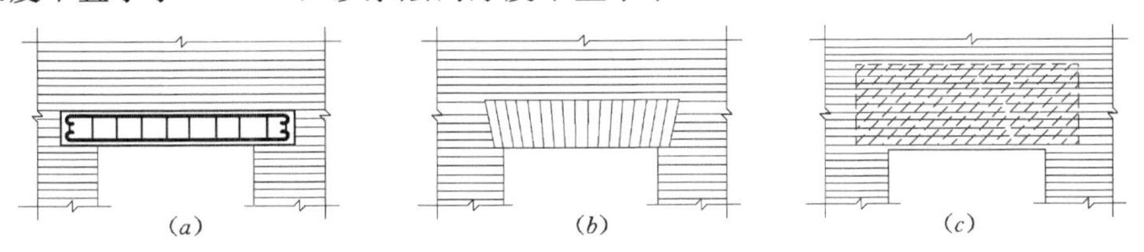

图4－25　过梁种类

砖砌过梁造价低廉、节约钢筋和水泥，但整体性差。因此，对于有较大振动或可能产生不均匀沉降的房屋，或当门、窗洞口较大时应采用钢筋混凝土过梁。

(二) 过梁上的荷载

过梁上的荷载，有墙体荷载和过梁计算高度范围内的梁、板荷载。

试验表明，当过梁上的砖砌体采用混合砂浆砌筑，砖的强度较高情况下，当砌体的高度接近跨度的一半时，跨中挠度增量减小很快，随着砌筑高度的增加，跨中挠度增加极少。这是因为砌体砂浆随时间增长而逐渐硬化，使参加工作的砌体高度不断增加，即砌体与过梁之间有组合作用。

试验还表明，当在砌体高度等于跨度的 0.8 倍左右位置施加荷载时，过梁挠度变化极微。可以认为，在高度等于或大于跨度的砌体上部范围内施加荷载时，由于过梁与砌体的组合作用，荷载不是单独通过过梁传给墙体，而是通过过梁和其上的砌体组合深梁传给墙体，故过梁的应力增量不大。所以，过梁上的荷载可按下列规定采用（见图 4-26）。

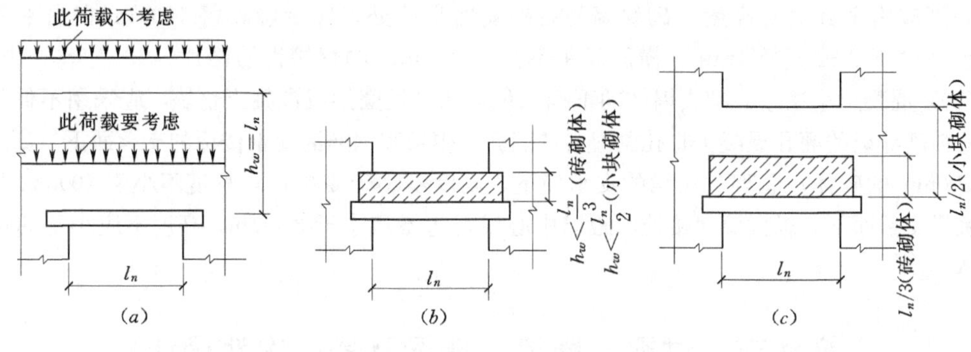

图 4-26　过梁上荷载取值

1. 梁、板荷载

对砖和小型砌块砌体，当梁、板下的墙体高度 $h_w<l_n$ 时（l_n 为过梁的净跨），应计入梁、板传来的荷载。当梁、板下的墙体高度 $h_w\geqslant l_n$ 时，可不考虑梁、板传来的荷载［见图 4-26 (*a*)］。

2. 墙体荷载

(1) 对砖砌体，当过梁上的墙体高度 $h_w<l_n/3$ 时，应按墙体的均布自重采用［见图 4-26 (*b*)］；当墙体高度 $h_w\geqslant l_n/3$ 时，应按高度为 $l_n/3$ 墙体的均布自重采用［见图4-26 (*c*)］。

(2) 对混凝土小型空心砌块砌体，当过梁上的墙体高度 $h_w<l_n/2$ 时，应按墙体的均布自重采用；当墙体高度 $h_w\geqslant l_n/2$ 时，应按高度为 $l_n/2$ 墙体的均布自重采用。

（三）过梁的计算

1. 砖砌平拱过梁

砖砌平拱过梁的截面计算高度一般取等于 $l_n/3$，当计算中考虑上部梁板荷载时，则取梁板底面到过梁底的高度作为计算高度。平拱过梁跨中截面抗弯承载力应按下式计算：

$$M\leqslant Wf_{tm} \tag{4-54}$$

式中：W 为过梁计算截面的抵抗矩；f_{tm} 为砌体的弯曲抗拉强度设计值。

平拱过梁的抗剪承载力按下式计算：

$$V\leqslant bzf_v \tag{4-55}$$

式中：V 为截面产生的剪力设计值；b 为截面宽度，即墙厚；z 为截面内力臂，一般取计算高度的 2/3；f_v 为砌体的抗剪强度设计值。

2. 钢筋砖过梁

钢筋砖过梁的抗剪承载力计算方法与砖砌平拱过梁相同。其抗弯承载力可按下式计算：

$$M \leqslant 0.85 h_0 A_s f_y \tag{4-56}$$

式中：h_0 为过梁截面有效高度，其值等于过梁截面计算高度减去钢筋中心至梁底边距离 a_s，一般取 $a_s = 15 \sim 20$；A_s、f_y 分别为钢筋的截面面积、抗拉强度设计值。

3. 钢筋混凝土过梁

钢筋混凝土过梁可按钢筋混凝土受弯构件一样进行计算，在验算过梁支座处砌体局部受压时，可不计入上层荷载的影响。

二、圈梁设计

圈梁是沿建筑物外墙四周及纵横墙设置的连续封闭梁。位于房屋檐口处的圈梁又称为檐口圈梁，位于±0.000 以下基础顶面处设置的圈梁，又称为地圈梁。

在砌体结构房屋中设置圈梁可以增强房屋的整体性和空间刚度，防止由于地基不均匀沉降或较大振动荷载等对房屋引起的不利影响，以设置在基础顶面部位和檐口部位的圈梁对抵抗不均匀沉降自由最为有效。当房屋中部沉降较两端为大时，位于基础顶面部位的地圈梁作用较大；当房屋两端沉降较中部为大时，位于檐口部位的檐口圈梁作用较大。

在一般情况下，混合结构房屋可参照下列规定设置圈梁：

(1) 对车间、食堂和仓库等比较空旷的单层房屋，当墙厚 $h \leqslant 240$mm，墙高 5～8m 时应设置圈梁一道，檐口标高大于 8m 时，宜适当增加。

(2) 砌块及石砌体房屋，檐口标高为 4～5m，设圈梁一道，檐口标高大于 5m 时宜适当增设。

(3) 对有电动桥式吊车或较大振动设备的单层工业厂房，除在檐口或窗顶标高处设置钢筋混凝土圈梁外，尚宜在吊车梁标高处或其他适当位置增设。

(4) 对宿舍、办公楼等多层砖砌体民用房屋，层数为 3～4 层时，应在底层和檐口标高处设置圈梁一道；当层数超过 4 层时，应在所有纵横墙上隔层设置。

(5) 多层砌体工业房屋，应每层设置现浇钢筋混凝土圈梁。

(6) 建筑在软弱地基或不均匀地基上的砌体房屋，除按上述规定设置圈梁外，尚应符合《建筑地基基础设计规范》(GB 50007) 的有关规定。

圈梁宜连续地设在同一水平面上，并形成封闭状。当圈梁被门、窗洞口截断时，应在洞口上部增设相同截面的附加圈梁（即过梁）附加圈梁与圈梁的搭接长度不应小于其中心线到圈梁中心线垂直间距的两倍，且不得小于 1m（见图4-27）。

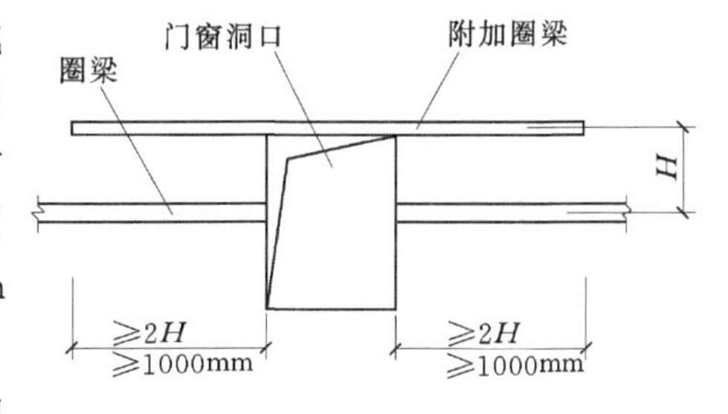

图 4-27　圈梁的搭接

纵横墙交接处的圈梁应有可靠的连接。刚弹性和弹性方案房屋，圈梁应与屋架、大梁等构件可靠连接。

钢筋混凝土圈梁的宽度宜与墙厚相同，当墙厚 $h \geqslant 240$mm 时，其宽度不宜小于 $2h/3$。圈梁高度不应小于 120mm。纵向钢筋不应少于 4 根，直径不应少于 10mm，绑扎接头的搭接长度按受拉钢筋考虑，箍筋间距不应大于 300mm。

圈梁兼作过梁时，过梁部分的钢筋应按计算用量配置，并满足构造要求。

三、墙梁设计

(一) 概述

在多层混合结构房屋中，因建筑功能的要求，上部砌体结构的横墙不能落地（如底层为商店、餐厅等大房间，上层为住宅、客房等小房间的临街建筑），需要在底层的钢筋混凝土托梁上砌筑墙体，这时托梁同时承托墙体自重及其上的楼盖、屋盖的荷载。托梁上的墙体作为结构的一部分与托梁共同工作。这种由钢筋混凝土托梁和梁上计算高度范围内的砌体墙组成的组合构件，称为墙梁。墙梁广泛地应用于工业与民用建筑中，如影剧院舞台的台口大梁，工业厂房围护结构的基础梁、连系梁等均属于墙梁结构。

墙梁按承受荷载分为承重墙梁和自承重墙梁。承受托梁及其上部墙体和楼、屋盖重量的墙梁称为承重墙梁；只承受托梁及其上部墙体重量的墙梁称为自承重墙梁。按支承条件分为简支墙梁［见图 4－28（a）］、框支墙梁［见图 4－28（b）］和连续墙梁［见图4－28（c）］。

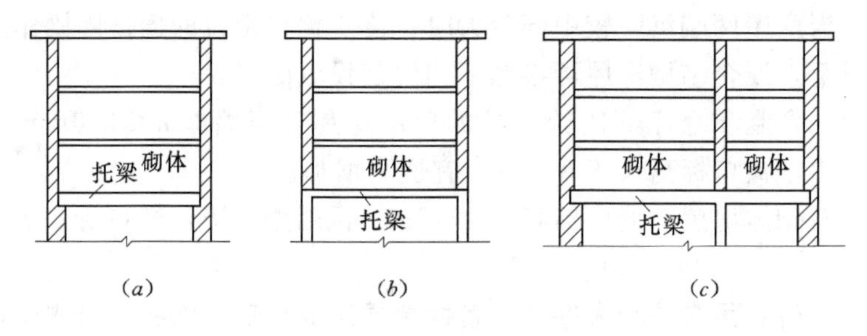

图 4－28　墙梁

（a）简支墙梁；（b）框支墙梁；（c）连续墙梁

在进行墙梁设计时，采用烧结普通砖、烧结多孔砖砌体和配筋砌体的墙梁应符合表 4－16的规定。

表 4－16　墙梁的一般规定

墙梁类别	墙体总高度（m）	跨度（m）	墙高 h_w/l_{0i}	托梁高 h_b/l_{0i}	洞宽 b_h/l_{0i}	洞高 h_h
承重墙梁	≤18	≤9	≥0.4	≥1/10	≤0.3	$\leqslant 5h_w/6$ 且 $h_w-h_h\geqslant 0.4$m
自承重墙梁	≤18	≤12	≥1/3	≥1/15	≤0.8	

注　1. 采用混凝土小型砌块砌体的墙梁可参照使用。
2. 墙体总高度指托梁顶面到檐口的高度，带阁楼的坡屋面应算到山尖端 1/2 高度处。
3. 对自承重墙梁，洞口至边支座中心的距离不宜小于 $0.1l_{0i}$，门窗洞上口至墙顶的距离不应小于 0.5m。
4. h_w 为墙体计算高度；h_b 为托梁截面高度；l_{0i}为墙梁计算跨度；b_h 为洞口宽度；h_h 为洞口高度，对窗洞取洞顶至托梁顶面距离。

此外，墙梁设计中若有洞口，还应满足下列设置规定：墙梁计算高度范围内每跨允许设置一个洞口；承重墙梁洞口边至支座中心的距离 a_i，距边支座不应小于 $0.15l_{0i}$，距中支座不应小于 $0.07l_{0i}$，l_{0i}为墙梁相应跨的计算跨度。对于多层房屋的墙梁，各层洞口宜设置在相同位置，且上下对齐。

（二）墙梁受力特点和破坏形态

大量试验资料及理论分析表明，无洞口和跨中开洞的墙梁的托梁，上下钢筋全部受拉，沿跨度方向钢筋应力分布比较均匀，托梁处于小偏心受拉状态。洞口主压应力迹线呈拱形，作用于梁顶的荷载通过墙体的拱作用向支座传递。托梁主要承受拉力，两者组成一拉杆拱受力机构［见图 4－29（*a*）］。偏开洞墙梁，由于靠近跨中的洞口边缘一侧存在较大的压应力，托梁承受较大的弯矩，一般处于大偏心受拉状态。墙梁顶部荷载通过墙梁的大拱和小拱作用向两端支座及托梁传递。托梁既作为大拱的拉杆承受拉力，又作为小拱一端的弹性支座，承受小拱传来的竖向压力，具有梁拱组合受力机构的特征［见图 4－29（*b*）］。

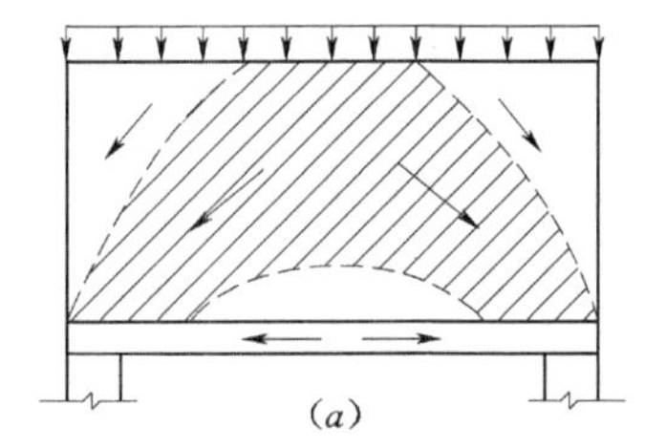
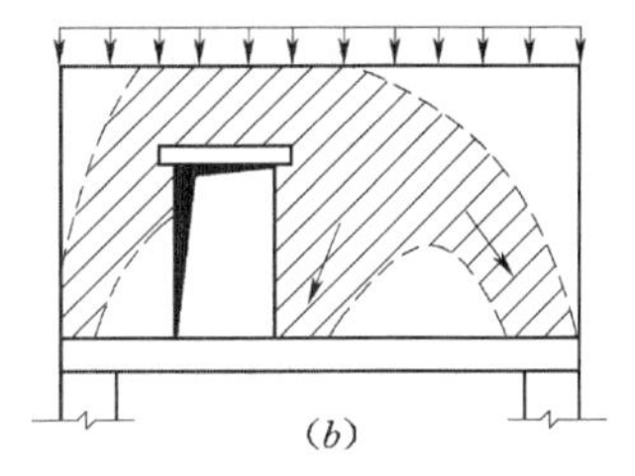

图 4－29　墙梁的受力特点

（*a*）拉杆拱受力机构；（*b*）梁拱组合受力机构

影响墙梁破坏形态的因素比较复杂，有墙体计算高跨比 h_w/l_0、托梁高跨比 h_b/l_0、砌体和混凝土强度、托梁配筋率 ρ、加荷方式、集中力剪跨比 a_F/l_0（a_F 为集中荷载至支座的水平距离，l_0 为墙梁的计算跨度）、墙体开洞情况以及有无纵向翼缘等。不同因素下，墙梁在顶部荷载作用下的破坏形态有以下几种。

1. 弯曲破坏

当托梁配筋较弱，砌体强度相对较高时，一般 h_w/l_0 较小，随着荷载的增加，托梁中段垂直裂缝将穿过界面而迅速上升，最后托梁下部和上部的纵向钢筋先后屈服，沿跨中垂直截面发生拉弯破坏［见图 4－30（*a*）］。

2. 剪切破坏

当托梁配筋较强，砌体强度相对较弱时，一般 $h_w/l_0<0.75$，则容易在支座上方砌体中出现斜裂缝，并延伸至托梁而发生砖墙砌体的剪切破坏。剪切破坏又可分为以下两种不同形态。

（1）斜拉破坏。当 $h_w/l_0<1/3$，砌体的砂浆强度等级又较低，或墙梁所受集中荷载的剪跨比 a_F/l_0 较大时，砌体将因主拉应力过大而发生斜拉破坏［见图 4－30（*b*）、（*c*）］。

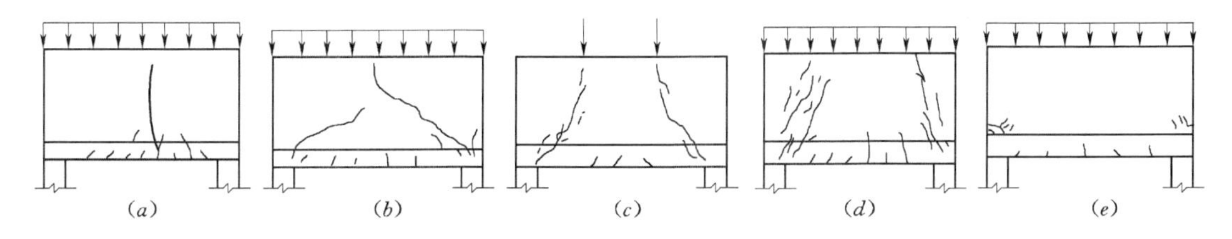

图 4－30　墙梁的破坏形态

（*a*）拉弯破坏；（*b*）、（*c*）斜拉破坏；（*d*）斜压破坏；（*e*）局压破坏

(2) 斜压破坏。当 $h_w/l_0 \geqslant 0.5$，或墙梁所受集中荷载的剪跨比 a_F/l_0 较小时，砌体将因主压应力过大而引起拱肋斜向压坏［见图 4－30 (d)］。

3. 局压破坏

当 $h_w/l_0 > 0.75$，托梁配筋较强，砌体强度相对较弱时，支座上方砌体由于正应力集中，一旦超过砌体的局部抗压强度时，将发生支座上方较小范围内砌体局部压碎的现象，称为局压破坏［见图 4－30 (e)］。

(三) 墙梁的计算

为了保证墙梁安全可靠地工作，墙梁应分别进行使用阶段正截面受弯承载力、斜截面受剪承载力和托梁支座上部砌体局部受压承载力计算，以及施工阶段托梁的承载力验算。

1. 计算简图与计算内容

墙梁的计算简图按图 4－31 采用。各计算参数应按下列规定取用：

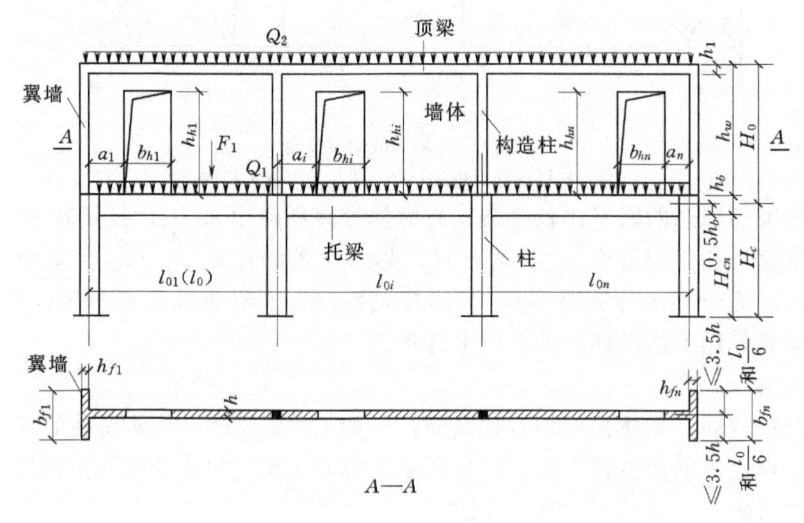

图 4－31 墙梁的计算简图

(1) 墙梁的计算跨度 l_0 (l_{0i})，对简支梁和连续墙梁取 $1.1l_n$ ($1.1l_{ni}$) 或 l_c (l_{ci}) 两者的较小值；l_n (l_{ni}) 为净跨，l_c (l_{ci}) 为支座中心线距离。对框支墙梁，取框架柱中心线间的距离 l_c (l_{ci})。

(2) 墙梁计算高度 h_w 取托梁顶面上一层墙体高度，当 $h_w > l_0$ 时，取 $h_w = l_0$（对连续墙梁和多跨框支墙梁，l_0 取各跨的平均值。

(3) 墙梁跨中截面计算高度 $H_0 = h_w + 0.5h_b$。

(4) 翼墙计算宽度 b_f 取窗间墙宽度或横墙间距的 2/3，且每边不大于 $3.5h$（h 为墙体厚度）和 $l_0/6$。

(5) 框架柱计算高度 $H_c = H_{cn} + 0.5h_b$，H_{cn} 为框架柱的净高，取基础顶面至托梁底面的距离。

墙梁应分别进行托梁的使用阶段正截面受弯承载力和斜截面受剪承载力计算，墙体受剪承载力和托梁支座上部砌体局部受压承载力计算，以及施工阶段托梁承载力验算。自承重墙梁不验算墙体受剪承载力和局部受压承载力。

2. 荷载计算

（1）使用阶段墙梁上的荷载。对于承重墙梁，此阶段托梁顶面的荷载设计值 Q_1、F_1：取托梁自重及本层楼盖的恒荷载和活荷载。墙梁顶面的荷载设计值 Q_2：取托梁以上各层墙体自重、墙梁顶面以上各层楼（屋）盖的恒荷载和活荷载；集中荷载可沿作用的跨度近似化为均布荷载。

对于自承重墙梁，此阶段托梁顶面的荷载设计值 Q_2，取托梁自重及托梁以上墙体自重。

（2）施工阶段托梁上的荷载。施工阶段托梁上的荷载，包括托梁自重及本层楼盖的恒荷载；本层楼盖的施工荷载；墙体自重，取高度 $l_{0\max}/3$ 的墙体自重（$l_{0\max}$为各计算跨度的最大值），开洞时尚应按洞顶以下实际分布的墙体自重复核。

3. 墙梁承载力计算

（1）托梁正截面承载力计算。试验表明，在墙梁顶面荷载作用下，墙梁的正截面破坏通常是由于托梁的纵向受拉钢筋达到屈服而引起。偏于安全出发，认为托梁单独承受直接作用于托梁顶面的楼盖荷载，而不考虑上部墙体的组合作用，托梁配筋按偏心受拉构件计算。托梁跨中正截面承载力按下列规定，计算跨中弯矩 M_{bi} 及轴心拉力 N_{bti}（见图 4－32）：

$$M_{bi}=M_{1i}+\alpha_M M_{2i} \tag{4-57}$$

$$N_{bti}=\eta_N\frac{M_{2i}}{H_0} \tag{4-58}$$

对简支墙梁，有

$$\alpha_M=\psi_M\left(1.7\frac{h_b}{l_0}-0.03\right) \tag{4-59}$$

$$\psi_M=4.5-10\frac{a}{l_0} \tag{4-60}$$

$$\eta_N=0.44+2.1\frac{h_w}{l_0} \tag{4-61}$$

对连续墙梁和框支墙梁，有

$$\alpha_M=\psi_M\left(2.7\frac{h_b}{l_{0i}}-0.08\right) \tag{4-62}$$

$$\psi_M=3.8-8\frac{a_i}{l_{0i}} \tag{4-63}$$

$$\eta_N=0.8+2.6\frac{h_w}{l_{0i}} \tag{4-64}$$

式中：M_{1i}、M_{2i}分别为在荷载设计值 Q_1、F_1 及 Q_2 作用下的简支梁跨中弯矩，或按连续梁或框架分析的托梁各跨跨中最大弯矩；α_M 为考虑墙梁组合作用的托梁跨中弯矩系数，对自承重简支墙梁应乘以 0.8，当式（4－58）中的 $h_b/l_0>1/6$ 时取 1/6，当式（4－61）中的 $h_b/l_{0i}>1/7$ 时取 1/7；η_N 为考虑墙梁组合作用的托梁跨中轴力系数，对自承重简支墙梁应乘以 0.8，当 $h_w/l_{0i}>1$ 时取 1；ψ_M 为洞口对托梁弯矩的影响系数，对无洞口墙梁直接取 1.0；a_i 为洞口边至墙梁最近支座的距离，当 $a_i>0.35l_{0i}$ 时，取 $a_i=0.35l_{0i}$。

托梁支座截面应按钢筋混凝土受弯构件计算，其弯矩 M_{bj} 可按下式进行计算：

$$M_{bj} = M_{1j} + \alpha_M M_{2j} \tag{4-65}$$

$$\alpha_M = 0.75 - a_i/l_{0i} \tag{4-66}$$

式中：M_{1j}、M_{2j}分别为在荷载设计值 Q_1、F_1 及 Q_2 作用下按连续梁或框架分析的托梁支座弯矩；α_M 为考虑组合作用的托梁支座弯矩系数，无洞口墙梁直接取 0.4，当支座两边的墙体均有洞口时，a_i 取较小值。

（2）托梁斜截面受剪承载力计算。墙梁的托梁斜截面受剪承载力应按钢筋混凝土受弯构件计算，其剪力 V_{bj} 可按下式进行计算：

$$V_{bj} = V_{1j} + \beta_V V_{2j} \tag{4-67}$$

式中：V_{1j}、V_{2j}分别为荷载设计值 Q_1、F_1 及 Q_2 作用下按连续梁或框架分析的托梁支座边剪力或简支梁支座边剪力。β_V 为考虑组合作用的托梁剪力系数，无洞口墙梁边支座取 0.6，中支座取 0.7，有洞口墙梁边支座取 0.7，中支座取 0.8，对自承重墙梁，无洞口时取 0.45，有洞口时取 0.5。

（3）墙体受剪承载力计算。墙梁的墙体受剪承载力应按下式进行计算：

$$V_2 \leqslant \xi_1 \xi_2 \left(0.2 + \frac{h_b}{l_{0i}} + \frac{h_t}{l_{0i}}\right) fhh_w \tag{4-68}$$

式中：V_2 为荷载设计值 Q_2 作用下墙梁支座边剪力的最大值；ξ_1 为翼墙或构造柱影响系数，对单层墙梁取 1.0，对多层墙梁，当 $b_f/h=3$ 时取 1.3，当 $b_f/h=7$ 或设置构造柱时取 1.5，当 $3<b_f/h<7$ 时，按线性插入取值；ξ_2 为洞口影响系数，无洞口墙梁取 1.0，多层有洞口墙梁取 0.9，单层有洞口墙梁取 0.6；h_t 为墙梁顶面圈梁截面高度。

（4）托梁支座上部砌体局部受压承载力计算。为保证砌体局部受压承载力，应满足 $\sigma_{ymaxh} \leqslant \gamma fh$。其中，$\sigma_{ymaxh}$ 为最大竖向压应力，γ 为局压强度提高系数。令 $c=\sigma_{ymaxh}/Q_2$（c 称为应力系数）。令 $\zeta=\gamma/c$（ζ 称为局压系数），简化后支座上部砌体局部受压承载力按下式进行计算：

$$Q_2 \leqslant \zeta fh \tag{4-69}$$

$$\zeta = 0.25 + 0.08 b_f/h \tag{4-70}$$

当 $\zeta>0.81$ 时，取 0.81。当 $b_f/h \geqslant 5$ 或墙梁支座处设置上下贯通的落地构造柱时，可不验算局部受压承载力。

托梁还应按混凝土受弯构件进行施工阶段的受弯、受剪承载力验算。

4. 墙梁的构造要求

墙梁是组合构件，为了使托梁与墙体保持良好的组合工作状态，墙梁除应符合《砌体结构设计规范》和《混凝土结构设计规范》的有关构造规定外，尚应符合下列构造要求。

（1）材料。

1）混凝土强度等级，对托梁不应低于 C30。

2）承重墙梁的砖、砌块的强度等级不应低于 MU10，计算高度范围内墙体砂浆强度等级不应低于 M10（Ms10、Mb10）。

（2）墙体。

1）框支墙梁的上部砌体房屋、设有承重的简支或连续墙梁的房屋，应满足刚性方案房屋的要求。

2）墙梁计算高度范围内的墙体厚度对砖砌体不应小于240mm，对混凝土小型砌块砌体不应小于190mm。

3）框支墙梁的框架柱上方应设置构造柱，其截面不宜小于240mm×240mm，纵向钢筋不宜少于4根直径14mm；并应锚固在框架柱内，锚固长度不应小于35d。箍筋间距不宜大于200mm。墙梁顶面及托梁标高的翼墙应设置圈梁。构造柱应与每层圈梁连接。

4）墙梁洞口上方应设置混凝土过梁，其支承长度不应小于240mm；洞口范围内不应施加集中荷载。当洞边墙肢宽度不满足规定的要求时，应加设落地上下贯通的混凝土构造柱。

5）承重墙梁的支座处应设置落地翼墙。翼墙厚度，对砖不应小于240mm，对砌块不应小于190mm，翼墙宽度不应小于墙梁墙体厚度的3倍，并与墙梁墙体同时砌筑。当不能设置翼墙时，应设置落地混凝土构造柱。

6）墙梁计算高度范围内的墙体，每天可砌高度不应超过1.5m，否则应加设临时支撑。

（3）托梁。

1）纵向受力钢筋宜通长设置，不应在跨中段弯起或截断。钢筋接长应采用机械连接焊接接头。

2）承重墙梁的托梁纵向受力钢筋总配筋率不应小于0.6%。

3）承重墙梁托梁支承长度不应小于350mm。纵向受力钢筋伸入支座并满足受拉钢筋最小锚固长度l_a的要求。

4）托梁上部通长布置的纵向钢筋面积与跨中下部纵向钢筋面积之比不应小于0.4，连续墙梁或多跨框支墙梁中，支座托梁上部附加纵向钢筋从支座边算起每边延伸不少于$l_0/4$。

5）当托梁高度$h_b \geqslant 450$mm时，应沿梁高设置通长水平腰筋，直径不应小于12mm，间距不应大于200mm。

6）墙梁偏开洞口宽度及两侧各一个梁高范围内，以及从洞口边至支座边的托梁箍筋直径不宜小于8mm，间距不应大于100mm。

四、悬挑构件

在砌体结构房屋中，由于使用功能和建筑艺术等方面的需要，往往将钢筋混凝土梁或板悬挑在墙体外面，形成悬挑构件。这类悬挑构件有挑梁、屋面挑檐、凸阳台、雨篷和悬挑楼梯等。

（一）悬挑构件的受力性能

埋置于砌体中的悬挑构件，例如挑梁，实际上是与砌体共同工作的。挑梁的悬挑部分是钢筋混凝土受弯构件，埋入墙体的部分可以看作是以砌体为基础的弹性地基梁，它不但受上部砌体的压应力作用，还受到由于悬挑部分的荷载作用，在墙边截面处的挑梁内产生弯矩和剪力。挑梁变形的大小与墙体的刚度以及挑梁埋入端的刚度有关。在悬挑部分荷载作用下，埋入端前段下的砌体产生压缩变形，变形大小随悬挑部分荷载的增加而增大。当砌体压缩变形增大到一定程度时，在挑梁埋入端前部上表面和尾部下表面将先后产生水平裂缝，与砌体脱开（见图 4－32），若挑梁本身的承载力足够，从砌体结构的角度来看，挑梁埋入端周围砌体可能发生以下几种破坏形态。

1．倾覆破坏

当挑梁埋入段的长度 l_1 较小而砌体强度足够时，在挑梁埋入端尾部，由于砌体内主拉应力较大，超过了砌体沿齿缝截面的抗拉强度，而出现沿梁端尾部与梁轴线大致呈 45°角斜向发展的阶梯形裂缝（见图 4－33），随着斜裂缝的产生和发展，斜裂缝以内的墙体及其他抗倾覆荷载不再能够有效地抵抗挑梁的倾覆，从而产生倾覆破坏。

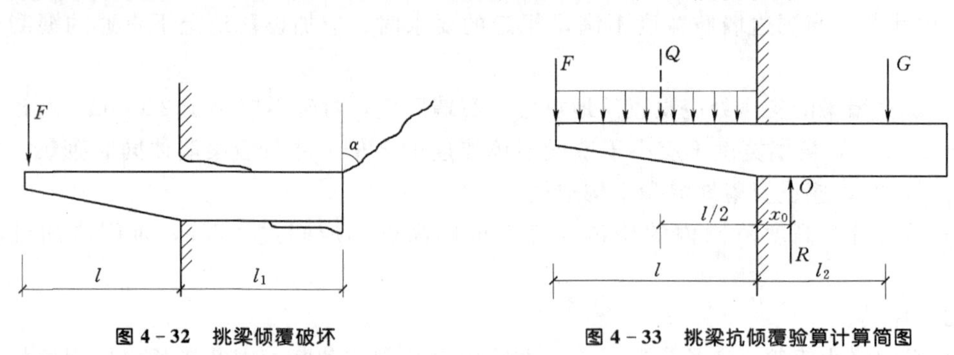

图 4－32　挑梁倾覆破坏　　　　图 4－33　挑梁抗倾覆验算计算简图

2．挑梁下砌体的局部受压破坏

当挑梁埋入端尾部下表面产生水平裂缝，受压区变小，而砌体强度较低时，可能发生埋入端前段下部砌体的局压破坏。

此外，挑梁本身在倾覆点附近也可能发生正截面受弯或斜截面受剪破坏。这类破坏形态不属于砌体结构的讨论范围。

（二）挑梁的计算

1．挑梁的抗倾覆验算

试验表明，挑梁倾覆破坏时其倾覆点 O 并不在墙边，而在距墙边 x_0 处（见图 4－33）。O 点至墙外边缘的距离 x_0 可按下列规定采用：

当 $l_1 \geqslant 2.2h_b$ 时，有

$$x_0 = 0.3h_b \tag{4-71}$$

且 $x_0 \leqslant 0.13l_1$。

当 $l_1 < 2.2h_b$ 时，有

$$x_0 = 0.13l_1 \tag{4-72}$$

式中：l_1 为挑梁埋入砌体墙中的长度；h_b 为挑梁的截面高度。

当挑梁下有构造柱时，计算倾覆点至墙外边缘的距离可取 $0.5x_0$。

砌体墙中钢筋混凝土挑梁可按下式进行抗倾覆验算：

$$M_{ov} \leqslant M_r \tag{4-73}$$

式中：M_{ov} 为挑梁的荷载设计值对计算倾覆点产生的倾覆力矩；M_r 为挑梁的抗倾覆力矩设计值。

$$M_r = 0.8G_r(l_2 - x_0) \tag{4-74}$$

式中：G_r 为挑梁的抗倾覆荷载，为挑梁尾端上部 45°扩散角范围内（其水平长度为 l_3），

本层的砌体与楼面恒荷载标准值之和（见图 4－34）；l_2 为 G_r 作用点至墙外边缘的距离。

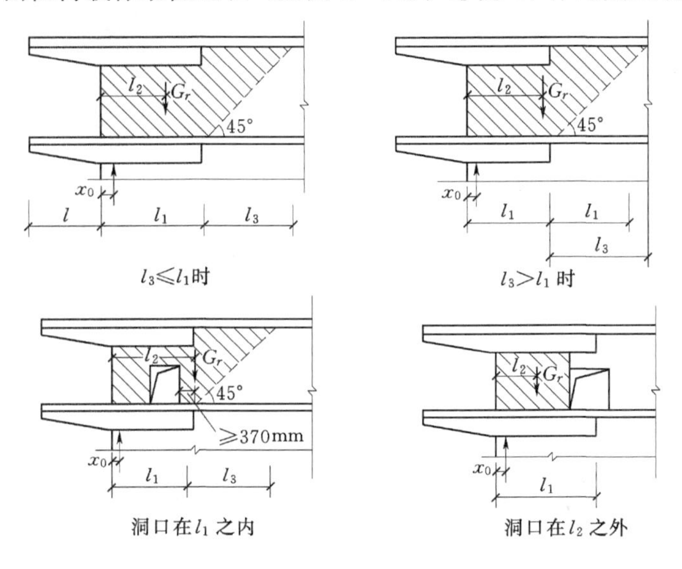

图 4－34　挑梁的抗倾覆荷载

l_3 的取值原则如下：无洞口时，当 $l_3 \leqslant l_1$ 时，取实际扩展的长度；当 $l_3 > l_1$ 时，取 $l_3 = l_1$。有洞口时，当洞口在 l_1 范围内时，按无洞口的取值原则；当洞口在 l_1 范围之外时，取 $l_3 = 0$。

雨篷等悬挑构件的抗倾覆荷载 G_r 可按图 4－35 采用，图中 G_r 距墙外边缘的距离 $l_2 = l_1/2$，$l_3 = l_n/2$。

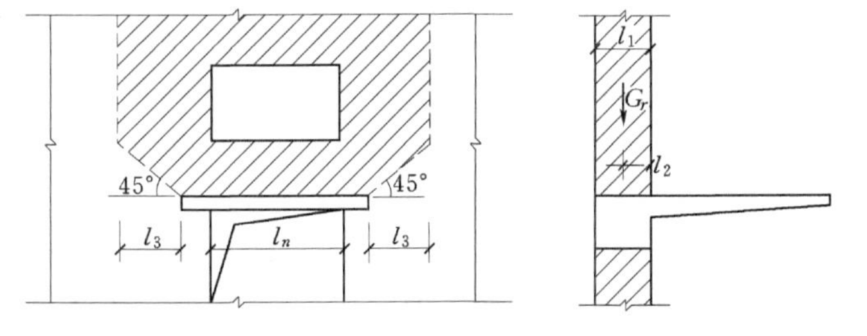

图 4－35　雨篷的抗倾覆荷载

2. 挑梁下砌体局部受压承载力验算

《砌体结构设计规范》规定挑梁下砌体局部受压承载力按下式进行计算：

$$N_l \leqslant \eta \gamma A_l f \tag{4-75}$$

式中：N_l 为挑梁下的支承反力，可取 $N_l = 2R$（R 为挑梁由荷载设计值产生的支座竖向反力）；η 为梁端底面压应力图形的完整系数，取 $\eta = 0.7$；γ 为砌体局部抗压强度提高系数，挑梁为丁字形墙体时，$\gamma = 1.5$，为一字形墙体时，$\gamma = 1.25$（见图 4－36）；A_l 为挑梁下砌体局部受压面积，取 $A_l = 1.2bh_b$（b 为挑梁截面宽度）。

3. 挑梁内力计算

挑梁的最大弯矩设计值与最大剪力设计值可按下式进行计算：

$$M_{\max} = M_{ov} \tag{4-76}$$

$$V_{\max} = V_0 \tag{4-77}$$

式中：V_0 为墙边缘处挑梁荷载设计值产生的剪力。

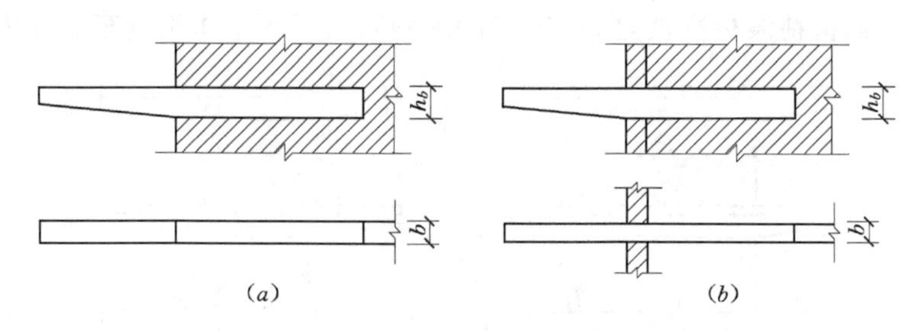

图 4-36 挑梁下砌体局部受压

(三) 挑梁的构造要求

挑梁设计除应符合国家现行《混凝土结构设计规范》有关规定外，尚应满足下列要求：

(1) 纵向受力钢筋至少应有 1/2 的钢筋面积伸入梁尾端，且不少于 2Φ12。其余钢筋伸入支座的长度不应小于 $2l_1/3$。

(2) 挑梁埋入砌体长度 l_1 与挑出长度 l 之比宜大于 1.2，当挑梁上无砌体时，l_1 与 l 之比宜大于 2。

第十节　砌体结构抗震设计简述

砌体房屋和多层内框架砌体房屋，由于构造简单，施工方便，造价低廉并可就地取材等优点，是我国民用建筑（如办公楼、教学楼、旅馆、病房，尤其住宅等）的主要结构形式之一。但未经抗震设防的多层砌体结构由于整体性不强，抗地震破坏能力较低。因此砌体结构用于非甲类设防建筑。

一、砌体结构的震害特点

1. 倒塌

房屋整体性不好，强度不足时或房屋上层自重大，刚度差，个别部位的整体性特别差，纵墙与横墙间联系不好，平面或立面有显著的局部突出，抗震缝处理不当等，地震作用下可能会产生全部倒塌或局部倒塌。

2. 裂缝

墙体在竖向压力和反复水平剪力作用，常在房屋两端的山墙、窗间墙产生“X”形裂缝；当房屋纵向承重，横墙间距大而屋盖刚度弱时，纵墙出平面受弯会产生水平裂缝；横纵墙交接处或变化较大的两部体系的交接处可能出现竖向裂缝。

3. 其他破坏

楼梯间横墙间距小，抗剪刚度大；空间刚度较小；墙体有削弱，地震作用下易破坏；突出屋面的屋顶间（电梯机房、水箱间等）、烟囱、女儿墙，由于“鞭端效应”引起破坏；预制板楼板、楼盖，由于整体性较差、预制板端部搁置长度过短或无可靠的板与板及板与墙的拉接措施，也造成震害。

二、多层砌体房屋的抗震概念设计

1. 合理的结构体系

应优先采用横墙承重或纵横墙共同承重的结构体系；纵横墙的布置宜对称，沿水平面内宜对齐，沿竖向应上下连续；同一轴线上的窗间墙宜均匀；对于体形不对称的结构较体形均匀对称的结构破坏更严重一些。加防震缝可以将体形复杂的结构划成体形对称均匀的结构；楼梯间不宜设在房屋的尽端或转角处，否则应采取局部加强措施（如在楼梯间四角设钢筋混凝土构造柱等）；烟道、风道、垃圾道等不应削弱墙体，当墙体被削弱时，应对墙体采取加强措施，不宜采用无竖向配筋的附墙烟囱及出墙面的烟囱；不宜采用无锚固的钢筋混凝土预制挑檐。

2. *层数及总高度控制*

一般情况下，房屋的总高度与层数不应超过表 4－17 限值。

表 4－17　　　　房屋的总高度（m）与层数限值

房屋类别		最小抗震墙厚度（mm）	烈度和设计基本地震加速度											
			6		7				8				9	
			0.05g		0.10g		0.15g		0.20g		0.20g		0.40g	
			高度	层数	高度	层数	高度	层数	高度	层数	高度	层数	高度	层数
多层砌体房层	普通砖	240	21	7	21	7	21	7	18	6	15	5	12	4
	多孔砖	240	21	7	21	7	18	6	18	6	15	5	9	3
	多孔砖	190	21	7	18	6	15	5	15	5	12	4	—	—
	小砌块	190	21	7	21	7	18	6	18	6	15	5	9	3
底部框架-抗震墙砌体房屋	普通砖 多孔砖	240	22	7	22	7	19	6	16	5	—	—	—	—
	多孔砖	190	22	7	19	6	16	5	13	4	—	—	—	—
	小砌块	190	22	7	22	7	19	6	16	5	—	—	—	—

注　1　房屋的总高度指室外地面到主要屋面板板顶或檐口的高度，半地下室从地下室室内地面算起，全地下室和嵌固条件好的半地下室应允许从室外面算起；对带阁楼的坡屋面应算到山尖墙的 1/2 高度处；

2　室内外高差大于 0.6m 时，房屋高度应允许比表中的数据适当增加，但增加量应少于 1.0m；

3　乙类的多层砌体房屋仍按本地区设防烈度查表，其层数应减少一层且总高度应降低 3m；不应采用底部框架-抗震墙砌体房屋；

4　本表小砌块砌体房屋不包括配筋混凝土小型空心砌块砌体房屋。

3. *高宽比控制*

抗震规范对多层砌体房屋不要求作整体弯曲的承载力验算。为了使多层砌体房屋有足够的稳定性和整体抗弯能力，多层砌体房屋总高度与总宽度的最大比值，宜符合表 4－18 的要求。

表 4－18　　　　房屋最大高宽比

烈度	6	7	8	9
最大高宽比	2.5	2.5	2.0	1.5

注　1. 单面走廊房屋的总宽度不包括走廊宽度。

2. 建筑平面接近正方形时，其高宽比宜适当减小。

4. *抗震墙间距控制*

横向地震作用主要由横墙承受。横墙间距较大时，楼盖水平刚度变小，不能将横向水平地震作用有效传递到横墙，致使纵墙发生较大出平面弯曲变形，造成纵墙倒塌。为满足结构刚性体系要求、防止纵墙出平面破坏，房屋抗震横墙的间距不应超过表 4－19 的要求。

表 4－19　　房屋抗震横墙的间距（m）

<table>
<tr><th colspan="3" rowspan="2">房屋类别</th><th colspan="4">烈　度</th></tr>
<tr><th>6</th><th>7</th><th>8</th><th>9</th></tr>
<tr><td rowspan="3">多层砌体房屋</td><td colspan="2">现浇或装配整体式钢筋混凝土楼、屋盖</td><td>15</td><td>15</td><td>11</td><td>7</td></tr>
<tr><td colspan="2">装配式钢筋混凝土楼、屋盖</td><td>11</td><td>11</td><td>9</td><td>4</td></tr>
<tr><td colspan="2">木屋盖</td><td>9</td><td>9</td><td>4</td><td>—</td></tr>
<tr><td colspan="2" rowspan="2">底部框架-抗震墙砌体房屋</td><td>上部各层</td><td colspan="4">同多层砌体房屋</td></tr>
<tr><td>底层或底部两层</td><td>18</td><td>15</td><td>11</td><td>—</td></tr>
</table>

注　1. 多层砌体房屋的顶层，除木屋盖外的最大横墙间距应允许适当放宽，但应采取相应加强措施。
　　2. 多孔砖抗震横墙厚度为 190mm 时，最大横墙间距应比表中数值减少 3m。

5. 局部尺寸控制

在强烈地震作用下，房屋首先在薄弱部位破坏，这些薄弱部位一般是，窗间墙、尽端墙段、突出屋顶的女儿墙等。因此多层砌体房屋中砌体墙段的局部尺寸限值，宜符合表 4－20的要求。

表 4－20　　房屋的局面尺寸限值（m）

部　位	6 度	7 度	8 度	9 度
承重窗间墙最小宽度	1.0	1.0	1.2	1.5
承重外墙尺端至门窗洞边的最小距离	1.0	1.0	1.2	1.5
非承重外墙尽端至门窗洞边的最小距离	1.0	1.0	1.0	1.0
内墙阳角至门窗洞边的最小距离	1.0	1.0	1.5	2.0
无锚固女儿墙（非出入口处）的最大高度	0.5	0.5	0.5	0.0

注　1. 局部尺寸不足时，应采取局部加强措施弥补，且最小宽度不宜小于 1/4 层高和表列数据的 80%。
　　2. 出入口处的女儿墙应有锚固。

三、多层砌体结构的抗震计算及抗震构造措施

多层砌体结构房屋的抗震计算，按照现行《建筑结构抗震规范》设计计算。砌体结构的结构抗震构造措施非常重要，加强抗震构造措施的主要目的在于加强结构的整体性、保证抗震设计结构抗震目标的实现、弥补抗震计算的不足，使之具有一定的变形能力（延性）。其构造措施包括设置钢筋混凝土构造柱；设置钢筋混凝土圈梁；屋盖、楼盖与主体结构的连接构造；横墙较少的多层砖房的加强措施；墙体之间的连接；加强楼梯间的整体性等，具体详见《建筑结构抗震规范》。

第十一节　混合结构房屋墙体设计例题

某四层办公楼为装配式梁板结构（见图 4－37、图 4－38），大梁截面尺寸 240mm×

500mm，梁端伸入墙内 240mm，大梁间距 3.9m。底层墙厚为 370mm，2～4 层墙厚为 240mm，另有壁柱：底层为 120mm×490mm，2～4 层为 250mm×490mm。墙体均为双面粉刷，该地区基本风压为 0.55kN/m²。试设计该办公楼墙体。

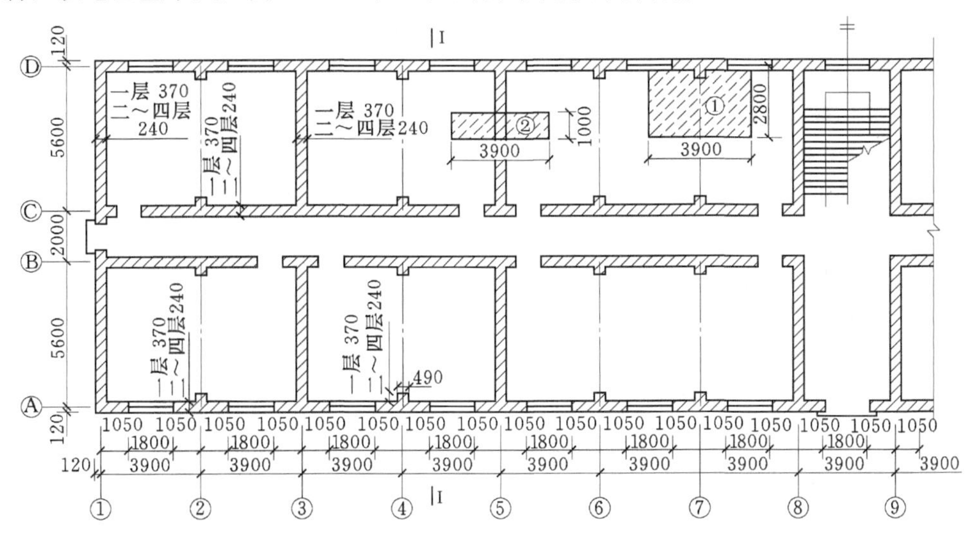

图 4-37　平面图（单位：mm）

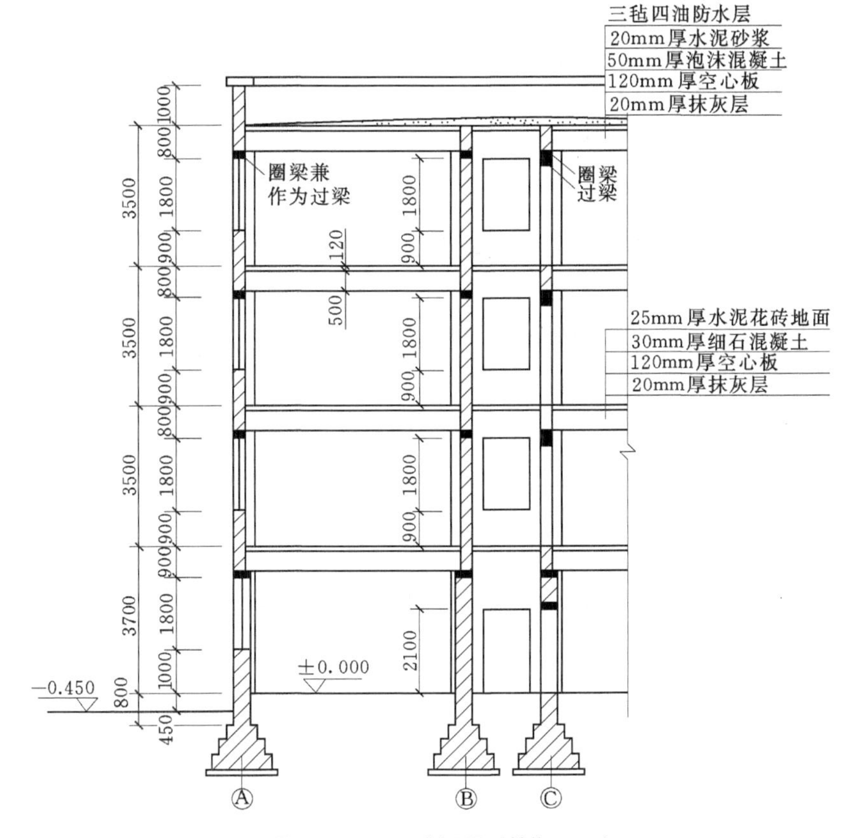

图 4-38　Ⅰ-Ⅰ剖面图（单位：mm）

解题思路介绍如下。

一、确定静力计算方案

根据最大横墙间距 s=11.7m 和楼（屋）盖的类别，由表 4-13 可知为刚性方案房屋。由于基本风压 0.55kN/mm² 小于表 4-14 中限值，所以不考虑风荷载影响。

二、计算荷载标准值

（一）屋面荷载标准值

恒荷载标准值：

屋面防水层：	0.4kN/m²
20mm 厚水泥砂浆找平层：	20×0.02=0.4kN/m²
50mm 厚泡沫混凝土保温层：	5×0.05=0.25kN/m²
120mm 厚空心板（包括灌缝）：	2.2kN/m²
20mm 厚水泥石灰砂浆抹灰：	17×0.02=0.34kN/m²
合计：	3.59kN/m²
活荷载标准值：（屋面均布活荷载 0.7kN/m² 大于雪荷载 0.4kN/m² 时）	0.7kN/m²
屋面荷载标准值：	4.29kN/m²

（二）楼面荷载标准值

恒荷载标准值：

25mm 厚水泥花砖地面（包括水泥粗砂打底）：	0.60kN/m²
30mm 厚细石混凝土面层：	22×0.03=0.66kN/m²
120mm 厚空心板（包括灌缝）：	2.2kN/m²
20mm 厚水泥石灰砂浆抹灰：	0.34kN/m²
合计：	3.80kN/m²

楼面活荷载按《建筑结构荷载规范》取为 2.0kN/m²。当设计墙、柱和基础时，应根据计算截面以上的层数，对计算截面以上各楼层或荷载总和乘以折减系数。此处为简化计算，并偏于安全，按楼层乘以折减系数，分别计算。

4 层楼面活荷载标准值：	2.00×1.00=2.00kN/m²
2、3 层楼面活荷载标准值：	2.00×0.85=1.70kN/m²
4 层楼面荷载标准值：	3.80+2.00=5.80kN/m²
2、3 层楼面荷载标准值：	3.80+1.70=5.50kN/m²

（三）其他荷载标准值

大梁自重（包括 15mm 厚粉刷）：

25×0.24×0.50+0.015×（2×0.50+0.24）×20=3.37kN/m²

370mm 厚双面抹灰墙重：	7.67kN/m²
240mm 厚双面抹灰墙重：	5.24kN/m²
钢框玻璃窗自重：	0.40kN/m²

三、纵墙高厚比验算

根据上述荷载计算结果，采用 MU20 普通烧结黏土砖和 M7.5 混合砂浆砌筑。

（一）计算单元

取 3.9m 宽的开间为计算单元，根据梁板布置及门窗洞口的开设情况，仅以外纵墙为例进行计算分析，内纵墙分析方法类同。外纵墙取图 4－37 中的阴影部分①为计算单元的受荷面积。

（二）截面性质

2～4 层纵墙计算单元如图 4－39 所示，底层纵墙计算单元如图 4－40 所示。

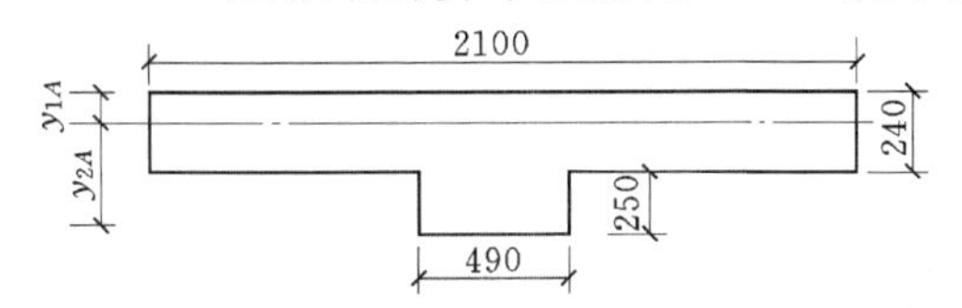

图 4－39　2～4 层纵墙计算单元（单位：mm）

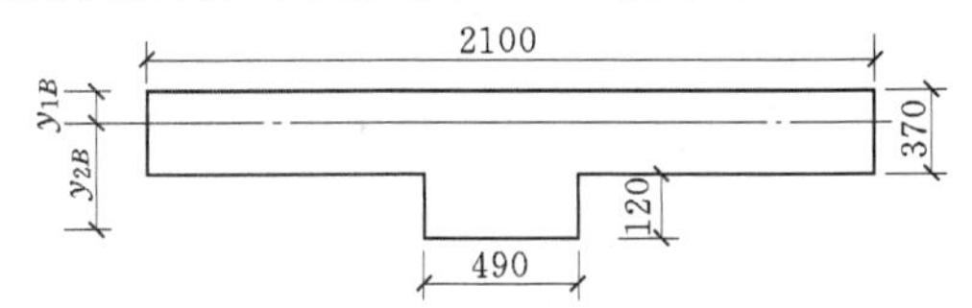

图 4－40　底层纵墙计算单元（单位：mm）

$$A_1 = 2100 \times 240 + 490 \times 250 = 626500\text{mm}^2$$

$$y_{1A} = [2100 \times 240 \times 240/2 + 250 \times 490 \times (240 + 250/2)]/A_1 = 167.91\text{mm}$$

$$y_{2A} = 240 + 250 - 167.91 = 322.09\text{mm}$$

$$I_1 = 2100 \times 240^3/12 + 2100 \times 240 \times (240/2 - 167.91)^2 + 490 \times 250^3/12 + 490 \times 250 \times (322.09 - 250/2) = 8.97 \times 10^9\text{mm}^4$$

$$i_1 = \sqrt{I_1/A_1} = \sqrt{8.97 \times 10^9/626500} = 119.66\text{mm}$$

$$h_{T1} = 3.5 i_1 = 3.5 \times 119.66 = 418.81\text{mm}$$

$$A_2 = 2100 \times 370 + 490 \times 120 = 835800\text{mm}^2$$

$$y_{1B} = [2100 \times 370 \times 370/2 + 120 \times 490 \times (370 + 120/2)]/A_2 = 202.24\text{mm}$$

$$y_{2B} = 370 + 120 - 202.24 = 287.76\text{mm}$$

$$I_1 = 2100 \times 370^3/12 + 2100 \times 370 \times (370/2 - 202.24)^2 + 490 \times 120^3/12 + 490 \times 120 \times (287.76 - 120/2) = 1.22 \times 10^{10}\text{mm}^4$$

$$i_2 = \sqrt{I_2/A_2} = \sqrt{1.22 \times 10^{10}/835800} = 120.82\text{mm}$$

$$h_{T2} = 3.5 i_2 = 3.5 \times 120.82 = 422.87\text{mm}$$

（三）验算高厚比

1. 2～4 层墙体

查表 4－16 得墙体的允许高厚比 $[\beta]=26$；查表 4－8 得 $H_{01}=1.0$，$H=3.5\text{m}$。

$$\mu_1 = 1.0,\ \mu_2 = 1 - 0.4b_s/s = 1 - 0.4 \times 1800/3900 = 0.815$$

$$\mu_1\mu_2[\beta] = 1.0 \times 0.815 \times 26 = 21.19$$

$$\beta_1 = \frac{H_{01}}{h_{T1}} = \frac{3500}{418.81} = 8.38 < \mu_1\mu_2[\beta] = 21.19$$

故满足要求。

2. 底层墙体

查表 4－16 得墙体的允许高厚比 $[\beta]=26$；查表 4－8 得 $H_{02}=1.0$，$H=3.7+0.8=4.5\text{m}$。

$$\mu_1 = 1.0,\ \mu_2 = 1 - 0.4b_s/s = 1 - 0.4 \times 1800/3900 = 0.815$$

$$\mu_1\mu_2[\beta] = 1.0 \times 0.815 \times 26 = 21.19$$

$$\beta_2 = \frac{H_{02}}{h_{T2}} = \frac{4500}{422.86} = 10.64 < \mu_1\mu_2[\beta] = 21.19$$

故满足要求。

四、纵墙控制截面的内力计算和承载力验算

(一) 控制截面

每层取两个控制截面，Ⅰ-Ⅰ截面为墙上部梁底下截面，该截面弯矩最大；Ⅱ-Ⅱ截面为墙下部梁底稍上截面，底层基础顶面截面。在进行承载力验算时，以上两者均取窗间墙截面，即 2～4 层 $A_1 = 626500\text{mm}^2$，底层 $A_2 = 835800\text{mm}^2$。计算截面如图 4-41 所示。

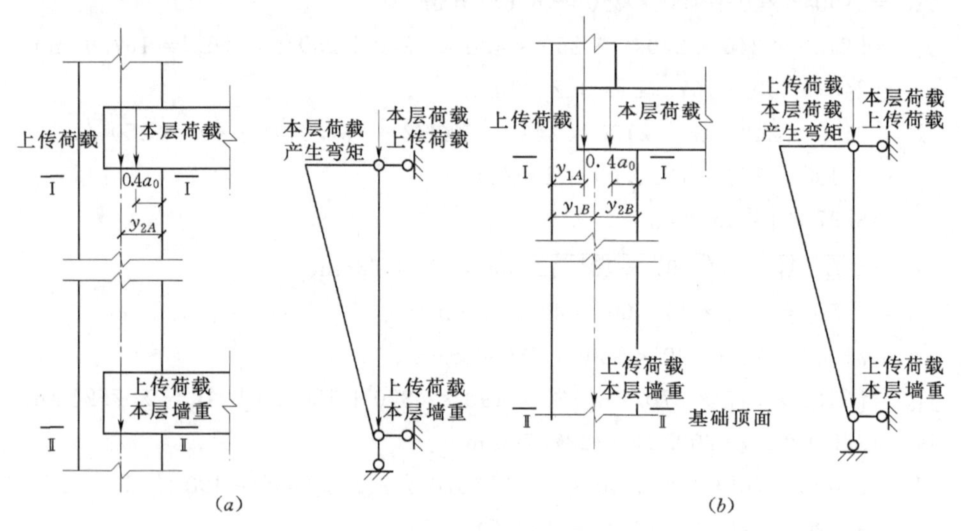

图 4-41 纵墙计算简图

(a) 墙厚不变；(b) 墙厚改变

(二) 荷载设计值计算

1. *屋面传来集中荷载*

由荷载组合规定，设 ρ 为可变荷载效应与永久荷载效应之比，当荷载效应比值 $\rho \leqslant 0.376$ 时，组合由永久荷载控制；当 $\rho > 0.376$ 时，组合由可变荷载控制。

$$\rho = \frac{0.7 \times 3.9 \times 2.8}{3.59 \times 3.9 \times 2.8 + 3.37 \times 2.8} = 0.321 < 0.376$$

所以，组合由永久荷载控制。

组合值：1.35×（3.59×3.9×2.8+3.37×2.8）+1.4×0.7×0.70×3.9×2.8=73.15kN

2. *每层楼面传来集中荷载*

4 层楼面：同上述方法可知，组合由可变荷载控制。

组合值：1.2×（3.80×3.9×2.8+3.37×2.8）+1.4×2.00×3.9×2.8=91.69kN

2、3 层楼面：同上述方法可知，组合由可变荷载控制。

组合值：1.2×（3.80×3.9×2.8+3.37×2.8）+1.4×1.70×3.9×2.8=87.11kN

3. 每层砖墙自重（窗洞尺寸 1.8m×1.8m）

2～4 层：

$$1.35\times[(3.9\times3.5-1.8\times1.8)\times5.24+1.8\times1.8\times0.40]=75.39\text{kN}$$

底层：

$$1.35\times\{[3.9\times(3.7-0.12-0.5+0.8)-1.8\times1.8]\times7.62+1.8\times1.8\times0.40\}=124.08\text{kN}$$

620mm 高 370mm 厚砖墙的自重（楼板面至梁底）为

$$1.35\times0.62\times7.62\times3.9=24.87\text{kN}$$

620mm 高 240mm 厚砖墙的自重（楼板面至梁底）为

$$1.35\times0.62\times5.24\times3.9=17.10\text{kN}$$

1000mm 高 240mm 厚女儿墙自重为

$$1.35\times1.0\times5.24\times3.9=27.59\text{kN}$$

（三）梁端支承处砌体局部受压承载力计算

材料选用 MU20 普通烧结黏土砖，M7.5 混合砂浆砌筑。查附录 D-7 得砌体抗压强度设计值为 2.39MPa。

1. 2～4 层Ⅰ-Ⅰ截面

混凝土梁轴线跨度为 5.6m，伸入墙体长度为 240mm，则梁的计算跨度大于 4.8m，应设置刚性垫块（见图 4-42）。设垫块尺寸为 $a_b=490\text{mm}$，$b_b=400\text{mm}$，$t_b=180\text{mm}$，垫块自梁边每边挑出长度为 $80\text{mm}<t_b$，同时伸入翼墙内的长度为 240mm，满足刚性垫块的要求，故

$$A_b=400\times490=196000\text{mm}^2$$

$$A_0=490\times490=240100\text{mm}^2$$

$$A_0/A_b=240100/196000=1.23$$

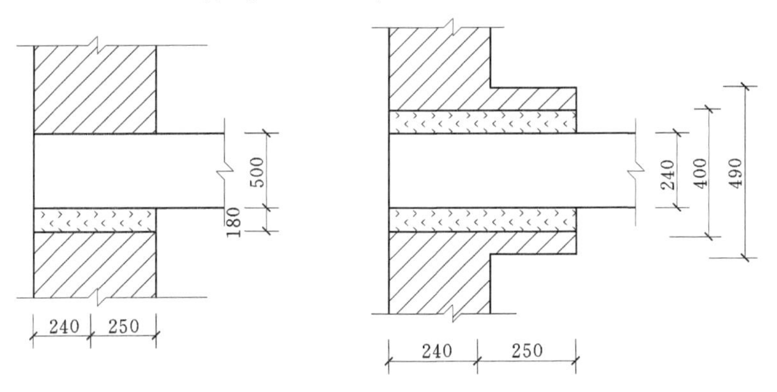

图 4-42　2～4 层梁端刚性垫块图（单位：mm）

砌体局部抗压强度提高系数为

$$\gamma=1+0.35\sqrt{A_0/A_b-1}=1.17$$

$\gamma_1=0.8\gamma\times1.28=0.934<1$，取 $\gamma_1=1.0$。

在 2～4 层各个楼层中，考虑到上部传来荷载的影响，验算 2 层的Ⅰ-Ⅰ截面：

上部传来压力：　$N_0'=73.15+27.59+17.10+75.39+91.69+75.39$
$=360.31\text{kN}$

上部传来平均压应力：　$\sigma_0=N_0'/A_1=360.1\times10^3/626500=0.58\text{MPa}$

垫块面积内的上部轴向力：$N_0=\sigma_0 A_b=0.58\times196000=113.68\text{kN}$

全部轴向力：　$N=113.68+87.11=200.79\text{kN}$

$\sigma_0/f=0.58/2.39=0.243$，查表4-9得 $\delta_1=5.76$，则

$$a_0=\delta_1\sqrt{h_c/f}=5.76\times\sqrt{500/2.39}=83.31\text{mm}$$

$$e_i=a_b/2-0.4a_0=490/2-0.4\times83.31=211.68\text{mm}$$

$$e=N_l e_i/N=87.11\times211.68/200.79=91.83\text{mm}$$

$$e/a_b=91.83/490=0.187$$

$$\varphi=\frac{1}{1+12(e/a_b)^2}=\frac{1}{1+12\times0.187^2}=0.704$$

$$\varphi\gamma_1 fA_b=0.704\times1.0\times2.39\times196000=329.78\text{kN}>N=200.79\text{kN}$$

故满足要求。

2. 底层Ⅰ-Ⅰ截面

梁的轴线跨度为5.6m，伸入墙体长度为240mm，则梁的计算跨度大于4.8m，应设置刚性垫块（见图4-43）。设垫块尺寸为 $a_0=360\text{mm}$，$b_b=400\text{mm}$，$t_b=180\text{mm}$，垫块自梁边每边挑出 $80\text{mm}<t_b$，同时伸入翼墙内的长度为240mm，满足刚性垫块的要求，故

$$A_b=370\times400=148000\text{mm}^2$$

$$A_0=490\times490=240100\text{mm}^2$$

$$A_0/A_b=240100/148000=1.62$$

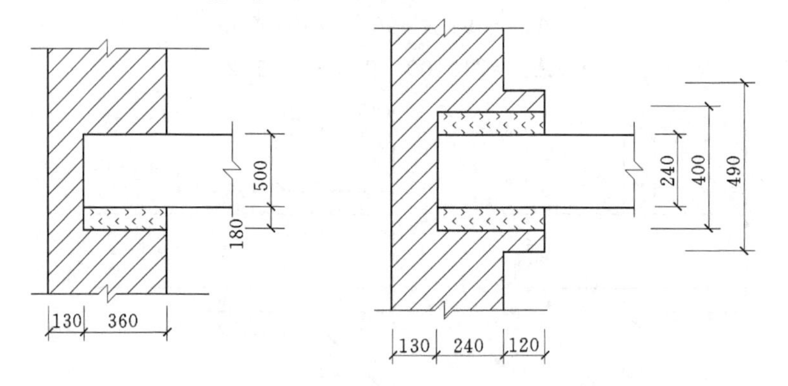

图4-43　底层梁端刚性垫块图（单位：mm）

砌体局部抗压强度系数为

$$\gamma=1+0.35\sqrt{A_0/A_b-1}=1.28$$

$\gamma_1=0.8\gamma=0.8\times1.62=1.296<2.0$，取 $\gamma_1=1.296$。

上部传来压力：

$$N''_0=73.15+27.59+17.10+75.39+91.69+75.39+87.11+58.29+24.87=530.58\text{kN}$$

上部传来平均压应力：$\sigma_0=N''_0/A_2=530.58\times10^3/835800=0.63\text{MPa}$

垫块面积内的上部轴向力：$N_0=\sigma_0 A_b=0.63\times148000=93.24\text{kN}$

全部轴向力：$N=93.24+87.11=180.35\text{kN}$

$\sigma_0/f=0.63/2.39=0.264$，查表 4-9 得 $\delta_1=5.8$，则

$$a_0=\delta_1\sqrt{h_c/f}=5.8\times\sqrt{500/2.39}=83.89\text{mm}$$

$$e_i=a_b/2-0.4a_0=360/2-0.4\times83.89=146.44\text{mm}$$

$$e=N_l e_i/N=87.11\times146.44/180.35=70.73\text{mm}$$

$$e/a_b=70.73/360=0.196$$

$$\varphi=\frac{1}{1+12(e/a_b)^2}=\frac{1}{1+12\times0.196^2}=0.684$$

$$\varphi\gamma_1 fA_b=0.684\times1.296\times2.39\times148000=313.56\text{kN}>N=180.35\text{kN}$$

故满足要求。

(四) 内力计算及截面受压承载力验算

内力计算简图如图 4-41 所示。

1. 4 层墙体

对于Ⅰ-Ⅰ截面，计算如下：

梁端加刚性垫块后由上面的计算得

$$a_0=\delta_1\sqrt{h_c/f}=5.76\times\sqrt{500/2.39}=83.31\text{mm}$$

$$e_i=y_{2A}-0.4a_0=322.09-0.4\times83.31=288.87\text{mm}$$

$$M=73.15\times288.77=21.12\text{kN}\cdot\text{m},N=73.15+17.10=117.84\text{kN}$$

$$e=M/N=21.12/117.84=179.23\text{mm}<0.6y2_A=0.6\times322.09=193.25\text{mm}$$

抗压强度验算如下：

$$e/h_{T1}=179.23/418.81=0.428$$

$$\varphi_0=\frac{1}{1+\alpha\beta^2}=\frac{1}{1+0.0015\times8.38^2}=0.905$$

$$\varphi=\frac{1}{1+12\left[e/h_{T1}+\sqrt{\frac{1}{12}(1/\varphi_0-1)}\right]^2}=0.138$$

$$\varphi Af=0.138\times626500\times2.39=206.63\text{kN}>N=117.84\text{kN}$$

故满足要求。

对于Ⅱ-Ⅱ截面，计算如下：

$M=0$，$N=117.84+75.39=193.23\text{kN}$，查附表 D-8 得 $\varphi=0.905$，则

$$\varphi Af=0.905\times626500\times2.39=1355.09\text{kN}>N=193.25\text{kN}$$

故满足要求。

2. 其他计算

其他层的计算列于表 4-19 中。

五、横墙控制截面的内力计算和承载力验算

(一) 控制截面

横墙的两侧恒载是对称的，而活载有可能仅一侧有。估算表明，即使考虑仅一侧有本

层活载，引起的弯矩也是非常小的，故可取满布活载计算。

由于两侧楼盖传来的纵向力相同时，沿整个高度都承受轴心压力，则取每层Ⅱ-Ⅱ截面，即墙下部板底稍上截面进行验算。由于底层墙厚为370mm，2～4层墙厚为240mm，因此仅需验算第2层Ⅱ-Ⅱ截面与底层基础顶面。

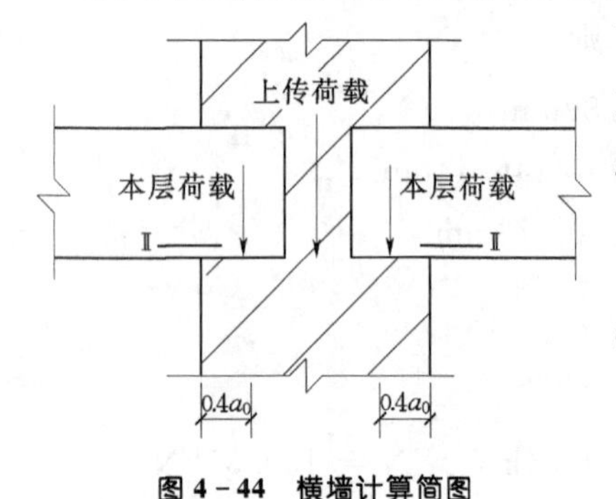

图4-44 横墙计算简图

(二) 计算单元

内横墙计算单元取1m，取图4-37中的阴影部分②为计算单元的受荷面积。计算单元如图4-44所示。

(三) 荷载设计值计算

1. 屋面传来集中荷载

同纵墙计算方法可知，组合由永久荷载控制。

组合值：1.35×3.59×3.9×1.0+1.4×0.7×0.70×3.9×1.0=21.58kN

2. 每层楼面传来集中荷载

4层楼面：同上述方法可知，组合由可变荷载控制。

组合值：1.2×3.80×3.9×1.0+1.4×2.00×3.9×1.0=28.74kN

2、3层楼面：同上述方法可知，组合由可变荷载控制。

组合值：1.2×3.80×3.9×1.0+1.4×1.70×3.9×1.0=27.07kN

3. 每层砖墙自重（窗洞尺寸1.8m×1.8m）

2～4层：1.35×1.0×3.5×5.24=24.76kN

底层：1.35×1.0×（3.7－0.12+0.8）×7.62=45.06kN

(四) 验算高厚比

1. 2～4层墙体

查表4-16得墙体的允许高厚比$[\beta]=26$；查表4-8得$H_{01}=1.0H=3.5\text{m}$。

$$\mu_1=1.0,\ \mu_2=1.0$$

$$\mu_1\mu_2[\beta]=1.0\times1.0\times26=26$$

$$\beta_1=\frac{H_{01}}{h}=\frac{3500}{240}=14.58<\mu_1\mu_2[\beta]=26$$

故满足要求。

2. 底层墙体

查表4-16得墙体的允许高厚比$[\beta]=26$；查表4-8得$H_{02}=1.0H=3.7+0.8=4.5\text{m}$。

$$\mu_1=1.0,\ \mu_2=1.0$$

$$\mu_1\mu_2[\beta]=1.0\times1.0\times26=26$$

$$\beta_2=\frac{H_{02}}{h_{T2}}=\frac{4500}{370}=12.16<\mu_1\mu_2[\beta]=26$$

故满足要求。

(五) 内力计算及截面受压承载力验算

1. 2层Ⅱ-Ⅱ截面

$$N=21.58+28.74+27.07+24.76\times3=178.74\text{kN}$$

轴心受压 $e/h=0$，查附录 D-8 得 $\varphi=0.757$，$A=0.24\times1.0=0.24\text{m}^2<0.3\text{m}^2$，则

$$\gamma_a = 0.7 + A = 0.7 + 0.24 = 0.94$$

$$\varphi\gamma_a Af = 0.757 \times 0.94 \times 240000 \times 2.39 = 408.2\text{kN} > N = 178.74\text{kN}$$

故满足要求。

2. 底层Ⅱ-Ⅱ截面

$$N = 21.58 + 28.74 + 27.07 + 27.07 + 24.76 \times 3 + 45.06 = 223.80\text{kN}$$

轴心受压 $e/h=0$，查附录 D-8 得 $\varphi=0.818$，$A=0.37\times1.0=0.37\text{m}^2>0.3\text{m}^2$，则

$$\gamma_a = 1.0$$

$$\varphi\gamma_a Af = 0.818 \times 1.0 \times 370000 \times 2.39 = 723.4\text{kN} > N = 223.80\text{kN}$$

故满足要求。

表 4-21　各截面的内力计算和受压承载力验算

层次	截面	荷载设计值 N (kN)	M (kN·m)	e (mm)	$\frac{e}{h_T}$	β	φ	f (N/mm²)	A (mm²)	φfA (kN)	结论
四层	Ⅰ-Ⅰ	屋面荷载 73.15 墙　重 44.69 117.84	21.55	182.88	0.437	8.38	0.138	2.39	626500	206.63	安全
	Ⅱ-Ⅱ	上面传来 117.84 本层墙重 75.39 193.23	0	0	0	8.38	0.905	2.39	626500	1355.09	安全
三层	Ⅰ-Ⅰ	上面传来 193.23 楼面荷载 91.69 284.92	26.48	92.93	0.222	8.38	0.209	2.39	626500	312.94	安全
	Ⅱ-Ⅱ	上面传来 284.92 本层墙重 75.39 360.31	0	0	0	8.38	0.905	2.39	626500	1355.09	安全
二层	Ⅰ-Ⅰ	上面传来 360.31 楼面荷载 87.11 447.42	25.15	56.22	0.134	8.38	0.268	2.39	626500	401.29	安全
	Ⅱ-Ⅱ	上面传来 447.42 本层墙重 58.29① 505.71	0	0	0	8.38	0.905	2.39	626500	1355.09	安全
底层	Ⅰ-Ⅰ	上面传来 505.71 620 高墙重 24.87 楼面荷载 87.11 617.69	−3.21②	−5.20	0.012	10.64	0.389	2.39	835800	777.05	安全
	Ⅱ-Ⅱ	上面传来 617.69 本层墙重 124.08 741.77	0	0	0	10.64	0.855	2.39	835800	1707.92	安全

①　在墙厚改变的楼层，计算取该层楼面标高处截面，本层墙重 75.39−17.11=58.29kN。

②　在墙厚改变的楼层，上层传来荷载和本层楼面荷载均产生 M。

思 考 题

4-1 砌体在轴心压力作用下单块砖及砂浆可能处于怎样的应力状态？它对砌体的抗压强度有何影响？

4-2 为什么砌体抗压强度远小于块体的抗压强度，而又大于当砂浆强度等级较低时的砂浆抗压强度？

4-3 砌体强度设计值应如何确定？在什么情况下需乘以调整系数 γ_a？

4-4 什么是施工质量控制等级，在设计时如何体现？

4-5 无筋砌体轴心受压构件承载力如何计算？影响系数 φ 的物理意义是什么？它与哪些因素有关？

4-6 什么是砌体局部抗压强度提高系数？如何计算？

4-7 什么是梁端有效支承长度？如何计算？

4-8 配筋砌体有哪几类？它们的受力特点如何？

4-9 混合结构房屋的结构布置方案有哪些？其特点是什么？

4-10 房屋的空间性能影响系数 η 的含义是什么？其主要影响因素有哪些？

4-11 为什么要验算墙、柱的高厚比？高厚比验算考虑了哪些因素？

4-12 刚性方案房屋墙柱静力计算简图是怎样的？为什么？

4-13 混合结构房屋墙柱承载力验算时，怎样选取控制截面？

4-14 过梁上的荷载如何计算？

4-15 在一般砌体结构房屋中，圈梁的作用是什么？

4-16 墙梁有几种破坏形态？它们是怎样产生的？

4-17 挑梁抗倾覆应如何验算？其抗倾覆荷载应如何考虑？

4-18 引起墙体开裂的主要因素是什么？

习 题

4-1 已知一轴心受压柱，承受纵向力 $N=118\text{kN}$，柱截面尺寸为 490mm×370mm，计算高度 $H_0=3.6\text{m}$，采用 MU5 烧结普通砖、M5 混合砂浆砌筑，试验算该柱承载力。

4-2 截面为 490mm×620mm 的砖柱，用 MU10 烧结普通砖、M5 混合砂浆砌筑，柱长短边的计算高度相同为 $H_0=5\text{m}$，该柱承受纵向力设计值 $N=276\text{kN}$，由荷载标准值产生的偏心距 $e=100\text{mm}$，试验算其承载力。

4-3 钢筋混凝土梁的截面尺寸为 250mm×550mm，支承在具有壁柱的砖墙上，如图所示，支承长度 $a=370\text{mm}$。支承局部压力设计值 $N_l=70\text{kN}$，上部荷载设计值产生的平均压应力 $\sigma_0=0.48\text{N/mm}^2$。采用 MU10 烧结普通砖、M5 混合砂浆砌筑。试验算梁端局部受压承载力。若不满足，试设计梁垫。

4-4 网状配筋砖砌体柱的截面尺寸为 490mm×490mm，计算长度 $H_0=4.2\text{m}$，用 MU10 烧结普通砖、M5 混合砂浆砌筑。承受轴向压力设计值 $N=390\text{kN}$。试设计该柱。

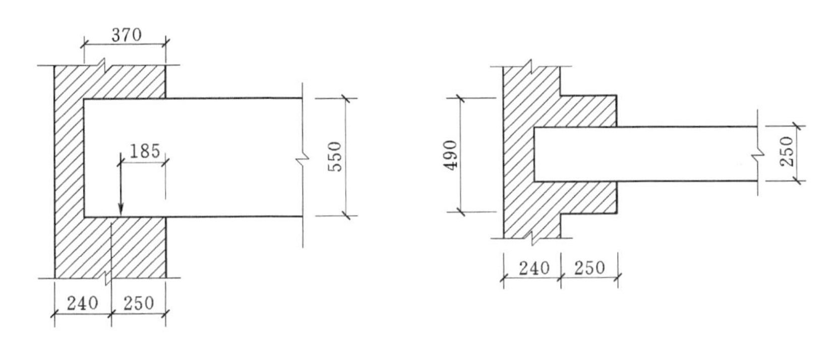

习题 4-3 图

4-5　某房屋砖柱截面为 490mm×370mm，用 MU10 烧结普通砖、M2.5 混合砂浆砌筑，层高 4.5m，假定为刚性方案。试验算该柱的高厚比。

4-6　某单层单跨大吊车的厂房，柱间距为 6m，每开间有 2.8m 宽的窗洞，车间长 42m，采用钢筋混凝土大型屋面板屋盖，屋架下弦标高为 5m，壁柱为 490mm×370mm，墙厚 240mm，根据车间构造确定为刚弹性方案，试验算带壁柱墙的高厚比。

4-7　某 5 层办公楼，楼屋盖采用装配式钢筋混凝土梁板结构，平面和剖面如图所示。大梁截面尺寸为 200mm×500mm，梁端伸入墙内 240mm，大梁间距 3.6m，底层墙厚 370mm，2～5 层墙厚为 240mm。2 层墙采用 MU10 烧结多孔砖及 M5 混合砂浆砌筑。经计算已知，作用于 2 层外纵墙的荷载：上层墙体传来的轴向力设计值 $N_{u,2}=405$kN，本层大梁传来的集中力设计值 $N_{l,2}=70$kN，本层墙体自重设计值 $N_{G,2}=66$kN。试验算 2 层外纵墙的承载力。

4-8　承托阳台的钢筋混凝土挑梁，埋置于丁字形截面的墙体中，如图所示。挑梁的混凝土等级为 C20，主筋采用 HRB335 级钢筋，箍筋采用 HPB235 级钢筋，挑梁根部截面尺寸为 240mm×240mm。挑梁上、下墙厚均为 240mm，采用 MU10 烧结普通砖、M5 混合砂浆砌筑。图中挑梁上的荷载均为标准值。试设计位于底部的挑梁。

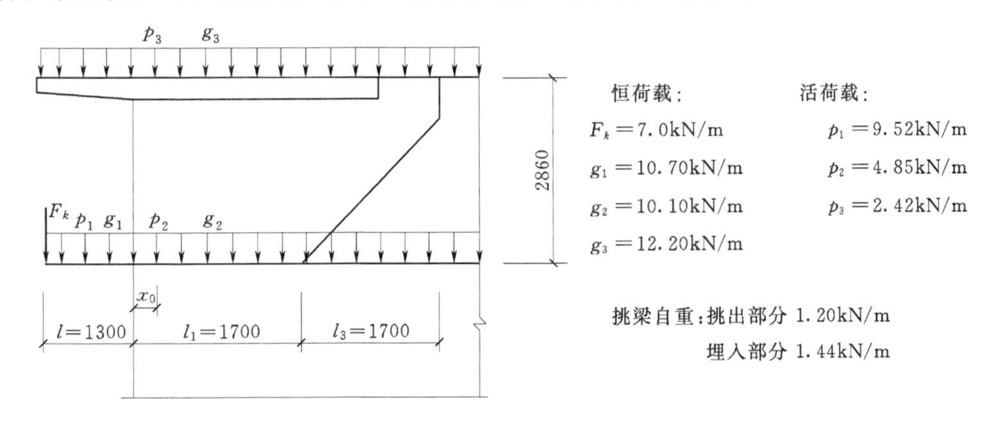

习题 4-8 图

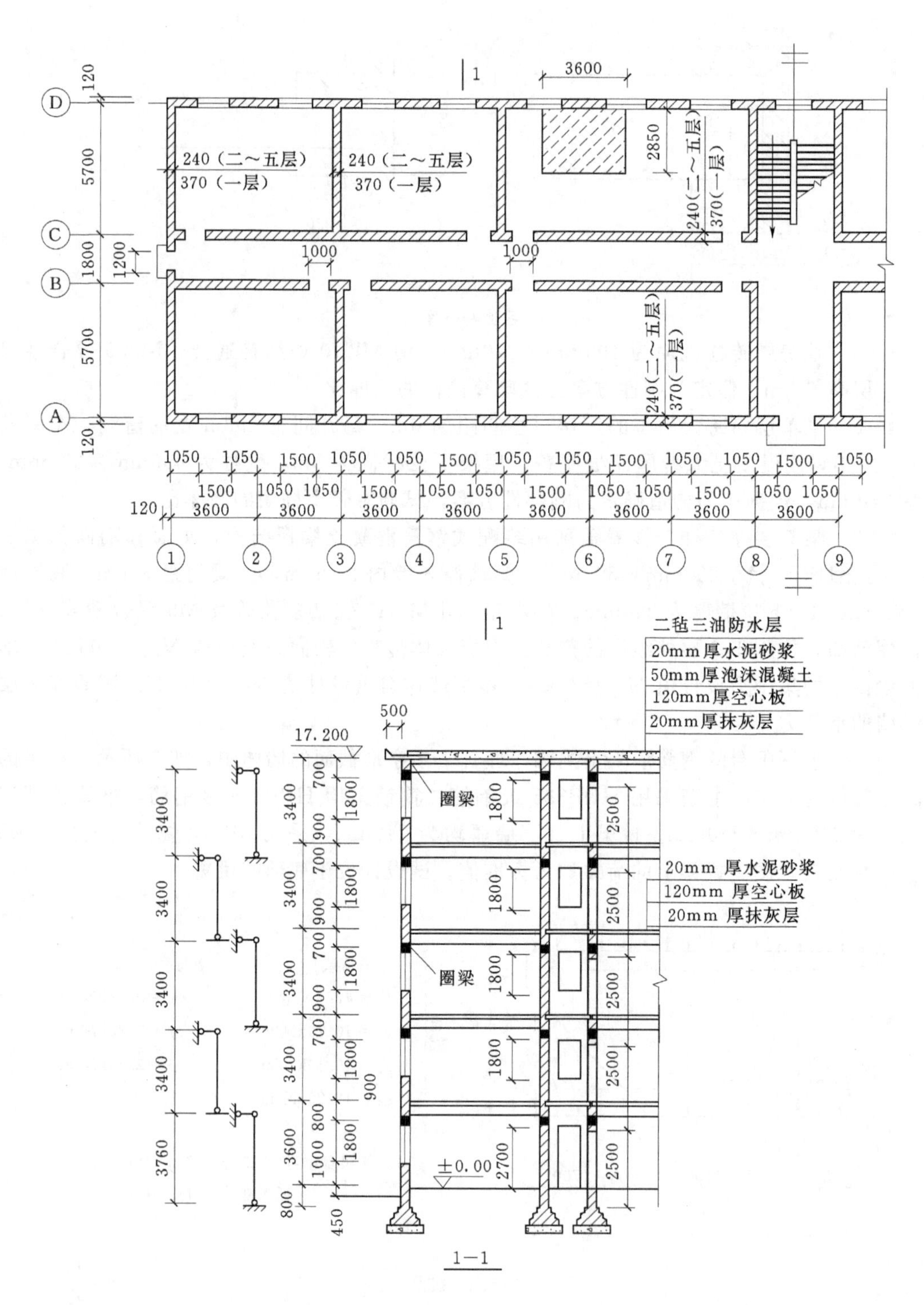
240（二～五层）
370（一层）
240（二～五层）
370（一层）
240(二～五层)
370(一层)
240(二～五层)
370(一层)
二毡三油防水层
20mm厚水泥砂浆
50mm厚泡沫混凝土
120mm厚空心板
20mm厚抹灰层
圈梁
圈梁
20mm 厚水泥砂浆
120mm 厚空心板
20mm 厚抹灰层
17.200
±0.00
1—1

习题 4-7 图

附录 A

等截面等跨连续梁在常用荷载作用下的内力系数表

1. 均布及三角形荷载作用

$$M = 表中系数 \times ql^2（或 \times gl^2）$$

$$V = 表中系数 \times ql（或 \times gl）$$

2. 集中荷载作用

$$M = 表中系数 \times Gl$$

$$V = 表中系数 \times G$$

3. 内力正负号的规定

M 为使截面上部受压、下部受拉为正；V 为对邻近截面所产生的力矩沿顺时针方向者为正。

表 A-1 **两 跨 梁**

荷 载 图	跨内最大弯矩		支座弯矩	剪 力		
	M_1	M_2	M_B	V_A	V_{Bl} V_{Br}	V_C
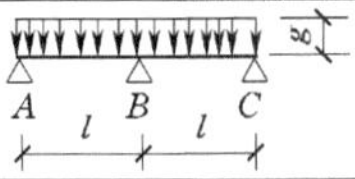	0.070	0.0703	−0.125	0.375	−0.625 0.625	−0.375
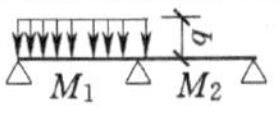	0.096	—	−0.063	0.437	−0.563 0.063	0.063
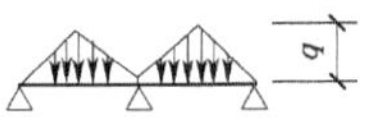	0.048	0.048	−0.078	0.172	−0.328 0.328	−0.172
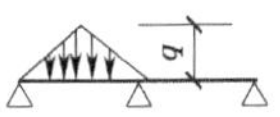	0.064	—	−0.039	0.211	−0.289 0.039	0.039
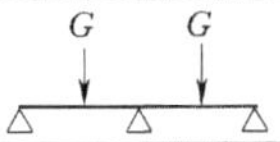	0.156	0.156	−0.188	0.312	−0.688 0.688	−0.312
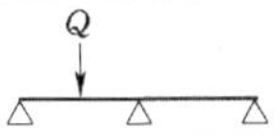	0.203	—	−0.094	0.406	−0.594 0.094	0.094
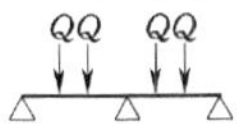	0.222	0.222	−0.333	0.667	−1.333 1.333	−0.667
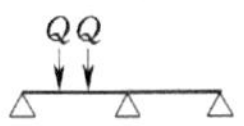	0.278	—	−0.167	0.833	−1.167 0.167	0.167

表 A－2 三 跨 梁

荷 载 图	跨内最大弯矩		支座弯矩		剪 力			
	M_1	M_2	M_B	M_C	V_A	V_{Bl} V_{Br}	V_{Cl} V_{Cr}	V_D
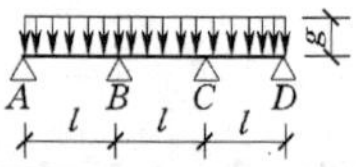 q；A B C D；l l l	0.080	0.025	−0.100	−0.100	0.400	−0.600 0.500	−0.500 0.600	−0.400
 q；M_1 M_2 M_3	0.101	—	−0.050	−0.050	0.450	−0.550 0	0 0.550	−0.450
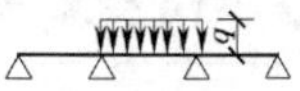 q	—	0.075	−0.050	−0.050	0.050	−0.050 0.500	−0.500 0.050	0.050
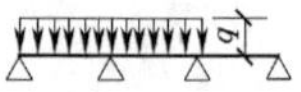 q	0.073	0.054	−0.117	−0.033	0.383	−0.617 0.583	−0.417 0.033	0.033
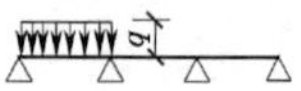 q	0.094	—	−0.067	0.017	0.433	−0.567 0.083	0.083 −0.017	−0.017
 g	0.054	0.021	−0.063	−0.063	0.183	−0.313 0.250	−0.250 0.313	−0.188
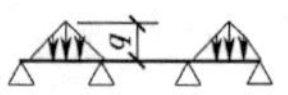 q	0.068	—	−0.031	−0.031	0.219	−0.281 0	0 0.281	−0.219
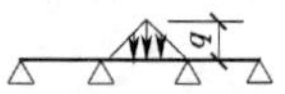 q	—	0.052	−0.031	−0.031	0.031	−0.031 0.250	−0.250 0.051	0.031
 q	0.050	0.038	−0.073	−0.021	0.177	−0.323 0.302	−0.198 0.021	0.021
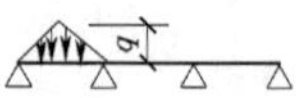 q	0.063	—	−0.042	0.010	0.208	−0.292 0.052	0.052 −0.010	−0.010
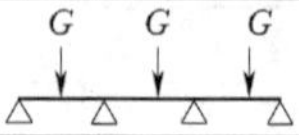 G G G	0.175	0.100	−0.150	−0.150	0.350	−0.650 0.500	−0.500 0.650	−0.350
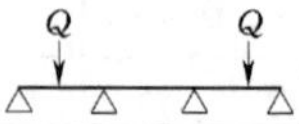 Q Q	0.213	—	−0.075	−0.075	0.425	−0.575 0	0 0.575	−0.425
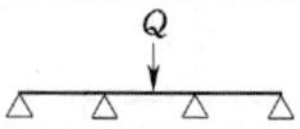 Q	—	0.175	−0.075	−0.075	−0.075	−0.075 0.500	−0.500 0.075	0.075
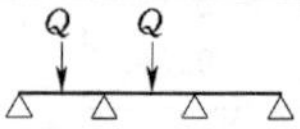 Q Q	0.162	0.137	−0.175	−0.050	0.325	−0.675 0.625	−0.375 0.050	0.050
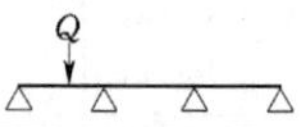 Q	0.200	—	−0.100	0.025	0.400	−0.600 0.125	0.125 −0.025	−0.025
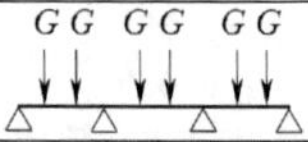 GG GG GG	0.244	0.067	−0.267	0.267	0.733	−1.267 1.000	−1.000 1.267	−0.733
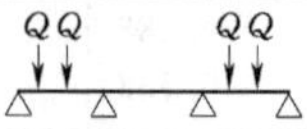 QQ QQ	0.289	—	0.133	−0.133	0.866	−1.134 0	0 1.134	−0.866
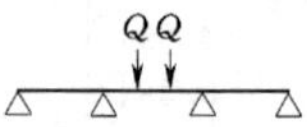 QQ	—	0.200	−0.133	0.133	−0.133	−0.133 1.000	−1.000 0.133	0.133
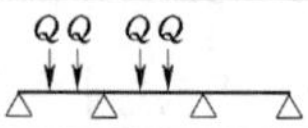 QQ QQ	0.229	0.170	−0.311	−0.089	0.689	−1.311 1.222	−0.778 0.089	0.089
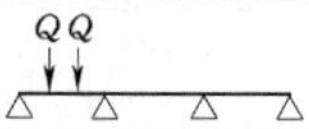 QQ	0.274	—	0.178	0.044	0.822	−1.178 0.222	0.222 −0.044	−0.044

表 A-3

四 跨 梁

荷 载 图	跨内最大弯矩				支 座 弯 矩			剪 力				
	M_1	M_2	M_3	M_4	M_B	M_C	M_D	V_A	V_{Bl} V_{Br}	V_{Cl} V_{Cr}	V_{Dl} V_{Dr}	V_E
g; A B C D E; l l l l	0.077	0.036	0.036	0.077	−0.107	−0.071	−0.107	0.393	−0.607 0.536	−0.464 0.464	−0.536 0.607	−0.393
q; M_1 M_2 M_3 M_4	0.100	—	0.081	—	−0.054	−0.036	−0.054	0.446	−0.554 0.018	0.018 0.482	−0.518 0.054	0.054
q	0.072	0.061	—	0.098	−0.121	−0.018	−0.058	0.380	−0.620 0.603	−0.397 −0.040	−0.040 −0.558	−0.442
q	—	0.056	0.056	—	−0.036	−0.107	−0.036	−0.036	−0.036 0.429	−0.571 0.571	−0.429 0.036	0.036
q	0.094	—	—	—	−0.067	0.018	−0.004	0.433	−0.567 0.085	0.085 −0.022	0.022 0.004	0.004
q	—	0.071	—	—	−0.049	−0.054	0.013	−0.049	−0.049 0.496	−0.504 0.067	0.067 0.013	−0.013
q	0.062	0.028	0.028	0.052	−0.067	−0.045	−0.067	0.183	−0.317 0.272	−0.228 0.228	−0.272 0.317	−0.183
q	0.067	—	0.055	—	−0.084	−0.022	−0.034	0.217	−0.234 0.011	0.011 0.239	−0.261 0.034	0.034
Q	0.200	—	—	—	−0.100	−0.027	−0.007	0.400	−0.600 0.127	0.127 −0.033	−0.033 0.007	0.007
Q	—	0.173	—	—	−0.074	−0.080	0.020	−0.074	−0.074 0.493	−0.507 0.100	0.100 −0.020	−0.020
GG GG GG GG	0.238	0.111	0.111	0.238	−0.286	−0.191	−0.286	0.714	1.286 1.095	−0.905 0.905	−1.095 1.286	−0.714

续表

荷载图	跨内最大弯矩				支座弯矩			剪力				
	M_1	M_2	M_3	M_4	M_B	M_C	M_D	V_A	V_{Bl} V_{Br}	V_{Cl} V_{Cr}	V_{Dl} V_{Dr}	V_E
QQ QQ	0.286	—	0.222	—	−0.143	−0.095	−0.143	0.857	−1.143 0.048	0.048 0.952	−1.048 0.143	0.143
QQ QQ QQ	0.226	0.194	—	0.282	−0.321	−0.048	−0.155	0.679	−1.321 1.274	−0.726 −0.107	−0.107 1.155	−0.845
QQ QQ	—	0.175	0.175	—	−0.095	−0.286	−0.095	−0.095	0.095 0.810	−1.190 1.190	−0.810 0.095	0.095
QQ	0.274	—	—	—	−0.178	0.048	−0.012	0.822	−1.178 0.226	0.226 −0.060	−0.060 0.012	0.012
QQ	—	0.198	—	—	−0.131	−0.143	0.036	−0.131	−0.131 0.988	−1.012 0.178	0.178 −0.036	−0.036
b	0.049	0.042	—	0.066	−0.075	−0.011	−0.036	0.175	−0.325 0.314	−0.186 −0.025	−0.025 0.286	−0.214
b	—	0.040	0.040	—	−0.022	−0.067	−0.022	−0.022	−0.022 0.205	−0.295 0.295	−0.205 0.022	0.022
b	0.088	—	—	—	−0.042	0.011	−0.003	0.208	−0.292 0.053	0.063 −0.014	−0.014 0.003	0.003
b	—	0.051	—	—	−0.031	−0.034	0.008	−0.031	−0.031 0.247	−0.253 0.042	0.042 −0.008	−0.008
G G G G	0.169	0.116	0.116	0.169	−0.161	−0.107	−0.161	0.339	−0.661 0.554	−0.446 0.446	−0.554 0.661	−0.330
Q Q	0.210	—	0.183	—	−0.080	−0.054	−0.080	0.420	−0.580 0.027	0.027 0.473	−0.527 0.080	0.080

续表

荷载图	跨内最大弯矩				支座弯矩			剪力				
	M_1	M_2	M_3	M_4	M_B	M_C	M_D	V_A	V_{Bl} V_{Br}	V_{Cl} V_{Cr}	V_{Dl} V_{Dr}	V_E
Q Q Q	0.159	0.146	—	0.206	−0.181	−0.027	−0.087	0.319	−0.681 0.654	−0.346 −0.060	−0.060 0.587	−0.413
Q Q	—	0.142	0.142	—	−0.054	−0.161	−0.054	0.054	−0.054 0.393	−0.607 0.607	−0.393 0.054	0.054

表 A-4　　五　跨　梁

荷载图	跨内最大弯矩			支座弯矩				剪力					
	M_1	M_2	M_3	M_B	M_C	M_D	M_E	V_A	V_{Bl} V_{Br}	V_{Cl} V_{Cr}	V_{Dl} V_{Dr}	V_{El} V_{Er}	V_F
q A l B l C l D l E l F	0.078	0.033	0.046	−0.105	−0.079	−0.079	−0.105	0.394	−0.606 0.526	−0.474 0.500	−0.500 0.474	−0.526 0.606	−0.394
q M_1 M_2 M_3 M_4 M_5	0.100	—	0.085	−0.053	−0.040	−0.040	−0.053	0.447	−0.553 0.013	0.013 0.500	−0.500 −0.013	−0.013 0.553	−0.447
q	—	0.079	—	−0.053	−0.040	−0.040	−0.053	−0.053	−0.053 0.513	−0.487 0	0 0.487	−0.513 0.053	0.053
q	0.073	②0.059 0.078	—	−0.119	−0.022	−0.044	−0.051	0.380	−0.620 0.598	−0.402 −0.023	−0.023 0.493	−0.507 0.052	0.052
q	①— 0.098	0.055	0.064	−0.035	−0.111	−0.020	−0.057	0.035	0.035 0.424	0.576 0.591	−0.409 −0.037	−0.037 0.557	−0.443
q	0.094	—	—	−0.067	0.018	−0.005	0.001	0.433	0.567 0.085	0.086 0.023	0.023 0.006	0.006 −0.001	0.001
q	—	0.074	—	−0.049	−0.054	0.014	−0.004	0.019	−0.049 0.496	−0.505 0.068	0.068 −0.018	−0.018 0.004	0.004

续表

荷载图	跨内最大弯矩			支座弯矩				剪力					
	M_1	M_2	M_3	M_B	M_C	M_D	M_E	V_A	V_{Bl} V_{Br}	V_{Cl} V_{Cr}	V_{Dl} V_{Dr}	V_{El} V_{Er}	V_F
	—	—	0.072	0.013	0.053	0.053	0.013	0.013	0.013 -0.066	-0.066 0.500	-0.500 0.066	0.066 -0.013	0.013
	0.053	0.026	0.034	-0.066	-0.049	0.049	-0.066	0.184	-0.316 0.266	-0.234 0.250	-0.250 0.234	-0.266 0.316	0.184
	0.067	—	0.059	-0.033	-0.025	-0.025	0.033	0.217	0.283 0.008	0.008 0.250	-0.250 -0.006	-0.008 0.283	0.217
	—	0.055	—	-0.033	-0.025	-0.025	-0.033	0.033	-0.033 0.258	-0.242 0	0 0.242	-0.258 0.033	0.033
	0.049	②0.041 0.053	—	-0.075	-0.014	-0.028	-0.032	0.175	0.325 0.311	-0.189 -0.014	-0.014 0.246	-0.255 0.032	0.032
	①— 0.066	0.039	0.044	-0.022	-0.070	-0.013	-0.036	-0.022	-0.022 0.202	-0.298 0.307	-0.198 -0.028	-0.023 0.286	-0.214
	0.063	—	—	-0.042	0.011	-0.003	0.001	0.208	-0.292 0.053	0.053 -0.014	-0.014 0.004	0.004 -0.001	-0.001
	—	0.051	—	-0.031	-0.034	0.009	-0.002	-0.031	-0.031 0.247	-0.253 0.043	0.049 -0.011	-0.011 0.002	0.002
	—	—	0.050	0.008	-0.033	-0.033	0.008	0.008	0.008 -0.041	-0.041 0.250	-0.250 0.041	0.041 -0.088	-0.008
G G G G G	0.171	0.112	0.132	-0.158	-0.118	-0.118	-0.158	0.342	-0.658 0.540	-0.460 0.500	-0.500 0.460	-0.540 0.658	-0.342
Q Q Q	0.211	—	0.191	-0.079	-0.059	-0.059	-0.079	0.421	-0.579 0.020	0.020 0.500	-0.500 -0.020	-0.020 0.579	-0.421
Q Q	—	0.181	—	-0.079	-0.059	-0.059	-0.079	-0.079	-0.079 0.520	-0.480 0	0 0.480	-0.520 0.079	0.079
Q Q Q	0.160	②0.144 0.178	—	-0.179	-0.032	-0.066	-0.077	0.321	-0.679 0.647	-0.353 -0.034	-0.034 0.489	-0.511 0.077	0.077

续表

荷载图	跨内最大弯矩			支座弯矩				剪力					
	M_1	M_2	M_3	M_B	M_C	M_D	M_E	V_A	V_{Bl} V_{Br}	V_{Cl} V_{Cr}	V_{Dl} V_{Dr}	V_{El} V_{Er}	V_F
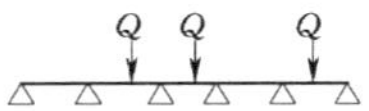 Q Q Q	①— 0.207	0.140	0.151	−0.052	−0.167	−0.031	−0.086	−0.052	−0.052 0.385	−0.615 0.637	−0.363 −0.056	−0.056 0.586	−0.414
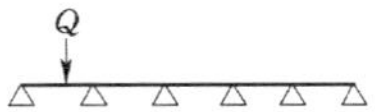 Q	0.200	—	—	−0.100	0.027	−0.007	0.002	0.400	−0.600 0.127	0.127 −0.031	−0.034 0.009	0.009 −0.002	−0.002
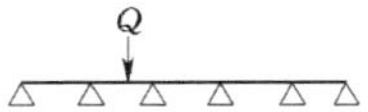 Q	—	0.173	—	−0.073	−0.081	0.022	−0.005	−0.073	−0.073 0.493	−0.507 0.102	0.102 −0.027	−0.027 0.005	0.005
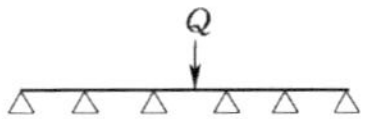 Q	—	—	0.171	0.020	−0.079	−0.079	0.020	0.020	0.020 −0.099	−0.099 0.500	−0.500 0.099	0.099 −0.020	−0.020
 GG GG GGGG GG	0.240	0.100	0.122	−0.281	−0.211	0.211	−0.281	0.719	−1.281 1.070	−0.930 1.000	−1.000 0.930	1.070 1.281	−0.719
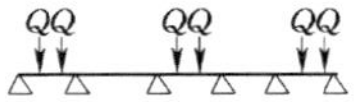 QQ QQ QQ	0.287	—	0.228	−0.140	−0.105	−0.105	−0.140	0.860	−1.140 0.035	0.035 1.000	1.000 −0.035	−0.035 1.140	−0.860
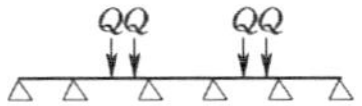 QQ QQ	—	0.216	—	−0.140	−0.105	−0.105	−0.140	−0.140	−0.140 1.035	−0.965 0	0.000 0.965	−1.035 0.140	0.140
 QQ QQ QQ	0.227	②0.189 0.209	—	−0.319	−0.057	−0.118	−0.137	0.681	−1.319 1.262	−0.738 −0.061	−0.061 0.981	−1.019 0.137	0.137
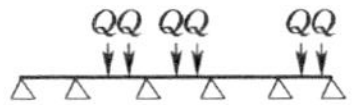 QQ QQ QQ	①— 0.282	0.172	0.198	−0.093	−0.297	−0.054	−0.153	−0.093	−0.093 0.796	−1.204 1.243	−0.757 −0.099	−0.099 1.153	−0.847
 QQ	0.274	—	—	−0.179	0.048	−0.013	0.003	0.821	−1.179 0.227	0.227 −0.061	−0.061 0.016	0.016 −0.003	−0.003
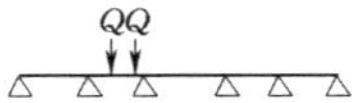 QQ	—	0.198	—	−0.131	−0.144	0.038	−0.010	−0.131	−0.131 0.987	−1.031 0.182	0.182 −0.048	−0.048 0.010	0.010
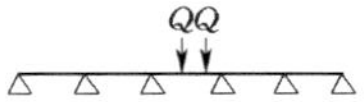 QQ	—	—	0.193	0.035	−0.140	−0.140	0.035	0.035	0.035 −0.175	−0.175 1.000	−1.000 0.175	0.175 −0.035	−0.035

① 分子及分母分别为 M_1 及 M_5 的弯矩系数。
② 分子及分母分别为 M_2 及 M_4 的弯矩系数。

附录 B

按弹性理论计算矩形双向板在均布荷载作用下的弯矩系数表

一、符号说明

M_x、$M_{x,\max}$分别为平行于 l_x 方向板中心点弯矩、板跨内的最大弯矩；M_y、$M_{y,\max}$分别为平行于 l_y 方向板中心点弯矩、板跨内的最大弯矩；M_x^0 为固定边中点沿 l_x 方向的弯矩；M_y^0 为固定边中点沿 l_y 方向的弯矩；M_{0x}为平行于 l_x 方向自由边的中点弯矩；M_{0x}^0为平行于 l_x 方向自由边上固定端的支座弯矩。

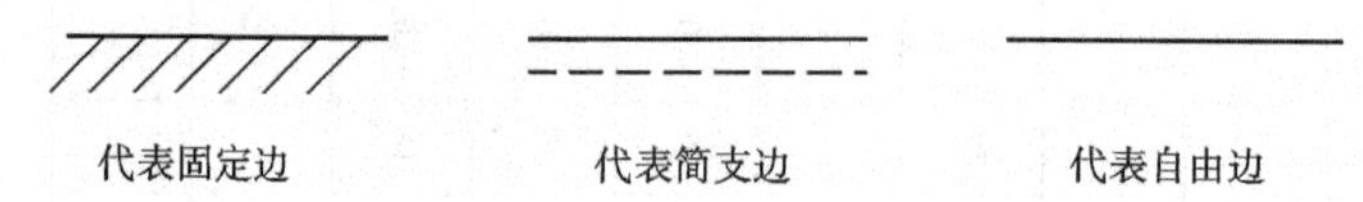

代表固定边　　　代表简支边　　　代表自由边

二、计算公式

$$弯矩 = 表中系数 \times ql_x^2$$

式中：q 为作用在双向板上的均布荷载；l_x 为板跨，如表 B-1 中插图所示。

表中弯矩系数均为单位板宽的弯矩系数。表中系数为泊松比 $\nu=1/6$ 时求得的，适用于钢筋混凝土板。表中系数是根据 1975 年版《建筑结构静力计算手册》中 $\nu=0$ 的弯矩系数表，通过换算公式 $M_x^{(\nu)}=M_x^{(0)}+\nu M_y^{(0)}$ 及 $M_y^{(\nu)}=M_y^{(0)}+\nu M_x^{(0)}$ 得出的。表中 $M_{x,\max}$ 及 $M_{y,\max}$也按上列换算公式求得，但由于板内两个方向的跨内最大弯矩一般并不在同一点，因此，由上式求得的 $M_{x,\max}$、$M_{y,\max}$仅为比实际弯矩偏大的近似值。

表 B-1

边界条件	(1) 四边简支		(2) 三边简支、一边固定				
l_x/l_y	M_x	M_y	M_x	$M_{x,\max}$	M_y	$M_{y,\max}$	M_y^0
0.50	0.0994	0.0335	0.0914	0.0930	0.0352	0.0397	−0.1215
0.55	0.0927	0.0359	0.0832	0.0846	0.0371	0.0405	−0.1193
0.60	0.0860	0.0379	0.0752	0.0765	0.0386	0.0409	−0.116
0.65	0.0795	0.0396	0.0676	0.0688	0.0396	0.0412	−0.1133
0.70	0.0732	0.0410	0.0604	0.0616	0.0400	0.0417	−0.1096
0.75	0.0673	0.0420	0.0538	0.0519	0.0400	0.0417	0.1056

续表

边界条件	（1）四边简支		（2）三边简支、一边固定					
	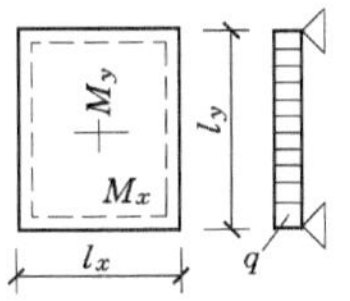		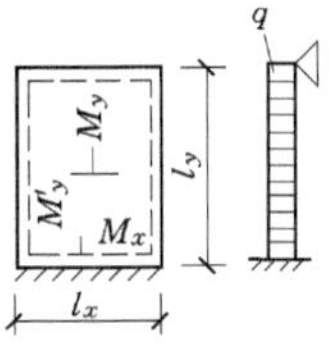					
l_x/l_y	M_x	M_y	M_x	$M_{x,\max}$	M_y	$M_{y,\max}$	M_y^0
0.80	0.0617	0.0428	0.0478	0.0490	0.0397	0.0415	0.1014
0.85	0.0564	0.0432	0.0425	0.0436	0.0391	0.0410	−0.0970
0.90	0.0516	0.0434	0.0377	0.0388	0.0382	0.402	−0.0926
0.95	0.0471	0.0432	0.0334	0.0345	0.0371	0.0393	−0.0882
1.00	0.0429	0.0429	0.0296	0.0306	0.0360	0.0388	−0.0839

边界条件	（2）三边简支、一边固定					（3）两对边简支、两对边固定		
	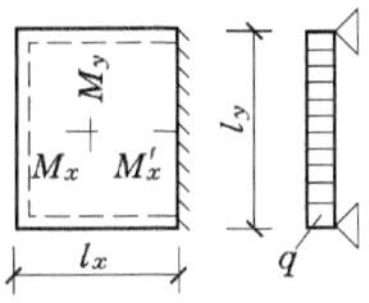					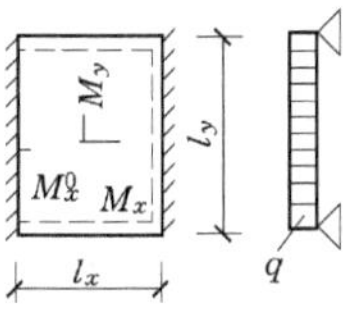		
l_x/l_y	M_x	$M_{x,\max}$	M_y	$M_{y,\max}$	M_x^0	M_x	M_y	M_y^0
0.50	0.0593	0.0657	0.0157	0.0171	−0.1212	0.0837	0.0367	−0.1191
0.55	0.0577	0.0633	0.0175	0.0190	−0.1187	0.0743	0.0383	0.1156
0.60	0.0556	0.0608	0.0194	0.0209	−0.1158	0.0653	0.0393	−0.1114
0.65	0.0534	0.0581	0.0212	0.0226	−0.1124	0.0569	0.0394	−0.1066
0.70	0.0510	0.0555	0.0229	0.0242	−1.1087	0.0494	0.0392	−0.1031
0.75	0.0485	0.0525	0.0244	0.0257	−0.1048	0.0428	0.0383	0.0959
0.80	0.0459	0.0495	0.0258	0.0270	−0.1007	0.0369	0.0372	−0.0904
0.85	0.0434	0.0466	0.0271	0.0283	−0.0965	0.0318	0.0358	−0.0850
0.90	0.0409	0.0438	0.0281	0.0293	−0.0922	0.0275	0.0343	−0.0767
0.95	0.0384	0.0409	0.0290	0.0301	−0.0880	0.0238	0.0328	−0.0746
1.00	0.0360	0.0388	0.0296	0.0306	−0.0839	0.0206	0.0311	−0.0698

边界条件	（3）两对边简支、两对边固定			（4）两邻边简支、两邻边固定					
	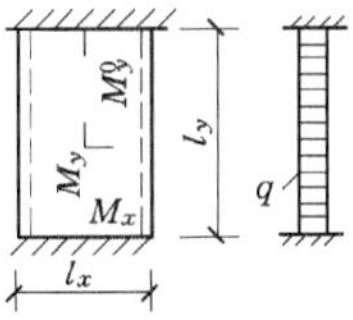			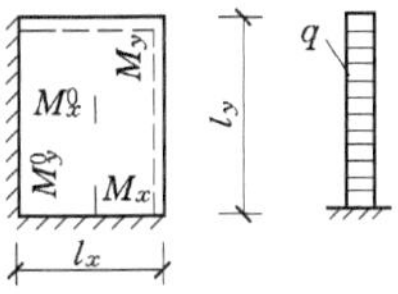					
l_x/l_y	M_x	M_y	M_x^0	M_x	$M_{x,\max}$	M_y	$M_{y,\max}$	M_x^0	M_y^0
0.50	0.0419	0.0086	−0.0843	0.0572	0.0584	0.0172	0.0229	−0.1179	−0.0786
0.55	0.0415	0.0096	−0.0840	0.0546	0.0556	0.0192	0.0241	−0.1140	−0.0785
0.60	0.0409	0.0109	−0.0834	0.0518	0.0526	0.0212	0.0252	−0.1095	−0.0782
0.65	0.0402	0.0122	−0.0826	0.0486	0.0496	0.0228	0.0261	−0.1045	−0.0777
0.70	0.0391	0.0135	−0.0814	0.0455	0.0465	0.0243	0.0267	−0.0992	−0.0770
0.75	0.0381	0.0149	−0.0799	0.0422	0.0430	0.0254	0.0272	−0.0938	−0.0760
0.80	0.0368	0.0162	−0.0782	0.0390	0.0397	0.0263	0.0278	−0.0883	−0.0748
0.85	0.0355	0.0174	−0.0763	0.0358	0.0366	0.0269	0.0284	−0.0829	−0.0733
0.90	0.0341	0.0186	−0.0743	0.0328	0.0337	0.0273	0.0288	−0.0776	−0.0716
0.95	0.0326	0.0196	−0.0721	0.0299	0.0308	0.0273	0.0289	−0.0726	−0.0698
1.00	0.0311	0.0206	−0.0698	0.0273	0.0281	0.0273	0.0289	−0.0677	−0.0677

续表

边界条件	(5) 一边简支、三边固定								
l_x/l_y	M_x	$M_{x,\max}$	M_y	$M_{y,\max}$	M_x^0	M_y^0	M_x	$M_{x,\max}$	M_y
0.50	0.0413	0.0424	0.0096	0.0157	−0.0836	−0.0569	0.0551	0.0605	0.0188
0.55	0.0405	0.0415	0.0108	0.0160	−0.0827	−0.0570	0.0517	0.0563	0.0210
0.60	0.0394	0.0404	0.0123	0.0169	−0.0814	−0.0571	0.0480	0.0520	0.0229
0.65	0.0381	0.0390	0.0137	0.0178	−0.0796	−0.0572	0.0441	0.0476	0.0244
0.70	0.0366	0.0375	0.0151	0.0186	−0.0774	−0.0572	0.0402	0.0433	0.0256
0.75	0.0349	0.0358	0.0164	0.0193	−0.0750	−0.0572	0.0364	0.0390	0.0263
0.80	0.0331	0.0339	0.0176	0.0199	−0.0722	−0.0570	0.0327	0.0348	0.0267
0.85	0.0312	0.0319	0.0186	0.0204	−0.0693	−0.0567	0.0293	0.0312	0.0268
0.90	0.0295	0.0300	0.0201	0.0209	−0.0663	−0.0563	0.0261	0.0277	0.0265
0.95	0.0274	0.0281	0.0204	0.0214	−0.0631	−0.0558	0.0232	0.0246	0.0261
1.00	0.0255	0.0261	0.0206	0.0219	−0.0600	−0.0500	0.0206	0.0219	0.0255

边界条件	(5) 一边简支、三边固定			(6) 四边固定			
l_x/l_y	$M_{y,\max}$	M_y^0	M_x^0	M_x	M_y	M_x^0	M_y^0
0.50	0.0201	−0.0784	−0.1146	0.0406	0.0105	−0.0829	−0.0570
0.55	0.0223	−0.0780	−0.1093	0.0394	0.0120	−0.0814	−0.0571
0.60	0.0242	−0.0773	−0.1033	0.0380	0.0137	−0.0793	−0.0571
0.65	0.0256	−0.0762	−0.0970	0.0361	0.0152	−0.0766	−0.0571
0.70	0.0267	−0.0748	−0.0903	0.0340	0.0167	−0.0735	−0.0569
0.75	0.0273	−0.0729	−0.0837	0.0318	0.0179	−0.0701	−0.0565
0.80	0.0267	−0.0707	−0.0772	0.0295	0.0189	−0.0664	0.0559
0.85	0.0277	−0.0683	−0.0711	0.0272	0.0197	−0.0626	−0.0551
0.90	0.0273	−0.0656	−0.0653	0.0249	0.0202	−0.0588	−0.0541
0.95	0.0269	−0.0629	−0.0599	0.0227	0.0205	−0.0550	−0.0528
1.00	0.0261	−0.0600	−0.0550	0.0205	0.0205	−0.0513	−0.0513

边界条件	(7) 三边固定、一边自由					
l_x/l_y	M_x	M_y	M_x^0	M_y^0	M_{0x}	M_{0x}^0
0.30	0.0018	−0.0039	−0.0135	−0.0344	0.0068	−0.0345
0.35	0.0039	−0.0026	−0.0179	−0.0406	0.0112	−0.0432

续表

边界条件	(7) 三边固定、一边自由					
l_x/l_y	M_x	M_y	M_x^0	M_y^0	M_{0x}	M_{0x}^0
0.40	0.0063	0.0008	−0.0227	−0.0454	0.0160	−0.0506
0.45	0.0090	0.0014	−0.0275	−0.0489	0.0207	−0.0564
0.50	0.0166	0.0034	−0.0322	−0.0513	0.0250	−0.0607
0.55	0.0142	0.0054	−0.0368	−0.0530	0.0288	−0.0635
0.60	0.0166	0.0072	−0.0412	0.0541	0.0320	−0.0652
0.65	0.0188	0.0087	−0.0453	−0.0548	0.0347	−0.0661
0.70	0.0209	0.0100	−0.0490	0.0553	0.0368	−0.0663
0.75	0.0228	0.0111	−0.0526	0.0557	0.0385	−0.0661
0.80	0.0246	0.0119	−0.0558	−0.0560	0.0399	−0.0656
0.85	0.0262	0.0125	−0.558	−0.0562	0.0409	−0.0651
0.90	0.0277	0.0129	−0.0615	−0.0563	0.0417	−0.0644
0.95	0.0291	0.0132	−0.0639	−0.0564	0.0422	−0.0638
1.00	0.0304	0.0133	−0.0662	−0.0565	0.0427	−0.0632
1.10	0.0327	0.0133	−0.0701	−0.0566	0.0431	−0.0623
1.20	0.0345	0.0130	−0.0732	−0.0567	0.0433	−0.0617
1.30	0.0368	0.0125	−0.0758	−0.0568	0.0434	−0.0614
1.40	0.0380	0.0119	−0.0778	−0.0568	0.0433	−0.0614
1.50	0.0390	0.0113	0.0794	0.0569	0.0433	0.0616
1.75	0.0405	0.0099	−0.0819	−0.0569	0.0431	−0.0625
2.00	0.0413	0.0087	−0.0832	−0.0569	0.0431	−0.0637

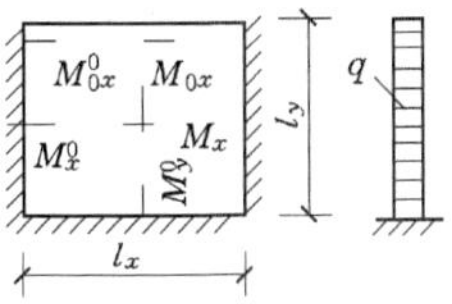

附录 C

单层工业厂房设计资料

附录 C-1　　　　钢筋混凝土结构伸缩缝最大间距　　　　单位：m

结构类型		室内或土中	露天
排架结构	装配式	100	70
框架结构	装配式	75	50
	现浇式	55	35
剪力墙结构	装配式	65	40
	现浇式	45	30
挡土墙、地下室墙壁等类结构	装配式	40	30
	现浇式	30	20

注　1. 装配整体式结构的伸缩缝间距，可根据结构的具体情况取表中装配式结构与现浇式结构之间的数值。

2. 框架-剪力墙结构或框架-核心筒结构房屋的伸缩缝间距，可根据具体情况取表中框架结构与剪力墙结构之间的数值。

3. 当屋面无保温或隔热措施时，框架结构、剪力墙结构的伸缩缝间距宜按表中露天栏的数值取用。

4. 现浇挑檐、雨篷等外露结构的局部伸缩缝间距不宜大于 12m。

附录 C-2　　　　单阶变截面柱的柱顶位移系数 C_0 和反力系数（$C_1 \sim C_9$）

序号	简图	R	$C_0 \sim C_4$
0	$F=1$, Δu, E_cI_u, E_cI_l, H, H_u, H_l		$\Delta u=\frac{H^3}{C_0E_cI_l}$ $C_0=\frac{3}{1+\lambda^3\left(\frac{1}{n}-1\right)}$
1	M, R	$\frac{M}{H}C_1$	$C_1=1.5\times\frac{1-\lambda^2\left(1-\frac{1}{n}\right)}{1+\lambda^3\left(\frac{1}{n}-1\right)}$

续表

序号	简图	R	$C_0 \sim C_4$
2	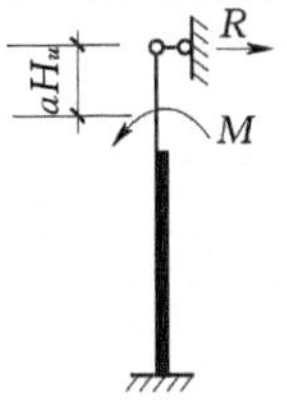 aH_u, R, M	$\frac{M}{H}C_2$	$C_2=1.5\times\frac{1+\lambda^2\left(\frac{1-a^2}{n}-1\right)}{1+\lambda^3\left(\frac{1}{n}-1\right)}$
3	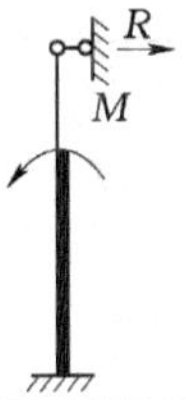 R, M	$\frac{M}{H}C_3$	$C_3=1.5\times\frac{1-\lambda^2}{1+\lambda^3\left(\frac{1}{n}-1\right)}$
4	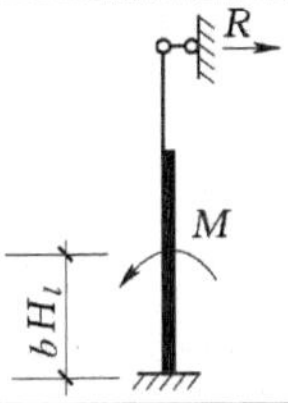 R, M, bH_l	$\frac{M}{H}C_4$	$C_4=1.5\times\frac{2b(1-\lambda)-b^2(1-\lambda)^2}{1+\lambda^3\left(\frac{1}{n}-1\right)}$

序号	简图	R	$C_5 \sim C_9$
5	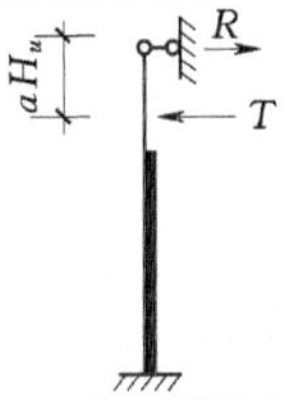 aH_u, R, T	TC_5	$C_5=\frac{2-3a\lambda+\lambda^3\left[\frac{(2+a)(1-a)^2}{n}-(2-3a)\right]}{2\left[1+\lambda^3\left(\frac{1}{n}-1\right)\right]}$
6	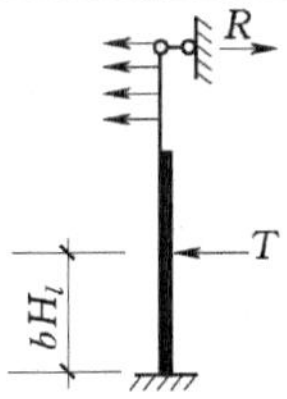 R, T, bH_l	TC_6	$C_6=\frac{b^2(1-\lambda)^2[3-b(1-\lambda)]}{2\left[1+\lambda^3\left(\frac{1}{n}-1\right)\right]}$
7	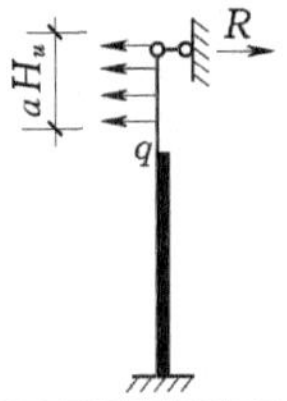 aH_u, R, q	qHC_7	$C_7=\frac{\left[\frac{a^4}{n}\lambda^4-\left(\frac{1}{n}-1\right)\times(6a-8)a\lambda^4-a\lambda(6a\lambda-8)\right]}{8\left[1+\lambda^3\left(\frac{1}{n}-1\right)\right]}$
8	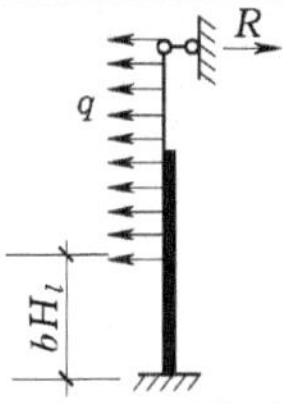 R, q, bH_l	qHC_8	$C_8=\frac{\left[3-b^3(1-\lambda)^3\times[4-b(1-\lambda)]+3\lambda^4\left(\frac{1}{n}-1\right)\right]}{8\left[1+\lambda^3\left(\frac{1}{n}-1\right)\right]}$

续表

序号	简　图	R	$C_5 \sim C_9$
9	R q	qHC_9	$C_9=\dfrac{3\left[1+\lambda^4\left(\dfrac{1}{n}-1\right)\right]}{8\left[1+\lambda^3\left(\dfrac{1}{n}-1\right)\right]}$

注　表中 $\lambda=H_u/H$，$n=I_u/I_l$，$1-\lambda=H_l/H$。

附录 C—3　阶梯形及锥形柱下独立基础斜截面受剪计算及最小配筋率验算时，截面计算宽度及有效高度

1. 阶形基础（见附图 C-1）

(1) 计算变阶处截面 A_1-A_1 斜截面受剪承载力及最小配筋率验算、B_1-B_1 最小配筋率验算时，截面有效高度均为 h_{01}，截面计算宽度分别为 b_{y1} 和 b_{y2}。

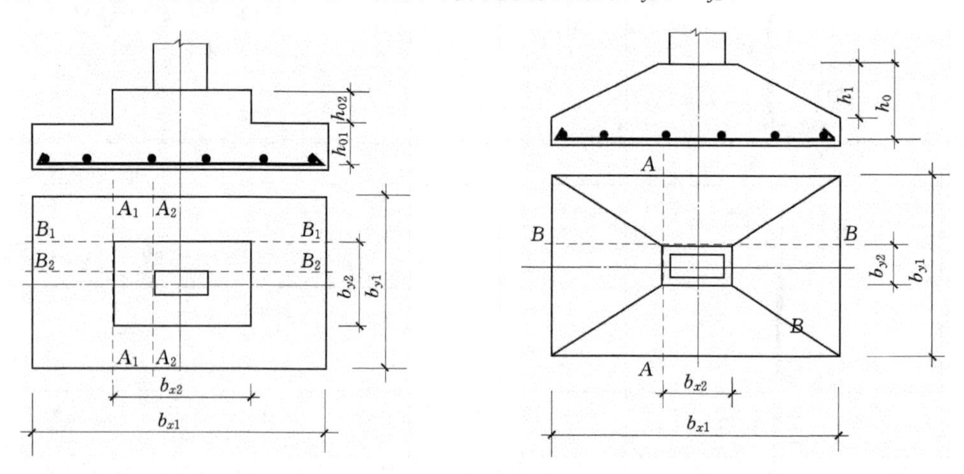

附图 C-1　阶形基础截面计算宽度及有效高度　　附图 C-2　锥形基础截面计算宽度及有效高

(2) 计算柱边截面 A_2-A_2 斜截面受剪承载力及最小配筋率验算、B_2-B_2 最小配筋率验算时，截面有效高度均为 $h_{01}+h_{02}$，截面计算宽度按下式计算：

对于截面 A_2-A_2：

$$b_{y0}=\frac{b_{y1}h_{01}+b_{y2}h_{02}}{h_{01}+h_{02}} \tag{C-1-1}$$

对于截面 B_2-B_2：

$$b_{x0}=\frac{b_{x1}h_{01}+b_{x2}h_{02}}{h_{01}+h_{02}} \tag{C-1-2}$$

2. 锥形基础（见附图 C-2）

计算柱边截面 $A-A$ 斜截面受剪承载力及最小配筋率验算、$B-B$ 最小配筋率验算时，截面有效高度均为 h_0，截面计算宽度按下式计算：

对于截面 $A-A$：

$$b_{y0}=\left[1-0.5\frac{h_1}{h_0}\left(1-\frac{b_{y2}}{b_{y1}}\right)\right]b_{y1} \tag{C-2-1}$$

对于截面 $B-B$：

$$b_{x0}=\left[1-0.5\frac{h_1}{h_0}\left(1-\frac{b_{x2}}{b_{x1}}\right)\right]b_{x1} \tag{C-2-2}$$

附录 D

砌体结构设计用表

表 D-1　　烧结普通砖和烧结多孔砖砌体的抗压强度设计值　　单位：MPa

砖强度等级	砂浆强度等级					砂浆强度
	M15	M10	M7.5	M5	M2.5	0
MU30	3.94	3.27	2.93	2.59	2.26	1.15
MU25	3.60	2.98	2.68	2.37	2.06	1.05
MU20	3.22	2.67	2.39	2.12	1.84	0.94
MU15	2.79	2.31	2.07	1.83	1.60	0.82
MU10	—	1.89	1.69	1.50	1.30	0.67

注　当烧结多孔砖的孔洞率大于30%时，表中数值应乘以0.90。

表 D-2　　混凝土普通砖和混凝土多孔砖砌体的抗压强度设计值　　单位：MPa

砖强度等级	砂浆强度等级					砂浆强度
	Mb20	Mb15	Mb10	Mb7.5	Mb5	0
MU30	4.61	3.94	3.27	2.93	2.59	1.15
MU25	4.21	3.60	2.98	2.68	2.37	1.05
MU20	3.77	3.22	2.67	2.39	2.12	0.94
MU15	—	2.79	2.31	2.07	1.83	0.82

表 D-3　　蒸压灰砂普通砖和蒸压粉煤灰普通砖砌本的抗压强度设计值　　单位：MPa

砖强度等级	砂浆强度等级				砂浆强度
	Ms15	Ms10	Ms7.5	Ms5	0
MU25	3.60	2.98	2.68	2.37	1.05
MU20	3.22	2.67	2.39	2.12	0.94
MU15	2.79	2.31	2.07	1.83	0.82

注：当采用专用砂浆砌筑时，其抗压强度设计值按表中数值采用。

表 D－4　单排孔混凝土砌块和轻集料混凝土砌块对孔砌筑砌体的抗压强度设计值　单位：MPa

砌砖强度等级	砂浆强度等级					砂浆强度
	Mb20	Mb15	Mb10	Mb7.5	Mb5	0
MU20	6.30	5.68	4.95	4.44	3.94	2.33
MU15	—	4.61	4.02	3.61	3.20	1.89
MU10	—	—	2.79	2.50	2.22	1.31
MU7.5	—	—	—	1.93	1.71	1.01
MU5	—	—	—	—	1.19	0.70

注　1. 对独立柱或厚度为双排组砌的砌块砌体，应按表中数值乘以 0.7。

2. 对 T 形截面墙体、柱，应按表中数值乘以 0.850。

表 D－5　双排孔或多排孔轻集料混凝土砌块砌体的抗压强度设计值　单位：MPa

砌块强度等级	砂浆强度等级			砂浆强度
	Mb10	Mb7.5	Mb5	0
MU10	3.08	2.76	2.45	1.44
MU7.5	—	2.13	1.88	1.12
MU5	—	—	1.31	0.78
MU3.5	—	—	0.95	0.56

注　1. 表中的砌块为火山渣、浮石和陶粒轻集料混凝土砌块。

2. 对厚度方向为双排组砌的轻集料混凝土砌块砌体的抗压强度设计值，应按表中数值乘以 0.80。

表 D－6　毛料石砌体的抗压强度设计值　单位：MPa

毛料石强度等级	砂浆强度等级			砂浆强度
	M7.5	M5	M2.5	0
MU100	5.42	4.80	4.18	2.13
MU80	4.85	4.29	3.73	1.91
MU60	4.20	3.71	3.23	1.65
MU50	3.83	3.39	2.95	1.51
MU40	3.43	3.04	2.64	1.35
MU30	2.97	2.63	2.29	1.17
MU20	2.42	2.15	1.87	0.95

注　对细料石砌体、粗料石砌体和干砌勾缝石砌体，表中数值应分别乘以调整系数 1.4、1.2 和 0.80。

表 D-7　　毛石砌体的抗压强度设计值　　单位：MPa

毛石强度等级	砂浆强度等级			砂浆强度
	M7.5	M5	M2.5	0
MU100	1.27	1.12	0.98	0.34
MU80	1.13	1.00	0.87	0.30
MU60	0.98	0.87	0.76	0.26
MU50	0.90	0.80	0.69	0.23
MU40	0.80	0.71	0.62	0.21
MU30	0.69	0.61	0.53	0.18
MU20	0.56	0.51	0.44	0.15

表 D-8　　沿砌体灰缝截面破坏时砌体的轴心抗拉强度设计值、弯曲抗拉强度设计值和抗剪强度设计值　　单位：MPa

强度类别	破坏特征及砌体种类		砂浆强度等级			
			≥M10	M7.5	M5	M2.5
轴心抗拉	沿齿缝	烧结普通砖、烧结多孔砖	0.19	0.16	0.13	0.09
		混凝土普通砖、混凝土多孔砖	0.19	0.16	0.13	—
		蒸压灰砂普通砖、蒸压粉煤灰普通砖	0.12	0.10	0.08	—
		混凝土和轻集料混凝土砌块	0.09	0.08	0.07	—
		毛石	—	0.07	0.06	0.04
弯曲抗拉	沿齿缝	烧结普通砖、烧结多孔砖	0.33	0.29	0.23	0.17
		混凝土普通砖、混凝土多孔砖	0.33	0.29	0.23	—
		蒸压灰砂普通砖、蒸压粉煤灰普通砖	0.24	0.20	0.16	—
		混凝土和轻集料混凝土砌块	0.11	0.09	0.08	—
		毛石	—	0.11	0.09	0.07
	沿通缝	烧结普通砖、烧结多孔砖	0.17	0.14	0.11	0.08
		混凝土普通砖、混凝土多孔砖	0.17	0.14	0.11	—
		蒸压灰砂普通砖、蒸压粉煤灰普通砖	0.12	0.10	0.08	—
		混凝土和轻集料混凝土砌块	0.08	0.06	0.05	—
抗剪	烧结普通砖、烧结多孔砖		0.17	0.14	0.11	0.08
	混凝土普通砖、混凝土多孔砖		0.17	0.14	0.11	—
	蒸压灰砂普通砖、蒸压粉煤灰普通砖		0.12	0.10	0.08	—
	混凝土和轻集料混凝土砌块		0.09	0.08	0.06	—
	毛石		—	0.19	0.16	0.11

注　1. 对于用形状规则的块体砌筑的砌体，当搭接长度与块体高度的比值小于1时，其轴心抗拉强度设计值 f_t 和弯曲抗拉强度设计值 f_t 应按表中数值乘以搭接长度与块体高度比值后采用。

2. 表中数值是依据普通砂浆砌筑的砌体确定，采用经研究性试验且通过技术鉴定的专用砂浆砌筑的蒸压灰砂普通砖、蒸压粉煤灰普通砖砌体，其抗剪强度设计值按相应普通砂浆强度等级砌筑的烧结普通砖砌体采用。

表 D-9　　影响系数 φ

表 D-9-1　　影响系数 φ（砂浆强度等级　M5）

β	$\frac{e}{h}$ 或 $\frac{e}{h_T}$												
	0	0.025	0.05	0.075	0.1	0.125	0.15	0.175	0.2	0.225	0.25	0.275	0.3
≤3	1	0.99	0.97	0.94	0.89	0.84	0.79	0.73	0.68	0.62	0.57	0.52	0.48
4	0.98	0.95	0.90	0.85	0.80	0.74	0.69	0.64	0.58	0.53	0.49	0.45	0.41
6	0.95	0.91	0.86	0.81	0.75	0.69	0.64	0.59	0.54	0.49	0.45	0.42	0.38
8	0.91	0.86	0.81	0.76	0.70	0.64	0.59	0.54	0.50	0.46	0.42	0.39	0.36
10	0.87	0.82	0.76	0.71	0.65	0.60	0.55	0.50	0.46	0.42	0.39	0.36	0.33
12	0.82	0.77	0.71	0.66	0.60	0.55	0.51	0.47	0.43	0.39	0.36	0.33	0.31
14	0.77	0.72	0.66	0.61	0.56	0.51	0.47	0.43	0.40	0.36	0.34	0.31	0.29
16	0.72	0.67	0.61	0.56	0.52	0.47	0.44	0.40	0.37	0.34	0.31	0.29	0.27
18	0.67	0.62	0.57	0.52	0.48	0.44	0.40	0.37	0.34	0.31	0.29	0.27	0.25
20	0.62	0.57	0.53	0.48	0.44	0.40	0.37	0.34	0.32	0.29	0.27	0.25	0.23
22	0.58	0.53	0.49	0.45	0.41	0.38	0.35	0.32	0.30	0.27	0.25	0.24	0.22
24	0.54	0.49	0.45	0.41	0.38	0.35	0.32	0.30	0.28	0.26	0.24	0.22	0.21
26	0.50	0.46	0.42	0.38	0.35	0.33	0.30	0.28	0.26	0.24	0.22	0.21	0.19
28	0.46	0.42	0.39	0.36	0.33	0.30	0.28	0.26	0.24	0.22	0.21	0.19	0.18
30	0.42	0.39	0.36	0.33	0.31	0.28	0.26	0.24	0.22	0.21	0.20	0.18	0.17

表 D-9-2　　影响系数 φ（砂浆强度等级 M2.5）

β	$\frac{e}{h}$ 或 $\frac{e}{h_T}$												
	0	0.025	0.05	0.075	0.1	0.125	0.15	0.175	0.2	0.225	0.25	0.275	0.3
≤3	1	0.99	0.97	0.94	0.89	0.84	0.79	0.73	0.68	0.62	0.57	0.52	0.48
4	0.97	0.94	0.89	0.84	0.78	0.73	0.67	0.62	0.57	0.52	0.48	0.44	0.40
6	0.93	0.89	0.84	0.78	0.73	0.67	0.62	0.57	0.52	0.48	0.44	0.40	0.37
8	0.89	0.84	0.78	0.72	0.67	0.62	0.57	0.52	0.48	0.44	0.40	0.37	0.34
10	0.83	0.78	0.72	0.67	0.61	0.56	0.52	0.47	0.43	0.40	0.37	0.34	0.31
12	0.78	0.72	0.67	0.61	0.56	0.52	0.47	0.43	0.40	0.37	0.34	0.31	0.29
14	0.72	0.66	0.61	0.56	0.51	0.47	0.43	0.40	0.36	0.34	0.31	0.29	0.27
16	0.66	0.61	0.56	0.51	0.47	0.43	0.40	0.36	0.34	0.31	0.29	0.26	0.25
18	0.61	0.56	0.51	0.47	0.43	0.40	0.36	0.33	0.31	0.29	0.26	0.24	0.23
20	0.56	0.51	0.47	0.43	0.39	0.36	0.33	0.31	0.28	0.26	0.24	0.23	0.21
22	0.51	0.47	0.43	0.39	0.36	0.33	0.31	0.28	0.26	0.24	0.23	0.21	0.20
24	0.46	0.43	0.39	0.36	0.33	0.31	0.28	0.26	0.24	0.23	0.21	0.20	0.18
26	0.42	0.39	0.36	0.33	0.31	0.28	0.26	0.24	0.22	0.21	0.20	0.18	0.17
28	0.39	0.36	0.33	0.30	0.28	0.26	0.24	0.22	0.21	0.20	0.18	0.17	0.16
30	0.36	0.33	0.30	0.28	0.26	0.24	0.22	0.21	0.20	0.18	0.17	0.16	0.15

表 D-9-3　　**影响系数 φ（砂浆强度 0）**

β	$\frac{e}{h}$ 或 $\frac{e}{h_T}$												
	0	0.025	0.05	0.075	0.1	0.125	0.15	0.175	0.2	0.225	0.25	0.275	0.3
≤3	1	0.99	0.97	0.94	0.89	0.84	0.79	0.73	0.68	0.62	0.57	0.52	0.48
4	0.87	0.82	0.77	0.71	0.66	0.60	0.55	0.51	0.46	0.43	0.39	0.36	0.33
6	0.76	0.70	0.65	0.59	0.54	0.50	0.46	0.42	0.39	0.36	0.33	0.30	0.28
8	0.63	0.58	0.54	0.49	0.45	0.41	0.38	0.35	0.32	0.30	0.28	0.25	0.24
10	0.53	0.48	0.44	0.41	0.37	0.34	0.32	0.29	0.27	0.25	0.23	0.22	0.20
12	0.44	0.40	0.37	0.34	0.31	0.29	0.27	0.25	0.23	0.21	0.20	0.19	0.17
14	0.36	0.33	0.31	0.28	0.26	0.24	0.23	0.21	0.20	0.18	0.17	0.16	0.15
16	0.30	0.28	0.26	0.24	0.22	0.21	0.19	0.18	0.17	0.16	0.15	0.14	0.13
18	0.26	0.24	0.22	0.21	0.19	0.18	0.17	0.16	0.15	0.14	0.13	0.12	0.12
20	0.22	0.20	0.19	0.18	0.17	0.16	0.15	0.14	0.13	0.12	0.12	0.11	0.10
22	0.19	0.18	0.16	0.15	0.14	0.14	0.13	0.12	0.12	0.11	0.10	0.10	0.09
24	0.16	0.15	0.14	0.13	0.13	0.12	0.11	0.11	0.10	0.10	0.09	0.09	0.08
26	0.14	0.13	0.13	0.12	0.11	0.11	0.10	0.10	0.09	0.09	0.08	0.08	0.07
28	0.12	0.12	0.11	0.11	0.10	0.10	0.09	0.09	0.08	0.08	0.08	0.07	0.07
30	0.11	0.10	0.10	0.09	0.09	0.09	0.08	0.08	0.07	0.07	0.07	0.07	0.06

主要参考文献

[1] 混凝土结构设计规范（GB 50010—2010）. 北京：中国建筑工业出版社，2010.
[2] 砌体结构设计规范（GB 50003—2011）. 北京：中国建筑工业出版社，2011.
[3] 刘立新，叶燕华. 混凝土结构原理. 新Ⅰ版. 武汉：武汉理工大学出版社，2010.
[4] 李明顺，徐有邻. 混凝土结构设计规范实施手册. 北京：中国建筑工业出版社，2005.
[5] 蓝宗建. 混凝土结构（下册）. 北京：中国电力出版社，2011.
[6] 梁兴文. 混凝土结构基本原理. 重庆：重庆大学出版社，2011.
[7] 柳炳慷. 工程荷载与可靠度设计原理. 重庆：重庆大学出版社，2011.
[8] 东南大学，同济大学，天津大学. 混凝土结构设计原理. 第四版. 北京：中国建筑工业出版社，2008.
[9] 混凝土中钢筋检测技术规程（JGJ/T 152—2008）. 北京：中国建筑工业出版社，2008.
[10] 回弹法检测混凝土抗压强度技术规程（JGJ/T 23—2001）. 北京：中国建筑工业出版社，2001.
[11] 蓝宗建. 混凝土结构与砌体结构. 第二版. 南京：东南大学出版社，2006.
[12] 工程结构可靠度设计统一标准（GB 50153—2008）. 北京：中国建筑工业出版社，2008.
[13] 建筑抗震设计规范（GB 50011—2010）. 北京：中国建筑工业出版社，2010.
[14] 宗兰. 混凝土结构设计原理. 北京：人民交通出版社，2007.
[15] 宗兰. 混凝土与砌体结构设计. 北京：中国水利水电出版社，知识产权出版社，2006.
[16] 周云，张文芳，宗兰. 土木工程结构抗震设计. 北京：科学出版社，2010.
[17] 砌体工程施工及验收规范（GB 50203—2001）. 北京：中国建筑工业出版社，2001.
[18] 建筑结构可靠度设计统一标准（GB 50068—2001）. 北京：中国建筑工业出版社，2001.
[19] 建筑结构荷载规范（GB 50009—2012）. 北京：中国建筑工业出版社，2012.
[20] 墙体材料应用统一技术规范（GB 50574—2010）. 北京：中国建筑工业出版社，2011.
[21] 混凝土砖建筑技术规范（CECS 257：2009）. 北京：中国城市出版社，2010.
[22] 施楚贤. 砌体结构理论与设计. 北京：中国建筑工业出版社，2003.
[23] 施楚贤，等. 砌体结构设计与计算. 北京：中国建筑工业出版社，2003.
[24] 唐岱新. 砌体结构设计. 北京：机械工业出版社，2004.
[25] 哈尔滨工业大学，等. 混凝土及砌体结构. 北京：中国建筑工业出版社，2003.
[26] 刘立新. 砌体结构. 武汉：武汉理工大学出版社，2003.
[27] 李砚波，等. 砌体结构设计. 天津：天津大学出版社，2003.
[28] 肖常安. 砌体结构. 重庆：重庆大学出版社，2001.
[29] 唐岱新，等. 砌体结构设计规范理解与应用. 北京：中国建筑工业出版社，2002.